Principles and Practices of Soil Health Evaluation for Tobacco Cultivation

植烟土壤健康评价
理论与实践

主编 戴华鑫 梁太波 张艳玲 陈广晴

华中科技大学出版社
http://press.hust.edu.cn
中国·武汉

内 容 简 介

本书共分五章。第一章为土壤健康评价研究概况,简述土壤健康的概念与内涵、土壤健康评价指标和方法以及我国植烟土壤健康主要问题等。第二章为国外土壤健康评价体系,主要介绍了欧美发达国家或地区的土壤健康评价体系框架。第三章为国内土壤健康评价体系,重点描述了我国耕地、林地、草地和园地等不同土地利用方式下土壤健康评价体系。第四章为植烟土壤健康评价体系构建实例分析,详细分析了我国豫中南、黔南州和四川植烟土壤特性,确定土壤健康评价最小数据集、体系构建及应用。第五章为植烟土壤健康障碍因子消减方法,主要针对土壤物理、化学和生物障碍因子,描述了多种针对性消减方法与改良效果。本书注重植烟土壤健康评价理论与实践相结合,可供烟草农业科学研究、生产管理和技术推广人员阅读参考,也可作为大专院校教学参考用书。

图书在版编目(CIP)数据

植烟土壤健康评价理论与实践 / 戴华鑫等主编. -- 武汉 : 华中科技大学出版社,2025. 5. -- ISBN 978-7-5772-1902-8

Ⅰ. S572.06

中国国家版本馆 CIP 数据核字第 2025WS3878 号

植烟土壤健康评价理论与实践
Zhiyan Turang Jiankang Pingjia Lilun yu Shijian

戴华鑫 等 主编

策划编辑:吴晨希
责任编辑:段亚萍
封面设计:原色设计
责任监印:朱 玢
责任校对:张会军
出版发行:华中科技大学出版社(中国·武汉)　　电话:(027)81321913
　　　　　武汉市东湖新技术开发区华工科技园　　邮编:430223
录　　排:华中科技大学惠友文印中心
印　　刷:湖北恒泰印务有限公司
开　　本:880mm×1230mm　1/16
印　　张:17　插页:2
字　　数:563千字
版　　次:2025 年 5 月第 1 版第 1 次印刷
定　　价:139.00 元

编辑委员会

烟草是我国重要的经济作物,常年种植面积约 100 万公顷。我国烟叶生产主要分布在云南、贵州、四川、重庆、湖南、河南、福建、湖北、陕西、江西等地的相对欠发达地区。烟叶质量对卷烟产品的口感和品质有着至关重要的影响,因此,提高烟叶生产水平,不仅有利于卷烟工业优质原料供应,还能为烟农增收和财政收入平稳提供支持。

土壤是烟草赖以生存的基础,是直接影响烟叶产量和品质的主要生态因子之一。在气候适宜的条件下,选择具有良好结构、肥力状况及健康微生物组成的土壤是提高烟叶品质的关键。近年来,伴随着工业化和农业生产方式的转变,我国烟区普遍存在烤烟连作及奢施化肥等现象,部分烟田土壤退化明显,主要表现为土层变薄、土壤板结紧实、养分不平衡、盐分离子含量偏高、土壤酸化、土壤微生物多样性降低、有害微生物增加等,成为限制优质烟叶生产的主要因素。土壤退化是土壤生态系统结构和功能被破坏的过程,牵涉到土壤物理、化学和生物变化过程且相互影响,其本质是土壤资源的数量减少和质量降低,因此,明确植烟土壤的健康状况并预测其发展趋势对保证烟叶生产的可持续发展尤为重要。

土壤健康与土壤质量的含义相似,土壤健康的实质是把土壤看作一个动态生命系统,其具备维持其功能的持续能力。土壤健康状况是土壤多种功能的综合体现,可结合土壤物理、化学和生物特性,通过科学合理的土壤健康评价方法对土壤健康水平进行评价。通常用于土壤健康评价的物理、化学和生物指标越多,越能准确地反映土壤健康状况,但土壤健康评价指标过多会导致检测费时耗力、操作复杂以及成本高等问题。因此,根据研究目的、研究对象以及研究区域的实际情况选择与土壤健康密切相关且相对独立的指标是土壤健康评价的重要环节。由于土壤健康评价参数尺度差异和人为管理的复杂性,当前尚无统一的土壤健康评价标准。早在 20 世纪 90 年代,有国外研究者提出了最小数据集的概念,涵盖一些土壤化学和物理指标,随着对土壤健康认知水平的提升,后期扩展至土壤生物指标。近年来,我国土壤健康评价的研究范围日益广泛,涉及农业土壤、城郊土壤、山地土壤、林地土壤、草地土壤等,研究指标从过去的注重养分指标,转为物理、化学和生物指标并重;研究方法也从专家经验转为复杂系统建模。目前,关于土壤健康评价体系的构建过程已基本形成共识,即需要从土壤物理、化学和生物指标的总数据集中筛选适合研究对象的指标,构建最小数据集,量化单个指标并建立其与土壤功能之间的关系,计算土壤健康综合指数,明确土壤障碍因子,进而为土壤保育及定向改良提供参考。

由于作者水平有限,书中难免有错误和疏漏之处,请各位读者批评指正。

编者
2024 年 12 月

目录
CONTENTS

第一章

土壤健康评价研究概况

土壤作为生物圈、水圈、岩石圈和大气圈相互交织的复杂系统,在提供人类社会和生态系统服务方面发挥着重要作用,特别在粮食生产和可持续发展中扮演着基础性角色。健康的土壤不仅是农作物生长的基础,而且对于地下和地表水以及生态系统的健康至关重要。土壤具有诸多关键功能,如提供粮食、供应纤维和燃料、分解有机物、实现碳封存、循环利用必需营养物质以及提供生物栖息地等(Yang 等,2020)。联合国粮食及农业组织(Food and Agriculture Organization of the United Nations,FAO)将每年的 12 月 5 日确定为世界土壤日,旨在宣传土壤健康和维持土壤可持续发展的重要性,由此可以看出土壤资源对人类的生存和发展具有重要意义。

随着全球人口的持续增长和城镇化水平的提高,优质耕地保护面临越来越大的压力。与此同时,气候变化和人为活动导致了一系列环境问题,如土壤盐渍化、干旱和重金属污染。这些问题会导致土壤结构、土壤酶活性和土壤微生物群落的变化,进而影响植物生长,并对人类健康构成威胁(Daliakopoulos 等,2016;Preece 等,2019;Teng 等,2023)。近年来,世界各国对土壤健康高度重视,维护土壤健康成为当务之急。2015 年,联合国大会通过了《2030 年可持续发展议程》,其中包括 17 项可持续发展目标,议程中的多个目标与土地管理密切相关,并设定在未来几十年内恢复退化土地和土壤的目标(Keesstra 等,2016;Muñoz-Rojas,2018)。英国政府在 2018 年颁布了《绿色未来:我们改善环境的 25 年计划》,其中提出了开发更好的方法来评估土壤健康(Department for Environment,Food&Rural Affairs,2018)。这些举措反映了全球对土壤健康和可持续土地管理的重视,并为未来的土壤健康管理提供了重要的指导方针。

我国作为传统的农业大国,拥有大量的耕地资源,第三次全国国土调查显示,我国的耕地面积达到 19.18 亿亩(1 亩 ≈ 666.7 m²)。然而,我国人口众多,人均耕地面积少,不足世界平均水平的 40%(中华人民共和国中央人民政府,2021)。习近平总书记多次就土壤保护问题发表重要讲话,强调要坚决守住 18 亿亩耕地红线,夯实耕地根基,保障粮食安全。近年来,水土流失、土地荒漠化等土壤退化问题日益严峻,威胁着生物多样性和人类健康。同时,土壤连作、不合理施肥以及重金属污染等人为因素加剧了土壤功能的退化,影响作物的产量和品质。我国因生态环境恶劣或土壤肥力低下而导致农林牧难于利用的土壤占总面积的 1/4,农产品质量保障受到严重威胁(黄鸿翔,2005)。因此,这些问题亟须重视,并需要采取科学合理的土壤健康评价体系和有针对性的措施来保护土壤,维护其功能和健康,这对于促进作物生产和可持续发展具有重要意义。基于土壤健康评估制定明智的决策,对于提高作物产量和维持环境可持续发展至关重要。

当前,随着人类活动和环境不断变化,土壤健康的定义和评价方法也在全球范围内不断完善。世界各国和不同地区都在积极探索适应当地情况的土壤健康评价方法,旨在根据当地的土地利用实践、气候条件和土壤特性,因地制宜,形成多样化且灵活的评价体系。在这种背景下,我国作为世界上耕地面积最大的国家之一,面临着多样化的土壤健康挑战。因此,借鉴国际上相对成熟的土壤健康评价方法,并结合我国的实际情况进行适度调整和改进,将有助于建立更加全面、科学的土壤健康评价体系,为我国的土壤保护和土地可持续利用提供有力支持。

第一节 土壤健康概念和内涵

一、土壤健康研究的重要性

土壤是植物赖以生存的重要载体,为动植物生存和人类活动提供了不可或缺的生态系统服务。全球陆地约占地球表面积的29%,农牧用地是当前地球上最大的土地利用类型,约占地球无冰土地的38%,其中耕地和草地分别约占12%和26%(Foley等,2011)。截至2022年,在Web of Science核心合集数据库中,围绕"耕地土壤健康"发文量前三位的国家为印度、美国和中国,与全球耕地面积和人口数量表现一致,说明人口压力推动了国家对粮食产量及安全的重视,从而形成了对耕地土壤健康问题的高度关注(司绍诚等,2022)。根据第七次全国人口普查结果,我国拥有超过14亿的人口,约占全球人口的18%,但耕地资源面积总量仅为1.28×10^8 hm²,人均耕地面积仅0.09 hm²,耕地土壤资源严重不足;我国草地面积约4×10^8 hm²,约占国土面积的40%,草地资源虽较为丰富,但其生产力较低,且过度放牧、乱开滥垦等问题导致了草地退化、沙漠化、盐碱化面积的日益扩大,严重损坏了草地生态系统(沈海花等,2016)。全球土壤面临迅速退化,对数亿人的生存产生威胁(Duraisamy等,2020)。因此,关注土壤及其健康状况是我们整个人类的责任和义务。

在不同时期和社会发展阶段,由于人类自身认识和科技发展的局限性,人们对土壤健康的认识不同。19世纪40年代,被称为"有机化学之父"和"肥料工业之父"的德国人李比希提出养分归还学说,指出:"植物从土壤中吸收养分,每次收获必从土壤中带走某些养分,使土壤中养分减少,土壤贫化。要维持地力和作物产量,就要归还被植物带走的养分。"进入20世纪,人们具备对土壤理化性状进行广泛调查的能力,初期关于土壤健康的研究多集中在土壤理化性状相关的方面,后期人们开始关注土壤生物学活性,逐渐认识到其对土壤健康的重要性。2000年,Doran等认为,狭义的"土壤健康"是指最大限度减少植物土传疾病生物、土传昆虫的数量及活动和影响范围。20世纪50年代,北美研究者对土壤健康的关注重点主要集中在不同作物在区域内的土壤适宜性方面,比如两种不同土地等级,即根据作物产量数据而得到的演绎等级和由决定作物产量的土壤特性等众多影响因子参数而得到的归纳等级,这些影响因子主要包括土壤结构、剖面构造形态、土壤深度及排水特性等(龙牧华,1996)。另外,当时人们最为关心的是土壤对降解各种"废弃物"的适宜性,这种适宜性一方面指加速再循环,另一方面指长期储存"污染物"并使之活动而影响环境,因此认为土壤健康依赖于决定安全贮存的各种土壤因子(龙牧华,1996)。

2003—2022年(20年),在Web of Science数据库中发表关于"soil quality"主题文献227439条,从图1-1可以看出,关于"土壤健康"主题的研究文献报道数量处于逐年增加趋势,侧面反映出土壤健康是世界各国重点研究对象。关于土壤健康的研究方向主要集中在环境科学生态学、公共环境健康、农业、水资源、毒理学和植物科学等方面(图1-2),研究报道主要集中在中国、美国、印度、巴西、加拿大等国家,充分说明了土壤健康主题是全世界研究者关注的热点和重点(图1-3)。

二、土壤健康概念和内涵

(一)土壤健康概念

"健康"通常被定义为"机体处于正常运作状态,没有疾病"。健康的概念最初广泛应用于人体,之后用于动植物,随后又应用到环境领域。1941年,美国生态学家Aldo Leopold首先提出了"土地健康"的内涵,

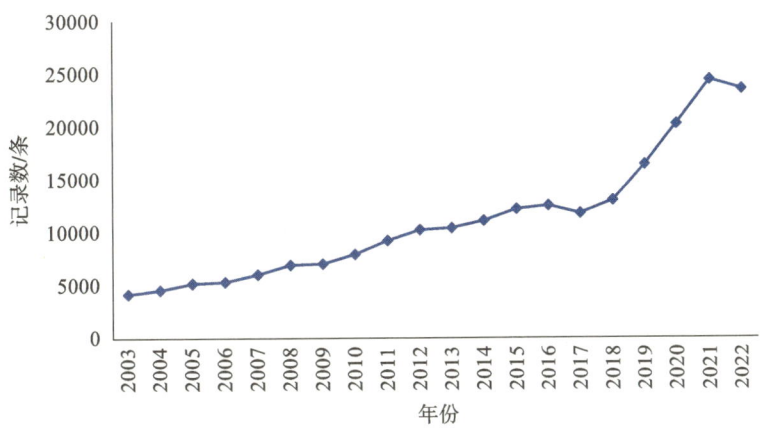

图 1-1 2003—2022 年国内外土壤健康主题文献报道记录数

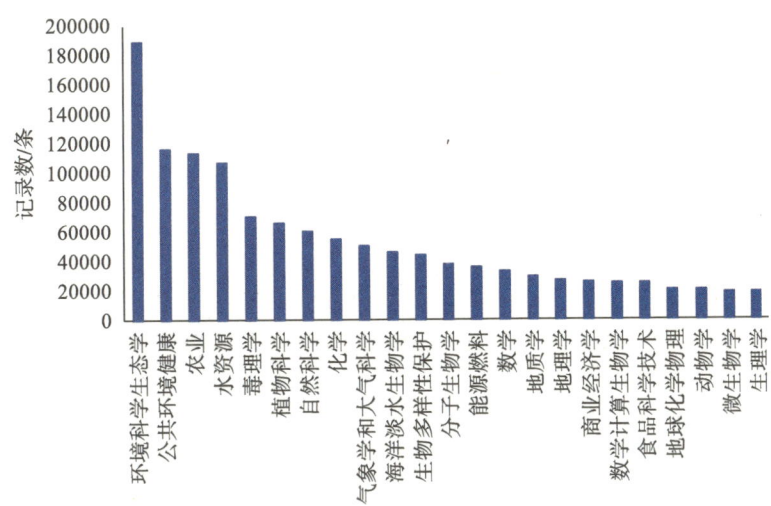

图 1-2 2003—2022 年国内外土壤健康主题的研究方向

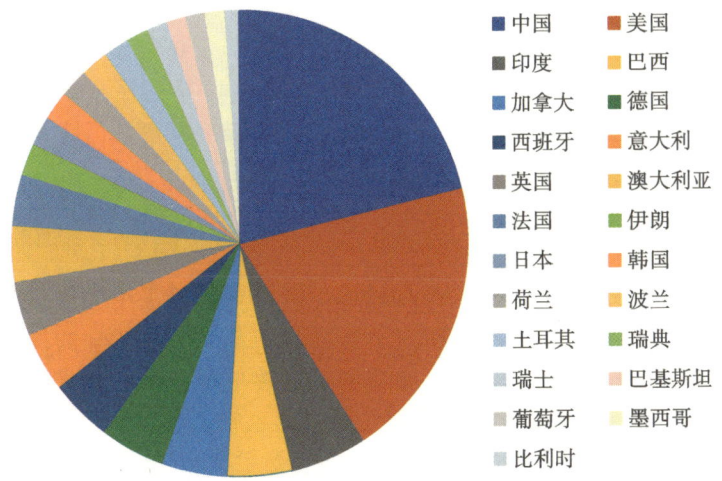

图 1-3 2003—2022 年国内外报道土壤健康主题的国家占比

他认为健康的土地能够维持各项功能的正常发挥,而土壤疾病则表示土地功能出现紊乱(Leopold,1941)。土壤健康通过作物质量影响动物和人类健康的观察结果,通常用生物有机体的健康说明(Benno,1995),例如能够抑制某些疾病的土壤,不会对动植物产生危害(Almario 等,2014)。1992 年,Trutmann 等认为,土壤健康指使土壤作为重要的生命系统行使各种功能的能力,以及在生态系统水平和土地利用的边界范围内,维持生产植物性和动物性产品的能力,维持或改善水和大气质量的能力,以及提高植物和动物健康的

能力。2005 年，Wolfe 指出，土壤健康是指采用生物、物理和化学方法相结合的实施土壤管理的综合措施，在最大限度防止生产对环境有负面效应的前提下，使作物生长实现长期的可持续发展。在我国，章家恩（2004）认为，土壤健康是指土壤处于一种良好的或正常的结构和功能状态及其动态过程，即能够提供持续而稳定的生物生产力，维护生态平衡，保持环境质量，促进植物、动物和人类的健康，未出现退化，且对环境不会造成危害的一个动态过程。周启星（2005）指出，土壤健康的基本判断标准，首先是能生产对人体具有健康效益的动植物产品，其次是具有改善水和大气质量的能力以及有一定程度的抵抗污染物的能力。当然，更为重要的是，还应该能够直接或间接地促进植物、动物、微生物以及人体的健康。

一般认为，土壤健康和土壤质量这两个术语可以互换使用。在描述土壤状况时，农民和农学家更倾向于用土壤健康定性描述，强调土壤持续稳定提供足量优质农产品的能力；而土壤学家更倾向于用土壤质量定量描述，即重视土壤的物理、化学、生物性质（Pieri 等，1995）。Pankhurst 等（1995）认为虽然土壤健康和土壤质量的概念具有很大的相似性，但土壤质量通常与某一特定使用目的的适宜性有关，土壤健康更多地侧重生态属性，这些属性具有超出其生产特定作物的质量或能力的影响，主要指土壤生物多样性及其发挥的各种功能，从而能够维持作物生长、改善环境质量、促进动植物和人类健康的可持续发展。

近年来，随着土壤学的发展，土壤健康和土壤质量的范围逐渐得到区别，土壤作为三维实体得到广泛关注，即土壤学发展从定点分析到二维土壤剖面分析和三维土体分析。土壤质量比土壤健康的概念更广泛，被描述成土壤、水、植被的综合。土壤质量也可以通过属性和指标来判定，国际上，土壤质量指标体系研究计划中，土壤质量指标可分为压力指标、状态指标和响应指标。土壤健康是其中一项重要的状态指标，所要反映的关键问题是：①当前的土地利用管理是否提高了土壤功能；②是否保持了土壤的生物多样性和环境恢复力，以利于全球生命支持功能的维持。

联合国粮食及农业组织（FAO）在 2011 年明确了土壤健康的定义，即"土壤作为一个生命系统，具有的维持其功能的能力"。健康的土壤能维持多样化的土壤生物群落，这些生物群落有助于控制植物病害、杂草、虫害，有助于与植物根系形成有益的共生关系，促进植物养分循环；具有良好的持水性能和养分承载能力，从而改善土壤结构，并最终提高作物产量（Gibbon，2012）。国内大多数学者基本认同国际上对土壤健康的观念（曹志洪，2001），我国土壤健康评价的研究多应用于草地和林地土壤（红梅等，2009；曹红雨等，2017）。还有学者把土壤健康的概念应用到耕地健康，比如李鹏山（2017）认为耕地健康是耕地的作物生产功能、生态服务功能、环境维持功能、观光休闲功能与社会保障功能等各类功能的综合体现。单美（2015）将耕地健康归纳为土地肥力高、土壤无污染、土地结构合理、土地利用变化小、土地资源量丰富的动态平衡的生态系统。我国《耕地质量等级》（GB/T 33469—2016）中规定，土壤健康状况是指土壤作为一个动态生命系统具有的维持其功能的持续能力（中华人民共和国国家质量监督检验检疫总局等，2016）。因此，健康土壤具有较强的弹性和恢复能力，在受到人类活动干扰、极端气候影响下仍能保持或快速恢复土壤功能（Zhang 等，2020）。

（二）土壤健康内涵

土壤生产力和适宜性一直是土壤健康的主要内容，而诸如寻求解决土壤退化问题和改善土壤健康等则成为土壤健康的关注点。土壤健康可作为环境质量、食品安全和经济活动的综合指标，因此，也被作为土地可持续利用的理想指标（刘世梁等，2006）。土壤健康主要依据土壤功能进行定义。从农学的概念来看，土壤健康通常定义为土壤生产力，特别是指土壤维持自然植物生长的能力；从农作物产量的观点来看，土壤健康可以定义为"土壤维持作物生长的能力而不引起土壤退化或损害环境"。Doran 和 Zeiss 指出土壤健康强调的是"可持续性"，是指在生态系统和土地利用的边界内，土壤作为关键的生命系统，为支持动植物生产，维持或提高空气和水的质量，促进动植物健康而发挥功能的能力（Doran 等，2000）。美国农业部自然资源保护局（United States Department of Agriculture-Natural Resources Conservation Service，USDA-NRCS）下设的土壤健康部门作出如下定义：土壤健康是指土壤能够支撑植物、动物和人类生存，持续发挥生态系统功能的能力（Brevik，2018）。从生态系统角度，美国土壤学会（Soil Science Society of American，SSSA）将土壤健康定义为"同土壤特定功能相联系的能力，它维持植物和动物生产，保持并提高水和空气质量以维持人类健康和生境"。因此，众多学者认为土壤的主要功能包括生产力、环境质量、动物健康（刘占锋等，2006)。这些定义表明土壤健康包含两个方面的含义：土壤供作物生长的内在能力和受土壤使用者和管理者影响的土壤动态。土壤在生态系统和土地利用边界内，维持作物和动物生产力，维持或提高水和大气质量，促进作物和动物健康。

土壤健康和土壤质量紧密联系在一起，土壤健康强调土壤的生产性，不仅对作物生长活动的效率有正面影响，而且对水和空气质量有积极影响。土壤作为一个活的、动态系统，需要管理和保持多种生物调节。也有学者认为土壤健康和土壤质量是同义的，但土壤质量通常适宜与土壤某一特定功能相联系，而土壤健康在更广范围内指出土壤作为生命系统维持生物生产力、提高环境质量和维持作物及动物健康的能力，在这一意义上，土壤健康和可持续同义。但也有学者指出，土壤质量与土壤健康有所区别。土壤质量在内涵上包括土壤内在质量和动态质量：内在质量是指土壤的自然组成和性质，主要受成土过程中自然因素的长期控制，一般不会受人类的管理措施影响；动态质量相当于土壤健康，是指在人类生存的时间尺度上，土壤资源利用和管理引起的土壤性质的变化，强调土壤属性与动植物及人类健康紧密相关(Moebius-Clune等，2016)。

(三)土壤健康与生态系统服务

土壤是环境系统的一部分，土地则是土壤、水、气候、景观和植被特性的结合。土壤作为生物圈极其重要的组成部分，除了生产力，在维持生态系统功能和区域与全球环境质量方面也发挥着重要作用。土壤健康的生态系统服务功能主要表现在参与生物圈水分循环，积累储存生物基因，维持和存储有机质，消除有毒害物质，减少 CO_2、NO_x、CH_4 排放，维持生物多样性等方面。土壤不仅调节生物过程(供给植物矿质元素和水)，也影响要素的流动(C、N、P、S循环)。生态系统的各个部分是相互作用、相互影响的，因此应该将土壤健康与生态系统及环境联系起来，与土壤保护及可持续农业联系起来，以便为许多特性和过程的条件勾绘总体的面貌。所以，环境科学家更偏向于用土壤健康这一术语来代替土壤质量，使人们像关注水、大气那样关注土壤。土壤功能影响着生态系统的其他组分和相邻的生态系统。土壤改变了降水的化学组成，影响水在环境中的分配，对大气中气、水和热的平衡起较大作用。土壤不仅是生物多样性和基因物质的蓄库，而且是地球表层生物活动最活跃的部分，土壤生物多样性对于土壤生态健康和服务功能有重要作用。过去，研究者将土壤理化性状、有机质、土壤微生物量等作为反映土壤健康的重要指标进行研究，近年来，有关土壤无脊椎动物，尤其是土壤线虫群落对土壤健康影响的研究逐渐受到重视。有学者认为，土壤健康是陆地生态系统环境质量的指标。土壤健康对环境的可持续性至关重要，土壤健康监测进展缓慢，而且随时间变化的评估会受不同管理措施的影响，关键指标和临界值的维持需要监测土壤健康在区域、国家和全球水平的多种农业生态区的变化并决定土壤健康改进和退化(龙牧华，1996；司绍诚等，2022)。

三、国内外对土壤健康认识的发展

(一)国外对土壤健康认识的发展

随着人们研究关注度和科学技术水平的发展，国外对土壤健康认识的发展主要经历了三个阶段，如图1-4所示。第一阶段，土壤健康概念初现，注重土壤生产能力。"土壤健康"于1910年首次明确提出，Wallace阐述了胡敏酸对于保持土壤健康的重要性，这里的"土壤健康"仅关注与土壤肥力相关的物理和化学特征(Wallace，1910)。深入研究表明，土壤功能与土壤生物、生化过程紧密相关，土壤生物是介导土壤生态系统服务的关键环节；土壤食物网是调控土壤能量流动的重要机制，土壤微生物也在多种生物地球化学过程中发挥重要作用，维持C、N循环等关键的生态系统功能。1936年，美国农业部农业调整署(United States Department of Agriculture-Agricultural Adjustment Administration，USDA-AAA)出版了 *Soil Health and National Wealth*，其中土壤健康概念主要基于土壤肥力和作物必需营养元素的供应，但同时也指出动植物以及土壤中各类生物的集合在土壤正常发挥功能中的作用不可忽视。

第二阶段，土壤健康对土壤环境系统和产出质量以及动、植物健康存在重要影响，即注重土壤健康。Wrench在 *The British Medical Journal* 发表论文，首次将土壤健康与人类健康相联系，随后越来越多的

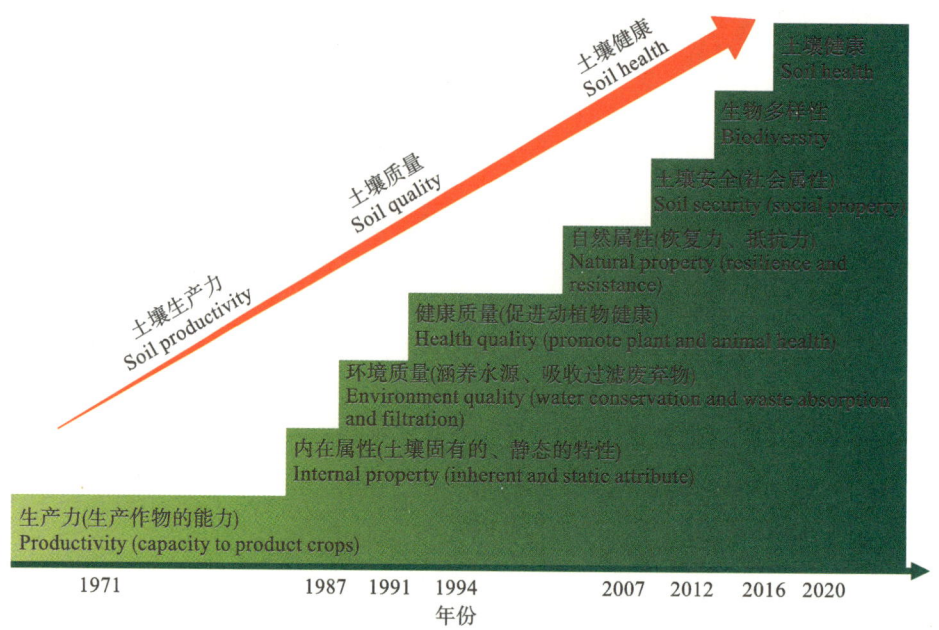

图 1-4　国外对土壤健康认识的发展(李鑫等,2021)

研究关注到土壤健康与动植物健康,乃至与人类健康的关联性(Wrench,1936)。

第三阶段,土壤是生态系统良性循环中的重要部分,即注重土壤健康和可持续发展。Karlen 等(1997)将土壤健康定义为"土壤在生态系统范围内发挥作用以维持生物生产力、维持环境质量并促进动植物健康的能力"。该定义描述了土壤为农业生产发挥作用的背景状况,一方面强调了土壤的多功能性,涵盖土壤的生产性能以及净化环境、维持物质循环、提供生态系统服务等功能;另一方面也说明土壤的功能镶嵌于生态系统中,强调了土壤健康对特定生态系统的适应性。该定义完善了土壤健康的概念,但没有定义如何测量土壤的健康程度。随着科学技术的进步和量化的深入研究,土壤健康产生了更具操作性的定义,即以一系列土壤的物理、化学和生物指标综合为土壤健康指数,以指征土壤的健康程度。以此为基础,联合国粮食及农业组织跨政府土壤技术专家组将土壤健康定义为"土壤对陆地生态系统生产力、生物多样性和环境的持续保持能力"。2013 年 12 月第 68 届联合国大会正式通过决议,将 2015 年定为"国际土壤年",联合国粮食及农业组织提出了"健康土壤带来健康生活"的理念,指出只有健康的土壤才能生产健康的食物,进而孕育健康的人类与社会(李烜桢等,2022)。2021 年澳大利亚发布了《联邦政府国家土壤战略临时行动计划》与《国家土壤战略》,欧盟发布了《2030 年土壤战略》,明确规定了土壤健康实施计划(周璞等,2023)。欧盟启动的 BENCHMARKS 土壤健康项目结合 24 个欧洲案例研究,与不同相关利益者合作,共同建立一个统一且具有成本效益的多空间尺度、多用户群体的土壤监测框架(张江周等,2024)。该框架根据评价目的、土地利用方式及可行性选用适宜指标,旨在量化特定环境下的土壤健康潜力和状态,并提供土壤管理优化建议。

(二)国内对土壤健康认识的发展

国内对土壤健康的认识略晚于国外。最早在 1997 年,有报道称不同效用的土壤生产力和适宜性是土壤健康的主要内容,而寻求解决土壤退化问题和改善土壤健康等研究逐渐成为新的关注点。各种不同效用的土壤适宜性是最早和最常用的土壤健康概念之一。土壤健康通常与作物生产量相联系,同时与其质量紧密相关。此外,由于土壤是众多生物群体唯一的生存环境,所以人们采用各种生物参数来定义土壤健康内涵,之后又增加了土壤养分循环利用、降雨分配及缓冲作用等土壤生态系统相关功能来丰富这一概念。除此之外,还有土壤的内在价值和独特性所定义的主观土壤健康概念(Warkentin 等,1997)。2016年,我国发布实施国家标准《耕地质量等级》(GB/T 33469—2016),将土壤健康明确定义为"土壤作为一个动态生命系统具有的维持其功能的持续能力,用清洁程度、生物多样性表示",更加强调土壤的生态属性,即通过支持土壤功能实现生态系统服务的能力。基于土壤多功能性的土壤健康不仅涉及土壤的生产功能,更代表土壤的平衡,包含生物多样性维持、气候调节、水净化与调节、侵蚀控制等。后来,土壤健康又有补充定义,"土壤健康是土壤维持其所在生态系统的社会生态功能的活力",突出了土壤更全面的功能,尤其是与更广泛的社会愿望相关的功能,包括人类营养和福祉、气候调节、野生动物栖息地、生物多样性保护和审美吸引力等(张桐瑞等,2022)。我国在2018年和2022年分别发布了《中华人民共和国土壤污染防治法》和《中华人民共和国黑土地保护法》,这些法律法规为防治土壤污染和退化提供了政策支持和保障。然而,在土壤健康方面,我国相关研究和立法工作仍需进一步完善。其中,定量评价土壤健康是基础创新、技术研发与政策法规制定等各项工作的前提,而指标筛选是评价体系构建的基础和核心,显著影响评价结果和决策(Chang等,2022)。2024年10月召开的中国土壤学会第十五次全国会员代表大会上将"土壤健康与人类未来"确定为大会主题。有大量报道称,土壤健康与耕地保护、农业绿色发展和人类健康生活等密切相关。

　　土壤是植物生长的基质,为动植物生存和人类活动提供不可或缺的生态系统服务。土壤的各项属性受到多种人为和环境因素的影响,因此,土壤健康数据库除了土壤固有属性,还应纳入气候变化、地理因素、土地利用方式、植被类型、社会区域发展等多种背景因素(司绍诚等,2022)。在厘清土壤健康的概念和内涵之后,开展培育健康土壤工作便有了明确方向。随着研究的深入,我们知道健康土壤培育需要探明关键障碍性因子,寻找切实有效的调控技术方法,分别从改良土壤物理结构、补给土壤化学养分、调控土壤动物和微生物菌群、提升生物多样性及优化田间管理等多维度出发,开展有利于土壤保水增肥、养分利用效率提升、植物/动物—土壤—微生物优化互作等相关土壤健康培育关键技术研究,评价技术成效,筛选适合不同类型土壤健康培育的精准单项技术,并因地制宜,优化组装形成"土壤物理改良＋有效养分提高＋微生态调控＋生物多样性提高＋种植模式优化"的综合高效技术体系,这些都是进行土壤健康培育和农业可持续性发展亟待解决的技术问题。

第二节　土壤健康评价指标和工具

　　农户是土壤使用管理的第一人,因此其对土壤健康概念和内涵的认识十分重要。多数研究的一个假设前提是农户对土壤健康的认知是对的,却不讨论这种认知从何而来、是否准确。杨肖丽等(2022)在对农户的实地调查中发现,农户对自家土地质量的认知与他们的施肥量有较高相关性,而基于部分乡镇的土地质量情况,部分农户的施肥量明显是过量的,投入产出比不合理,进一步调查发现农户未感觉施肥过多,他们普遍认为"我们这片地就得多施肥"。这就引发一个思考:农户是否是基于多年的施肥惯性形成其对土壤健康的认知呢?换言之,根据认知行为理论和计划行为理论,农户应该是"知而行之",即农户施肥应取决于其对土壤健康的了解程度,但实际上可能正相反,是施肥行为影响了农户对土壤健康的评价,即"行而知之",将这种与已有理论不相符的现象称为农户的土壤健康认知"反常"现象。这种"反常"现象若真的存在,农户有可能过量施肥或施肥不足,这都不利于科学利用和保护土地资源。因此,以生产实际情况为基础数据,构建农户施肥行为与土壤健康认知理论模型,对指导生产和开发土壤健康评价工具具有重要意义。本节主要探究国内外土壤健康评价指标、评价方法及评价工具,梳理土壤健康评价中的研究热点与发展前沿,为我国土壤健康评估研究及方法应用提供科学参考(刘占锋等,2006;江慧等,2016)。

一、土壤健康评价指标及量化

　　在土壤健康评价研究中,如何对评价指标进行准确界定和量化是农民和科研人员的关注重点,因为这

有助于确定土壤的整体状况,并为生产提供关键信息。通过量化,能够使用可测量的参数来评估土壤健康水平,为农业决策提供更具体、科学的依据,从而改善土壤健康状况、优化农业生产。评价土壤健康状况首先需要量化土壤指标,即对影响土壤健康状况的指标进行测定。目前,土壤健康评价指标通常分为物理、化学和生物指标等方面(Maurya 等,2020;Bastida 等,2008)。在当前的土壤健康研究中,大多数研究者更偏向于选用物理和化学指标,而生物指标的运用较为有限(Muñoz-Rojas,2018)。仅测量某个单一土壤指标难以全面评估土壤健康状况(Pulido 等,2017;Bastida 等,2008),但测定过多的土壤指标又可能导致数据冗余,增加劳动时间和成本(Muñoz-Rojas,2018;Paz-Ferreiro 等,2016)。因此,为了满足需求,指标的选取通常应该满足主导性、敏感性和实用性(Rinot 等,2019)。选取的指标必须具有代表性,并综合考虑实际情况,如人力和财力等因素。比如,Chen 等(2013)在评价东北大豆的主产区时,选用了土壤质地、土壤 pH、阳离子交换量、有机质(organic matter,OM)、有效态元素含量、全量元素含量等 20 个土壤物理化学指标来评价该地区的土壤健康水平。Beniston 等(2016)选用土壤 pH、土壤质地、元素含量等 18 个物理、化学和生物学指标评估了城市地段蔬菜种植土壤的健康水平,其中只有 1 个是生物指标,即土壤微生物量碳。在评价土壤健康时,OM/有机碳和 pH 值是常用的指标(Bünemann 等,2018)。Raiesi 等(2016)在沙赫里德大学农业研究站的半干旱环境中,选择有机碳和土壤 pH 作为评估不同耕作方法效果的土壤健康指标。Nabiollahi 等(2017)在伊朗库尔德斯坦省采集 150 个取样点,覆盖 309.62 km²,对受盐胁迫影响的农田进行土壤健康评估,OM 和土壤 pH 也被选为土壤健康指标。

土壤的生物成分在土壤生态系统中扮演着关键角色,包括有机物的分解、腐殖质的合成、养分循环和固氮过程(Malik 等,2017;Khatoon 等,2020;Liu 等,2017)。越来越多的研究者强调土壤生物指标在土壤健康评估中的关键性(Bhaduri 等,2022;Schloter 等,2018)。例如,土壤微生物群落对有机物分解及多种土壤特性的促进或维持具有直接或间接作用,其已被用于评估土壤健康(Vestergaard 等,2017;Maini 等,2020)。Li 等(2019)将土壤微生物量碳和微生物量氮纳入土壤健康评价指标,并在中国旱地对不同生产力小麦玉米双季种植典型区域进行了评价。代谢商数(q_{CO_2})(基础呼吸与微生物碳的比值)和微生物商数(q_{MIC})(微生物碳与有机碳的比值)等指标也被用于评估土壤健康(Maini 等,2020;Simfukwe 等,2021)。土壤酶可以促进有机残渣的降解、转化,并参与土壤的碳循环、氮循环、磷循环等(Karaca 等,2010;Adetunji 等,2017)。Igalavithana 等(2017)测量了 β-葡萄糖苷酶、磷酸酶、脱氢酶、脲酶等土壤酶活性指标和微生物群落组成,评估了有机肥施用对城市农业土壤健康的影响。由此可知,根据土壤性质、功能和生产力等因素,筛选和量化评价指标是科学评价土壤健康状况的关键。

(一)土壤健康评价指标的筛选

随着现代科技和检测技术的发展,研究者主要从土壤物理性质、化学性质、微生物多样性、动物多样性和安全性指标等方面进行分析,从而评价土壤健康程度。有研究者基于 Web of Science 和 CNKI 数据库,使用文献计量检索方法,收集有关土壤健康评价指标、最小数据集筛选、土壤健康评价方法等方面的文献,利用土壤健康评价指标选取频率、评价方法和最小数据集等信息,分析近 30 年全球土壤健康评价的发展态势、前沿领域以及评价中存在的问题。通过分析发现,国内外土壤健康评价指标体系涉及物理指标、化学指标、生物指标和环境(安全性)指标共 4 个方面(表 1-1):土壤有机质是选取频率最高的核心指标,选取频率为 96.6%;其次是土壤 pH、全氮、有效磷、速效钾和土壤容重,选取频率均在 50% 以上;微生物量碳、土壤酶活性等生物指标选取频率较低,均小于 25%,但呈逐年增加的趋势。最小数据集构建方法中,主成分分析法(principal component analysis,PCA)能最大限度地减少指标冗余,体现原始变量的绝大部分信息,应用最为广泛;被筛选进入最小数据集的指标中,有机质、有效磷、土壤容重和土壤 pH 在表征土壤健康时应用广泛,频率分别为 67.7%、43.2%、34.8% 和 34.2%。目前土壤健康评价研究主要采用主成分分析法筛选土壤健康指标,运用土壤健康指数法进行综合评价,能较准确地评估管理措施对土壤健康的影响,适用于土壤可持续管理(李鑫 等,2021)。

表 1-1　土壤健康主要评价指标

种类	指标	参考文献
物理指标	土壤容重、温度、孔隙度（大孔隙率、中孔隙率、小孔隙率、剩余孔隙率）、土层厚度、硬度（表层硬度、次表层硬度）、机械组成（黏粒、粉砂粒、砂粒）、微团聚体组成、团聚体稳定性（0.25～2 mm、2～8 mm）、土粒密度、最大吸湿量、田间最大持水量、土壤含水量、有效持水量、土壤毛管持水量、饱和水力传导率等	（陈方正等，2021；左启林等，2023；李科等，2019；Moebius-Clune 等,2016）
化学指标	土壤 pH、有机质、阳离子交换量、水溶性总盐、有效磷、速效钾和缓效钾、碱解氮、硝态氮、铵态氮和全氮、全磷、全钾、有效硫、有效硅、有效硼、有效钼、交换性钙镁钾钠、土壤碳酸根和重碳酸根、硫酸根离子、镁、铁、锰、锌、可溶性氯等	（李颖慧等，2021；Ruiz 等，2015；刘鑫等，2020；李科等，2019）
生物指标	根系健康等级、土壤微生物（细菌、真菌）多样性、土壤微生物量碳氮、无脊椎动物多样性和健康程度（线虫、蚯蚓等）、土壤酶活性（蔗糖酶、β-葡萄糖苷酶、磷酸酶、过氧化氢酶、脱氢酶、脲酶）、土壤呼吸、微生物呼吸速率、球囊霉素、活性有机碳、潜在可矿化氮等	（孟立君等，2004；Igalavithana 等，2017；Moebius-Clune 等，2016；陈丽燕，2017）
环境（安全性）指标	土壤重金属（镉、汞、砷、铅、铬、铜、镍、锌等）、塑化剂、农药残留（六六六、滴滴涕、苯并[a]芘）	（李颖慧等，2021；李科等，2019；戴华鑫等，2021）

（二）土壤健康评价指标的量化

目前，多数土壤健康评价工具不能提供土壤健康指标的量化方法，如量化标准和临界值等，仅仅是通过不同评价指标相互结合体现土壤属性（质量）与土壤功能之间的关系。因此，土壤健康评价必须构建适合具体研究目的的最小数据集（minimum data set，MDS）及指标量化所需的量化方程和标准，这是土壤健康评价及其工具应用的关键。土壤健康评价最小数据集要求对土壤功能的改变比较敏感，既能够对管理或气候做出快速反应，又能反映土壤物理、化学以及生物等特性。土壤健康评价的最小数据集一般是选取与土壤功能密切相关的指标，如土壤质地、有机质、容重、pH、电导率以及根系生长特性等，然后评价土壤健康情况及其对管理措施的响应。通过建立最小数据集可以帮助鉴别土壤评价指标间的相互关系以及对作物或土壤特性的影响（Arshad 等，2002），从而评价土壤健康或健康特征，但是土壤健康评价的最小数据集却因用途或目的不同存在很大差异，如对于农民而言，最小数据集可以是土壤的一致性、颜色和生产能力等；而对于政策制定者，最小数据集需要提供进行管理决定所需的基本土壤特征信息（Barrios 等，2006）；对于研究者，需要足够详细的验证，才能建立有意义的土壤评价，如建立土壤健康评价指数等。农业土壤健康指标都与土壤水分、养分循环以及作物产量有直接或间接联系，但是农业土壤功能具有明显的多样性特征，涵盖了作物高产、土壤和资源可持续高效利用以及生态环境保护等多个方面，因此农业土壤健康评价指标需要根据具体的评价目的进行筛选，同时应注意不同类型的土壤指标间的内在联系。对于农业生态系统，不同的土壤健康评价指标对不同的栽培管理（种植制度、耕作制度和水、氮管理等方式）敏感性不同，

需要针对不同土壤,对栽培、气候条件进行筛选。

土壤健康评价指标的量化是以土壤健康评价最小数据集为基础,根据土壤健康指标与土壤功能的量化关系建立评价模型。由于土壤内在限制和用途差异,土壤评价指标最小数据集取决于与土壤特定功能和管理目标密切相关的土壤健康指标,因此需要针对特定指标及其与土壤特定功能的关系,建立合理的数学方程描述,并利用有效的试验数据进行验证,才能形成可靠性强的土壤健康指标评分模型。土壤健康指标的量化方法有多种,如线性量化或非线性量化等。一般而言,土壤健康评价指标与土壤功能有三种基本的量化关系或评分曲线类型,即正相关、负相关和 Gaussian 方程(Andrews 等,2004)。这些评分函数或隶属函数用来确定评价指标隶属于某一等级标准,从而实现指标的量化。不同的土壤功能或管理目标,土壤健康指标的最优值或范围不同,需要区别对待,应针对具体的研究目的确定合理的临界值和变化范围。近年来,许多研究采用模糊隶属函数方法,该方法实质是综合多种土壤健康评价指数量化方法进行标准化的指数法(吕晓男等,2000),还有一些其他方法,如模糊综合评价法、地统计学方法、系统评价方法、动力学评价方法和决策树法。除土壤健康定量指标外,一些定性指标(如地貌、成土母质等)一般采用专家打分法。同一土壤健康评价指标描述不同的土壤功能时,可能需要不同的评分曲线方程,可能导致在进行土壤健康评价时存在很多矛盾,即对土壤某一功能(如高产)是高土壤健康但对其他功能(如环境保护)来说却是低质量。例如,农田土壤中硝态氮含量与作物产量在一定程度上呈正相关,但是与土壤氮淋失量也呈正相关,可能导致土壤健康评价指标的数值难以反映不同土壤功能的具体特征,所以需要综合评价。

评价指标权重是土壤健康评价结果准确性的关键,其体现了评价指标对土壤健康的影响程度。灰色关联法能在一定程度上排除人们的主观随意性,利用灰色关联法确定各指标权重可使土壤健康综合评价结果更加全面、客观、公正。如张连金等(2016)采用灰色关联法确定各指标权重,对北京九龙山进行土壤健康综合评价研究。Ruiz 等(2015)通过检测 5 种不同植被下土壤的物理、化学和生物特性对土壤健康进行评价,结果发现总氮、有机质含量和酸性磷酸酶活性在所有参数中的权重较大。李颖慧等(2021)以土壤 pH、有机质、有效磷、速效钾、碱解氮和土壤重金属(Cr、Pb、Cd、As、Hg 等)含量数据为基础,采用指数和法对土壤肥力、内梅罗指数法对土壤重金属污染风险进行评价,再引入逼近理想解排序法(technique for order preference by similarity to an ideal solution,TOPSIS)对土壤健康进行综合评价,指出博兴县大部分农用地无明显的重金属污染,且土壤肥力水平较高,土壤综合质量处于良好及以上水平。左启林等(2023)以晋西清水河流域 4 种典型的立地类型(农地、林地、果园、灌草地)为研究对象,基于土壤容重、土壤机械组成、土壤养分(有机质、全氮、全磷、全钾、速效钾)等 9 种土壤理化性质指标,采用主成分分析法和相关性建立最小数据集(MDS),并根据加权求和指数法计算不同土地利用类型的土壤健康。陈方正等(2021)选取洞庭湖流域南部的 4 个行政市为研究区,综合考虑表征土壤立地条件、剖面构型、土壤物理性状、土壤养分 4 个方面的 14 项指标,通过主成分分析法确定了最小数据集(MDS),对其土壤肥力指标(soil fertility indicator,SFI)进行了综合评价,并分析了研究区耕地土壤肥力的主要限制因子,构建了一套既能减少人力、物力和财力投入,又能保证原有信息丢失最少的土壤肥力综合评价体系,对于指导农业生产和土地利用规划具有重要作用。刘鑫等(2020)在青藏高原西大滩至安多地区,根据植被退化程度的不同采集土壤样品 154 个,通过主成分分析法确定在青藏高原多年冻土区高寒草地植被退化背景下影响土壤健康的最小数据集——碱解氮、盐分、全磷和有机质,并得出植被退化下的土壤健康指数,对该地区进行土壤健康评价。为了解自然保护区人工林的土壤健康状况,赵金满等(2023)以河北省塞罕坝国家级自然保护区华北落叶松人工林和樟子松人工林为研究对象,在分析土壤化学性质差异的基础上,运用主成分分析和相关性分析等方法,构建土壤健康指数,进行土壤健康评价。陶汪海等(2023)发明了一种基于遥感云计算平台的生态环境评价方法:首先通过风蚀和水蚀计算得到土壤侵蚀因子,获取植被覆盖度,并通过土壤微生物呼吸碳排放和净初级生产力计算得到净生态系统碳交换量,获取相对湿润指数;然后通过土壤侵蚀因子、植被覆盖度、净生态系统碳交换量和相对湿润指数构建生态环境综合评价指标,解决了现有生态环境质量评价参数多、参数难获取、计算复杂不易广泛应用等问题。

有研究者根据开发土壤健康指数的基本步骤和土壤健康评估方法,以及利益相关者的优先事项提出了统一的土壤健康指数,该方法被设计为"三套双重指数系统",包括土壤功能(i)、营养(j)和产出(k)指数体系,以及相应指数系统的当前(C)和预期(E)值。指数 i、j 和 k 中包含的指标分别反映了土壤调节功能、养分状况以及产出的质量和数量。预期 E 值用作当前 C 值的参考,健康状态是通过使用相应索引系统的当前 C 与预期 E 的比率(R)及其与"1"($R-1$)的偏差程度来获得的。对于任何经过评估的土壤,属性的数量及其比率越偏离"1",就越不健康。该方法简单易操作,可应用于研究者、农民和土地管理者,是通过诊断最重要、最健康和不健康的指标来提供统一而全面的土壤健康评估的方法(Hussain 等,2022)。有毒金属污染对土壤和环境质量、食品质量和安全、人类健康均有负面影响,因此,在未来土壤污染评价的研究中,不仅要改善土壤污染诊断、建模和监管标准,还要提高修复效率。但现已报道的几种评估模型,均未能普遍应用于各种土壤,需要进一步研究完善(Xin 等,2022)。

在对农田土壤进行评价时,生产作物是农田最重要的功能,所以大多数的研究主要关注土壤的肥力质量(Li 等,2020),通过土壤质量指数法、动态评估模型、多变量指标克里金法(Diodato 等,2004)对农田土壤肥力质量进行评价(Raiesi 等,2021;Wang 等,2022)。因此,在大部分土壤健康评价研究中,土壤环境质量评价和土壤肥力质量评价是两个独立的评价体系,目前仅有少量土壤质量综合评价研究(李颖慧等,2021;Zhang 等,2022;Fan 等,2021;Yang 等,2022),但这些研究还不够完善,主要集中于:①土壤肥力评价不系统,与单独进行土壤肥力评价时广泛选取与土壤肥力相关的指标并进行筛选(Bedolla-Rivera 等,2020)相比,在进行土壤质量综合评价研究时,因为工作量过大往往直接选取4~5个肥力指标纳入评价体系(Yang 等,2022),从而导致主观性过强,有可能遗漏关键指标;②综合评价方法不完善。但随着云计算、大数据技术的广泛应用,未来我们有信心全面对土壤健康质量评价进行进一步的发展和完善。

二、土壤健康评价工具

(一)土壤健康卡

土壤健康卡(soil quality card)是较早的土壤健康评价工具,由美国农业部自然资源保护服务研究机构和当地农民共同建立,其土壤健康评价指标建立在农业生产者的实践经验和对自然资源认知的基础上,是以观察为主且不需要实验的定性评价工具,评价结果较粗略。该工具的优点是可以不依靠技术人员或实验分析帮助,农业生产者可以凭借基本知识来评价或判断土壤健康,从而对不同土壤进行质量分级。该工具主要用于农场主或管理者评价不同管理措施(如耕作制度、作物覆盖以及肥料管理等)对土壤健康的影响,记录、检验土壤健康随时间的变化,同时还可以与土壤学专家进行交流;教育者、农业土壤保护学者以及农业生产者也可以将其用作学习、交流的工具,如土壤保护学者可利用该工具帮助当地农场主学习土壤健康存在的问题,土壤管理者可以利用该工具提高农场主参与土壤保护的积极性、增强与当地农场主的合作与交流等。

土壤健康卡在构建过程中需要遵循两个重要原则:①要适应当地情况,充分考虑当地的生态、环境概况以及作物种植系统,如果某地区构建的土壤健康卡应用到其他地区则需要进行合理调整;②以方便、适合农场主的应用为目的,以便更有效地激发农场主参与的积极性。目前已建立包括美国马里兰州、蒙大拿州、俄勒冈州等10多个州的土壤健康卡,其主要土壤健康评价指标包括土壤有机质、根系和残茬、紧实度、耕作方式、土壤侵蚀、保水性能、入渗率、养分性能、蚯蚓数量以及土壤 pH 等(Ditzler 等,2002)。

(二)土壤健康检测盒

美国农业部自然资源保护局(United States Department of Agriculture-Natural Resources Conservation Service,USDA-NRCS)于1999年研发土壤健康检测盒(soil quality test kit)。该工具采用土壤健康最小数据集方法,包括土壤呼吸速率、入渗率、容重、电导率、pH 值、蚯蚓数量等11个土壤物理、化学以及生物学指标,用于诊断土壤板结、盐碱化等土壤健康问题,或比较不同管理措施对土壤健康的影响(Seybold 等,2001)。土壤健康检测盒由两部分组成:①检测过程,主要包括一系列的土壤健康指标检测技术介绍,并且每一步检测都有图片进行解释,在检测过程中首先需要明确土壤功能及其相关土壤过程,然后鉴定土壤评价指标对土壤功能变化的敏感性;②检测结果的解释,主要是依据测定数据和前人的研究结果进行评价和分析,明确不同检测指标、土壤功能和影响因素之间的关系。该工具可以用来对比评价不同管理模式对土

壤健康的影响(平行比较),也可通过连续测定不同时间阶段的土壤健康变化进行动态比较。Seybold 等(2002)利用该工具比较免耕和传统耕作对土壤健康的影响,发现免耕能够明显改善表层土壤健康,表现出较高的土壤水分入渗率、土壤含水量、蚯蚓数量以及较好的土壤团粒结构和较低的土壤呼吸速率。

(三)土壤状况指数

土壤状况指数(soil conditioning index,SCI)是由美国自然资源保护服务组织提出的土壤健康评价工具,并不断修改、完善(Hubbs 等,2002)。该工具主要用于描述农田耕作和种植系统对土壤健康的影响,以土壤有机质作为土壤健康和碳动态的基本指标,包括土壤有机质的变化(增加和减少)、耕作栽培对土壤有机质分解的影响以及土壤侵蚀三个方面。土壤状况指数计算方法如下:

$$SCI = (OM \times 0.4) + (FO \times 0.4) + (ER \times 0.2) \tag{1-1}$$

式中,SCI 为土壤状况指数;OM 为土壤有机质影响因子;FO 为土壤管理影响因子;ER 为土壤侵蚀影响因子。一般情况下 SCI 值为 $-2 \sim 2$,SCI 数值为负表明土壤有机质含量呈下降趋势,而 SCI 数值为正表明土壤有机质含量呈上升趋势。

土壤健康的很多指标与土壤有机质含量密切相关,但有时单纯依靠土壤有机质含量变化很难准确、快速地反映土壤健康的改变,因此有必要结合其他评价方法进行土壤健康评价。例如利用该工具评价土壤水分传输、侵蚀等土壤健康时,必须要结合模型的其他输出结果进行综合评价。有报道称,土壤状况指数与美国自然资源保护服务组织开发的土壤侵蚀计算模型(Universal Soil Loss Equation Version 2,Rusle 2)结合,可通过土壤侵蚀模拟获得土壤状况指数数值,评价管理措施对土壤有机质的影响,并指导作物种植系统和秸秆管理,如设计不同的作物轮作系统和秸秆覆盖管理模式来评价管理措施对土壤有机质的影响等(房全孝,2013)。利用长时间序列试验验证土壤状况指数,有研究发现土壤状况指数与土壤碳之间存在相同的变化趋势(Seybold 等,2002),而在另一研究中,Zobeck 等(2007)利用 52 个站点的资料验证土壤状况指数,发现与土壤有机碳并没有强烈的相关性,但与土壤颗粒有机质碳密切相关,说明该工具需要在不同地区或种植系统进行验证。Franzluebbers 等(2011)对土壤状况指数进行了详细的校正和验证,筛选了可靠的土壤健康评价指标,认为该工具是一个快速量化土壤有机质含量动态变化的工具。Williams 等(1990)将该工具与环境政策综合气候工具(environment policy integrated climate,EPIC)相结合,对农田生态系统土壤健康进行了评价。Abrahamson 等(2009)结合土壤状况指数和 EPIC 工具对比分析免耕农田系统中土壤有机质变化动态,结果表明土壤状况指数可以作为有效工具快速评价不同保护性耕作模式下土壤有机质的变化。Zobeck 等(2008)利用土壤状况指数和 EPIC 工具评价了不同作物种植系统如小麦、玉米、棉花等对土壤健康的影响,结果表明土壤状况指数可以区分不同管理系统的有机质含量的差异。由此可见,土壤状况指数在评价不同管理模式对土壤健康影响方面具有广阔的应用前景。

(四)康奈尔土壤健康测试工具

康奈尔土壤健康测试工具(Cornell soil health test)由康奈尔大学开发,主要是通过快速测定一系列反映土壤健康的物理、化学和生物指标评价土壤健康,是传统土壤健康评价的重要发展。康奈尔土壤健康测试工具可以测定 39 个土壤健康评价指标,一般情况下根据对土壤管理措施的敏感性、土壤过程或功能的相关性以及测定过程和费用等特点,选取土壤质地、团粒稳定性、土壤可获得水含量、土壤潜在矿化率、活性碳含量、有机质含量以及植物根系健康评价等指标。该方法发展迅速,具有快速、简单、费用低等特点,逐渐成为构建国际土壤健康标准的基本方法。另外,康奈尔土壤健康测试工具扩展了土壤物理、化学以及生物指标等,可进行更为广泛的土壤健康评价(Idowu 等,2009)。

(五)农业生态系统功能评价工具

农业生态系统功能评价工具(agro ecosystem performance assessment tool)是利用土壤健康评价指数方法,选取土壤参数、量化方程、临界值以及参数权重等,比较不同农业生态系统的功能(农学和环境方面)随管理措施的变化,该工具包括前言、输入文件、土壤健康指数确定、土壤健康指数描述、权重分配、输出文件选择、农业系统功能得分计算和保存,使用者需要对土壤参数和管理目标有全面的理解(Liebig 等,

2004)。农业生态系统功能评价工具的主要特点有：①可以综合评价农业生态系统功能的可持续性，包含了土壤、水以及大气质量评价；②数据要求严格，周期长。一般来讲，该工具需要一系列多年测定的高质量的数据，如 20 年以上的长期定位试验数据等。而对于局部地区的短期试验数据，该方法的评价结果可信度会下降。

（六）土壤管理评价框架工具

在作物秸秆管理研究中，Jokela 等（2009）利用土壤管理评价框架工具（soil management）选取可获得 P 和 K、土壤有机质、活性碳、容重、pH 以及微生物量及其活性等指标预测玉米秸秆生产系统土壤健康的变化，结果表明秸秆覆盖有益于玉米生产系统，但是其中一些土壤健康指标在 4 年以后才出现明显的变化，由此说明预测效果良好，有助于管理者有针对性地对不同土壤健康情况的区域进行合理管理。

土壤管理评价框架工具可以综合评价土壤健康对不同管理措施的响应特征和相关机理。该工具采用土壤物理、化学和生物学指标评价管理对土壤功能的影响，主要过程包括：①土壤健康指标的选择；②土壤健康指标的解释；③土壤健康指标的整合，形成土壤健康指数。目前该工具在很多农业土壤健康评价研究中得到较为广泛的应用，在对比不同种植系统、秸秆管理以及区域土壤健康静态评价方面都显示了强大的功能，逐渐成为农业生态系统土壤健康评价调控的重要工具。但在不同种植系统或轮作系统研究中，该工具对不同土壤指标的敏感性不同，有待深入研究。

（七）小结

不同土壤健康评价工具的应用目的、范围具有很大的差异。如土壤健康卡主要用来初步评价土壤健康，具有预警作用；而土壤健康检测盒可以用于教育，也可以用来鉴别土壤健康改善的限制因素，制定土壤保护政策；而其他土壤健康评价工具，如土壤状况指数、农业生态系统功能评价工具和土壤管理评价框架工具主要用于更为复杂的研究工作，往往具有复杂的土壤健康指标和评价过程，且与生态模型相结合，在农业生态系统土壤健康评价与管理研究中发挥着越来越重要的作用。这些工具都反映了土壤健康动态变化，如目前或过去管理措施对土壤健康的影响等，而不是对土壤内在质量的评价。另外，这些工具只是评价土壤健康的一个框架，而不具备土壤健康指标量化方法和标准，这些具体的方法需要根据具体情况进行选择和构建。

土壤健康评价工具一般是通过界定土壤参数、功能，并根据作物生长发育与土壤特性之间的关系进行解释，但在数据输入、准确性以及量化标准等方面都存在明显不同。如土壤状况指数只有一个土壤健康指数（土壤有机质），只能初步评价土壤健康。而康奈尔土壤健康测试工具、农业生态系统功能评价工具和土壤管理评价框架工具等，都包括了诸多土壤生物、物理和化学指标供选择，但主要集中于评价土壤的生产力功能，而对其他功能如土壤环境效应等涉及较少。另外，这些工具对不同管理措施的敏感性存在很大的差异，如土壤状况指数与土壤管理评价框架工具相比较，后者在区分不同种植系统对土壤健康的影响方面更为有效；而土壤管理评价框架工具和农业生态系统功能评价工具对土壤健康的评价结果非常接近，但由于两个工具的数据输入要求和评价目的都存在很大的不同，因此二者相比较存在很大的困难（Wienhold 等，2006）。利用土壤状况指数与土壤管理评价框架工具分析不同管理措施对小流域尺度农田土壤健康的影响，发现两个工具计算的土壤健康指数都与测定数据呈正相关，但是后者更能反映不同管理措施对小流域土壤健康的影响，能提供管理措施对土壤健康影响的更多信息，如发现地势高的区域的管理目标是减少土壤氮、磷流失等（Karlen 等，2008）。

农业土壤健康评价工具由简单、应用性强的土壤健康卡发展到复杂、研究型的土壤健康评价工具，在评价目的、适应性、敏感性、准确性以及适用性上存在很大的差异，因此不同的土壤健康评价应选择合理的工具。其中，土壤健康卡和土壤健康检测盒在生产中应用较广泛，而土壤状况指数和土壤管理评价框架工具在研究中应用较多，在农业土壤健康评价与调控研究中具有重要的作用。

由于多数土壤健康评价工具没有提供具体的土壤健康最小数据集和量化标准，且不同土壤健康评价的最小数据集及其量化标准也存在很大的差异，因此构建适宜的土壤健康最小数据集以及选用合理的量化方程是土壤健康评价工具应用的关键和难点。目前多数土壤健康评价指标的量化研究主要集中在土壤

物理、化学以及部分生物指标,而关于对管理措施反应敏感的微生物学以及相关酶活性指标的量化研究很少,是今后土壤健康评价研究的重点。土壤健康评价指标测定方法及其准确性存在很大的差异,导致土壤健康评价结果很难比较,通过结合农业系统模型和土壤功能传输方程估算其他更多的土壤健康指标,扩展土壤健康评价最小数据集,是提高土壤健康评价工具的适应性、改善土壤健康评价结果的重要途径。

国内外土壤健康评价研究的主要差别在于,国外土壤健康评价工具应用研究注重土壤管理如种植模式、作物系统、耕作模式以及水肥管理等对农业土壤健康的影响及其调控措施,研究结果为改善农业土壤健康提供了重要理论和技术支持;而国内土壤健康评价研究主要集中在土壤健康评价指标的量化方法研究,以及针对不同的土壤类型、土地利用方式进行土壤健康评价方法的构建、验证和改善,这方面已有详细的论述(曹志洪等,2008),但是还没有形成统一的土壤健康评价工具,且针对改善土壤健康的应用研究还相对较少,这方面亟待加强。

第三节 土壤健康评价方法

一、国内外土壤健康评价方法

由于不同地区的自然环境和社会经济条件存在差异,土壤健康评价方法呈现多样化的特点(张嘉宁,2015),目前尚未形成一个统一的标准。然而,许多国内外机构和科研人员根据自身需求制定了一系列评价方法,以评估土壤健康,并为实现土壤和生态系统的可持续发展提供了理论指导和技术支持(图1-5)。

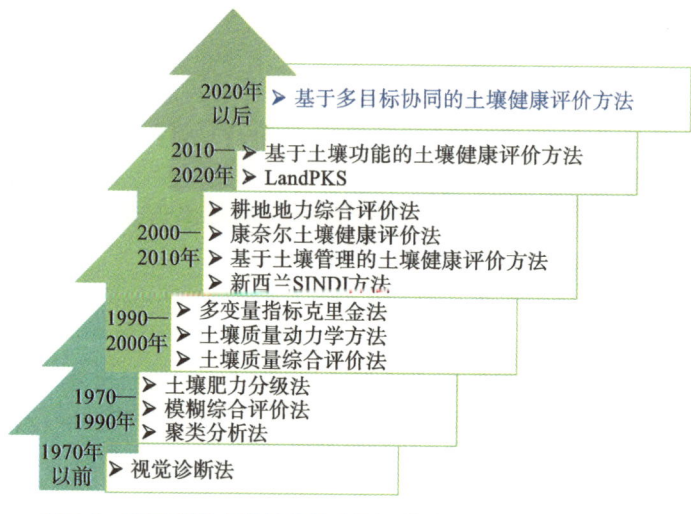

时间	评价方法
2020年以后	基于多目标协同的土壤健康评价方法
2010—2020年	基于土壤功能的土壤健康评价方法 LandPKS
2000—2010年	耕地地力综合评价法 康奈尔土壤健康评价法 基于土壤管理的土壤健康评价方法 新西兰SINDI方法
1990—2000年	多变量指标克里金法 土壤质量动力学方法 土壤质量综合评价法
1970—1990年	土壤肥力分级法 模糊综合评价法 聚类分析法
1970年以前	视觉诊断法

图1-5　不同时间土壤健康的主要评价方法（张江周等,2022）

自20世纪90年代以来,许多科研人员已经开发出了土壤健康评价的体系和监测工具。在早期,一些国家采用视觉土壤评估方法来评估土壤状况,该方法以观察为主,更关注土壤结构,而较少关注土壤的化学与生物特性(Romig等,1997;Lilburne等,2002;Mueller等,2014)。例如,Romig等(1995)提出了土壤质量卡的概念,通过观察和记录土壤的外观、结构、生物活性、侵蚀、水分等特征,以判断土壤健康状况。美国农业部农业研究组织(United States Department of Agriculture-Agricultural Research Service,USDA-ARS)于1999年开发研制了一种土壤质量试验箱,该试验箱可用于直接测量田间0~7.6 cm土层的半定量指标数据,便于评估和监测土壤质量,随后该试验箱在美国得到了改进和推广(林芬芳,2009)。欧洲于

2016 年建立了 GROW 观测站(http://growobservatory.org/),该站目前正在开发简单工具,包括实地评估和易于农民学习的教育工具,以便农民和土壤利益相关者进行土壤管理(Bünemann 等,2018)。视觉土壤评估的一个明显优势在于其直观的解释,然而它忽略了生物与化学过程对生态服务系统的影响,因此无法全面评估生态系统的土壤健康。

随着地统计学、模糊数学、地理信息系统等的广泛应用,土壤健康评价已经从定性方法逐步转向定量方法。科研工作者也开始关注土壤化学和生物指标,并将土壤样品带回实验室进行分析,以期建立更加准确的土壤健康评价体系。加拿大是最早启动土壤健康评估的国家,在 1998 年开展了国家土壤质量监测计划,通过基准站点评估土壤健康随时间变化的关系(Acton 等,1995)。尽管加拿大的国家土壤质量监测计划并未长期实施,但其中的部分数据仍然被用于强调农业环境指标,包括土壤、水和空气质量的评估(Baylis 等,2022)。在新西兰,研究人员对 511 个站点采用 7 项土壤指标进行土壤健康评估,旨在建立所有主要土壤类型和土地利用类型的基准值(Lilburne 等,2004;Sparling 等,2004;Lilburne 等,2002)。基于这些数据,他们开发了一个名为 SINDI(soil quality indicators,https://sindi.landcareresearch.co.nz/)的在线评价网站,用于将指定的土壤类型中的指标测量结果与数据库信息进行比对(Lilburne 等,2002;Thakur 等,2022)。美国于 20 世纪 90 年代提出土壤管理评估框架(soil management assessment framework,SMAF)的概念,该框架基于明确的生态系统或管理目标进行土壤健康评估(Wienhold 等,2009),通过专家筛选结合主成分分析,构建土壤健康评价指标的最小数据集,应用指数法建立不同评价指标的评分曲线,量化土壤健康(Nunes 等,2020)。美国农业部与华盛顿州立大学提出多变量指标克里金法(multiple variable indicator Kriging,MVIK),将不限数量的单个土壤指标利用地统计学方法综合为土壤健康指数(Smith 等,2011)。Larson 等(1991)提出了一个描述土壤质量动态变化的函数,即土壤质量 $Q = f(q_1, q_2, \cdots, q_n)$,其中 q_i 表示某个土壤质量的数值。土壤的动态变化可以通过求导 $\dfrac{\mathrm{d}Q}{\mathrm{d}t}$ 来反映土壤质量的变化速率。土壤健康指数法是目前应用最广泛的方法,其源于 Doran 等(1994)提出的可以将各个土壤质量元素相乘得到土壤质量评价值的理念。

近年来,康奈尔大学土壤健康团队建立了康奈尔土壤健康评价方法(comprehensive assessment of soil health,CASH),该方法采用了 17 个物理指标、15 个化学指标和 11 个生物指标,最终选出物理、化学和生物指标各 4 个用于土壤健康评价。该方法通过累计正态分布函数将土壤指标转化为无单位变量的指标分值,根据指标分值计算出土壤健康水平,用来指导田间管理并改良土壤(Moebius-Clune 等,2016)。康奈尔土壤健康评价体系衍生出 CASH、SMAF 和 SHAPE(soil health assessment protocol and evaluation)3 个版本的评价方法。SMAF 评估框架是早期版本,CASH 是 SMAF 评估框架的简化版,由 SMAF 衍生而来,应用累计正态分布法,改进了土壤物理、化学和生物指标的评分曲线。CASH 近年仍在快速发展,不断纳入敏感的评价指标。然而,SMAF 和 CASH 主要应用于美国东北部旱地土壤,在其他区域、不同土地利用方式(如水田)和不同管理措施下,CASH 的有效性与敏感性有待检验。为扩大 CASH 的应用范围,研究人员在进一步综合考虑气候和土壤类型的基础上,研发了大尺度土壤健康快速评价工具 SHAPE(Nunes 等,2021)。SHAPE 测定指标相对较少、易于操作,但应用时间尚短,适用性也仍有待检验(表 1-2)。HSHT(Haney soil health test)土壤健康评价方法主要针对美国东南部的旱地土壤开发,指标较少(24 h 土壤呼吸、水溶性有机碳、氮),侧重于土壤生物活性指标,试图将土壤生物、土壤肥力和土壤健康联系起来评估土壤健康,在不同地区衍生出 2015、2018 和 SHS 3 个版本(Singh 等,2020)。由于 HSHT 土壤健康评价方法的指标相对较容易测定,成本不高,受到广泛关注,但 HSHT 评价方法的校准和验证也较有限(Chu 等,2019)。M-SQR(Muencheberg soil quality rating)土壤健康评价方法从植物生长环境和土壤健康条件出发,构建基础指标(作物生长发育有关的土壤性状)和胁迫指标(限制作物生长的环境指标),通过加权线性模型与最小限制因子法相结合,评估耕地生产潜力(Mueller 等,2012)。M-SQR 土壤健康评价系统考虑胁迫指标的作用,选取与生产力相关的指标进行评分,可为全球农田土壤健康的实用性评价、农田质量和作物产量潜力估测提供框架,但该框架需要大量样本数据,对特定区域、特定功能进行评估时需要多大样本数仍不明确(张丹丹 等,2023)。

表 1-2　国内外主要土壤健康评价方法的对比（张丹丹等, 2023）

评价工具	国家	指标	优点	缺点	发展前景
CASH	美国	物理指标：土壤质地、团聚体稳定性、有效含水量、表层硬度、次表层硬度。 化学指标：土壤 pH、可提取磷、可提取钾、微量元素（Fe、Mn、Mg、Zn）。 生物指标：土壤有机质、活性碳、土壤呼吸、土壤蛋白含量	费用低，田块尺度准确性和敏感性较高，能较全面地反映土壤健康	未考虑土壤属性指标的权重，区域尺度准确性相对较低	应用价值广泛，有潜力成为构建国际土壤健康标准的基本方法
SHAPE	美国	气温、降水、土壤有机质、质地	易区分气候和土壤类型，灵活定量，易操作	评分曲线相对少，缺少实践检验	生成多个土壤健康指标的评分曲线，满足全面需求
HSHT	美国	生物指标：24 h 土壤呼吸、水溶性有机碳、氮	指标少、侧重生物学指标	主要针对农业生态系统开发，适用性可能受到指标和位点特异性的限制	需要对更多土壤类型和气候进行对比，具有发展潜力
M-SQR	德国	基础指标：坡度与地势、表层土壤结构、亚耕层结构、根系分布深度、剖面有效水、湿度和积水、基质、A 层厚度。 胁迫指标：污染、盐化、钠质化、酸化、低的全量养分状况、岩石上的土层浅薄、干旱、洪水和极端涝害、陡坡、地表岩石、高比例的粗质地碎块、不适宜的土壤热状态、其他胁迫（风或水的极端作用、河床侵蚀、土壤沉降等）	指标较全面，区域适用性较好	需要大量样本数据估算，具体情况下需要多少才合理仍不明确	可作为全球农田土壤健康评价的实用性参考框架
耕地质量等级	中国	气候条件：积温、降水量、全年日照时数、光能辐射总量、无霜期、干燥度。 立地条件：经纬度、海拔、地形地貌、地形部位、坡度、坡向、成土母质、土壤侵蚀类型与程度、林地覆盖率、地面破碎度、地表岩石裸露情况、地表砾石度、田面坡度。 剖面性状：剖面构型、质地构型、有效土层厚度、耕层厚度、腐殖层厚度、田间持水量、旱季地下水位、潜水埋深、水型。 土壤理化性状：土壤质地、容重、土壤 pH、CEC。 土壤养分：土壤有机质、全氮、有效磷、速效钾。 障碍因素：障碍层类型、障碍层出现位置、障碍层厚度、耕层含盐量（盐渍化程度）、1 m 土层含盐量、盐化类型、地下水矿化度。 土壤管理：灌溉保证率（灌溉能力）、灌溉模数、抗旱能力、排涝能力、排涝模数、轮作制度、梯田化水平	综合多种条件，较全面反映土壤健康状况	指标繁多，实际可操作性不强，指标体系内量化关系仍不完善	完善体系内量化关系，需要继续实践研究

虽然我国在 20 世纪 80 年代已经开始进行土壤质量评估,但与北美、欧盟的发达国家或地区相比,我国的土壤健康评价研究还处于发展阶段,仍没有建成一个完善的评价体系与标准,尚缺乏专门、统一的土壤健康评价工具,特别是突出土壤生物、物理指标的土壤评价工具(陈丽燕,2017)。早期,我国土壤学家把土壤健康视为土壤质量的一部分(赵其国等,1997)。随着土壤学与其他交叉学科的蓬勃发展,科研人员逐渐从土壤的质量评价转向土壤的健康评价(蔡小溪等,2015)。2016 年,《耕地质量等级》(GB/T 33469—2016)以清洁程度和生物多样性指标表征土壤健康。该标准面向大区域尺度的耕地土壤,对指导区域作物生产和布局具有重要意义,但仍存在土壤生物指标少、量化程度低和实际应用操作困难的现实问题(表1-2)。

目前,我国在土壤健康评价领域主要采用土壤健康指数方法。这一方法已广泛应用于华北平原不同种植方式、典型茶叶产区、高原森林等多种地形地貌的健康评价(任明慧,2022;张嘉宁,2015;杨小虎,2021;曲文静,2022;方红夏,2021)。Li 等(2022)对浙江衢州的三种主要种植模式(小麦-玉米轮作、蔬菜、棉花)开展了农业投入(化肥、农药、有机肥和秸秆还田)对土壤健康的影响研究,选取了土壤有机碳、有效锌、真菌物种丰富度、碳库活性、总铬含量、酸性磷酸酶活性等指标组成最小数据集,利用土壤健康指数发现小麦-玉米和蔬菜系统的土壤健康得分高于棉花系统,并揭示了秸秆残渣、有机无机肥的高投入对提高土壤健康的积极作用。曲文静(2022)在我国的四子王旗荒漠草原区从 14 种土壤指标中选取了 OM、砂粒、土壤侵蚀程度和土壤 pH 组成最小数据集,采用土壤健康指数方法得出此地的土壤健康得分处于较低水平。Gong 等(2015)为了研究中国南疆克里雅河流域绿洲化过程中的土壤健康变化,从农田、天然林、盐碱地、沙漠和沙地共 4 种典型自然用地中收集了 100 份土壤样本,分析测定了 15 个土壤指标,采用主成分分析和聚类分析方法最终选取土壤湿度指标、土壤 pH、土壤养分指标和土壤盐分组成了最小数据集,通过土壤健康指数计算发现盐碱地、沙漠和沙地的土壤健康低于农田以及天然林,表明在土壤复垦过程中应考虑土地类型的影响。吴克宁等(2021)提出了以表征耕地土壤功能与重金属胁迫为核心,构建耕地土壤健康全流程评价框架:从土壤功能与胁迫角度,在理论方面将耕地土壤健康解构为初级生产力、水净化与调节、碳封存与调节、生物多样性供给、养分供给与循环共 5 类土壤功能;从实践角度进行尺度划分,识别出田块、县域、省域和国家的 4 级尺度的耕地土壤健康管护目标。赵瑞等(2021)基于功能性土壤管理理论,在参考并改进欧美相关土壤健康和土壤功能评价技术路线基础上,以豫北平原粮食主产区(河南省温县)为例,采用定性和定量相结合的方法,通过识别水田、水浇地和旱地对不同土壤功能的供给和需求关系,构建土壤功能供需判别矩阵,并叠加重金属污染胁迫因素,评价耕地土壤的健康状况,从而实现了基于土壤功能与胁迫的耕地土壤健康评价,丰富和完善了目前耕地土壤质量(健康)评价指标体系。

综上所述,我国土壤健康评价研究已取得一系列进展,为推动可持续土地管理和农业发展提供了科学依据。然而,我们仍需要进一步深化研究,以建立更为全面和精准的土壤健康评价体系,从而更好地保护土壤生物多样性,保障土壤资源持续高效安全利用,满足耕地土壤健康管护需求,应对土地资源的保护与利用挑战。

二、不同空间尺度土壤健康评价方法

在空间尺度上,土壤用途、物理特性、化学性质、生物学特性等均存在较大差异,因此对应的土壤健康评价框架也明显不同。1996 年于荷兰瓦赫宁根举办的 Soil and Water Quality at Different Scales 研讨会上首次系统地讨论了土壤健康质量评价的尺度问题,指出不同空间尺度和对象所偏重的评判标准不同,不同尺度下评价方法和作用有显著差异(Bouma 等,1998)。其中,Karlen 等(1997)建立了包含五个基于不同目的的土壤健康评价尺度框架。第一尺度为点尺度,用于研究土壤变化的机理;第二尺度为面尺度,用于研究土壤健康随土地管理方式变化的规律;第三尺度为田块尺度,用于依据土壤特性开展土壤管理;第四尺度为农场尺度,用于监控土地使用情况,保持和提高环境质量;第五尺度为地区尺度,用于开展可持续发展政策研究。第一和第二尺度为微观尺度,对其进行研究可以帮助理解土壤健康;第三至第五尺度为宏观尺度,对其进行研究可以监测土壤健康的变化。

(一)全球尺度

Eswaran 等(1999)筛选了来源于土壤系统分类诊断特征的 24 个土地利用限制因素,并从土壤湿度、土壤温度、土壤特征 3 个方面构建三维矩阵,将全球固有土壤健康定性地划分为 9 个等级,由此形成了美国农业部自然资源保护局发布的全球固有土地(土壤)质量图。Mueller 等(2012)使用由德国莱布尼茨农业景观研究中心(Leibniz Centre for Agriculture Landscape Research,ZALF)开发的 M-SQR 方法,选取了 8 个基础指标和 13 个风险指标,对德国全境的耕地和草地的土壤健康进行了综合评价,以表征它们的作物生产潜力。该方法的评价指标与土壤系统分类诊断特征紧密结合,通过解译土壤调查数据,使其应用于全球尺度土壤健康评价成为可能,而在德国、俄罗斯、中国等国家设置的试点已证明可行性。

(二)大洲尺度

在欧洲,Kibblewhite(2012)提出了适用于欧洲土壤优先保护区划定的理论框架:识别不同类型土壤面对的主要胁迫,由此映射不同的土壤性状和土地特性,基于 1∶1000000～1∶250000 比例尺精度的土壤调查数据解译,对与具体土壤功能相关的常见土壤类型进行监测评价。土壤动物和微生物群落在提供大部分土壤功能方面发挥着重要作用(Menta 等,2018;Richter 等,2018),筛选土壤生物指标是当前土壤健康研究的热点(Ritz 等,2009)。Stone 等(2016)总结了适用于欧盟成员国农业区土壤健康评价的十大生物多样性指标,又选取线虫群落结构在大洲尺度进行验证,然而其结果表明该指标在欧洲生物地理区域间、生物地理区域内的不同土地利用均存在显著变异,这主要是由于土壤生物对生境变化具有高敏感性(贺纪正等,2015)。

(三)国家和地区尺度

在意大利,Salvati 等(2015)选取 4 个指标,分别是成土母质、土层厚度、质地、坡度,采用各指标独立评分、连乘开方的方式,对意大利全境土壤健康进行了综合评价,以表征其抵抗荒漠化和干旱的能力。虽然该方法相对于德国 M-SQR 逻辑简单,但因其评价目的明确且单一,实现了与现实情况相符的合理评价。在意大利北部的平原地区,Calzolari 等(2016)由生态系统服务、土壤贡献、土壤功能、评价指标、输入数据,自上而下地筛选可获取的具体指标,评价和描述了土壤对于生态系统服务的多重贡献,结果以土壤生物栖息地、过滤缓冲、碳封存等 8 个土壤功能维度的雷达图直观展现,提供了呈现评价结果的新思路。早在 20 世纪 90 年代,中国科学院南京土壤研究所就开始进行红壤质量评价的相关研究,例如孙波等(1995)基于第二次全国土壤普查资料,以土种为评价单元,从养分状况和理化环境两方面对我国东南丘陵山区铁铝土进行综合评价,描述和分析了不同亚类土壤肥力的空间分异。其中,数据的精度及其可获取性随着尺度的缩小而提高,由此表明最小数据集虽然是一种从大量数据中筛选主要评价指标的常用方法(Liu 等,2014;金慧芳等,2018;刘鑫等,2018),但其作用在这一尺度具有明显优势。

(四)县/省域尺度

肖钰(2021)对四川凉山、泸州、攀枝花的植烟土壤进行评价时,对 0～20 cm 和 20～40 cm 的两个土层分别取样,共测定 20 个土壤指标。虽然其采用 PCA 和线性评分方法进行了数据量化,并利用 SHI_w 计算了土壤健康,但其研究并未进行 MDS 的选取,如果将其所有指标都用于后续土壤健康评价会增加测量指标的时间和成本。陈丽燕(2017)对豫中、南烟区 3 个植烟县(襄城县、郏县、泌阳县)土壤进行健康评价时,选取了 78 个采样点,并通过自己设定的标准(优质烟叶的生产概率、土壤肥力、烟叶产值和发病概率)划分了高、中和低三个不同健康档次的烟田,从中选了对健康档次最为关键的 10 个指标,采用 CASH 评分方法结合 SHI_w 评价了此地区的土壤健康水平。包玲凤等(2023)对云南省保山市植烟地区进行土壤健康评价时,其采集了 72 个土壤样品,选取了土壤 pH、OM、全氮、全磷、全钾、碱解氮、有效磷、速效钾、蔗糖酶和脲酶等 12 项指标作为 TDS,通过 PCA 筛选出 OM、全磷、碱解氮、有效磷、土壤容重和蔗糖酶共 6 项指标进入 MDS,使用线性函数对指标进行量化,采用 SHI_w 进行了土壤健康评价。张明发等(2017)对湖南湘西进行土壤健康评价时,通过 PCA 分析最终选取 OM、砂粒、速效钾、有效磷、全钾和有效钼共 6 项指标进入

MDS,随后使用线性评分方法结合 SHI_w 进行土壤健康得分的计算,其将土壤健康划分为 5 个等级。李佳莹(2023)对湖北恩施、十堰、宜昌、襄阳共 4 个植烟地区进行了土壤健康评价,选取了包括土壤立地和生态条件等 19 个指标,采用了层次分析法确定各指标的权重,使用线性评分方法进行量化,通过 SHI_w 对土壤健康进行了评估,并且以恩施为例提出了影响此地区烟田发展的主要制约因素。以上研究大多数都建立了自己的 MDS,但是仅采用单一的线性评分方法或者单一的 SHI_w 去进行土壤健康评价,可能造成评价结果的片面性和不确定性。因此,为了更全面地评估土壤健康,需要综合考虑多种评分方法和 SHI_w,建立适合各地区的土壤健康评价模型,从而减少评估结果的偏差和不确定性。

有研究者在北京市平谷区以 SOM、全氮、有效磷和速效钾作为土壤肥力状况的重要指标,通过 GS+得出不同采样密度下土壤肥力指标空间变异的半方差函数模型,并以此为依据建立套合模型,探究区域内土壤肥力指标的时空演变规律及驱动因素,同时结合耕地质量评价已有研究和不足,从评价因子选择、因子权重和隶属度确定、耕地质量等级划分等方面建立县域尺度下的耕地质量等级评价方法体系,对研究区域耕地质量进行评价并建立系统从而实现自动化评价;但缺乏更多尺度下的深入研究,套合模型的设计以及与其他插值方法对预测结果的精度影响程度缺乏准确的数据支撑,且能否在实际采样中得到应用尚不明确(邹宏光,2021)。

(五)田块尺度

对小区域或单一土类进行土壤肥力质量评价,主要是运用数理统计方法和地理信息系统及地统计学原理开展土地适宜性评价和农用地分等定级等方面的研究(李双异等,2006;陈海生等,2007),也有用加权平均法、内梅罗指数法、聚类分析、富集因子分析、模糊数学方法、环境指数评价决策树法等对土壤肥力进行综合评价(徐建明等,2010)。面向小尺度区域,研究村镇田块土地利用评价的关键技术集成及其示范,为村镇土地可持续利用及基本农田保护规划、实现基本农田长期利用、国土相关部门的基本农田保护规划决策提供科学技术支撑,具有较大的实践价值(侯振,2011)。但需要注意的是,应根据研究区域及其尺度不同对评价指标体系进行适当调整,以满足不同管理层面和不同管理部门的需求。例如,田块、农户等小尺度耕地的健康产能动态变化用于服务生产实践和田间管理,而省域、国家等中、大尺度范围的耕地主要考虑其固有质量以服务于宏观管理与决策,而不同尺度之间的协同则是满足耕地健康产能可持续化管理的重要条件。

在土壤健康评价研究中,明确评价目标和指标往往是首要步骤。在评价指标方面,高旺盛等(2007)通过文献调研和专家咨询筛选了理论上适用于耕地土壤的 14 个指标,其他实证研究选取的指标数从 1~12 个不等,半数以上少于 7 个,这主要是受大空间尺度土壤数据可获取性较低和最小数据集指标筛选思路的限制,一般情况下 6~12 个指标即可实现一定尺度范围的土壤健康综合评价。有研究者指出,有机质或有机碳、容重、质地、土层厚度、持水性、全氮等出现频率较高,这与 Bünemann 等(2018)、林卡等(2017)、陈梦军等(2018)的全尺度统计结果相吻合,由此说明各尺度范围的核心评价指标存在一定共性。在评价目标方面,多数研究者专注于土壤作物生产能力(金慧芳等,2018),通常以生产能力空间分布制图和限制性因素识别等内容为主。近年来,土壤胁迫、生物多样性、生态系统服务等介入土壤健康研究,评价目标逐步多元化。评价对象的选取取决于评价目标,相应多数研究的评价对象是以耕地、林地和草地为主的农用地土壤,而多元化评价目标则未限于特定的土地利用类型。土壤功能作为评价目标与评价指标的桥梁,它在研究中被提及的频率与组合方式,与评价目标呈现较高的相关性,逐渐形成土壤功能分解与土壤多功能评价的发展趋势(杨淇钧等,2020)。

由于土壤健康内涵的复杂性,评价模型以综合评价为主,从具体操作角度可归纳细分为累加型、连乘型、累加相乘型、经验函数型 4 种类型。其中累加型最为常见,是指将各相对独立的评价指标值,通过平均求和,或通过德尔菲法、层次分析法、主成分分析法、聚类分析法等方法赋予权重后加权求和,得到综合评价结果;连乘型是指各相对独立指标值,通过连续相乘,以乘积作为综合评价结果,该方式适用于评价指标较少的情况,它的评价结果具有较好的区分度;累加相乘型是指将评价指标分成若干组,组内为累加型,组间为连乘型,以得到综合评价结果,该方式适用于评价目标较为复杂的情况,有助于评价逻辑梳理;经验函数型是指利用已验证的评价指标映射函数,输入指标值得到综合评价结果,该方法适用于评价目标和涉

土壤功能单一、评价指标较少的情况,由于可规避主观意愿,通常其评价结果可信度较高。由此可见,不同土壤健康评价研究基本遵循了"制定评价目标—明确评价对象和涉及的土壤功能—选取评价指标与评价方式—输出评价结果"的技术路线,这与在全球广泛应用的土壤管理评价框架(SMAF)基本一致(Andrews等,2004)。近年来,该理论框架也得到了改良与发展,例如瓦赫宁根大学研究中心的研究团队在对其进行细化时,融入了面向用户的理念,提出开发交互式评价工具。

在不同空间(大、中、小)尺度评价中,评价指标、模型和技术路线上具有相似性(图1-6),其中大空间尺度土壤健康评价在评价目标、评价对象等方面有显著特征;综合评价目标与对象来看,大空间尺度土壤健康评价多强调土壤的自然资源属性,旨在服务资源利用与保护,而非单一地将其视为生产资料,因此其选取的指标多数涵盖了能反映土壤自身属性的固有质量指标。整体来说,以综合评价为主的评价指标、模型、一般技术路线在各尺度范围通用。

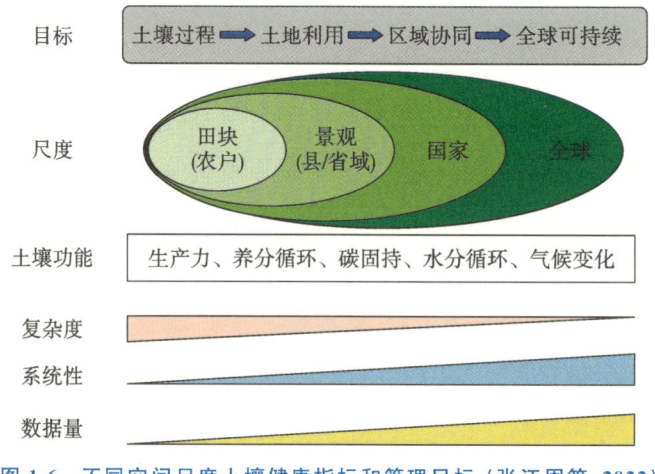

图1-6 不同空间尺度土壤健康指标和管理目标（张江周等,2022）

第四节 我国植烟土壤健康主要问题

烤烟(flue-cured tobacco)是一种十分重要的经济作物,在世界上栽培范围较为广泛,是卷烟工业的主要原料(吴定锟,2017)。根据相关数据统计,2010年,我国烟草种植面积为2018万亩(1345330公顷),占国内耕地总播种面积的0.86%;2011—2020年,烤烟播种面积由1324750公顷下降至967020公顷,10年间减少357730公顷;2021—2023年,烤烟种植面积逐渐恢复并稳定在1000000公顷左右。目前,我国烟叶生产主要分布在云南、贵州、四川、重庆、湖南、河南、福建、湖北、陕西、江西、广东等地的欠发达地区。从烟草农业的比较收益来看,在粳稻、玉米、油菜籽、马铃薯、烤烟5类作物中,烤烟的现金收益最高,烟草种植已经成为我国贫困地区农民摆脱贫困的重要途径。近年来,烟草行业每年为国家实现税收1万亿元人民币以上,占国家总税收的10%左右(Zhang等,2020)。烟草产业涉及近100万户烟农、520多万户卷烟零售客户和众多上下游相关产业从业者,总计影响2000多万人的就业与生计,对国家扶贫、社会稳定和新农村建设均有重大的贡献。

烤烟属于连作敏感型作物,不合理施肥、长期连作以及重用轻养等不良栽培措施易引起植烟土壤质量退化,健康水平下降,烟株生长发育异常,病虫害严重,烟叶品质下降(Chen等,2015;Yang等,2011;刘巧真等,2012)。与20世纪80年代相比,我国烟田土壤基础肥力仍在继续下降(土壤有机质、有效氮和速效钾等土壤养分含量降低),土壤物理性状变差(如耕层变浅、土壤板结、容重增加),土壤缓冲能力下降,养分结构不调等,已明显制约我国烟草农业和卷烟工业的可持续发展(王宜伦等,2008)。

一、土壤物理特性问题

土壤物理性质是决定土壤质地和肥力水平的关键因素,良好的土壤物理性质有利于土壤水肥的运移和内部协调,从而提高土壤的肥力水平(武海霞等,2023;Franzluebbers,2002)。在集约化农业生产中,不合理的施肥、耕作和水分管理措施等造成土壤耕层变差,导致多种物理结构障碍(土壤板结、土壤容重增大、土壤孔隙度变小等)、土壤酸化、养分不平衡等问题,严重影响烟草生产和生态系统功能(高华军等,2016)。长期连作会引起植烟土壤有机质含量下降,土壤团聚体变差(王彦亭等,2010;庄云等,2013),而土壤团聚体是土壤的重要组成部分和土壤结构的基本单元,对土壤生态功能(如碳固存和养分保持等)的维持至关重要(刘亚龙等,2023)。长期翻耕和旋耕会导致耕层浅薄、表层土壤结构稳定性和团聚体质量下降,土壤耕作环境恶化,加剧农田表层土壤流失和风蚀(杨森,2023;郭志军等,2001)。山区烤烟种植多采用刀辊转轴与被耕地面平行的卧式旋耕机实现翻耕,导致植烟土壤出现耕层变浅、犁底层升高、板结与蓄水保肥能力下降等问题,制约烤烟生产(邓小华等,2019)。一般而言,容重较小的土壤结构相对松散,透水透气性好;反之,土壤相对紧密,透水透气性差(李佳轶等,2019)。土壤容重增加导致土壤硬度上升,当土壤容重由 1.2 g/cm^3 上升至 1.6 g/cm^3 时,烟草根系和叶片生物量分别下降51.9%和47.0%(Turšić等,2016);土壤紧实程度的增加,影响土壤通气状况,导致烤烟根系供氧不足,引起低氧胁迫,根系活力下降后造成养分吸收减少,叶片光合速率受到抑制,光合产物减少,烟叶生物量和品质均受到影响(刘琳琳,2010)。近年来,伴随着烟草农业生产方式的转变,大型农机具的广泛使用使土壤机械压实,表层土壤被压下沉,土壤固液气三相比发生改变,不同大小土壤颗粒重新排列,总孔隙度降低,饱和导水率下降,容重与穿透阻力增加,因此土壤紧实成为影响土壤质量和烤烟生长的关键限制因子之一,这种现象在河南、陕西等烟区均有报道(戴华鑫等,2018;韦成才等,2013)。

云南是我国最大的烟草种植省份,产量占全国烤烟产量的45%左右,是我国清香型烤烟产区的典型代表(王彦亭等,2010;庄云等,2013),其成土母质和岩石多样,总体上土壤养分适宜、中微量元素适中,但云南烟区烟田土壤质地总体上偏黏,不利于耕作(逢涛等,2012;庄云等,2013),大量红壤烟区土壤特点是富酸性、易干旱、易板结、肥力低,很容易造成土壤的自然压实,影响作物根系的水、肥、气、热的交换(田育天等,2019)。烟稻轮作种植区多分布在福建、湖南、广东等省份,研究表明烟稻轮作有利于减少土壤病虫害、改善土壤理化性质,还有利于烟叶增质增产,但水旱轮作易破坏土壤结构,降低土壤孔隙度,不利于根系下扎,进而影响作物的生长发育和产量的提高(王飞等,2015)。

二、土壤化学特性问题

土壤酸碱度与烟叶产量、质量形成密切相关,土壤酸化是限制烟区稳定发展的重大问题之一(李银科等,2013)。酸性或微酸性(pH:5.5~6.5)土壤环境更适合优质烟草的生长发育。我国不同地区连续多年种植烟草后,烟田土壤 pH 呈现明显下降趋势,pH<5.0 的强酸性和 5.0<pH<5.5 的弱酸性植烟土壤比例升高。土壤酸化达到一定程度(pH<5.5),易导致土壤固相铝溶出,对植物根系产生毒害,会对作物产生酸害,从而导致作物生长不良,甚至减产(徐仁扣等,2018)。第二次全国土壤普查结果显示,我国2.4%的植烟土壤 pH<4.5,18.6%的植烟土壤 pH 为 4.5~5.5,而酸性土壤的理化性质差,铁铝及重金属活性高,会抑制根系对养分的吸收(张玲玉等,2020)。此外,土壤酸化也是烟草青枯病暴发的重要诱因(Li等,2017)。由此可知,烟田土壤酸化严重影响烤烟产量与品质,急需有效的调控措施,提升酸性烟田土壤健康,恢复其生产力(闫静等,2023;查宇璇等,2022)。杨树明等(2021)运用地统计学和地理信息系统(geographic information system,GIS)分析云南曲靖土壤养分的空间分布特征及其变异主控因素,发现土壤 pH 变异受自然因素(土壤类型、质地和降雨)的主导,有机质、水解氮和速效钾空间变异受自然和人为因素(施肥)共同影响,有效磷的空间变异主要受人为因素影响,这间接说明了人为田间管理是烟田土壤性状变化的一个重要原因。

烟草对氮素非常敏感,氮素不足时烟叶产量下降,品质变差;氮素过量时烟叶贪青晚熟,烟碱和全氮含量高,糖含量低,化学成分不协调(刘国顺,2003)。在生产中,人们片面追求经济效益,大量施用氮肥且不注重中微量元素肥料的补给,我国烟田氮肥利用率多为30%~35%,远低于发达国家(70%左右),易引起烟叶品质下降、资源浪费、污染和土壤健康问题(Liu等,2010;李志军等,2010)。此外,植烟土壤还存在中微量元素不平衡、氯离子超标等地区性问题(丁根胜等,2009)。

作物对养分的吸收具有选择性,长期连作会使土壤中有效养分比例不协调,导致土壤养分失衡,土壤性状和烟叶质量变差。苏海燕等(2011)研究指出,长期连作使烟田土壤酸化,有机质含量下降,土壤中全氮、全磷、全钾含量逐年增加,但有效磷和速效钾含量逐年降低,碱解氮与有效磷、速效钾的比值增加。孙冰玉(2010)研究指出,长期连作显著降低了土壤有效硫、有效锌、有效硼、有效铜的含量,导致土壤养分比例失调。

三、土壤生物特性问题

土壤微生物群落结构、多样性及其活动受连作年限的影响较大。有研究报道,短期连作土壤微生物仍保持较高活性,但连作3年以上会显著降低微生物活性(何川,2012)。连作会降低土壤好气性纤维素分解菌、好气性自生固氮菌和氨化细菌的数量(李鑫等,2012)。好气性纤维素分解菌在有机质的形成过程中具有重要作用,与土壤肥力密切相关(张洪梅,2006)。好气性自生固氮菌携带的金属固氮酶能够将大气中的氮气固定为氨(Kuypers等,2018),而氨化细菌是将土壤中有机氮化合物转化为氨的主要微生物类群,与土壤中氮素循环密切相关,对烟田土壤生态系统的稳定性有重要影响(刘秀,2012)。连作会降低烤烟根际土壤微生物的AWCD值,改变根际土壤微生物碳代谢特征;随着连作年限的延长,微生物对聚合物类碳源利用程度逐渐增加,对氨基酸类和糖类碳源的利用程度逐渐降低(杨旭初等,2017)。

不同连作年限下,烟田土壤细菌和真菌群落结构组成差异较大。连作会降低土壤细菌丰度,主要原因可能与土壤酸化有关。变形菌门、酸杆菌门、绿弯菌门和髌骨细菌门是优势菌门,变形菌门相对丰度随着连作时间增长呈现出先增加后降低的趋势,绿弯菌门和髌骨细菌门的相对丰度与连作时间呈负相关,酸杆菌门的相对丰度则与连作时间呈正相关。在属水平,随着连作时间的增长,土壤中鞘脂单胞菌属和竹杆菌属细菌丰度呈现下降趋势,亚硝化单胞菌属和硝化螺菌属细菌的相对丰度则不断增高。连作打破了土壤中原有的生态环境平衡,破坏细菌群落结构,降低细菌群落的多样性。连作会增加土壤真菌群落的丰度,提高土壤病害的发生概率,土壤中肉座菌目、格孢腔菌目等植物病原真菌丰度随连作时间的增长而增加,而能够分解土壤毒素的粪壳菌目丰度则不断降低;中短期连作下土壤真菌多样性低于轮作;但连作超过5年后,真菌群落多样性高于轮作,且随着连作时间的增长,多样性不断增大(王胜男,2021)。长期施用有机肥能改变土壤微生物群落结构,但施用有机肥可能带来潜在的抗生素抗性基因污染的生态风险,需要严控有机肥的来源(王光华等,2024)。

土壤酶主要是由微生物、细根、土壤动物分泌或释放的具有催化活性的蛋白质,其参与有机质分解、土壤微生物能量和营养获取、污染物降解等重要的生态过程,其活性高低表征了土壤物质转化的方向和程度(刘善江等,2011;张友杰,2010;Burns等,2013)。短期连作提高了土壤酶的活性,但长期连作会降低土壤酶活性,即连作3年>正茬>连作8年(古战朝等,2011)。烟草连作2~3年时,土壤中淀粉酶和蔗糖酶活性较高,之后逐渐降低且保持在较低水平,而土壤中纤维素酶活性则随着连作年限增加呈逐渐下降的趋势(焦永吉等,2014)。有研究指出,与正茬相比,连作显著降低了土壤中转化酶、脲酶、中性磷酸酶和过氧化氢酶的活性(于宁等,2008)。由此可知,连作对土壤酶活性的影响有所差异,但长期连作会抑制土壤酶活性已经成为共识。

四、土壤安全性问题

土壤面源污染加重,将严重影响烟叶质量特色的彰显。在烟草生产过程中,烟草根结线虫病、烟草根黑腐病、烟草黑胫病等根茎病害会严重危害烟草生长,病害发生与农药不合理使用及土壤污染密不可分。造成植烟土壤污染的原因有多种,其中因地膜和农药(除草剂、抑芽剂等)的使用方法不当、废弃地膜和农药包装袋(瓶)的随意遗弃、农药残留、施肥不当、灌溉不合理而造成的污染占主要部分(孙翠英,2012)。对2010 年和 2011 年来自全国 13 个主要植烟省的代表性土壤样品的检测结果表明,六六六及滴滴涕检出率均为 100%,但含量均未超标,有机磷类农药虽然检出率为 38.1%～100%,但最高含量不到 10 μg/kg(武小净等,2015)。除草剂的高频高强度施用和大量残留,易引起后茬作物药害,可能会造成土壤质量退化,对农田生态系统的稳定性、多样性产生不良影响,抑制土壤生态服务功能(任文杰等,2022)。烟草对除草剂较为敏感,当季除草剂使用不当或前茬作物使用长残留期除草剂均会造成药害进而影响烟草生长发育,在选用除草剂时应进行安全性评估以指导生产上科学使用(郭涛等,2024)。此外,植烟土壤还面临着土壤微塑料、塑化剂、抗生素等污染物的超标风险(刘贺等,2024;戴华鑫等,2021)。

第五节　土壤健康评价展望

近年来,随着科技进步和人们对土壤多功能性认识的深入,土壤健康研究已成为国内外研究的前沿和热点。对土壤健康评价指标和方法的研究是理解土壤健康的基础,可为土地管理、健康土壤定向培育理论和技术研发提供重要支撑。构建多目标协同、多主体参与、适用于不同尺度/作物体系的农田土壤健康评价方法,建议从以下几个方面开展研究工作。

(一)构建土壤健康大数据平台

土壤是一个动态变化的系统,除了土壤固有的特性,还受气候、人为活动(种植作物类型、种植制度、管理策略)等影响(Wang 等,2020)。土壤健康大数据应包含气候因素,地形条件,土壤物理、化学和生物学特性,作物类型,管理,农产品品质和社会经济因素等信息。随着生物信息学的快速发展,建立相应的土壤微生物学大数据非常重要。此外,大数据可以以不同区域主要作物体系和土壤类型为分类单元,利用函数、模型等筛选出对土壤时空变化反应较为敏感的指标,为区域土壤健康评价新型指标的选择奠定基础。土壤健康需要发展长期和全过程动态检测,大数据平台的构建需要与新型分析手段和快速测试技术、智能化信息技术相结合。一些无损测试仪器如近红外光谱分析仪、傅里叶红外光谱仪、X 射线荧光光谱仪等,可实现土壤健康属性的快速测试,提高工作效率。此外,新兴数据分析工具如机器学习、深度学习、人工神经网络等,有利于更加客观地选择土壤健康评价指标,进一步优化土壤健康评价体系。同时,土壤健康评价需要与人工智能信息技术相结合,开发土壤健康智能应用程序,以期在更大尺度上评价土壤健康状况,为政府、科研人员、企业、种植户等提供更加全面的信息,为健康土壤定向培育技术的研发与技术落地提供重要支撑(Reichstein 等,2019)。

(二)建立不同尺度和作物体系的土壤健康评价方法

土壤健康的研究尺度不同,评价标准不同,选择的评价指标也有区别。对于田块(农户)尺度而言,更多关注土壤物理/化学/生物学特性、管理信息和农产品品质,构建最小数据集,结合隶属函数法、层次分析法等方法,明确田块(农户)尺度土壤健康状况。县域尺度土壤健康评价要在田块尺度的基础上开展,结合不同作物类型、土地利用方式等信息,借助地理信息系统获得土壤健康评价分布图,依据不同土地利用方式,协同实现景观尺度土壤多功能的耦合。在更大尺度上(如区域和国家尺度)进行土壤健康评价,需要增加气候、地理、地形、社会经济发展、区域发展优势等多种因素,选择合适的评价指标,结合遥感、土壤普查数据库、数学评价模型和土地资源管理学科的相关知识,在土壤健康管理区域和全国目标的框架下,结合土壤管理政策,形成土壤可持续管理的模式。

(三)建立多目标协同的土壤健康评价方法

土壤健康评价指标的选择要涵盖多种土壤功能,而不能仅仅以生产力为依据(Lehmann等,2020)。以追求高产为导向的传统方法忽视了土壤健康多功能的发挥,造成了严重的资源环境问题,影响了土壤的可持续利用。然而目前我国土壤健康问题严峻,土壤酸化、盐渍化、重金属污染等问题严重,而土壤健康与人体健康密切相关,涉及环境保护的相关评价参数需要进一步完善。因此,未来亟须建立协同增产、提质、增效和环保多目标的农田土壤健康评价体系,实现多种土壤功能协调发展。

(四)土壤健康评价与系统研究方法相结合

土壤健康评价是了解土壤状况的基础,其目的是更好地指导生产,保障健康食物生产的同时,维持土壤生态系统服务功能的发挥。土壤健康评价与"自上而下(top down)""自下而上(bottom up)"两种系统研究方法相结合,可以在区域尺度上指导土壤健康研究与应用,其中 DPSIR(driver pressure state impact response)和 DEED(describe explain explore design)是两者的代表性研究方法。DPSIR 以一种简化的方式阐述了人类行为对环境的影响,它可以作为环境管理和决策的一种有价值的工具(Niemeijer等,2008)。研究人员借助此工作理念,利用该方法可评价人类管理活动对土壤健康的影响,同时结合各种环境和社会经济因素系统提出政策建议。DEED 从发现土壤障碍因子出发,通过科学研究、设计、再设计的思路开展工作。将这些系统方法应用于土壤健康评价工作中,将有利于全面提升区域土壤健康水平。

(五)土壤健康评价需要多主体参与

土壤健康与食物健康、环境健康、人体健康等相互关联,需要多学科交叉、多主体参与。多主体包括科研单位、政府部门、企业、农场主、种植户等。科研单位对土壤健康评价指标和方法进行探究和优化,确定最佳评价指标和评价方法。政府部门联合科研单位通过政策、文件等形式,制定土壤健康评价指南,扩大宣传、普及与应用。企业、农场主和种植户作为土壤健康评价的使用主体,根据不同种植体系、管理目标等对现有土壤健康评价方法进行反馈。科研单位和政府部门会根据使用者反馈信息进一步完善土壤健康评价指标和方法,以期使土壤健康评价方法更加精准有效(张江周等,2022)。

参考文献

[1] 包玲凤,杨明英,尹兴盛,等. 基于最小数据集的保山市植烟土壤质量评价与障碍诊断[J]. 西南农业学报,2023,36(3):612-622.

[2] 蔡小溪,吴金卓. 森林土壤健康评价研究进展[J]. 森林工程,2015,31(2):37-41.

[3] 曹红雨,高广磊,丁国栋,等. 木兰围场典型林分土壤健康评价研究[J]. 山西农业大学学报(自然科学版),2017,37(10):713-718.

[4] 曹志洪. 解译土壤质量演变规律,确保土壤资源持续利用[J]. 世界科技研究与发展,2001,23(3):28-32.

[5] 曹志洪,周健民,等. 中国土壤质量[M]. 北京:科学出版社,2008.

[6] 查宇璇,冉茂,周鑫斌. 烟田土壤酸化原因及调控技术研究进展[J]. 土壤,2022,54(2):211-218.

[7] 陈方正,任健,刘思涵,等. 基于最小数据集的洞庭湖流域南部耕地土壤肥力综合评价[J]. 土壤通报,2021,52(6):1348-1359.

[8] 陈海生,叶协峰,刘国顺,等. 基于 GIS 的河南省烤烟土壤肥力适宜性研究[J]. 土壤通报,2007,38(6):1081-1085.

[9] 陈丽燕. 植烟土壤健康评价体系构建的研究——以豫中、南烟区为例[D]. 郑州:中国烟草总公司郑州烟草研究院,2017.

[10] 陈梦军,肖盛杨,舒英格. 基于 CNKI 数据库对土壤质量评价研究现状的分析[J]. 山地农业

生物学报，2018，37（5）：41-48.

[11] 戴华鑫，牟文君，陈丽燕，等. 土壤硬度对烤烟生产的影响及原因分析[J]. 中国烟草学报，2018，24（2）：55-64.

[12] 戴华鑫，张艳玲，李亮，等. 河南植烟土壤6种邻苯二甲酸酯污染特征分析[J]. 中国烟草学报，2021，27（3）：56-64.

[13] 单美. 耕地健康评价及其应用研究[D]. 泰安：山东农业大学，2015.

[14] 邓小华，周米良，田峰，等. 山地植烟土壤维护与改良理论与实践[M]. 北京：中国农业科学技术出版社，2019.

[15] 丁根胜，王允白，陈朝阳，等. 南平烟区主要气候因子与烟叶化学成分的关系[J]. 中国烟草科学，2009，30（4）：26-30.

[16] 方红夏. 宿东矿区废弃地土壤质量评价[D]. 淮南：安徽理工大学，2021.

[17] 房全孝. 土壤质量评价工具及其应用研究进展[J]. 土壤通报，2013，44（2）：496-504.

[18] 高华军，韦忠，罗刚，等. 百色市植烟土壤状况及保育和修复技术[J]. 作物研究，2016，30（6）：736-740.

[19] 高旺盛，陈源泉，石彦琴，等. 中国集约高产农田生态健康评价方法及指标体系初探[J]. 中国农学通报，2007，23（10）：131-137.

[20] 古战朝，习向银，刘红杰，等. 连作对烤烟根际土壤微生物数量和酶活性的动态影响[J]. 河南农业大学学报，2011，45（5）：508-513.

[21] 郭涛，余知和，薛原，等. 贵州烟田杂草防控除草剂筛选与安全性评价[J]. 河南农业科学，2024，53（5）：112-122.

[22] 郭志军，佟金，任露泉，等. 耕作部件土壤接触问题研究方法分析[J]. 农业机械学报，2001，32（4）：102-104，112.

[23] 中华人民共和国国家质量监督检验检疫总局，中国国家标准化管理委员会. 耕地质量等级：GB/T 33469—2016[S]. 北京：中国标准出版社，2016.

[24] 何川. 烟草连作对土壤有机碳含量、酶活性、碳源利用能力及微生物多样性的影响分析[D]. 郑州：河南农业大学，2012.

[25] 贺纪正，陆雅海，傅伯杰. 土壤生物学前沿[M]. 北京：科学出版社，2015.

[26] 红梅，敖登高娃，李金霞，等. 荒漠草原土壤健康评价[J]. 干旱区资源与环境，2009，23（5）：116-120.

[27] 侯振. 基于GIS的村镇土地利用评价技术集成与应用研究[D]. 开封：河南大学，2011.

[28] 黄鸿翔. 我国土壤资源现状、问题及对策[J]. 中国土壤与肥料，2005（1）：3-6.

[29] 江慧，张琴. 土壤质量指标与评价研究进展[J]. 四川林业科技，2016，37（6）：22-26，37.

[30] 焦永吉，程功，马永健，等. 烟草连作对土壤微生物多样性及酶活性的影响[J]. 土壤与作物，2014，3（2）：56-62.

[31] 金慧芳，史东梅，陈正发，等. 基于聚类及PCA分析的红壤坡耕地耕层土壤质量评价指标[J]. 农业工程学报，2018，34（7）：155-164.

[32] 李佳轶，刘文，任天宝，等. 植烟土壤物理特性及碳库对不同粒径生物质炭的动态响应[J]. 中国土壤与肥料，2019（2）：14-23.

[33] 李佳莹. 湖北省烟田质量评价体系的构建与应用[D]. 武汉：华中农业大学，2023.

[34] 李科，李志军. 土壤农化分析方法[M]. 北京：中国农业科学技术出版社，2019.

[35] 李鹏山. 农田系统生态综合评价及功能权衡分析研究[D]. 北京：中国农业大学，2017.

[36] 李双异，刘慧屿，张旭东，等. 东北黑土地区主要土壤肥力质量指标的空间变异性[J]. 土壤通报，2006，37（2）：220-225.

[37] 李鑫，张文菊，邬磊，等. 土壤质量评价指标体系的构建及评价方法[J]. 中国农业科学，2021，54（14）：3043-3056.

[38] 李鑫,张秀丽,孙冰玉,等.烤烟连作对耕层土壤酶活性及微生物区系的影响[J].土壤,2012,44(3):456-460.

[39] 李烜桢,骆永明,侯德义.土壤健康评估指标、框架及程序研究进展[J].土壤学报,2022,59(3):617-624.

[40] 李银科,王菲,羊波,等.土壤pH值对烟叶化学成分和品质的影响[J].江苏农业科学,2013,41(12):98-100.

[41] 李颖慧,姜小三,王振华,等.基于土壤肥力和重金属污染风险的农用地土壤质量综合评价研究——以山东省博兴县为例[J].土壤通报,2021,52(5):1052-1062.

[42] 李志军,李平儒,史银光,等.长期施肥对关中塿土微量元素有效性的影响[J].植物营养与肥料学报,2010,16(6):1456-1463.

[43] 林芬芳.不同尺度土壤质量空间变异机理、评价及其应用研究[D].杭州:浙江大学,2009.

[44] 林卡,李德成,张甘霖.土壤质量评价中文文献分析[J].土壤通报,2017,48(3):736-744.

[45] 刘国顺.烟草栽培学[M].北京:中国农业出版社,2003.

[46] 刘贺,宋树贤,孙梅,等.土壤和植物中微塑料研究现状分析及检测方法研究进展[J].地学前缘,2024,31(2):183-195.

[47] 刘琳琳.土壤紧实胁迫对烤烟若干生理代谢的影响[D].福州:福建农林大学,2010.

[48] 刘巧真,郭芳阳,吴照辉,等.烤烟连作土壤障碍因子及防治措施[J].中国农学通报,2012,28(10):87-90.

[49] 刘善江,夏雪,陈桂梅,等.土壤酶的研究进展[J].中国农学通报,2011,27(21):1-7.

[50] 刘世梁,傅伯杰,刘国华,等.我国土壤质量及其评价研究的进展[J].土壤通报,2006,37(1):137-143.

[51] 刘鑫,王一博,吕明侠.基于主成分分析的青藏高原多年冻土区高寒草地土壤质量评价[J].冰川冻土,2018,40(3):469-479.

[52] 刘鑫,王一博,杨文静.青藏高原植被退化背景下土壤质量评价方法研究[J].兰州大学学报(自然科学版),2020,56(2):143-153.

[53] 刘秀.有机氮分解菌的驯化筛选及其特性研究[D].合肥:合肥工业大学,2012.

[54] 刘亚龙,王萍,汪景宽.土壤团聚体的形成和稳定机制:研究进展与展望[J].土壤学报,2023,60(3):627-643.

[55] 刘占锋,傅伯杰,刘国华,等.土壤质量与土壤质量指标及其评价[J].生态学报,2006,26(3):901-913.

[56] 龙牧华.土壤质量含义的变迁[J].地理译报,1996(1):35-37.

[57] 吕晓男,陆允甫,王人潮.浙江低丘红壤肥力数值化综合评价研究[J].土壤通报,2000,31(3):107-110.

[58] 孟立君,吴凤芝.土壤酶研究进展[J].东北农业大学学报,2004,35(5):622-626.

[59] 逄涛,林茜,李勇.云南烟区不同土壤类型对K326烤烟主要化学成分的影响[J].安徽农业科学,2012,40(16):8897-8898,8914.

[60] 曲文静.四子王旗荒漠草原区土壤质量评价及其影响因素研究[D].呼和浩特:内蒙古师范大学,2022.

[61] 任明慧.贵州典型茶产区土壤质量评价[D].贵阳:贵州大学,2022.

[62] 任文杰,滕应,骆永明.东北黑土地农田除草剂污染过程与消减技术研究进展与展望[J].土壤学报,2022,59(4):888-898.

[63] 沈海花,朱言坤,赵霞,等.中国草地资源的现状分析[J].科学通报,2016,61(2):139-154.

[64] 司绍诚,吴宇澄,李远,等.耕地和草地土壤健康研究进展与展望[J].土壤学报,2022,59(3):625-642.

[65] 苏海燕.烤烟连作对土壤理化特性及烟叶品质的影响[D].郑州:河南农业大学,2011.

[66] 孙冰玉. 连作对烟田土壤酶活性、微生物种群数量及土壤理化性质的影响[D]. 哈尔滨:东北林业大学, 2010.

[67] 孙波, 张桃林, 赵其国. 我国东南丘陵山区土壤肥力的综合评价[J]. 土壤学报, 1995, 32(4): 362-369.

[68] 孙翠英. 规范烟田操作 防止土壤污染[J]. 河南农业, 2012(12): 48-49.

[69] 陶汪海, 邵凡凡, 王全九, 等. 基于遥感云计算平台的生态环境质量评价方法:CN 116485219 A[P]. 2023-07-25.

[70] 田育天, 李湘伟, 谢新乔, 等. 秸秆还田对云南典型烟区土壤物理性状的影响[J]. 土壤, 2019, 51(5): 964-969.

[71] 王飞, 李清华, 林诚, 等. 冷浸田水旱轮作对作物生产及土壤特性的影响[J]. 应用生态学报, 2015, 26(5): 1469-1476.

[72] 王光华, 胡晓婧, 于镇华, 等. 施肥对我国黑土农田土壤微生物群落多样性影响的研究及展望[J]. 土壤与作物, 2024, 13(2): 127-139.

[73] 王胜男. 西南山区烤烟连作对土壤微生物多样性的影响及机制研究[D]. 咸阳:西北农林科技大学, 2021.

[74] 王彦亭, 谢剑平, 李志宏. 中国烟草种植区划[M]. 北京:科学出版社, 2010.

[75] 王宜伦, 张许, 谭金芳, 等. 农业可持续发展中的土壤肥料问题与对策[J]. 中国农学通报, 2008, 24(11): 278-281.

[76] 韦成才, 张立新, 马英明, 等. 陕西主要植烟区土壤理化特性与肥力评价[J]. 西北农业学报, 2013, 22(4): 178-183.

[77] 吴定锟. 烤烟地残膜危害及治理措施[J]. 乡村科技, 2017(3): 91-92.

[78] 吴克宁, 杨淇钧, 赵瑞. 耕地土壤健康及其评价探讨[J]. 土壤学报, 2021, 58(3): 537-544.

[79] 武海霞, 康佳腾, 宋福如, 等. 有机硅复合肥对滨海盐碱地土壤物理特性及夏玉米产量的影响[J]. 节水灌溉, 2023(5): 114-121.

[80] 武小净, 李德成, 胡锋, 等. 我国主产烟区烟田土壤有机农药残留状况研究[J]. 土壤, 2015, 47(5): 979-983.

[81] 肖钰. 四川植烟土壤特征分析及健康评价[D]. 北京:中国农业科学院, 2021.

[82] 徐建明, 张甘霖, 谢正苗, 等. 土壤质量指标与评价[M]. 北京:科学出版社, 2010.

[83] 徐仁扣, 李九玉, 周世伟, 等. 我国农田土壤酸化调控的科学问题与技术措施[J]. 中国科学院院刊, 2018, 33(2): 160-166.

[84] 闫静, 时仁勇, 王昌军, 等. 不同改良剂对酸性烟田的改良效果及其对烤烟生长的影响[J]. 土壤, 2023, 55(3): 612-618.

[85] 杨淇钧, 吴克宁, 冯喆, 等. 大空间尺度土壤质量评价研究进展与启示[J]. 土壤学报, 2020, 57(3): 565-578.

[86] 杨森. 机械化耕播方式对土壤物理特性及玉米生长性状影响[D]. 哈尔滨:东北农业大学, 2023.

[87] 杨树明, 余小芬, 邹炳礼, 等. 曲靖植烟土壤 pH 和主要养分空间变异特征及其影响因素[J]. 土壤, 2021, 53(6): 1299-1308.

[88] 杨小虎. 玛纳斯河流域绿洲土壤盐分反演及土壤质量评价[D]. 石河子:石河子大学, 2021.

[89] 杨肖丽, 马豪壹, 张瑞龙. 农户土壤质量认知与施肥行为研究——以辽宁省北镇市葡萄种植户为例[J]. 土壤通报, 2022, 53(2): 290-300.

[90] 杨旭初, 龙莉, 柳开楼, 等. 连作对烟草根际土壤细菌碳代谢指纹的影响[J]. 河北农业大学学报, 2017, 40(5): 38-43.

[91] 于宁, 关连珠, 娄翼来, 等. 施石灰对北方连作烟田土壤酸度调节及酶活性恢复研究[J]. 土壤通报, 2008, 39(4): 849-851.

[92] 张丹丹,盛浩,肖华翠,等.土壤健康的评价方法及应用[J].土壤与作物,2023,12(1):109-116.

[93] 张洪梅.吉林黑土纤维素分解菌生态特性及在有机质转化中作用[D].长春:吉林农业大学,2006.

[94] 张嘉宁.黄土高原典型土地利用类型的土壤质量评价研究[D].咸阳:西北农林科技大学,2015.

[95] 张江周,李奕赞,李颖,等.土壤健康指标体系与评价方法研究进展[J].土壤学报,2022,59(3):603-616.

[96] 张江周,王光州,李奕赞,等.农田土壤健康评价体系构建的若干思考[J].土壤学报,2024,61(4):879-891.

[97] 张连金,赖光辉,孙长忠,等.北京九龙山土壤质量综合评价[J].森林与环境学报,2016,36(1):22-29.

[98] 张玲玉,赵学强,李家美,等.水稻和两种野生植物对酸性硫酸盐土耐性及矿质元素吸收[J].土壤学报,2020,57(2):403-413.

[99] 张明发,田峰,李孝刚,等.基于烤烟生产的湘西植烟土壤质量综合评价[J].中国烟草学报,2017,23(3):87-97.

[100] 张桐瑞,金轲,王珍,等.草地土壤健康的内涵及其评价[J].中国草地学报,2022,44(5):102-113.

[101] 张友杰.连作烟田土壤生物特性变化[D].郑州:河南农业大学,2010.

[102] 章家恩.土壤生态健康与食物安全[J].云南地理环境研究,2004,16(4):1-4.

[103] 赵金满,韩馨悦,程瑞明,等.塞罕坝自然保护区华北落叶松和樟子松人工林土壤质量评价[J].东北林业大学学报,2023,51(7):123-127,168.

[104] 赵其国,孙波,张桃林.土壤质量与持续环境:Ⅰ.土壤质量的定义及评价方法[J].土壤,1997(3):113-120.

[105] 赵瑞,吴克宁,杨淇钧,等.基于土壤功能与胁迫的耕地土壤健康评价方法[J].农业机械学报,2021,52(6):333-343.

[106] 中华人民共和国生态环境部.中华人民共和国土壤污染防治法[EB/OL].(2018-08-31)[2024-09-04].https://www.mee.gov.cn/ywgz/fgbz/fl/201809/t20180907_549845.shtml.

[107] 中华人民共和国生态环境部.中华人民共和国黑土地保护法[EB/OL].(2022-06-24)[2024-09-04].https://www.mee.gov.cn/ywgz/fgbz/fl/202303/t20230314_1019525.shtml,2022.

[108] 新华社.第三次全国国土调查主要数据成果发布[EB/OL].(2021-08-26)[2024-09-04].https://www.gov.cn/xinwen/2021-08/26/content_5633497.htm.

[109] 周璞,毛馨卉,侯华丽,等.澳大利亚和欧盟土壤战略比较与借鉴[J].中国国土资源经济,2023,36(1):60-66.

[110] 周启星.健康土壤学——土壤健康质量与农产品安全[M].北京:科学出版社,2005.

[111] 庄云,武小净,李德成,等.云南典型烟区江川县和南涧县代表性烟田土壤土系的建立[J].土壤,2013,45(6):1113-1118.

[112] 邹宏光.基于套合模型的县域尺度土壤肥力指标时空演变与耕地质量评价[D].淮南:安徽理工大学,2021.

[113] 左启林,于洋,查同刚,等.晋西清水河流域不同土地利用类型土壤质量评价[J].浙江农林大学学报,2023,40(4):801-810.

[114] ABRAHAMSON D, CAUSARANO H, WILLIAMS J, et al. Predicting soil organic carbon sequestration in the Southeastern United States with EPIC and the soil conditioning index[J]. Journal of Soil and Water Conservation, 2009, 64(2): 134-143.

[115] ACTON D F, GREGORICH L. The Health of Our Soils: Toward Sustainable Agriculture

in Canada[M]. Ottawa: Agriculture and Agri-Food Canada, 1995.

[116]　ADETUNJI A T, LEWU F B, MULIDZI R, et al. The biological activities of β-glucosidase, phosphatase and urease as soil quality indicators: a review[J]. Journal of Soil Science and Plant Nutrition, 2017, 17(3): 794-807.

[117]　ALMARIO J, MULLER D, DÉFAGO G, et al. Rhizosphere ecology and phytoprotection in soils naturally suppressive to Thielaviopsis black root rot of tobacco[J]. Environmental Microbiology, 2014, 16(7): 1949-1960.

[118]　ANDREWS S, KARLEN D, CAMBARDELLA C. The soil management assessment framework: A quantitative soil quality evaluation method[J]. Soil Science Society of America Journal, 2004, 68(6): 1945-1962.

[119]　ARSHAD M A, MARTIN S. Identifying critical limits for soil quality indicators in agro-ecosystems[J]. Agriculture, Ecosystems & Environment, 2002, 88(2): 153-160.

[120]　BÜNEMANN E, BONGIORNO G, BAI Z, et al. Soil quality—A critical review[J]. Soil Biology and Biochemistry, 2018(120): 105-125.

[121]　BARRIOS E, DELVE R J, BEKUNDA M. Indicators of soil quality: A South-South development of a methodological guide for linking local and technical knowledge[J]. Geoderma, 2006, 135: 248-259.

[122]　BASTIDA F, ZSOLNAY A, HERNÁNDEZ T, et al. Past, present and future of soil quality indices: A biological perspective[J]. Geoderma, 2008, 147(3-4): 159-171.

[123]　BAYLIS K, COPPESS J, GRAMIG B M, et al. Agri-environmental programs in the United States and Canada[J]. Review of Environmental Economics and Policy, 2022, 16(1): 83-104.

[124]　BEDOLLA-RIVERA H I, NEGRETE-RODRÍGUEZ M D X, MEDINA-HERRERA M D R, et al. Development of a soil quality index for soils under different agricultural management conditions in the central lowlands of Mexico: Physicochemical, biological and ecophysiological indicators [J]. Sustainability, 2020, 12(22): 9754.

[125]　BENISTON J W, LAL R, MERCER K L. Assessing and managing soil quality for urban agriculture in a degraded vacant lot soil[J]. Land Degradation & Development, 2016, 27(4): 996-1006.

[126]　BENNO P W. The changing concept of soil quality [J]. Journal of Soil and Water Conservation, 1995, 50(3): 226-228.

[127]　BHADURI D, SIHI D, BHOWMIK A, et al. A review on effective soil health bio-indicators for ecosystem restoration and sustainability[J]. Frontiers in Microbiology, 2022, 13: 938481.

[128]　BOUMA J, FINKE P A, HOOSBEEK M R, et al. Soil and water quality at different scales: concepts, challenges, conclusions and recommendations [J]. Nutrient Cycling in Agroecosystems, 1998, 50(1): 5-11.

[129]　BREVIK E C. A brief history of the soil health concept [J]. Soil Science Society of America: Madison, WI, USA, 2018.

[130]　BURNS R, DEFOREST J, MARXSEN J, et al. Soil enzymes in a changing environment: Current knowledge and future directions[J]. Soil Biology and Biochemistry, 2013, 58: 216-234.

[131]　CALZOLARI C, UNGARO F, FILIPPI N, et al. A methodological framework to assess the multiple contributions of soils to ecosystem services delivery at regional scale[J]. Geoderma, 2016, 261: 190-203.

[132]　CHANG T, FENG G, PAUL V. Soil health assessment methods: Progress, applications and comparison[J]. Advances in Agronomy, 2022, 172: 129-210.

[133]　CHEN T, LIN S, WU L, et al. Soil sickness: Current status and future perspectives[J]. Allelopathy Journal, 2015, 36(2): 167-195.

［134］ CHEN Y，WANG H，ZHOU J，et al. Minimum data set for assessing soil quality in farmland of Northeast China［J］. Pedosphere，2013，23(5)：564-576.

［135］ CHU M W，SINGH S，WALKER F R，et al. Soil health and soil fertility assessment by the Haney soil health test in an agricultural soil in West Tennessee［J］. Communications in Soil Science and Plant Analysis，2019，50(9)：1123-1131.

［136］ DALIAKOPOULOS I N，TSANIS I K，KOUTROULIS A，et al. The threat of soil salinity：A European scale review［J］. Science of the Total Environment，2016，573：727-739.

［137］ Department for Environment，Food & Rural Affairs. A green future：our 25 year plan to improve the environment［EB/OL］.(2018-01-11)［2024-09-04］https://assets. publishing. service. gov. uk/government/uploads/system/uploads/attachment_data/file/693158/25-year-environment-plan. pdf.

［138］ DIODATO N，CECCARELLI M. Multivariate indicator Kriging approach using a GIS to classify soil degradation for Mediterranean agricultural lands［J］. Ecological Indicators，2004，4(3)：177-187.

［139］ DITZLER C，TUGEL A. Soil quality field tools：experiences of USDA-NCRS soil quality institute［J］. Agronomy Journal，2002，94(1)：33-38.

［140］ DORAN J W，ZEISS M R. Soil health and sustainability：Managing the biotic component of soil quality［J］. Applied Soil Ecology，2000，15(1)：3-11.

［141］ DORAN J W，PARKIN T B. Defining and assessing soil quality［J］. Defining Soil Quality for a Sustainable Environment，1994，35：1-21.

［142］ DURAISAMY V，PRAMOD T，PADIKKAL C，et al. Soil quality for sustainable agriculture［J］. Nutrient Dynamics for Sustainable Crop Production，2020：41-66.

［143］ ESWARAN H，BEINROTH F，REICH P. Global land resources and population-supporting capacity［J］. Renewable Agriculture and Food Systems，1999，14(3)：129-136.

［144］ FAN Y，ZHANG Y，CHEN Z，et al. Comprehensive assessments of soil fertility and environmental quality in plastic greenhouse production systems［J］. Geoderma，2021，385：114899.

［145］ FOLEY J，RAMANKUTTY N，BRAUMAN K，et al. Solutions for a cultivated planet［J］. Nature，2011，478(7369)：337-342.

［146］ FRANZLUEBBERS A. Water infiltration and soil structure related to organic matter and its stratification with depth［J］. Soil and Tillage Research，2002，66(2)：197-205.

［147］ FRANZLUEBBERS A，CAUSARANO H，NORFLEET M. Calibration of the soil conditioning index (SCI) to soil organic carbon in the Southeastern USA［J］. Plant & Soil，2011，338(1-2)：223-232.

［148］ GIBBON D. Save and grow：A policymaker's guide to the sustainable intensification of smallholder crop production［J］. Experimental Agriculture，2012，48(1)：154-154.

［149］ GONG L，RAN Q，HE G，et al. A soil quality assessment under different land use types in Keriya river basin，Southern Xinjiang，China［J］. Soil and Tillage Research，2015，146：223-229.

［150］ HUBBS M，NORFLEET M，LIGHTLE D. 2002. Interpreting the soil conditioning index［C］. State of Alabama：Alabama Agricultural Experiment Station and Auburn University，2024.

［151］ HUSSAIN Z，DENG L，WANG X，et al. A review of farmland soil health assessment methods：Current status and a novel approach［J］. Sustainability，2022，14(15)：9300.

［152］ IDOWU O J，VAN Es H M，ABAWI G S，et al. Use of an integrative soil health test for evaluation of soil management impacts［J］. Renewable Agriculture and Food Systems，2009，24(3)：214-224.

［153］ IGALAVITHANA A D，LEE S S，NIAZI N K，et al. Assessment of soil health in urban agriculture：Soil enzymes and microbial properties［J］. Sustainability，2017，9(2)：310.

[154] JOKELA W E, GRABBER J H, KARLEN D L. Cover crop and liquid manure effects on soil quality indicators in a corn silage system[J]. Agronomy Journal, 2009, 101(4): 727-737.

[155] KARACA A, CETIN S C, TURGAY O C, et al. Effects of heavy metals on soil enzyme activities[J]. Soil Heavy Metals, 2010: 237-262.

[156] KARLEN D L, MAUSBACH M J, DORAN J W, et al. Soil quality: A concept, definition, and framework for evaluation[J]. Soil Science Society of America Journal, 1997, 61(1): 4-10.

[157] KARLEN D L, TOMER M D, NEPPEL J, et al. A preliminary watershed scale soil quality assessment in North Central Iowa, USA[J]. Soil & Tillage Research, 2008, 99(2): 291-299.

[158] KEESSTRA S D, BOUMA J, WALLINGA J, et al. FORUM paper: The significance of soils and soil science towards realization of the UN sustainable development goals (SDGs)[J]. Soil Discussions, 2016: 1-28.

[159] KHATOON Z, HUANG S, RAFIQUE M, et al. Unlocking the potential of plant growth-promoting rhizobacteria on soil health and the sustainability of agricultural systems[J]. Journal of Environmental Management, 2020, 273: 111118.

[160] KIBBLEWHITE M G. Definition of priority areas for soil protection at a continental scale[J]. Soil Use and Management, 2012, 28(1): 128-133.

[161] KUYPERS M M, MARCHANT H K, KARTAL B. The microbial nitrogen-cycling network[J]. Nature Reviews Microbiology, 2018, 16(5): 263-276.

[162] LARSON W E, PIERCE F J. Conservation and enhancement of soil quality[J]. Evaluation for Sustainable Land Management in the Developing World. Bangkok:IBSRAM, 1991, 2:1-32.

[163] LEHMANN J, BOSSIO D A, KÖGEL-KNABNER I, et al. The concept and future prospects of soil health[J]. Nature Reviews Earth & Environment, 2020, 1(10): 544-553.

[164] LEOPOLD A. Wilderness as a land laboratory[J]. Living Wilderness, 1941(6): 3.

[165] LI H, ZHU N, WANG S, et al. Dual benefits of long-term ecological agricultural engineering: Mitigation of nutrient losses and improvement of soil quality[J]. Science of the Total Environment, 2020, 721: 137848.

[166] LI K, WANG C, ZHANG H, et al. Evaluating the effects of agricultural inputs on the soil quality of smallholdings using improved indices[J]. Catena, 2022, 209: 105838.

[167] LI P, SHI K, WANG Y, et al. Soil quality assessment of wheat-maize cropping system with different productivities in China: Establishing a minimum data set[J]. Soil and Tillage Research, 2019, 190: 31-40.

[168] LI S, LIU Y, WANG J, et al. Soil acidification aggravates the occurrence of bacterial wilt in South China[J]. Frontiers in Microbiology, 2017, 8: 703.

[169] LIEBIG M, MILLER M, VARVEL G. AEPAT: Software for assessing agronomic and environmental performance of management practices in long-term agroecosystem experiments [J]. Agronomy Journal, 2004, 96(1): 109-115.

[170] LILBURNE L, HEWITT A, SPARLING G, et al. Soil quality in New Zealand: Policy and the science response[J]. Journal of Environmental Quality, 2002, 31(6): 1768-1773.

[171] LILBURNE L, SPARLING G, SCHIPPER L. Soil quality monitoring in New Zealand: Development of an interpretative framework[J]. Agriculture, Ecosystems & Environment, 2004, 104 (3): 535-544.

[172] LIU G, ZHANG X, WANG X, et al. Soil enzymes as indicators of saline soil fertility under various soil amendments[J]. Agriculture, Ecosystems & Environment, 2017, 237: 274-279.

[173] LIU J, YOU L, AMINI M, et al. A high-resolution assessment on global nitrogen flows in cropland[J]. Proceedings of the National Academy of Sciences of the United States of America, 2010,

107(17)：8035-8040.

[174] LIU Z J，ZHOU W，SHEN J B，et al. Soil quality assessment of yellow clayey paddy soils with different productivity[J]. Biology and Fertility of Soils，2014，50(3)：537-548.

[175] MAINI A，SHARMA V，SHARMA S. Assessment of soil carbon and biochemical indicators of soil quality under rainfed land use systems in north eastern region of Punjab，India[J]. Carbon Management，2020，11(2)：169-182.

[176] MALIK Z，AHMAD M，ABASSI G H，et al. Agrochemicals and soil microbes：Interaction for soil health[J]. Xenobiotics in the Soil Environment：Monitoring，Toxicity and Management，2017：139-152.

[177] MAURYA S，ABRAHAM J S，SOMASUNDARAM S，et al. Indicators for assessment of soil quality：A mini-review[J]. Environmental Monitoring and Assessment，2020，192(9)：604.

[178] MENTA C，CONTI F D，PINTO S，et al. Soil biological quality index(QBS-ar)：15 years of application at global scale[J]. Ecological Indicators，2018，85：773-780.

[179] MOEBIUS-CLUNE B N，MOEBIUS-CLUNE D J，GUGINO B K，et al. Comprehensive Assessment of Soil Health：the Cornell Framework Manual[M]. 3rd ed. New York：Cornell University，2016.

[180] MUÑOZ-ROJAS M. Soil quality indicators：Critical tools in ecosystem restoration[J]. Current Opinion in Environmental Science & Health，2018，5：47-52.

[181] MUELLER L，SCHINDLER U，SHEPHERD T G，et al. A framework for assessing agricultural soil quality on a global scale[J]. Archives of Agronomy and Soil Science，2012，58(S1)：76-82.

[182] MUELLER L，SCHINDLER U，SHEPHERD T G，et al. The Muencheberg soil quality rating for assessing the quality of global farmland[J]. Novel Measurement and Assessment Tools for Monitoring and Management of Land and Water Resources in Agricultural Landscapes of Central Asia，2014：235-248.

[183] NABIOLLAHI K，TAGHIZADEH-MEHRJARDI R，KERRY R，et al. Assessment of soil quality indices for salt-affected agricultural land in Kurdistan Province，Iran[J]. Ecological Indicators，2017，83：482-494.

[184] NIEMEIJER D，GROOT R S D. A conceptual framework for selecting environmental indicator sets[J]. Ecological Indicators，2008，8(1)：14-25.

[185] NUNES M R，KARLEN D L，VEUM K S，et al. A SMAF assessment of U. S. tillage and crop management strategies[J]. Environmental and Sustainability Indicators，2020，8：100072.

[186] NUNES M R，VEUM K S，PARKER P A，et al. The soil health assessment protocol and evaluation applied to soil organic carbon[J]. Soil Science Society of America Journal，2021，85(4)：1196-1213.

[187] PANKHURST C E，HAWKE B G，MCDONALD H J，et al. Evaluation of soil biological properties as potential bioindicators of soil health[J]. Australian Journal of Experimental Agriculture，1995，35(7)：1015-1028.

[188] PAZ-FERREIRO J，FU S. Biological indices for soil quality evaluation：Perspectives and limitations[J]. Land Degradation & Development，2016，27(1)：14-25.

[189] PIERI C，DUMANSKI J，HAMBLIN A，et al. Land quality indicators[J]. World Bank Discussion Papers，1995，81(2)：81.

[190] PREECE C，VERBRUGGEN E，LIU L，et al. Effects of past and current drought on the composition and diversity of soil microbial communities[J]. Soil Biology and Biochemistry，2019，131：28-39.

［191］ PULIDO M，SCHNABEL S，CONTADOR J F L，et al. Selecting indicators for assessing soil quality and degradation in rangelands of Extremadura (SW Spain)［J］. Ecological Indicators，2017，74：49-61.

［192］ RAIESI F，KABIRI V. Identification of soil quality indicators for assessing the effect of different tillage practices through a soil quality index in a semi-arid environment［J］. Ecological Indicators，2016，71：198-207.

［193］ RAIESI F，PEJMAN M. Assessment of post-wildfire soil quality and its recovery in semi-arid upland rangelands in Central Iran through selecting the minimum data set and quantitative soil quality index［J］. Catena，2021，201：105202.

［194］ REICHSTEIN M，CAMPS-VALLS G，STEVENS B，et al. Deep learning and process understanding for data-driven Earth system science［J］. Nature，2019，566(7743)：195-204.

［195］ RICHTER A，HUALLACHÁIN D，DOYLE E，et al. Linking diagnostic features to soil microbial biomass and respiration in agricultural grassland soil：a large-scale study in Ireland［J］. European Journal of Soil Science，2018，69(3)：414-428.

［196］ RINOT O，LEVY G J，STEINBERGER Y，et al. Soil health assessment：A critical review of current methodologies and a proposed new approach［J］. Science of the Total Environment，2019，648：1484-1491.

［197］ RITZ K，BLACK H I J，CAMPBELL C D，et al. Selecting biological indicators for monitoring soils：A framework for balancing scientific and technical opinion to assist policy development ［J］. Ecological Indicators，2009，9(6)：1212-1221.

［198］ ROMIG D E，GARLYND M J，HARRIS R F，et al. Farmer-based assessment of soil quality：A soil health scorecard［J］. Methods for Assessing Soil Quality，1997，49：39-60.

［199］ ROMIG D E，GARLYND M J，HARRIS R F，et al. How farmers assess soil health and quality［J］. Journal of Soil and Water Conservation，1995，50(3)：229-236.

［200］ RUIZ E C，RUIZ A C，VACA R，et al. Assessment of soil parameters related with soil quality in agricultural systems［J］. Life Science Journal，2015，12(1)：154-161.

［201］ SALVATI L，COLANTONI A. Land use dynamics and soil quality in agroforest systems：a country-scale assessment in Italy［J］. Journal of Environmental Planning and Management，2015，58(1)：175-188.

［202］ SCHLOTER M，NANNIPIERI P，SØRENSEN S J，et al. Microbial indicators for soil quality［J］. Biology and Fertility of Soils，2018，54(1)：1-10.

［203］ SEYBOLD C A，DICK R P，PIERCE F J. USDA soil quality test kit：Approaches for comparative assessments［J］. Soil Horizons，2001，42：43-52.

［204］ SEYBOLD C A，HUBBS M D，TYLER D D. On-farm tests indicate effects of long-term tillage systems on soil quality［J］. Journal of Sustainable Agriculture，2002，19：61-73.

［205］ SIMFUKWE P，HILL P W，EMMETT B A，et al. Identification and predictability of soil quality factors and indicators from conventional soil and vegetation classifications［J］. PLoS One，2021，16(10)：e0248665.

［206］ SINGH S，JAGADAMMA S，YODER D，et al. Agroecosystem management responses to Haney soil health test in the Southeastern United States［J］. Soil Science Society of America Journal，2020，84(5)：1705-1721.

［207］ SMITH J L，HALVORSON J J. Field scale studies on the spatial variability of soil quality indicators in Washington State，USA［J］. Applied and Environmental Soil Science，2011(2)：28-34.

［208］ SPARLING G，SCHIPPER L. Soil quality monitoring in New Zealand：Trends and issues arising from a broad-scale survey［J］. Agriculture，Ecosystems & Environment，2004，104(3)：545-552.

［209］ STONE D，COSTA D，DANIELL T J，et al. Using nematode communities to test a European scale soil biological monitoring programme for policy development［J］. Applied Soil Ecology，2016，97：78-85.

［210］ STONE D，RITZ K，GRIFFITHS B G，et al. Selection of biological indicators sappropriate for European soil monitoring［J］. Applied Soil Ecology，2016，97：12-22.

［211］ TENG L，ZHANG X，WANG R，et al. miRNA transcriptome reveals key miRNAs and their targets contributing to the difference in Cd tolerance of two contrasting maize genotypes［J］. Ecotoxicology and Environmental Safety，2023，256：114881.

［212］ THAKUR P，PALIYAL S S，DEV P，et al. Methods and approaches-soil quality indexing，minimum data set selection & interpretation—A critical review［J］. Communications in Soil Science and Plant Analysis，2022，53(15)：1849-1864.

［213］ TRUTMANN P，PAUL K B，CISHABAYO D. Seed treatments increase yield of farmer varietal field bean mixtures in the central African highlands through multiple disease and beanfly control ［J］. Crop Protection，1992，11(5)：458-464.

［214］ TURŠIĆ I，MESIĆ M，KISIĆ I，et al. Influence of bulk density on soil resistance and yield of tobacco［J］. International Journal of Plant Research，2016，6(2)：21-24.

［215］ VESTERGAARD G，SCHULZ S，SCHÖLER A，et al. Making big data smart—How to use metagenomics to understand soil quality［J］. Biology and Fertility of Soils，2017，53(5)：479-484.

［216］ WALLACE H. Relation Between Livestock Farming and the Fertility of the Land［M］. Ames：Lowa State University，1910.

［217］ WANG E，HE D，ZHAO Z，et al. Using a systems modeling approach to improve soil management and soil quality［J］. Frontiers of Agricultural Science and Engineering，2020，7(3)：289-295.

［218］ WANG S，CAO Y，GENG B，et al. Succession law and model of reconstructed soil quality in an open-pit coal mine dump of the loess area，China［J］. Journal of Environmental Management，2022，312：114923.

［219］ WARKENTIN B P，孟晓棠. 土壤质量的新概念［J］. 水土保持科技情报，1997(4)：25-27.

［220］ WIENHOLD B J，PIKUL J，LIEBIG M，et al. Cropping system effects on soil quality in the great plains：Synthesis from a regional project［J］. Renewable Agriculture and Food Systems，2006，21：49-59.

［221］ WIENHOLD B J，KARLEN D，ANDREWS S，et al. Protocol for indicator scoring in the soil management assessment framework (SMAF)［J］. Renewable Agriculture and Food Systems，2009，24(4)：260-266.

［222］ WILLIAMS J R，SHARPLEY A N. EPIC-Erosion/Productivity Impact Calculator：Ⅰ. Model Documentation［M］. Washington：LISDA ARS，1990.

［223］ WOLFE D. The soil health frontier：New techniques form easure ment and improvement ［R］. Proceedings：New England Vegetable and Fruit Conference，2005：158-163.

［224］ WRENCH G T. Health and the soil［J］. The British Medical Journal，1936，1(4075)：276-277.

［225］ XIN X，SHENTU J，ZHANG T，et al. Sources，indicators，and assessment of soil contamination by potentially toxic metals［J］. Sustainability，2022，14(23)：15878.

［226］ YANG T，SIDDIQUE K H，LIU K. Cropping systems in agriculture and their impact on soil health—A review［J］. Global Ecology and Conservation，2020，23：e01118.

［227］ YANG Y，CHEN D，JI Y，et al. Effects of potassium application on functional diversities of microbes in rhizospheric soil of continuous cropped tobacco［J］. Allelopathy Journal，2011，27(2)：

185-192.

［228］　YANG Z，ZHANG R，LI H，et al. Heavy metal pollution and soil quality assessment under different land uses in the red soil region，Southern China［J］. International Journal of Environmental Research and Public Health，2022，19(7)：4125.

［229］　ZHANG J，MARCEL G A，ZHANG F，et al. Soil biodiversity and crop diversification are vital components of healthy soils and agricultural sustainability［J］. Frontiers of Agricultural Science and Engineering，2020，7(3)：236-242.

［230］　ZHANG Q，GENG Z，LI D，et al. Characterization and discrimination of microbial community and co-occurrence patterns in fresh and strong flavor style flue-cured tobacco leaves［J］. Microbiology，2020，9(2)：e965.

［231］　ZHANG X，LI Y，WANG G，et al. Soil quality assessment in farmland of a rapidly industrializing area in the Yangtze Delta，China［J］. International Journal of Environmental Research and Public Health，2022，19(19)：12912.

［232］　ZOBECK T，CROWNOVER M，DOLLAR R，et al. Investigation of soil conditioning index values for Southern High Plains agroecosystems［J］. Journal of Soil and Water Conservation，2007，62：433-442.

［233］　ZOBECK T，HALVORSON A，WIENHOLD B，et al. Comparison of two soil quality indexes to evaluate cropping systems in northern Colorado［J］. Journal of Soil and Water Conservation，2008，63：329-338.

第二章
国外土壤健康评价体系

目前,土壤健康评价已成为全球土壤学领域研究的焦点和热点。国内外学者针对土壤健康评价方法、评价指标选择等进行了系统研究,构建了不同目标、尺度和土壤功能的土壤健康评价体系(张江周等,2022;房全孝,2013;杨淇钧等,2020)。国外土壤健康评价研究开展较早,方法较为多样,部分土壤健康评价方法常被国内学者引用。本章主要针对欧美等发达国家的土壤健康评价体系进行综述。

第一节 美国土壤健康评价

一、康奈尔土壤健康评价方法 CASH

康奈尔大学土壤健康团队在土壤健康评价方面的研究工作开展较早,也比较完善。2000年初,在康奈尔合作推广署的支持下,一些研究人员、种植户、推广教育工作者及资助者成立了一个项目研究小组,开发了土壤健康评价规程,用于评估纽约和美国东北地区的土壤健康状况(图2-1)。2006年,康奈尔土壤健康评价 CASH 第一版公开发布,通过研究土壤健康指标,科学全面地评价农田土壤的健康状况。该方法在优化农田管理、提升土壤健康方面发挥了重要作用(Moebius-Clune 等,2016)。

(一)指标选择

康奈尔土壤健康评估方法强调土壤生物、物理和化学指标的整合。这些指标包括土壤有效持水量、表层硬度、次表层硬度、团聚体稳定性、有机质、土壤蛋白、土壤呼吸、活性有机碳以及大量元素和微量元素指标。其他指标作为附加指标,包括根系病原体压力等级、盐碱化程度、重金属、潜在可矿化氮等(表2-1)。

目前,康奈尔大学在多年多地采集大量土壤样品开展对比试验的基础上,建立了康奈尔土壤健康评价系统,已成功用于指导农田管理,并在较短时间内改善农田土壤健康状况。该系统草案从39个备选土壤指标中选出了4个物理指标(团聚体稳定性、有效持水量、表层硬度和次表层硬度)、4个生物指标(有机质含量、活性有机碳含量、土壤蛋白含量和土壤呼吸)和4个化学指标[pH、可提取磷、可提取钾以及微量元素(镁、铁、锰、锌)]构成土壤健康指标最小数据集(表2-2),以评价农田土壤的综合健康状况(Gugino 等,2009)。

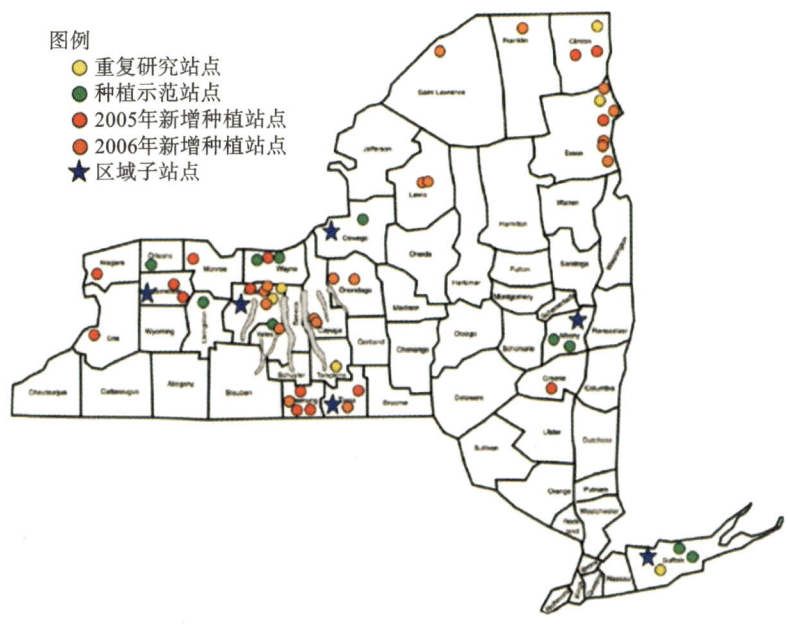

图例
○ 重复研究站点
● 种植示范站点
● 2005年新增种植站点
● 2006年新增种植站点
★ 区域子站点

图 2-1　美国 CASH 方法初步建立时的采样点(Moebius-Clune 等,2016)

表 2-1　土壤健康综合评价指标及其含义(Moebius-Clune 等,2016)

物理指标	土壤有效持水量:反映受扰动的土壤样本中可供植物使用的水含量
	表层硬度:使用土壤硬度计对表土 0～6 英寸(1 英寸=25.4 mm)深度土壤中最大穿透阻力进行测定
	次表层硬度:使用土壤硬度计对 6～18 英寸深度土壤中最大穿透阻力进行测定
	团聚体稳定性:一种衡量土壤团聚体在受到雨滴打击时抵抗分解能力的指标。通过模拟标准降雨,将 0.25～2.0 mm 土壤团聚体置于筛子上进行测量。留在筛子上的土壤百分比决定了团聚体的稳定性
生物指标	有机质:从生物体中提取的所有含碳物质的量度。有机质百分比由 500 ℃炉内燃烧后损失的土壤干重决定
	土壤蛋白:土壤有机质中含有的大量有机氮部分的量度。微生物活动可以矿化这种类型的氮元素,使其可被植物吸收,在高温高压下,使用柠檬酸盐缓冲液提取并测定
	土壤呼吸:土壤微生物群落代谢活动的量度。它是由重新润湿的风干土通过捕获并量化产生的二氧化碳测定得到的
	活性有机碳:有机质测量的一部分。有机质可作为土壤微生物容易获取的食物来源,通过用分光光度计量化高锰酸钾的被还原量进行测定。活性有机碳为健康的土壤食物网持续提供燃料
	附加指标: 根系病原体压力等级:根在标准土壤中表现出病害症状的指标。通过目视检查病害症状,对清洗后的根进行评定
	潜在可矿化氮:利用土壤生物活性和可矿化氮底物矿化为植物可利用氮的组合测定。经过 7 d 的厌氧培养,测量矿化后的植物可利用的氮的变化量
化学指标	土壤化学成分:一个标准的土壤测试分析套餐包括测量酸碱度和植物所需养分的水平。在本评估框架中解释了评测水平的含义,但没有针对作物提出具体的建议
	附加指标: 盐碱化程度:盐度是土壤中可溶性盐浓度的量度,通过电导率测量获得;碱度是钠吸收率的计算,通过电感耦合等离子体光谱法测定钠离子、钙离子和镁离子的浓度,并使用方程计算吸收率获得。
	重金属:对可能影响人类或植物健康的金属离子水平的量度。它们是在高温下用浓酸消解土壤后进行测定的

表 2-2　康奈尔土壤健康评价方法指标体系

指标类型	指标（调整前）	指标（调整后）
物理指标	团聚体稳定性	团聚体稳定性
	有效持水量	有效持水量
	土壤表层硬度	土壤表层硬度
	土壤次表层硬度	土壤次表层硬度
化学指标	pH	pH
	可提取磷	可提取磷
	可提取钾	可提取钾
	微量元素	微量元素（镁、铁、锰、锌）
生物指标	有机质含量	有机质含量
	活性有机碳含量	活性有机碳含量
	潜在可矿化氮	土壤蛋白含量
	根系健康等级	土壤呼吸

（二）评分函数

运用康奈尔土壤健康评价方法时，需要通过累计正态分布函数将土壤评价指标转化为相应的指标分值，可分为递增型、递减型和最优型三种评分函数。康奈尔土壤健康综合评估中各指标评分函数的建立是为了解释由 Andrews 等（2004）校正后的土壤健康测量值。在土壤健康评估中，评分函数通过一条曲线将特定指标的值转换为解释性评级，将该曲线 0～100 的分数分配给测量值。对于大多数物理指标和生物指标，实际测试值越高，得分越高，而一些指标相反，在实际测试值低的情况下，得分较高（如表层硬度和次表层硬度、根系健康等级等）。对于大多数土壤而言，在最佳范围内的测量值，化学指标被赋予较高的分数；在此范围之外，分数会随着测量值和最佳值之间差值的增加而降低。

由于一些指标的评分函数与土壤质地密切相关，因此一些指标要求不同质地土壤有单独的评分函数。在评价过程中需要分砂土、粉土和黏土三种类型开展相应的评价工作。各指标的评分曲线是通过康奈尔土壤健康实验室（Cornell Soil Health Laboratory，CSHL）数据库中样本的均值和标准差来估计累计正态分布函数而制定的。最初，评分曲线是从美国东北部收集的数据中建立的。此后，CSHL 数据库扩充了大量数据和不同地区的样本集，这些样本集代表了美国 60％ 以上的地区和世界上其他几个国家的土壤。递增型、递减型和最优型三种类型的评分函数如图 2-2 所示。

（三）评估报告

在土壤健康综合评估报告中，对具有重要农学和环境意义的土壤指标进行测量，然后结合评分函数，根据土壤情况和管理方案对测量结果进行分析（图 2-3）。根据评价指标的分值及权重计算出土壤健康指数，用百分数表示，用以定量评价农田土壤的综合健康状况。根据百分数的大小依次分为很低（0～20）、低

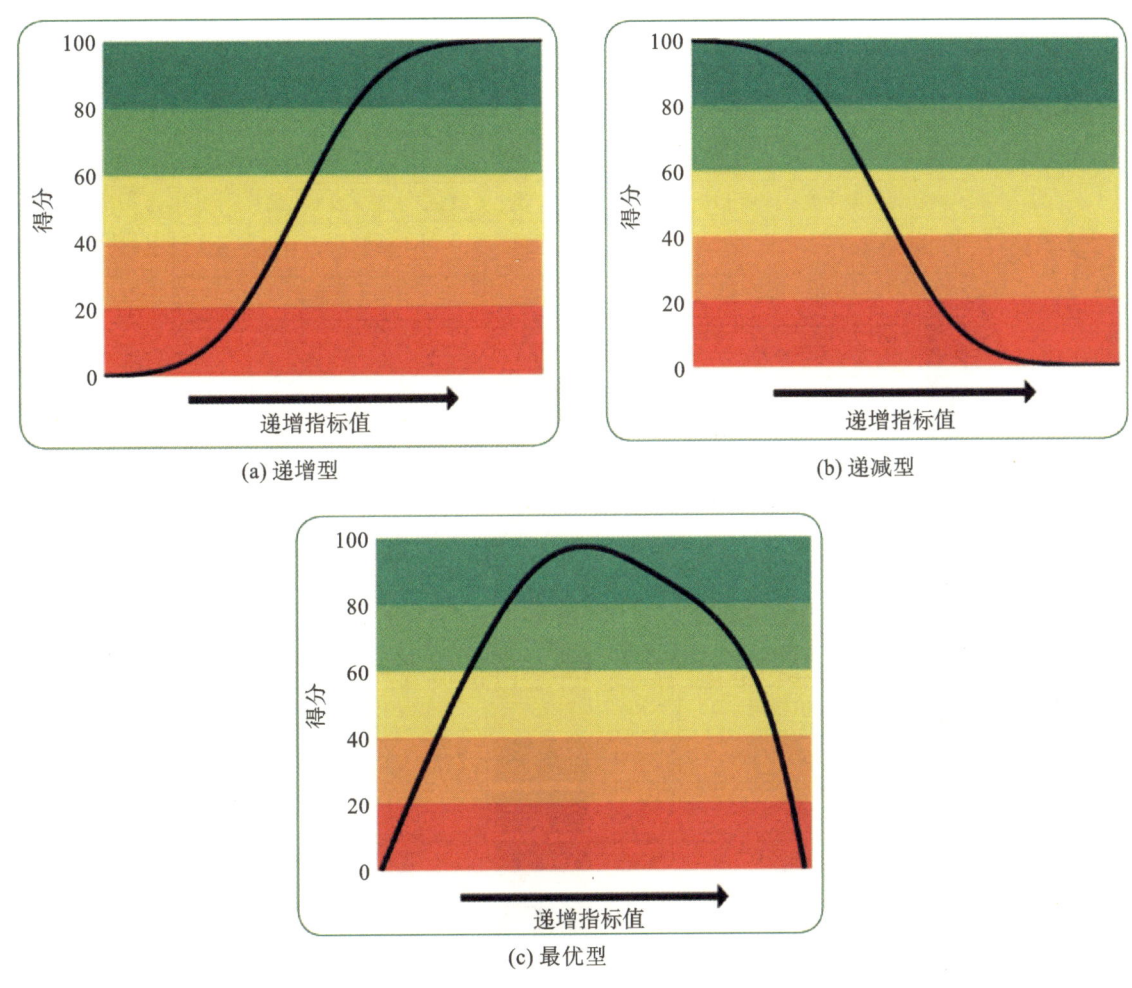

图 2-2　三种类型的评分函数

（20～40）、中等（40～60）、高（60～80）、很高（80～100）五个等级，并分别采用红色、橙色、黄色、浅绿和深绿进行表示。土壤健康评估报告中用不同的颜色等级来显示结果，有助于种植户一目了然地了解土壤健康状况。这种方法的主要好处是可以识别物理、生物和化学特性的障碍因子，促使种植户寻求更好、可持续的土壤健康管理方法。尤其是针对具体的障碍因子（分数低于 20 时，红色突出显示的因素），需要在农田土壤管理中特别关注。

（四）土壤健康管理方案

康奈尔土壤健康评估报告中还给出了针对解决短期和长期具体土壤限制因子的管理建议，为用户提供土壤健康管理方案。在该管理方案中，工具箱中的管理方法可以单独使用，也可以组合使用，因为同一障碍因子可以通过多种管理措施克服（表 2-3、表 2-4）。举例来说，一些土壤化学指标障碍因子可以通过改良剂改善，如施用石灰或草木灰来管理低 pH 的土壤，或者施用肥料、厩肥或者堆肥来增加所需的养分。

一般来说，土壤健康管理的原则目标是减少土壤扰动，增加土壤覆盖率、物种多样性和健康根系生长的时间。然而，具体到实践中需要根据当前土壤健康状况和已知的农场情况进行综合判断，包括需要以最有效的方法来缓解当前障碍因子，稳步转向建立健康的土壤生态。在一些退化的土壤系统中，在实施新管理措施前需要经过认真评估，因为并非所有的土壤管理实践措施都是有用的或适合所有情况，建议先在较小的范围内进行试验，并根据农场的具体反馈进行修改。

康奈尔土壤健康评估

Jane Grower
Main St
Yourtown, NY, 12345
Agricultural Service Provider:
Schindelbeck, Bob
Ag Services
rrs3@cornell.edu

Sample ID: M_1
Field/Treatment: Veg field
Tillage: No Till
Crops Crown: COG, COG
Date Sampled: 3/2/2015
Given Soil Type: Lima
Given Soil Texture: Silt Loam
Coordinates: Coordinates Not Provided

测量的土壤质地：砂质土壤　　　　砂土：65%　淤泥：26%　黏土：9%

测 试 结 果

	指标	分值	等级	限制
物理	有效持水量	0.14	53	
	表层硬度	240	22	生根，水分传播
	次表层硬度	310	53	
	团聚体稳定性	56.6	47	
生物	有机质	3.3	55	
	ACE土壤蛋白指数	5.8	25	有机质质量，有机氮存储，氮矿化
	土壤呼吸	0.37	26	土壤微生物丰度和活性
	活性有机碳	366	28	土壤生物群的能量来源
化学	pH	6.9	100	
	磷	7.5	100	
	钾	65.3	91	
	微量元素（镁：213 铁：13.7 锰：7.8 锌：1.4）		100	
	质量总分		58	中等

图 2-3　康奈尔土壤健康评估报告举例

表 2-3　土壤健康管理建议表——物理和生物性质障碍因子

障碍因子	短期管理建议	长期管理建议
土壤有效持水量低	●增加稳定的有机物、覆盖物，施加堆肥或生物碳； ●种植高生物质的覆盖作物	●减少耕作； ●与草类作物轮作； ●种植高生物质的覆盖作物
表土硬度高	●机械松土； ●种植浅根性覆盖作物； ●种植生物覆盖物作为地面覆盖物或进行间作	●种植浅根性覆盖作物/与浅根性植物轮作； ●减少湿土时的机械交通； ●避免交通/耕作/负荷过多； ●固定机械交通路径/车道
底土硬度高	●采用定向深耕； ●种植深根的覆盖作物	●避免犁耕等产生犁底层或硬土层； ●避免负荷过大； ●减少湿土时的地面交通
土壤团聚体稳定性低	●加入新鲜有机物； ●种植浅根性生物覆盖物/与浅根性植物轮作； ●增加厩肥、绿肥、覆盖物	●减少耕作； ●使用地表覆盖物； ●与草类作物和菌根寄主植物轮作

障碍因子	短期管理建议	长期管理建议
有机质含量低	●增加稳定有机物、覆盖物； ●施加堆肥或生物碳； ●种植高生物质的覆盖作物	●减少耕作和机械栽培； ●与草类作物轮作； ●种植高生物质的覆盖作物
土壤蛋白含量低	●增加高氮有机物（例如碳氮比低的厩肥、高氮堆肥）； ●增加年覆盖作物的生物量； ●种植豆科植物和豆科牧草混合物； ●用根瘤菌接种豆类种子并检查结瘤	●减少耕作； ●与豆科牧草轮作； ●种植覆盖作物并增加绿肥； ●保持 pH 为 6.2～6.5 帮助固氮； ●监管投入的碳氮比
土壤呼吸低	●在整个季节中保持植物覆盖； ●施加新鲜的有机质； ●施加厩肥、绿肥； ●考虑减少杀菌剂的使用	●减少耕作和机械耕种； ●增加轮作的多样性； ●在整个季节中保持植物覆盖； ●用共生宿主植物作覆盖作物
土壤活性有机碳含量低	●添加新鲜的有机物； ●种植浅根性生物覆盖物/与浅根性植物轮作； ●添加厩肥、绿肥、覆盖物	●减少耕作和机械耕种； ●与草皮植物轮作； ●尽量种植覆盖作物

表 2-4　土壤健康管理建议表——化学性质障碍因子

障碍因子	短期管理建议	长期管理建议
土壤 pH 低	●根据土壤检测建议添加石灰和草木灰； ●如果铝含量比较高，除添加石灰外，再添加硫酸钙（石膏）； ●减少使用氨肥和尿素	●定期或每年做土壤检测并根据土壤检测建议添加"维护"剂量的石灰； ●保持土壤 pH 在一定范围内； ●提高土壤有机质含量以提高缓冲能力
土壤 pH 高	●停止使用石灰和草木灰； ●根据土壤检测建议添加元素硫	●定期或每年做土壤检测； ●使用较高百分比的氨肥和尿素
有效磷含量低	●根据土壤检测建议添加磷的改良剂； ●使用覆盖作物来增加磷循环； ●将土壤 pH 调节至 6.2～6.5 去释放原本固定的磷	●促进菌根种群的生长； ●保持土壤 pH 为 6.2～6.5； ●使用覆盖作物来增加磷循环
有效磷含量高	●停止使用厩肥和堆肥； ●选择低磷或不含磷的混合肥； ●减少使用磷肥，仅使用 20 磅/英亩的"启动性"磷肥； ●施肥量基于或低于作物收获物移走量	●使用覆盖作物去积累磷或挖掘土壤里的磷； ●考虑降低牲畜的磷摄食量； ●考虑给非反刍动物添加植酸酶

续表

障碍因子	短期管理建议	长期管理建议
有效钾含量低	●根据土壤检测建议添加草木灰、化肥、厩肥或堆肥； ●使用覆盖作物去增加钾循环； ●选择高钾的混合肥	●使用覆盖作物去增加钾循环； ●根据土壤检测建议来维持土壤中的钾含量并保持钾的可利用性
缺乏微量元素	●根据土壤检测建议添加螯合的微量元素； ●使用覆盖作物增加微量元素循环； ●维持土壤 pH 低于 6.5	●促进菌根种群的生长； ●提高有机质含量； ●减少土壤磷
过量微量元素	●把土壤 pH 提高到 6.2～6.5（除了钼，适用于大部分微量元素）； ●停止使用含有微量元素的化肥	●维持土壤 pH 为 6.2～6.5； ●改善排水和监控灌溉； ●提高土壤钙含量

康奈尔土壤健康评价方法选用了土壤物理、化学和生物学指标，相对来讲能够全面地反映土壤健康状况，该评价方法在田块尺度准确性较高，指标测定操作简单、易于理解，且费用低，有成功应用实例和改良参考方法，因此得到了比较好的应用。该方法的主要缺点是：没有考虑土壤属性指标的权重；虽然在田块尺度准确性较高，但在区域尺度准确性相对较低。

二、美国农业部土壤管理评价框架

土壤管理评价框架（SMAF）是美国农业部农业研究组织（USDA-ARS）和自然资源保护局（USDA-NRCS）为北美土壤质量评估开发的（Andrews 等，2004），在美国和其他几个国家已经被广泛用于农业和自然系统土壤的评估中（表 2-5）。SMAF 是基于系统工程和生态经验的评分功能，对相关的土壤物理、化学和生物学指标进行标准化，从而得到土壤健康指数。主要评价过程为筛选指标形成最小数据集、解释指标以及整合评价指标，最终形成土壤健康指数。该方法在美国主要被广泛用于农业和自然系统土壤评价，过程中受研究目的和研究对象的影响，最小数据集中的土壤指标会发生变化，因此其特点是可以定量、动态地反映土壤对近期管理措施的响应。

SMAF 使用确定的土壤健康指标，并将测量结果转化为场地土壤特定条件。场地特定条件包括土壤质地等级、土壤有机质（SOM）含量、氧化铁（Fe_2O_3）含量、矿物等级、气候、风化等级、坡度、采样时间、作物顺序和土地管理措施，这些都会影响土壤的物理、化学和生物特性。因此，SMAF 提出了土壤健康指标的测量方法来评估管理措施对农田和牧场中土壤功能的影响。同时 USDA-NRCS 发布了一份关于推荐的土壤健康指标标准方法的技术说明。这些标准方法是由多个组织合作选定的，它们确定了 6 个与在健康土壤中良好运行的测量指标相关的关键土壤物理和生物过程，这些过程强调了土壤健康指标与有机质动态和固碳量、土壤结构稳定性、一般微生物活性、食物碳源、生物有效氮和微生物群落多样性之间的关系。因此，有必要对土壤健康指标的评价方法进行标准化。

目前，SMAF 土壤健康评价方法拥有 13 个指标的评分曲线或解释算法，被国内外学者广泛采用。如 Cherubin 等（2016）将 SMAF 用于巴西甘蔗田扩张对土壤健康影响的评估中，发现草地转为甘蔗田对土壤健康有轻微的改善作用，主要表现为土壤肥力的提高。Amorim 等（2020）选择了 9 个土壤属性指标，分别为微生物量碳、有机碳、土壤容重、大团聚体稳定性、有效持水量、pH、EC 值、可提取磷和钾，对比不同长期放牧管理措施对土壤健康的影响。其他研究者也对不同管理措施、不同种植体系、长期耕作和轮作等开展土壤健康评价工作，但所选取的评价指标差异明显（Daluz 等，2019；Karlen 等，2013；Veum 等，2015）。SMAF 可以比较全面地反映土壤健康状况，但评价指标的选择不固定，不同种植体系或管理方式选择的指标体系不同，同一种植体系不同土层筛选的指标也不同。这种评价方法具有一定的局限性，在田块尺度的准确性较高，区域尺度的准确性相对较低。

表 2-5　美国农业部土壤管理评价框架(SMAF)指标

物理指标	化学指标	生物指标
团聚体稳定性	活性有机碳	蚯蚓
田间有效持水量	土壤 pH	颗粒有机质
容重	土壤硝酸盐	潜在可矿化氮
渗透率	土壤电导率	土壤酶
土壤侵蚀		土壤呼吸
土壤板结		总有机碳
土壤结构和大孔隙		

三、美国土壤健康研究所

美国土壤健康研究所(Soil Health Institute,SHI)是由塞缪尔·罗伯茨·诺布尔基金会和农场基金会成立的一个独立的非营利组织,该组织于 2015 年底成立,负责协调和支持土壤管理工作。其使命旨在保护土壤的活力和生产力。该研究所的早期重点工作是确定土壤健康的关键指标,并促进国家土壤健康评估。土壤健康研究所(SHI)与土壤健康联盟(Soil Health Partnership,SHP)和大自然保护协会(The Nature Conservancy,TNC)从粮食与农业研究基金会获得了 940 万美元的赠款,开展北美土壤健康评价项目。该研究所召集了来自美国农业部(USDA)、几所大学和私营部门的专家们组成"蓝带专家组",就如何衡量每个指标达成共识,分别确定了 19 个一级和 12 个二级土壤健康评价指标(表 2-6、表 2-7)。一级指标是根据土壤类别定义的,具有已知的阈值并且有能力提出改善土壤功能的具体管理方案。例如,一级指标包括常规的土壤测试和其他方面,可以用来评估水分和养分的有效性。二级指标虽然对于健康的土壤特征没有确定的阈值,但为制订管理方案增加了知识储备。二级指标的示例包括活性碳和生物可利用氮。尽管没有一项生物指标被列入一级,但经过研究改进后仍有进步的空间。

该方法具有快速、价廉等优势。SHI 是将土壤视为一个有生命力的、高度一体化的、不断演变的系统来分析土壤养分的动态变化。与过去的土壤肥力评价相比,它采用了一种更为综合的方法。SHI 还可以帮助使用者深入了解土壤化学和生物学之间复杂的相互作用,并通过科学评估养分有效性以及碳、氮和磷循环等信息,为农业生产者提供决策建议。

表 2-6　北美土壤健康评价项目 19 个一级指标

指标	方法	参考文献
土壤 pH	土壤：水＝1∶2,标准 pH 电极系统	Thomas, 1996
土壤 EC 值	土壤：水＝1∶2,标准电导率仪系统	Rhoades, 1996
阳离子交换量(CEC)	阳离子总量： 对于 pH＞7.2 的土壤:使用乙酸铵萃取剂。 对于 pH＜7.2 的土壤:使用 Mehlich-3 萃取剂	Knudsen 等,1982; Sikora 等, 2014
盐基饱和度(BS)	对于 pH＞7.2 的土壤:使用乙酸铵萃取剂。 对于 pH＜7.2 的土壤:使用 Mehlich-3 萃取剂	Knudsen 等,1982; Sikora 等, 2014
可提取态 P	对于 pH＞7.2 的土壤:使用碳酸氢钠萃取剂。 对于 pH＜7.2 的土壤:使用 Mehlich-3 萃取剂	Olsen 等,1982; Sikora 等, 2014
可提取态 K、Ca、Mg、Na	对于 pH＞7.2 的土壤:使用乙酸铵萃取剂。 对于 pH＜7.2 的土壤:使用 Mehlich-3 萃取剂	Knudsen 等,1982; Sikora 等, 2014

指标	方法	参考文献
可提取态 Fe、Zn、Cu、Mn	对于 pH>7.2 的土壤：使用 DTPA 萃取剂衍生物。对于 pH<7.2 的土壤：使用 Mehlich-3 萃取剂	Sikora 等，2014；Lindsay 等，1978
总氮	干式燃烧	Nelson 等，1996
土壤有机碳	干式燃烧，使用压力钙计校正无机碳（如果存在）	Nelson 等，1996；Sherrod 等，2002
土壤质地	吸管法，至少有 3 个尺寸类别。重量/体积测量	Gee 等，1986
团聚体稳定性	湿筛法。重量测量	Kemper 等，1986
有效持水量	陶瓷板法，在−33 kPa（砂土为−10 kPa）和−1500 kPa 下测量	Klute，1986
容重	环刀法：直径待定（最可能为 2 英寸或 5.08 厘米）	Blake 等，1986
侵蚀率	适用于现场的美国农业部型号（RUSLE2、WEPP、WEPS）	USDA Agricultural Research Service
土壤渗透阻力	商品土壤渗透仪	Lowery 等，2002
饱和导水率	SATURO 双头渗透计	Reynolds 等，2012
作物产量	从现场提供的和历史数据中获得	
短期碳矿化率	培养 4 天，然后在 50% 充水孔隙空间中释放和捕获 CO_2-C	Zibilske，1994
氮矿化率	用铵和硝酸盐进行短期厌氧培养，培养前后色度测量	Bundy 等，1994

表 2-7　北美土壤健康评价项目 12 个二级指标

指标	方法	参考文献
钠吸附率	原子吸收或电感耦合等离子体光谱法提取饱和糊状物	Miller 等，2013
土壤稳定性指数	多种筛网尺寸的湿式和干式筛分组合	Franzluebbers 等，2000
活性碳	高锰酸盐可氧化碳（POXC），消化后进行比色测量	Weil 等，2003
土壤蛋白指数	蒸压可提取柠檬酸盐	Schindelbeck，2016
β-葡萄糖苷酶	测定培养，然后进行比色测量	Tabatabai，1994
β-氨基葡萄糖苷酶	测定培养，然后进行比色测量	Deng 等，2011
磷酸酶	测定培养，然后进行比色测量	Acosta-Martinez 等，2011
芳基硫酸酯酶	测定培养，然后进行比色测量	Klose 等，2011
磷脂脂肪酸	萃取剂，固相萃取，酯交换；气相色谱法	Buyer 等，2012
酯联脂肪酸甲酯	弱碱性甲醇解萃取；气相色谱法	Schutter 等，2000
基因组	16S rRNA、ITS 和宏基因组学	Thompson 等，2017；Quice 等，2017
反射率	反射光谱法	Veum 等，2015

土壤健康研究所(SHI)与美国、加拿大和墨西哥124个长期农业研究点的100多名科学家合作,评估了30多项土壤健康指标,并为土地管理者确定了一套最低限度的实用、负担得起的测量方法(图2-4)。SHI考虑了每个指标对各种土壤、气候和生产系统的管理的有效性,以及指标的成本、实用性、可用性和冗余性。

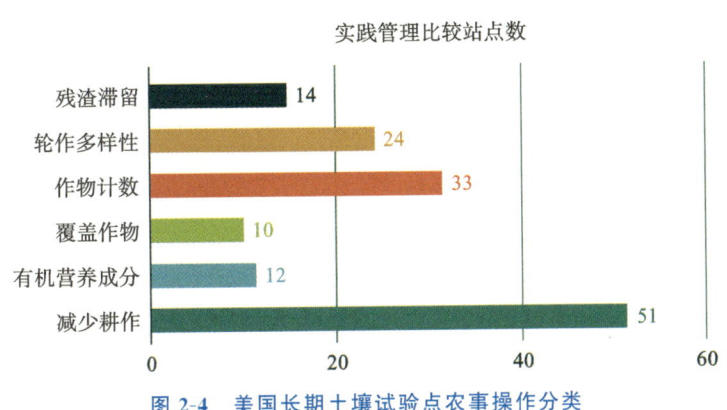

实践管理比较站点数

图 2-4　美国长期土壤试验点农事操作分类

基于这些结果,SHI建议在北美(以及可能的其他地区)广泛应用3种指标的测试,这些测量包括土壤有机碳含量、碳矿化潜力和水稳性团聚体。同时,每个指标给出了具体的测试方法和在土壤中的重要作用(表2-8)。虽然这3个指标为评估土壤健康提供了一套广泛适用的测量对象,但由于土地所有者或研究人员目标不同,可能会包括其他的测定指标。例如,将土壤质地添加到该测定列表中,可以计算土壤的有效持水量。然后,可以向农民展示通过增加有机碳和改善土壤健康状况来增加有效持水量。因为健康管理不会改变土壤质地(砂土、壤土和黏土),所以只需要测量一次。这3个指标和预测的有效持水量加在一起,可让相关人员了解土壤健康管理做法的益处,比如如何影响土壤支持作物生产的能力;如何使土壤储存、过滤和转化更多营养物质;如何影响土壤寄主生物多样性等。长期来看,这套最低限度的土壤健康指标将为农场主或土地所有者带来益处,更有利于进行土壤健康评价,同时采用更多的土壤保育手段,从而使土壤更加健康。

表 2-8　SHI建议在北美地区应用的土壤健康评价指标

测试指标	测定方法	作用
有机碳含量	干烧法,对含钙土壤:总碳-无机碳	●养分循环和维持; ●稳定而独特的土壤结构; ●有效持水量
碳矿化潜力	风干过筛后土壤再湿润后24小时 CO_2 排放量	●碳和养分循环能力; ●与微生物量和活性密切相关
水稳性团聚体	通过图像分析土壤侵蚀量10分钟的变化	●对风蚀和水蚀的抵御能力; ●土壤水渗透和储存; ●稳定土壤结构

四、HSHT 土壤健康工具

HSHT土壤健康工具是由得克萨斯州坦普尔美国农业部农业研究组织的科学家Haney等(2008)为分析土壤养分动态而研发的,称为哈尼土壤健康测试。HSHT将土壤认定为一个具有活性的和高度集成

的系统,主要侧重于测试土壤生物活性以进行土壤健康评估(Strauss 等,2015)。HSHT 是一种通过主要关注土壤生物学来量化土壤健康的最新方法,是使用一种新的提取剂(H3A)提取植物有效养分,使用 Solvita®凝胶系统测量土壤呼吸(24 小时 CO_2 爆发)的新方法,以及测定生物有效碳(C)和氮(N)的新途径,即水可提取有机碳(WEOC)和水可提取有机氮(WEON)。土壤健康工具与其他土壤健康评估系统的不同之处在于其包含可以测定无机和有机形态的指标,如植物可利用氮(硝酸盐氮、氨氮)、水溶性有机碳和水溶性有机氮。土壤健康分数是通过结合 Solvita®呼吸、WEOC 和 WEON 数据计算得出的。

因此,计算了总体土壤健康评分(以下简称为 SHS 2015),该评分根据式(2-1)(Haney 等,2018)综合了 1 天的 CO_2-C 产量、水可提取有机碳(WEOC)和水可提取有机氮(WEON)。

$$SHS \ 2015 = Solvita \ CO_2\text{-}C \ WEOC \ / \ WEON + WEOC \ 100 + WEON \ 10 \qquad (2\text{-}1)$$

Solvita CO_2-C 表示风干土壤经重新润湿培养 24 小时后,使用 Solvita 凝胶系统测量的累计 CO_2 产量。这种土壤呼吸测量方法与传统的土壤呼吸测量法(包括酸碱滴定法和红外气体分析法)呈正相关(Haney 等,2008)。Solvita CO_2-C 还与生物活性土壤有机质库、土壤微生物呼吸和土壤肥力呈正相关(Haney 等,2010)。Solvita CO_2-C 也被认为可以预测植物氮的可用性(Franzluebbers,2018;Franzluebbers 等,2018)。

由于 WEOC 和 WEON 含量分别代表总碳和总氮的生物可利用部分,HSHT 认为 WEOC/WEON 比传统的总碳氮比更敏感地指示土壤微生物活性。HSHT 包括一种称为 H3A 的新提取剂,其设计用于模拟植物根系分泌物的化学成分(Haney 等,2018)。这种萃取剂是三种有机酸(柠檬酸、草酸和乙酸)的组合,用于从土壤中提取无机氮[铵-N(NH_4-N)和硝酸盐-N(NO_3-N)]和其他营养物质。H3A 提取的无机氮也用于通过从水可提取的总氮中减去 H3A 提取的无机氮来确定 WEON。

根据土壤类型和管理水平,SHS 2015 通常为 0~50,对于许多农业土壤,得分大于 7 被认为是"好"的(Presley,2016),但在牧场或原生草原,得分可能高达 100(Haney 等,2018)。通过结合土壤健康和肥力成分,研究人员在 2018 年开发了一种新版本的 HSHT,被广泛称为"土壤健康工具"(Haney 等,2018)。土壤健康工具背后的目标仍然是解决其他广泛采用的土壤健康评估方法(如 SMAF 和 CASH)和土壤肥力测试(如使用 Mehlich-1 和 Mehlich-3 萃取剂)的局限性,因此提出了一个修正的方程来计算 SHS(SHS 2018)。

$$SHS \ 2018 = Solvita \ CO_2\text{-}C \ 10 \times WEOC \ 100 \times WEON \ 10 \qquad (2\text{-}2)$$

这些不同版本的土壤健康分数计算已在不同的已发表研究中使用。例如,Chu 等(2019)、Mitchell 等(2017)使用了 SHS 2015,Bavougian 等(2019)使用了 SHS 2018。此外,提供 HSHT 的不同商业实验室使用不同版本的方程:中西部实验室使用式(2-1),沃德实验室使用完全不同的版本[式(2-3)]:

$$SHS = Solvita \ CO_2\text{-}C \ 10 + WEOC \ 50 + WEON \ 10 \qquad (2\text{-}3)$$

与所有土壤健康模型一样,HSHT 的适用性可能受到指标和位点特异性的限制。由于 HSHT 最初是为得克萨斯州的农业土壤开发的,在其他土壤或地区的校准和验证有限(Strauss 等,2015)。因此,在其他地区使用 HSHT 评估土壤健康可能会出现不一致的结果,例如 Chu 等(2019)在田纳西州西部生产系统中的研究表明,与 Mehlich-1 和 Mehlich-3 相比,H3A 对土壤可提取磷、钾、钙和镁的提取量最低(图 2-5)。

研究结果还发现,覆盖作物处理和对照之间的土壤健康评分及其组成参数均未显示出显著差异。此外,Solvita® CO_2 数据没有提供潜在的矿化氮的可靠估计(图 2-6)。总体而言,HSHT 没有检测到田纳西州西部覆盖种植导致的土壤健康差异。

研究者认为,尽管 HSHT 是一个很有前途的概念,因为它专注于将土壤生物学、土壤肥力和土壤健康联系起来,但美国各地可能需要对土壤和气候因素进行广泛的实地评估并改进。由于上述因素的不一致性和目前相关研究数量有限,HSHT 在反映不同地区管理驱动的土壤健康变化方面的有效性尚不清楚。

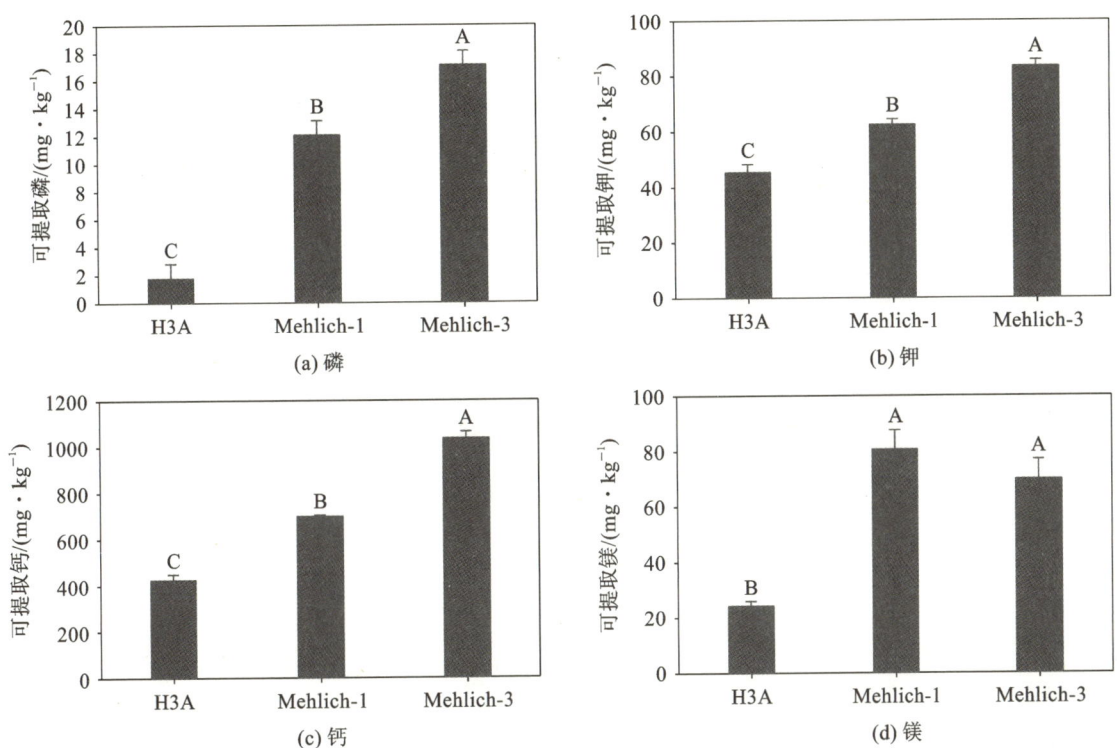

图 2-5　H3A 对磷、钾、钙、镁的提取效果（Singh 等, 2020）

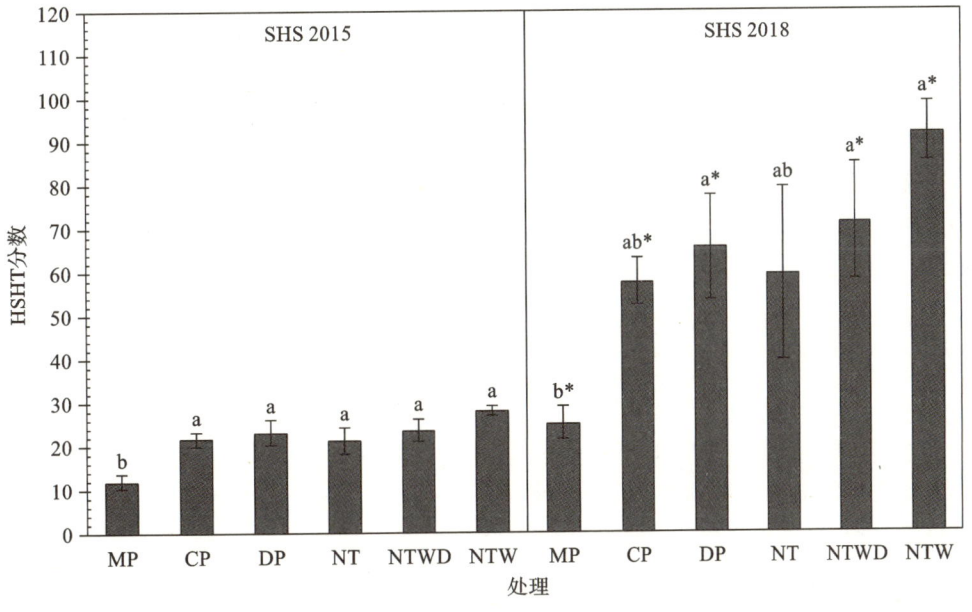

图 2-6　HSHT 结果展示（Singh 等, 2020）

第二节 欧盟土壤健康评价

一、欧盟土壤健康行动

研究者认为,由于人类活动,整个欧洲和全球的土壤都处于风险当中。土地退化主要是由于农业和林业中不可持续的管理措施、工业污染和城市化及基础设施造成的土壤压实封闭。食物偏好、食品产业链的加工和消费后的废弃物也损害着土壤健康。全欧有 280 万个潜在污染点,但只有 24% 的场点得到清查,只有 65500 个场点得到了修复;欧盟 21% 的农业土壤镉含量超过饮用水源阈值;83% 的土壤含农药残留;51% 的土地汞积累,可能使土壤和生态系统服务处于风险中;65%~75% 的农业土壤养分投入高,存在土壤和水富营养化风险,并影响生物多样性;全欧面积的 2.4% 土地压实封闭,基于再生城市土地的城市经济发展只占 13%;耕地土壤丢失(有机)碳每年达 0.5%,有 50% 的泥炭地碳损失;全欧 24% 的土地发生不可持续的水土流失;全欧 23% 的土地心底土高容重,证明已被压实;2017 年,南欧、中欧和东欧 25% 的土地处于高度以上的荒漠化风险之中,在短短 10 年内,荒漠化风险增加了 11%;欧盟每年因土壤退化导致的相关经济损失超过 500 亿欧元(潘根兴等,2020)。

欧盟在 2019 年 12 月 5 日(世界土壤日)启动"关爱土壤就是关爱生命"的"土壤健康与食物"行动。2021 年 11 月 17 日,欧盟委员会(European Commission)发布《2030 年土壤战略》,提出了欧盟到 2050 年实现土壤健康的愿景和目标,以及在 2030 年前采取的具体行动。该战略还宣布到 2030 年将发布新的土壤健康法,以确保公平的竞争环境与健康保护。主体目标是:到 2030 年,每个欧盟成员国至少 75% 的土壤是健康的,即能够提供必要的生态系统服务。这里的生态系统服务是指,在生态系统水平和景观水平土壤提供的服务和人们从中得到的收益,包括更宽泛层面的生态和社会健康相关的公共资产。这一目标对应于在当期基线基础上土壤健康水平的全覆盖提升(100%)。这是基于欧洲土壤健康状况的分析,受现行管理措施的直接影响,目前 60%~70% 的欧洲土壤是不健康的,还有一部分不健康的土壤是由于空气污染和气候变化的间接影响。

根据上述目标,到 2030 年将达到以下具体指标。

(1)土地退化零增长。包括旱地荒漠化在内的土地退化大大减少,50% 的退化土地得到恢复。

(2)保护高土壤有机碳储量。如森林、永久牧场、湿地等高有机碳储量土壤得到有效保护,每年 0.5% 的耕地土壤有机碳损失被逆转为每年增加 0.1%~0.4%。碳流失的泥炭地面积减少 30%~50%。

(3)避免土壤全封闭。城镇土壤的再利用率从目前的 13%~50% 进一步提高,减少生产性土地占用,最终满足欧盟到 2050 年不再征用土地的目标。

(4)减轻土壤污染。至少 25% 的欧盟农田转型为有机农业;另外有 5%~25% 的农地面积减少富营养化、杀虫剂、抗微生物剂和其他污染物的环境负荷,污染场地的修复率提高 1 倍。

(5)制止土壤侵蚀。遭不可持续性侵蚀的土地中,有 30%~50% 的面积得到遏制。

(6)改善土壤结构,改善生物生境。改善土壤结构以提升土壤生物和作物生境质量,高容重心底土面积减少 30%~50%。

(7)减少欧盟粮食和木材进口的全球土地退化足迹 20%~40%。

土壤健康取决于促进固碳、促进良好土壤结构、提供土壤生物群生境多样性与生物多样性及植被覆盖,以及确保不至于压实或盐碱化并防止土壤污染的合理管理制度和措施。土壤有机质含量降低,土壤被过量养分、重金属、农药残留、激素和抗生素药物等化学物质污染,当其浓度超出卫生法规或植物条件时,则认为土壤是不健康的。

土壤健康行动提出了一份新的土壤健康列表,里面包含 6 个土壤健康关键指标。除了局地管理的直接影响,土壤健康还受到景观尺度过程的影响。因此,提出了 2 个与景观异质性及森林面积和组成有关的补充指标。最后,还定义了 1 个新指标,来追踪食物的全球足迹,以确保不对外输出土壤问题。相比于已经制定的水质和空气质量标准,这里列出的土壤健康指标是中肯的。如果取样合理(例如不在施肥后),它们可为一定时间和位置的土壤提供稳定的健康指示。随着时间的推移,这些指标可以提供持续变化的稳定指示。

(1)土壤污染物、过量养分和盐分的存在。当浓度高于卫生法规或植物要求时,土壤是不健康的;低于公认阈值的降低水平表明土壤健康状况有所改善。

(2)植被覆盖。植被覆盖的年内持续时间和植被多样性及其净初级生产力是土壤健康的基本考量。植被提供土壤生物多样性的养分供给,为土壤有机质提供碳输入,同时减少侵蚀和地表径流。生物多样性的增加和植被覆盖持续时间的延长是保证土壤生物多样性和土壤健康的良好条件,增加植被覆盖对城市环境也很有价值。

(3)土壤有机碳。有机质对吸收保持土壤养分、保水、改良土壤结构、改善土壤可耕性、提高植物生产力具有重要意义。土壤有机碳是土壤有机质的主要组成部分(平均占 56%),全球土壤有机碳储量是大气 CO_2 的 2~3 倍。因此,增加有机碳含量和储存量可以降低大气中的 CO_2 浓度,改善土壤健康。

(4)土壤结构。包括容重、土壤压实和土壤侵蚀。土壤结构良好,表现为容重降低,消除土壤硬化和水土流失,使植物根系健康生长,满足雨水渗透,防止径流和土壤流失。

(5)土壤生物多样性。适当的细菌和真菌丰度以及土壤动物群落的功能多样性对土壤功能和服务都是至关重要的,诸如土壤结构、凋落物分解、有机碳储存和养分循环等推进了土壤所有功能。目前,线虫和蚯蚓的良好作用已经得到很好的验证和应用。仍在进行的一些研究不久将提供土壤健康的土壤微生物参数指标。

(6)土壤养分和 pH。植物生长所必需的养分基本上来自土壤,包括氮、磷、钾、硫、钙等生命元素。通常土壤中以百万分之几量纲存在的植物微量营养元素可能会限制植物的生长,如硼(B)、氯(Cl)、钴(Co)、铜(Cu)、铁(Fe)、锰(Mn)、钼(Mo)和锌(Zn)。土壤 pH 影响许多化学和生物过程,包括植物养分的有效性和土壤微生物群落的平衡与作用。在农地和森林土壤中,植物生长需要优化的平衡。在支持丰富生物多样性的生态系统中,养分限制成为支持地上和地下生物多样性的欠佳条件。

(7)景观异质性。包括农田(田块面积、破碎化程度、自然绿色元素的存在)、林业(森林类型、单一树种、裸露土地的砍伐)和合适存在的城市绿化基础设施。景观要素(组成)的多样性以及这些要素的分布方式,包括它们的相对大小以及它们相对于植被形态构型的部位,对生物多样性、水循环和土壤侵蚀都有很大的影响。

(8)森林和其他林地面积。按树种数目、非乡土树种所占比例、自然更新和人工栽植的相对比例。在林地,土壤健康受到物种组成的自然影响和管理措施的人为影响,包括砍伐的干扰。

土壤健康行动反对只采用单个指标来评价土壤健康的做法,往往某一个土壤健康指标的提升可能牺牲另一个指标的改善。观测内容是因土而异,体现不同土壤类型测定值的特征差异。如果任一测定指标劣于对该土壤类型、土地利用和气候带定义的公认阈值,则表明土壤不健康。行动还建议了 2 个景观层面的土壤健康补充指标,因为景观结构影响生物多样性、水循环和水土流失,即在 6 个指标外,增加了(7)景观异质性(组成和构造)及(8)森林和其他林地面积。注意,观测分析依具体土壤而异,显示土壤类型、土地利用和气候带差异性的数值范围。获取土壤信息的方法有多种,可以互相组合应用,包括野外的目视评估、基于土壤取样的专业实验室分析、遥感与建模和公民科学等。

土壤健康行动的活动及其成果既是指标化可考核的,又是有确定时限的。目前已经确定了具体的土地管理实践,并将针对不同领域和不同尺度的干扰量身定制更详细的土地管理措施。项目的进展及其成功与否将通过土地管理指标和土壤健康指标(表 2-9)评价。

表 2-9　欧盟土壤健康行动目标与指标

目标：至 2030 年欧盟 75％的土壤是健康的；根据各地土壤健康基准，6 项健康指标均应提升			
具体目标和指标			
行动目标	土地管理目标	土壤健康目标	关联的土壤健康指标
土地退化和荒漠化	恢复 50％的退化土地	大大减少土壤退化和荒漠化	所有 6 项土壤健康指标
土壤有机碳	保护高碳土壤，减少农田的碳损失	农田土壤有机碳由每年损失 0.5％转为每年增加 0.1％～0.4％，碳流失泥炭地面积减少 30％～50％	土壤有机碳储量、植被覆盖度
土壤硬化和占用	城市土地循环利用率从 13％提升到 50％；到 2050 年不再占用土地	从目前的占用面积 2.4％转型到土地占用零增长	土壤结构（包括土壤容重、土地压实封闭或侵蚀）、植被覆盖度
土壤污染	有机农业占地 25％，问题土壤恢复率加倍（棕地恢复优先）	增加 5％～25％的土地为有机种植，降低污染物环境风险	土壤污染物、过量营养盐
水土流失	恢复 50％的退化土地	30％～50％的不可持续侵蚀土壤得到控制	土壤结构（包括土壤容重、土地压实封闭或侵蚀）、植被覆盖度
土壤结构	恢复 50％的退化土地	减少 30％～50％的土壤压实面积	土壤容重和其他土壤结构指标
以下从严格意义上讲并不是土壤指标，但可以评估土壤健康行动对欧洲以外土壤健康的影响			
全球足迹	加强国际合作和包括碳税在内的贸易法规	当前全球足迹减少 20％～40％	食物/饲料和纤维进口导致欧盟外土地退化和毁林

二、《欧盟行动计划：实现空气、水和土壤零污染》

2021 年 5 月 12 日，欧盟委员会发布《欧盟行动计划：实现空气、水和土壤零污染》（*EU Action Plan: Towards Zero Pollution for Air, Water and Soil*），致力于到 2050 年将空气、水和土壤污染降低到对人类健康和自然生态系统不再有害的水平。该行动计划是《欧洲绿色协议》（*European Green Deal*）的一项关键性成果，将扭转过去轻源头预防、重后续补救的治理模式，转以审慎和预防原则，做好源头预防，并利用科技创新强化后期污染治理。为此，该行动计划确立了七大行动方向和九大旗舰倡议，高度重视数字化解决方案、生物技术、智能化生产与可持续产品、回收与处理技术的发展和应用。围绕 2050 年的零污染愿景，行动计划设定了到 2030 年要实现的关键目标，并提出了一系列措施。

（一）2030 年关键目标

该行动计划设定了 2030 年需要实现的关键目标：改善空气质量，因空气污染过早死亡人数与 2005 年相比减少 55％；为改善水质，投入海洋的废弃物和塑料垃圾与 2017 年相比减少 50％，释放到环境中的微型塑料与 2017 年相比减少 30％；为改善土壤质量，土壤中的营养流失与 2012—2015 年相比减少 50％，化学杀虫剂用量与 2011—2017 年相比减少 50％，水产养殖与农业生产中使用的抗生素与 2018 年相比减少

50%;威胁到欧盟生态系统生物多样性的空气污染与2016年相比减少25%;长期受到交通噪声干扰的人口比例减少30%;大幅降低垃圾产量,实现城市废水减少50%。

(二)"零污染金字塔"实施方案

"零污染金字塔"是该行动计划的实施方案,将扭转过去"轻源头预防、重后续补救"的正金字塔结构,而以审慎原则和预防原则为基础形成倒金字塔结构。首先,治理环境破坏应将重点放在源头预防上。其次,在难以做到源头预防的情况下,应该采取行动将环境污染减少到最低程度。最后,污染者应该承担损害赔偿责任。

第三节　澳大利亚土壤健康评价

澳大利亚是世界农业大国,健康的土壤对于该国应对气候变化与自然灾害、粮食和水安全、生物多样性保护、保障人类健康和经济增长至关重要。长期以来,气候变化、人类活动引发和加剧了土壤退化,尽管澳大利亚在前期也开展了不同层级的土壤管理实践,如维多利亚州酸性硫酸盐土壤管理改革、昆士兰州伯德金河流域沟壑修复等,但不足以大范围改善土壤质量和功能。为发挥国家层面的引导和协调作用,澳大利亚政府制定并实施了《国家土壤战略》(2021—2041年),旨在通过步调一致的实地行动、研究、检测及管理等方式,更好地恢复和保护土壤(图2-7)。从宏观上,将战略愿景确定为:澳大利亚所有利益相关方都将土壤视为国家重要资产。无论现在还是将来,都应更好地认识土壤,并以可持续的方式管理土壤,以促进和保障环境、经济、粮食、基础设施、卫生、生物多样性和社区建设。从微观上,该战略还提出了3个关键目标和12项具体任务(DAFF,2021)。

该战略为澳大利亚的州和地区政府管理所有景观的土壤提供了国家愿景和共同目标。该战略还提供了一个框架,非政府组织和个人可以在该框架下以协调的方式在各个层面协同合作地采取行动,以支持实现愿景和战略的每个目标(图2-8)。

一、澳大利亚国家土壤战略目标和任务

(一)赋予土壤健康优先权

所有澳大利亚公共、私营部门,以及从联邦到地方的各级政府和土地管理者都应将土壤健康置于优先考虑地位,将可持续土壤管理作为国家政策制定、研究和实践改革需要考虑的关键因素。具体设置了四项任务:①认识土壤的价值,重点是在环境、社会文化与经济核算框架内,科学评估土壤的生态服务价值等;②通过强化领先地位和合作关系,赋予土壤健康优先权,重点是加强私营和公共部门之间跨区域、行业和学科的合作等;③倡导土壤的重要性,继续保持政府对"国家土壤倡导者"的支持,促进政府、行业、私营部门、原住民和其他各方进一步了解土壤对澳大利亚环境、社会文化与经济福祉的重要性;④提升澳大利亚在土壤知识、认识与管理方面的国际领先地位,在国际论坛上推动改善土壤健康的各项事业,与其他国家交流土壤健康治理相关的政策、研究、标准、信息和技术等,及时公开土壤数据与信息。

(二)强化土壤创新与管理

基于土壤的复杂性和功能多样性,着力从以下四个方面强化土壤创新与管理:①改进土壤管理,提供土壤信息与工具,支持土地管理者制定和采用最佳管理实践,推动原住民参与土壤的规划、管理与实施过

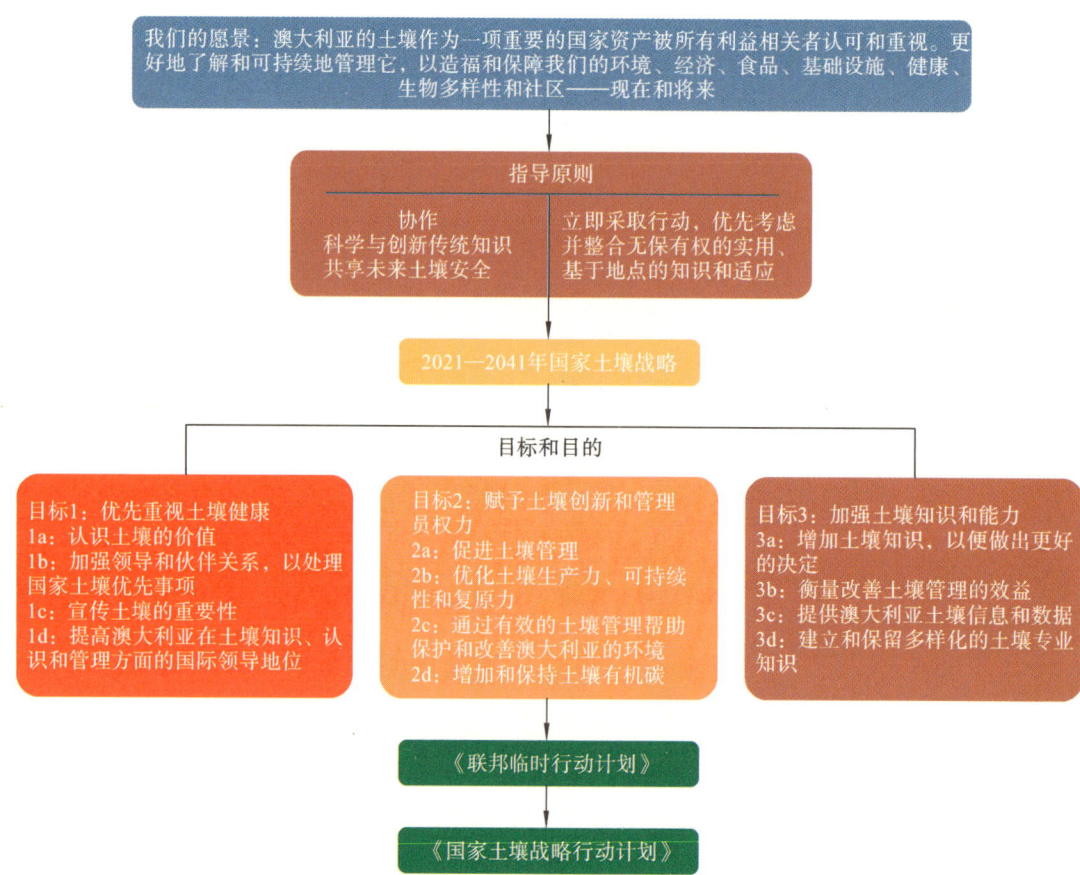

图 2-7　澳大利亚土壤健康国家战略（译自 *National Soil Strategy*，Australian Government）

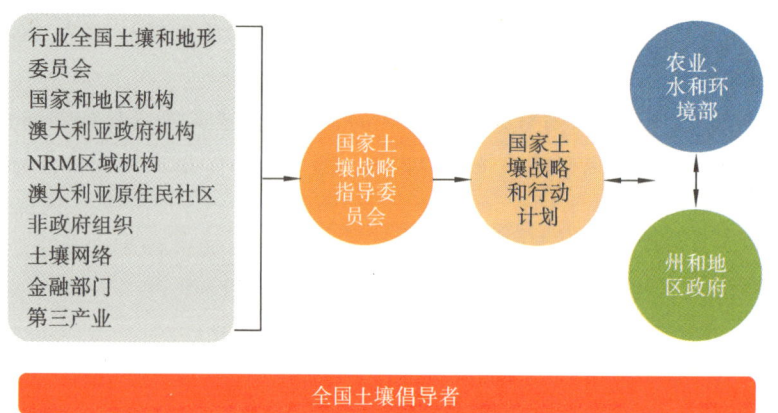

图 2-8　澳大利亚土壤健康国家战略和计划的制定和实施（译自 *National Soil Strategy*，Australian Government）

程；②优化土壤生产力、可持续性与复原力，确定需要改进土壤管理的重点地区，支持创新型土壤管理、科学和技术等，增加相关产品和技术的贸易和营销机会；③促进环境保护和改善，准确评估土壤退化的环境影响，减轻土壤管理实践带来的环境风险，在土地使用规划框架与政策中确定战略性土壤资产的基准线并加以运用；④增加和维持土壤有机碳，增加对土壤碳的了解，继续鼓励有助于增加土壤碳的土地管理措施，研发具有成本效益的测量、估算和模拟技术等。

（三）增强土壤相关的知识与能力

澳大利亚在土壤研究方面处于世界领先水平，当前的研究重点从基础研究转移到针对特定农业和环境问题的应用研究，共有四项主要任务：①增加土壤知识，以便于更好地做出决策，建立"国家土壤监测计划"，制定土壤数据和信息的生成、管理和交换国家标准，为国家、区域与地方各级跨部门决策提供信息，开展应用研究;②测度土壤管理改善产生的经济效益,采用全国统一的绩效指标与方法来衡量和报告,以便更加清晰地认识不同景观下土壤状况、发展趋势及与土地管理措施等之间的关系;③提高土壤信息和数据的可获取性,采用全国统一的方法获取、存储、管理和公开土壤数据与信息,建立并维护协调统一的国家土壤信息框架;④建立和保留多样化的土壤专业知识,引导土壤专业人员更多、更长久地从事与土壤相关的职业,在大学等机构设置专门的资格考试,推进中小学的土壤科学教学,支持职业教育与培训等。

为落实以上目标任务,澳大利亚政府出台了《联邦临时行动计划》,近年来主要资助土壤监测与激励试点计划、"土壤科学挑战"计划、加强土壤教育及专业知识、采用餐厨垃圾提升土壤健康、土壤碳、创新与实地活动及"清理南极洲的快车道"项目7项行动。2022年澳大利亚政府将推出《国家土壤战略行动计划》取代《联邦临时行动计划》,详细说明《国家土壤战略》(2021—2041年)如何在各州及领地政府实施,内容侧重以具体项目和方案来推动措施落实,每5年接受一次审查,不断调整或增加新的土壤相关优先事项。所有项目和活动将遵循SMART(specific、measurable、attainable、relevant、time-bound)准则,即遵循明确性、可衡量性、可实现性、相关性和时限性准则。

二、澳大利亚与欧盟土壤战略比较

(一)聚焦农业生产、生态环境、气候变化等共同领域,但优先次序不同

无论是澳大利亚还是欧盟都强调土壤的经济、环境和社会福祉等多重功能和效益,将提升农业生产力作为增加土壤经济效益的重要途径,注重对土壤生态系统服务经济价值的核算,强调土壤管理与水污染、旱涝灾害、荒漠化防治、生物多样性保护的关联,将土壤视为景观管理中联动变化的组成部分,并且十分重视发挥土壤碳在适应和应对气候变化中的关键作用,分别提出了相应的目标和行动措施。同时,澳大利亚和欧盟的土壤战略中三大事项的优先次序不同。澳大利亚将提升农业生产力作为战略任务中的优先事项,着力实现以改善土壤管理促进农业产值在2030年前增加到每年1000亿澳元以上的目标;欧盟则是将气候保护和应对气候变化挑战作为首要任务,优先强调以土壤健康优化生态系统服务功能。

(二)倡导推广可持续土壤管理实践,重点行动措施各具特色

采取可持续的土壤管理措施比土壤退化后修复成本更低。澳大利亚和欧盟都提出加强对可持续土壤管理的理解、研发和推广,如保持地表覆盖、减少土体扰动、改善酸化土壤,以及促进土壤中碳、营养物质和水闭合循环等。由于土壤类型十分丰富,需要针对不同地区和不同利用方式采取不同的可持续土壤管理措施,澳大利亚和欧盟的土壤战略都重点针对农业和林业生产制定一系列可持续土壤管理行为规范,同时确定不可持续的土地管理行为,供土地使用者灵活、有针对性地借鉴与应用。

同时,澳大利亚和欧盟也分别提出了一些具有特色的行动措施。以应对气候变化为例,澳大利亚注重协同推进增加农用地土壤有机碳和提高农业生产力,促进农业研究和创新投资,并实施了全球最大的政府主导的碳补偿计划;欧盟则致力于保护和恢(修)复泥炭沼泽,以及提高农用地的生物多样性和土壤碳含量,提出欧盟气候高效农业倡议和除(减)碳认证立法提案,以促进新的绿色商业模式。此外,欧盟比较有特色的做法是提出了以土壤保护为导向的土地利用规划管理优先次序(层级),即优先避免额外占用和土壤压实,其次是已用土地或压实土壤再利用(存量盘活),再次是使影响最小化(如使用不健康的或肥力不继的土地),最后才是采取平衡补偿措施以降低生态系统服务功能损失。

(三)强化提升土壤数据和信息获取能力,土壤研究与创新各有侧重

尽管澳大利亚和欧盟在土壤研究方面处于世界领先水平,但在特定农业和环境问题的应用研究方面,以及针对土壤特性和功能的监测和建模等方面仍存在短板。为此,澳大利亚和欧盟的土壤战略都将增进对土壤的了解、增加相关知识和能力作为重要任务。在土壤研究与创新方面,澳大利亚注重开展土壤知识管理工具的研发和推广,构建了全国统一的绩效评估指标和方法,有效衡量和展示改善土壤管理所产生的效益;欧盟则提出在"欧洲地平线研究",特别是在"欧洲土地交易"任务背景下,重点围绕改善土壤生物多

样性、防治土壤退化和污染治理等方面,开展技术研究与创新。面对各地区或成员国之间分散、不协调的土壤监测系统,澳大利亚和欧盟都提出要建立协调统一的土壤监测系统,统一监测评估的标准和方法,提高土壤数据和信息的可获取性和时间连续性,及时准确了解各地土壤状况和变化趋势,为土壤保护和恢复相关投资和行动提供基础信息,以更好地支撑政策制定、项目实施和管理实践。

(四)强调延续既有政策和国际公约,从不同方向加以完善、强化战略实施

澳大利亚和欧盟的土壤战略都是基于现有土壤政策制定的,强调与以往政策的联动和延续,如澳大利亚国家土地养护计划、农业管理一揽子计划、减排基金、未来干旱基金和大堡礁2050计划都涉及土壤管理;欧盟土壤战略与《欧洲绿色协议》下的其他战略行动密切关联,如生物多样性2030战略、循环经济行动计划、适应气候转变战略、"从农庄到餐桌"战略、共同农业政策等。并且,澳大利亚和欧盟的土壤战略的目标和任务还与《联合国气候变化框架公约》《联合国生物多样性公约》《联合国防治荒漠化公约》等国际公约进行了衔接,强调对国际责任和承诺的履行。同时,为强化土壤战略实施,澳大利亚在延续和完善以往政策的基础上,制定国家行动计划并实施动态调整,清单式地列明各种项目和活动,详细指导各州及领地政府具体实施,使得为期20年的国家土壤战略能够被各类利益相关者理解并有效落实;欧盟则注重夯实法规保障,拟出台土壤健康法,通过建立法律框架来统一各成员国家的行动策略,确保公平的竞争条件,并对土壤提供与水、空气、海洋环境相同水平的保护。

(五)注重土壤健康文化宣传教育,呼吁各类利益相关者广泛参与、共同协作

鉴于现实中土壤价值被忽视或低估,澳大利亚和欧盟的土壤战略均提出要加大对土壤价值的宣传和教育,提高公众意识并加强社会参与。土壤健康文化宣传教育,强调公众意识的广泛提升和专业人士的土壤学科教育、培训相结合。其中,澳大利亚成立了独立组织——国家土壤倡导者,向公众和高级管理层宣传土壤健康的重要性,注重土壤学科发展和专业队伍培养,推动国家进入土壤科学家时代;欧盟将土壤退化主题纳入欧洲可持续技能共同参考框架,实施一系列的沟通、教育和公民参与措施。

土壤功能的多元性决定了其涉及的利益相关者十分广泛,澳大利亚和欧盟的土壤战略均呼吁各级政府和土壤管理机构、农林及食品等相关行业、公共和私营性质的研究机构、土地使用者及社区和公民等,在实地行动、研究、教育、监测、管理等链条上协同合作。其中,澳大利亚着重强调原住民的共同行动,土壤对原住民具有特殊的文化价值,赭石是原住民文化和遗产管理及节日庆典的重要工具,各项行动措施注重解决土著居民经济劣势问题,并确保关键的环境和文化资产得到保护;欧盟强调土壤战略的协作实施要落实到不同空间尺度,需要国家、欧洲和全球层面的协调与包容,提出组建欧盟土壤健康联盟(周璞等,2023)。

在新时期,人们对土壤功能的关注不仅仅只重视支撑粮食生产,还重视土壤的生态系统服务功能。基于土壤功能的土壤健康评价区别于对各项指标的单独评估,以各项土壤功能为评价单元,即使是单个功能,也是多个土壤物理、化学及生物学指标共同决定的,因此需要建立土壤属性指标和土壤功能的模型进行系统评价。

该方法的代表是欧盟LANDMARK项目构建的Soil Navigator决策支持模型,该系统基于层次分析法与决策专家(decision expert,DEX)集成方法构建,以土壤管理、气象参数及土壤物理、化学、生物学特性作为模型输入,通过模型对上述5项土壤功能分别进行等级评价。目前该评价方法已在5个欧洲国家(奥地利、德国、丹麦、法国、爱尔兰)投入使用(Debeljak等,2019)。评价规则的制定则基于对项目现有数据库的机器学习与数据挖掘(随机森林分析)及专家的评判,呈现为表格形式的从较低层级的属性(模型输入)到较高层级的属性(土壤功能水平)的集成映射(图2-9)。除了土壤健康评价,该系统还能够根据用户期望的土壤功能水平及对各项土壤管理的可接受程度对替代方案进行评估,以此有针对性地提出田间土壤健康改良方案。

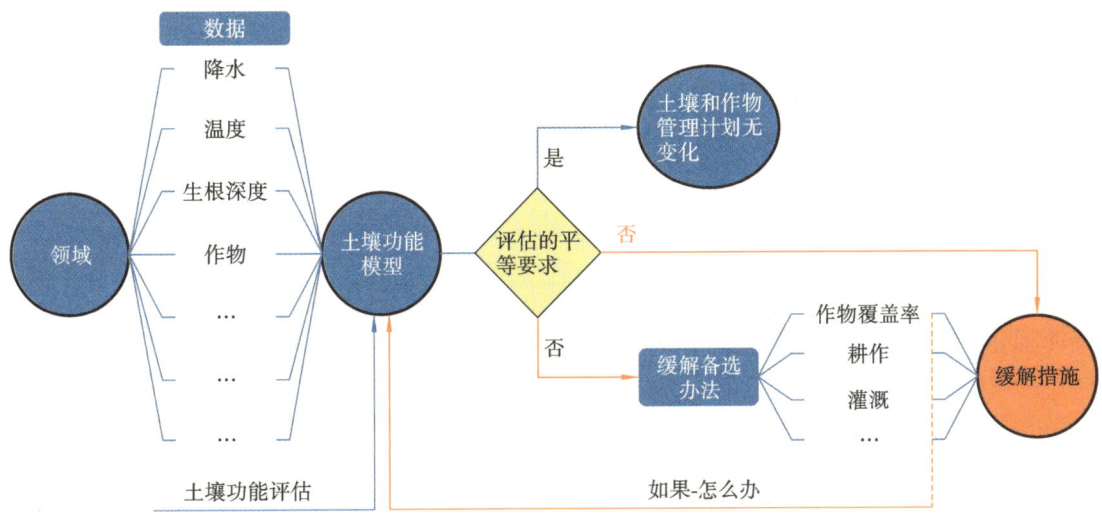

图 2-9　土壤决策系统框架(译自 Debeljak 等,2019)

第四节　新西兰土壤健康评价

新西兰"500 Soils Project"土壤调查项目为满足环境要求,构建了指标最小数据集,并对本国不同土地利用类型的土壤进行了评价,以监测人类活动对环境的潜在不利影响。

新西兰 SINDI 方法是一种基于网络的在线评价工具,通过将采集的土壤样品与土壤数据库信息进行比较,评估土壤生物、化学和物理质量,了解评价指标对土壤健康的影响以及可以实施改善土壤的一些常用管理方法。SINDI 可根据土壤类型和土地用途,运用专家解读、土壤质量数据库对比和 NSD 等方法,通过评价有效磷、土壤 pH、可矿化氮、全碳、全氮、容重和大孔隙度 7 个指标,对所取土壤样品的健康状态进行评价(图 2-10)。其中,有效磷代表土壤肥力状况,土壤 pH 代表土壤的酸碱度,直接影响土壤养分的有效性。可矿化氮、全碳和全氮代表土壤的有机资源,在一定程度上能反映土壤的生物活性。土壤容重和大孔隙度代表土壤的物理特性,反映土壤的压实和渗透特性,影响作物根系的下扎深度。该方法主要适用于新西兰地区,较好地指导了当地的作物生产,但具有区域局限性。评价过程主要以单个指标为评价单元,没有充分整合指标形成一个综合指数。

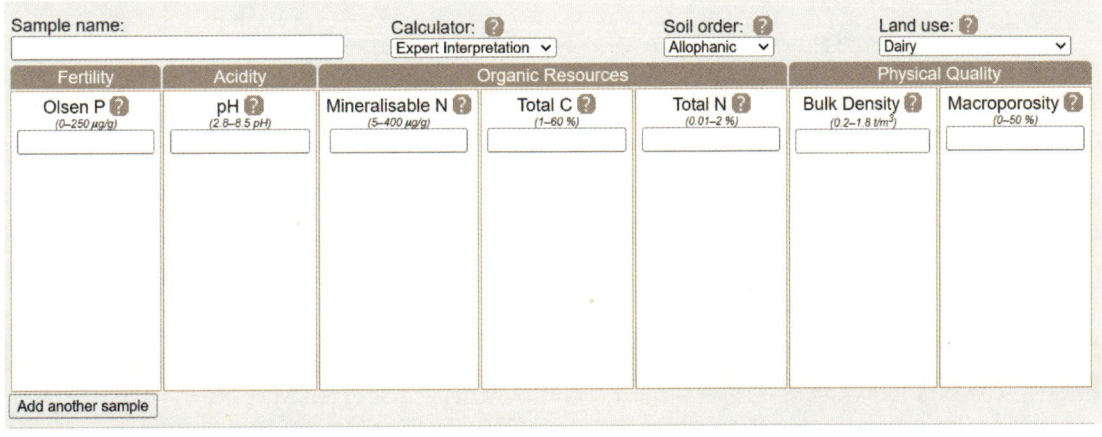

图 2-10　新西兰 SINDI 土壤在线评价方法(https://sindi.landcareresearch.co.nz/)

第五节 加拿大土壤健康评价

加拿大是世界上较早开展土壤质量/健康监测的国家之一,该国农业和农业食品部(Agriculture and Agri-Food Canada)在 1988—1995 年实施了国家土壤质量监测项目,以监测土壤健康状况和变化趋势,主要针对水土流失、土壤压实、土壤结构恶化、酸化和盐渍化等土壤退化情况。加拿大土壤质量监测通过设立能够代表全国主要农业生态区域的主要景观的 23 个基准站(5~10 hm²)实现。采样方面,每个基准站内挖 2 个具有代表性的典型土壤剖面,观察记录并分层采样,同时采用 25 m×25 m 的网格采样(约 100 个)或样带法(约 60 个)采取犁底层以上 15 cm 的 1 kg 疏松土壤。所选取监测指标可以根据土壤性质的易变性分为 4 种类型:①易变指标,指可能在 10 年内发生重大变化的性状,约 5 年测定一次,如 pH、有效磷、速效钾、有机碳、全氮、容重、可交换性铁和可交换性铝等;②中等易变指标,指可能在数十年内发生变化的性状,约 10 年测定一次,如阳离子交换量、碳酸盐和田间持水量等;③不易变指标,指在 100 年内预计不会发生重大变化的性状,仅布点时测定,如颗粒大小分布、黏土矿物、金属元素等;④野外原位测量指标,每年测定,如导水率、穿透针计数、生物孔隙度、蚯蚓数量和作物产量等(陈百明,1996)。

加拿大环境部长委员会(Canadian Council of Ministers of the Environment,CCME)于 1996 年发布了《保护环境和人体健康的土壤质量指导值制订规程》,并于 2006 年进行了修订。加拿大土壤质量指导值通常用作筛选值,可用于初步判断地块是否需要进一步调查评估。在某些特定条件下,土壤质量指导值也可以作为修复目标值,例如经研究某地块的场地特征与土壤质量指导值推导时的假设情景较为相似,则该地块可以直接使用或者调整部分参数后将土壤质量指导值作为修复目标值;如果某特定地块的场地特征与土壤质量指导值推导时的假设情景差距较大,则需要通过风险评估计算该地块的修复目标值。

加拿大土壤质量指导值旨在保护人体健康,同时保护农用地、住宅/公园用地、商业用地及工业用地四大类土地的生态环境功能,并且强调对人体健康的保护和对生态环境功能的保护同等重要。加拿大土壤质量指导值包括两个组成部分:保护人体健康的土壤质量指导值和保护生态环境的土壤质量指导值。

第六节 法国土壤健康评价

法国早在 1986 年就开展了国家土壤质量监测试点工作,其主要目标是:①评估土壤目前的特性和性质;②及早发现和监测土壤质量的变化;③尽可能确定其原因,以便有能力控制未来土壤质量变化趋势。次要目标是:①建立一个田间实验室网络,以帮助进行土壤综合研究,并提供数据建模;②向农学家和农民通报有关土壤质量的新方法。国家土壤质量监测试点工作是基于一个场地网络,利用土壤类型、土地利用方式、土壤质量假定变化类型和强度、人文背景和土地状况 4 个标准,在法国共选取了 11 个观测点,观测点选取时首先详细描述了站点(地理背景、土壤描述、地球化学背景评估),每隔 5 年对观测点的土壤进行取样,采用抽样策略每次共采集观测点内样本 52 个,同时对典型的土壤特性(质地、容重、pH、有机碳、氮、阳离子交换量、可交换性阳离子、磷和碳酸钙)和微量元素(镉、铬、钴、铜、镍、铅和锌)进行测量。但该方法的观测点较少,不能对法国大范围的土壤健康状况进行有效监测。

直到 2001 年,为了评价土壤质量,以指导环境保护、可持续管理措施和保障粮食安全,法国国家农业研究院(French National Institute for Agricultural Research,INRA)才建立了覆盖全国的土壤质量和监测系统(soil quality and monitoring system,RMQS)。土壤质量和监测系统方案有不同的目标,包括建立国家土壤质量评估、监测演变等。该系统采用 16 km×16 km 网格布设了 2140 个采样站点,主要测定土壤 pH、微量元素(Cd、Co、Cr、Cu、Ni、Pb、Zn 等)含量、碳含量等指标。由于生物指标的敏感性和变异性特征,早期国家尺度土壤监测项目较少考虑生物指标,加拿大也仅是原位测量,并做趋势分析。但随着技术的发展,近年来以法国为主的欧盟国家开始试点纳入生物指标,例如 RMQS 子项目——RMQS BioDiv 项目在一个试验区——布列塔尼(法国西部)进行测试,通过试点,确定生物多样性(大型动物、中型动物和微生物区系采样)、土壤物理化学特征和农业实践之间的关系。经济-RMQS 项目的目的是定义一种基于分子工具("DNA 指纹"和"DNA 芯片")的方法,以便建立微生物群落多样性的国家地图。此外,关于在 RMQS 现场进行补充污染物测量的可行性的新项目正在研究中,侧重于以下污染物:多环芳烃(PAHs)、持久性有机污染物(POPs)和杀虫剂。

第七节　德国土壤健康评价

德国莱布尼茨农业景观研究中心开发的 Muencheberg soil quality rating(M-SQR)方法涵盖了土壤质地、土壤结构、地形和气候方面的 8 个基本指标及 12 项风险指标(图 2-11),利用综合评分分数的高低来表征作物的产量潜力(Mueller 等,2012)。

评价指标分为两大类:基础项指标和限制项指标。基础项指标是指与土壤肥力、环境、健康和作物生长有关的指标,其选取主要依赖土壤功能。将土壤功能归纳为 5 类:作物生产功能、持水净水功能、养分运移与缓冲功能、碳固存能力以及栖息地与多样性功能。限制项指标是指妨碍作物正常生长发育或严重限制土壤功能发挥的指标,比如土壤侵蚀、土壤污染等。基础项指标之间是加和关系,每个指标得分最差是 0,最好是 2;而限制项指标属于乘性关系。利用这种框架对土壤健康进行评价时,既能基于基础项指标反映土壤的基础功能,又能通过限制项指标体现限制性因子的影响,因而具有较好的适用性。

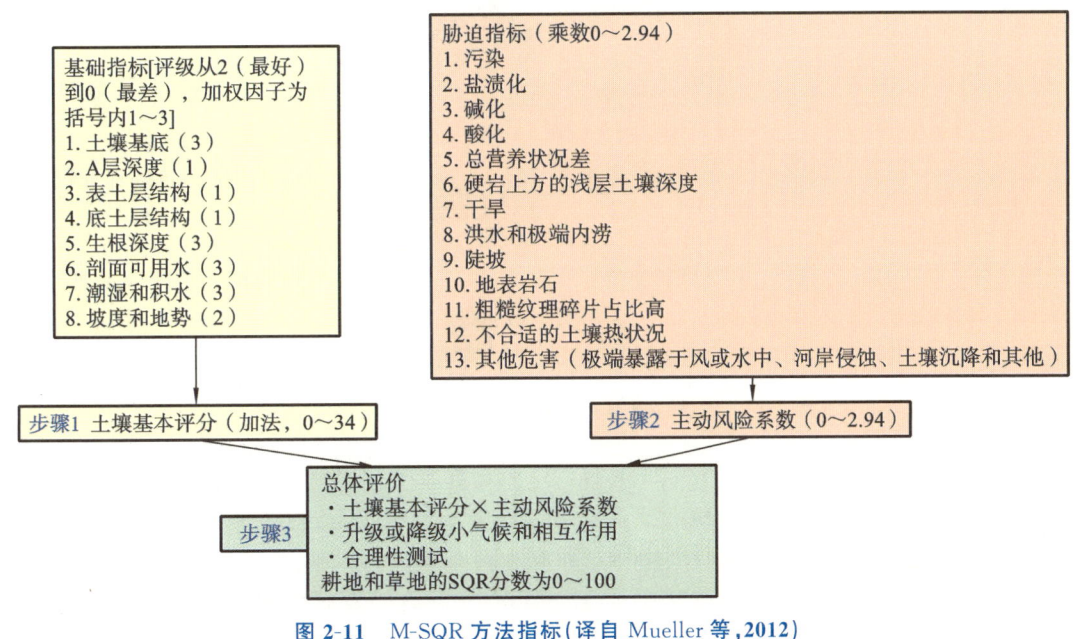

图 2-11　M-SQR 方法指标(译自 Mueller 等,2012)

　　科研人员利用该方法对全球农业生产区域的 20 多个地点进行了 SQ 评估(图 2-12)。大多数地点位于德国、俄罗斯和中国北方,但也有一些位于新西兰、加拿大、英国、丹麦和其他国家(Mueller 等,2012)。同时获取了相关的土壤、气候和作物产量等数据,发现土壤总体 M-SQR 得分与全球范围内的作物产量密切相关。在质量"好"和"非常好"的土壤(M-SQR 评分大于 60)中,两条曲线之间的差异变得更加明显,表明作物产量对强化栽培的反应可能很高。在高水平的投入和管理强度下,即使在有限的农业 SQ 下也可以实现高作物产量,但资源退化的风险(主要是水、空气和过量的化石能源投入)变得非常高。因此,在中等农业强度下,该方法的 SQ 与作物产量的相关性更好。

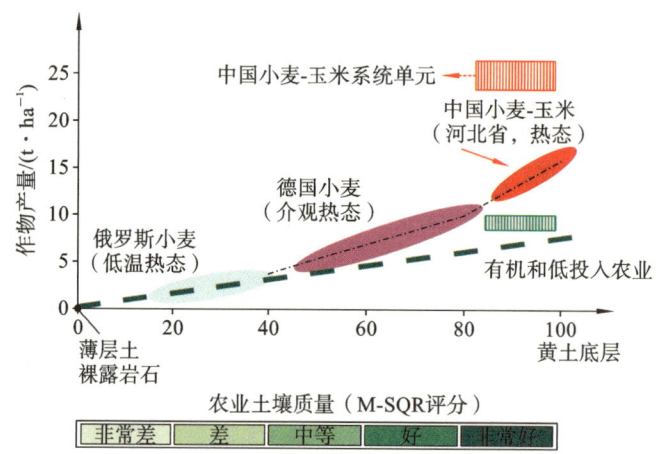

图 2-12　M-SQR 评分与小粒谷物产量之间的关系(Mueller 等,2012)

　　利用该方法对德国土壤进行了评价(图 2-13),结果表明德国大多数农业用地至少为中等 SQ(M-SQR>40),绿色区域是德国最好的土壤。

图 2-13　德国土壤健康评价赋分图(Mueller 等,2012)

　　该评价方法已被我国研究者采用,用于评价农田生态系统土壤健康状况(杨颖等,2022)。针对基础项中的固有属性指标,从气候、地形、水文和土壤本身等条件中划分和选取;对于动态属性指标,则分为物理指标、化学指标和生物指标 3 方面。限制项指标对固有和动态属性的影响程度分别以乘数和表征,每次评价时,取限制项指标中的最小乘数与土壤健康基础分值相乘,并将固有属性和动态属性评分相加,得到待评价对象不同功能的土壤健康评分,进一步计算得出土壤健康综合得分值(图 2-14)。

　　根据建立的土壤健康评价体系,对我国河南封丘、河北栾城和山东禹城 3 个野外生态实验站的农田生

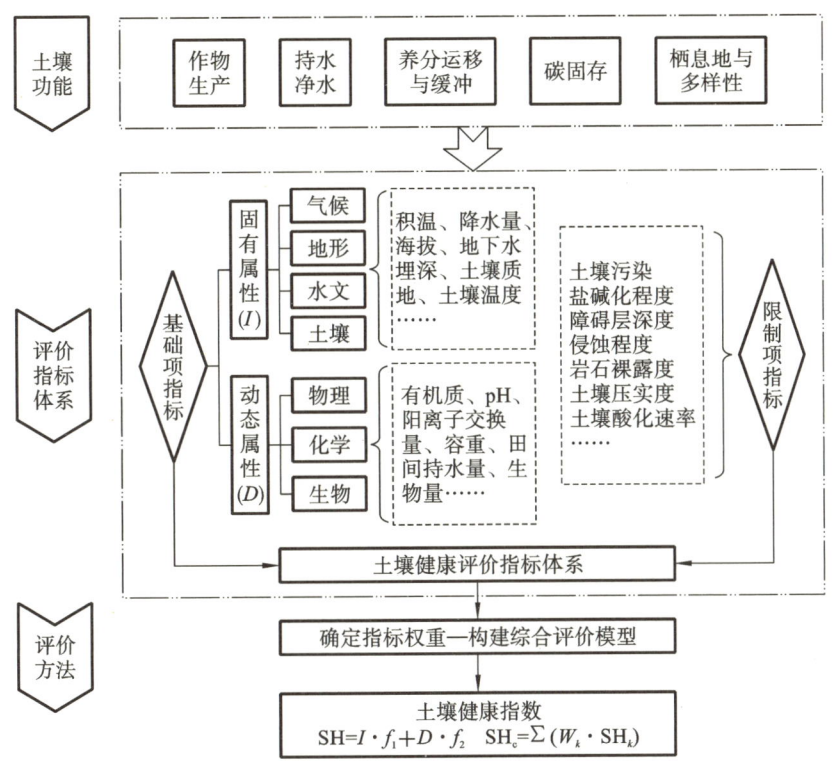

图 2-14 土壤健康评价的总体框架(杨颖等,2022)

注:f_1、f_2分别表示限制项指标对固有属性和动态属性影响的乘数,W_k指各功能的权重。

态系统进行了评价(表 2-10)。针对不同生态功能确定指标,进行评价,通过对各功能赋予权重,计算总体健康状况。

表 2-10 实验站土壤生态系统健康状况(杨颖等,2022)

生态实验站	作物生产	持水净水	养分运移和缓冲	碳固存	栖息地与多样性	综合值
封丘站	1.48	1.25	1.24	1.37	1.51	1.37
栾城站	1.39	1.38	1.36	1.74	1.41	1.46
禹城站	1.44	1.68	1.46	1.38	1.37	1.47

第八节 英国土壤健康评价

一、英国耕地质量监测

英国高度重视耕地质量监测评价和建设保护工作。经过多年的研究与实践,探索出了合理的耕作制度,形成了科学的监管方法体系,建立了系统的法规体系。英国在耕地质量监测方面既具有历史悠久的长期定位监测,又具有覆盖生态的网络体系监测;既建立了科学的区域耕地质量评价方法,又建立了实用的评价成果应用体系,这为英国农业的可持续发展和生态建设等奠定了坚实的基础(谢建华等,2020)。

(1)以自然英格兰、环境变化和施肥调查三大监测体系为重点,耕地质量监测呈现综合化。英国更倾

向于在广义层面认识和理解耕地,不仅将其视作生产资料,也视作生态环境的重要组成部分。耕地质量明确定义为自然资本资源的一部分,不仅对土壤质量、水质量、空气质量产生影响,更广泛影响着经济、环境和社会等。影响着耕地质量的因素包括农民的管理理念、农业生产实践、工业和区域污染、自然灾害、政策法律等。

英国耕地质量监测主要有三大体系。①自然英格兰监测网络,包括长期监测(主要监测生物种类、保护地等)、效果监测(政策法律执行情况)、机动监测(针对具体问题开展的监测),重点监测土壤、空气、植被、生物多样性等。在长期监测网络中,共设有 185 个土壤样点,平均每 6～9 年开展 1 次土壤样品采集与检测,旨在掌握土壤质量特性和外界条件对土壤质量的影响。②环境变化监测网络,共涵盖 11 个陆地监测站点和 46 个水环境监测站点,主要是分析环境变量之间,以及包括土壤在内的生态系统组成部分之间的关系,旨在为解决水土污染、生物多样性下降、全球气候变暖等一系列环境问题提供支撑。③农场主施肥调查网络,从 20 世纪 40 年代开始启动实施,由政府资助,重点调查农场主化肥、农家肥等施用情况,以加强对耕地投入品的监管,为开展硝酸盐风险区评价、土壤养分平衡测算、农场主施肥方法决策等提供依据,推进耕地质量保护工作。总的来看,英国耕地质量监测网络设计不仅呈现系统化特征,而且监测内容更加综合化、监测方法更加多样化。

(2)以耕地生产能力和土壤健康为重点,耕地质量评价呈现科学化。英国根据区域气候条件、地形地貌、土壤理化和生物特性等,在苏格兰和英格兰均建立了耕地质量评价体系,开发了简便、易操作、实用性强的应用系统,以指导农场主从事生产实践。苏格兰采用麦考利系统(Macaulay system)对耕地生产能力进行等级划分,用于评价耕地质量水平,这对于耕地资源的优化利用具有非常重要的意义。麦考利系统根据土壤生产潜力和种植作物等,将耕地划分为 7 个等级,1 级最高、7 级最低。1 级指能够生产绝大部分作物且维持高产的耕地;2 级指能够生产绝大部分作物且单位面积产量稍微低于 1 级的耕地;3 级指能够生产多种作物且保持较好产量水平的耕地;4 级指适合生产有限作物的耕地;5 级指仅适合草地改良或粗放放牧的土地;6 级指只能用于粗放放牧的土地;7 级指农业价值非常有限的土地。麦考利系统能直观体现耕地资源的利用价值,通常也作为农场主进行土地交易时的价值参考。英格兰形象地用胡萝卜数量表示土地生产力大小,在关注耕地质量的同时,开始关注土壤健康。目前一些科研机构正开展土壤健康评价体系研究,开发评价工具。如英国国家农业植物研究所正在开发 VESS(visual evaluation of soil structure)系统,通过观察土壤结构、蚯蚓数量、检测土壤 pH、有机质、有效磷、速效钾和有效镁等指标,调查土壤管理等信息,对以上数据进行综合评分,提出耕地合理利用建议,以提升土壤健康水平。

(3)以农田生态建设和农业科技推广为重点,耕地质量建设呈现系统化。英国十分注重耕地质量建设和保护工作,推进绿色发展。实际上,英国绿色发展也经历了一个渐进的过程:20 世纪 50 年代前后曾出现严重环境污染,经过 30 多年综合治理,至 20 世纪 80 年代得到有效改善。英国政府通过实施"绿色发展计划",推广可再生能源、农药安全管理、综合养分管理、多样性种植、休耕轮作、保护性耕作、树篱和杂草隔离带、花类间作等技术,支持农村改善环境,维护生物多样性,保护自然资源,促进农业可持续发展。如今,绿色发展已经成为全民的共识。如 Penn Croft 农场通过与农业咨询公司合作,实行保护性耕作与轮作有机结合,精细管理农场土地,不仅使作物产量不断增加,耕地质量明显提高,而且节约了劳动力和生产成本。据统计,目前英国像 Penn Croft 农场这样实行保护性耕作应用的耕地,占比已达到 8%。

(4)以欧盟共同农业政策框架和国内补贴政策为重点,耕地质量保护呈现制度化。为不断促进农业和乡村发展,提升农业竞争力,英国政府执行欧盟共同农业政策框架。如执行欧盟化肥及粪肥使用政策框架:欧盟硝酸盐指令(EU Nitrates Directive,1991)、欧盟水框架指令(EU Water Framework Directive,2000)、欧盟地下水指令(EU Groundwater Directive,2006)等。

一方面用法律法规约束农场主行为,加强耕地质量保护。如设置了硝酸盐脆弱区(Nitrate vulnerable zones),为降低农业硝酸盐污染风险,还制定了硝酸盐脆弱区化肥粪肥使用条例:禁止在地表水、树篱 2 m 范围内施用氮肥;禁止在地表水 10 m 范围内,在泉水、井水 50 m 范围内施用粪肥等。另外,砂质土壤的耕地禁止在 8 月 1 日—12 月 31 日,其他类型的耕地禁止在 10 月 1 日—翌年 1 月 31 日期间施用高氮含量的农家肥。另一方面创设激励补贴机制,引导农场主加强耕地质量保护。英国基于欧盟共同农业政策和WTO 规则,先后出台了"基本支付计划""绿色计划""乡村发展计划"等系列农业补贴政策。"基本支付计划"主要用于支持农场发展生产,条件是农场规模不低于 5 公顷,必须永久种植作物或草,保护地力;支持方式是直接补贴,补贴金额与耕地质量相匹配(按照高、中、低三个等级给予补贴),40 岁以下的农民可以获得额外的补贴。"绿色计划"致力于引导农场主多样化种植,如拥有 10～30 公顷耕地的农场主至少种植 2 种不同作物;拥有 30 公顷以上耕地的农场主至少种植 3 种不同的作物。同时还设置和规定了一系列环境监管规则,鼓励农场主发展风能、太阳能、水利、生物质能等可再生能源,并给予补贴。"乡村发展计划"是英国农业补贴政策的"第二支柱",通过控制农业生产过程中水、氮肥和农药的耗费,以及加强对污水、牲畜粪便、牲畜残骸的科学处理,尽最大可能降低农业环境成本。补贴金额则与其是否达到政府规定的农业生产标准相挂钩。

(5)以洛桑长期定位试验和土壤样品库为代表,耕地质量基础研究呈现长期化。英国洛桑研究所(Rothamsted Research)是世界上最早开展耕地质量长期定位监测试验的机构,该所于 1843 年开始陆续建立了 8 个田间试验站,长期定位研究肥料、轮作、品种、植保等对土壤肥力和农作物产量的影响。其中 7 个试验一直延续至今,已经有 150～177 年的历史。洛桑研究所档案馆保存了自试验开始以来总计超过 30 万份的土壤、植株和肥料样品。耕地质量基础研究长期连续积累的数据和样品十分宝贵,不仅为研究土壤肥力演变、物种入侵和环境变化等长期性问题提供了数据支撑,还为短期性研究如作物病虫害对历史环境变化的响应提供了原始材料。例如,2003 年科学家从 1843 年收集的小麦样本中提取了两种病原体 DNA,从而揭示了工业二氧化硫排放对哪一种病原体影响更大。过去 180 多年来,科学技术突飞猛进,但是长期定位试验并没有因此而过时,这些试验为验证新的科学问题提供了重要工具,为农学、土壤学、植物营养学、生态学与环境科学的发展做出了重要贡献,对探索农业的可持续性同样具有重要指导意义,故被称为"经典试验"。英国洛桑研究所长期定位试验研究结果启示我们,农业生态系统中很多过程进展缓慢,环境条件也在不断发生难以预测的变化,而长期定位试验能够揭示农业生态系统长期变化之趋势,是短期试验所无法获得或替代的。

二、英国土壤质量监测项目

由英国环境署(Environment Agency)实施的国家土壤质量监测项目也构建了指标最小数据集,选取了有机碳、全氮、速效磷、全量和有效态的金属元素(Cu、Ni、Zn 等)、pH、容重等理化指标,以评价与环境相关的土壤功能。

该项目的主要目标是制定一套关于土壤物理、化学和生物质量以及土壤程度和多样性的国家指标。指标应考虑到土壤类型和土地利用的异质性,以帮助报告土壤健康和促进不会导致土壤退化的管理做法。土壤的不同用途,土壤类型不同,往往需要不同的评价指标。

该项目的具体目标是:①根据第一原则,确定英国主要土壤类型和土地用途的土壤质量潜在指标清单;②评估目前可用的方案;③评估目前尚不具备的指标的可行性,特别是将其发展为有用指标所需的工作;④建议将这些指标作为土壤长期监测战略的一部分。

三、蚯蚓在土壤健康评价中的应用

蚯蚓数量被认为是一个重要的土壤健康标识,蚯蚓群落结构可以用来指示土壤的耕作强度。蚯蚓既支持粮食生产,也支持与土壤安全相关的更广泛的生态系统服务。耕地土壤通常每平方米含有 150～350 条蚯蚓,蚯蚓数量高(每平方米超过 400 条)的区域农作物产量也显著提高。在过去十年中,英国通过调查蚯蚓种群成功进行了一些农田土壤调查,土壤中的蚯蚓分为三个生态功能群:表观蚯蚓(epigeic earthworms)、正蚯(anecic earthworms)和英国内生蚯蚓(UK endogeic earthworms)。但迄今为止,由于缺乏一套标准化的方法,国家在使用蚯蚓监测土壤的过程中受到了阻碍。不同时期和地区的调查使用了不同的蚯蚓统计方法,且人工成本过高。为降低成本,应该动员农民参与土壤评估过程。"60 分钟蚯蚓调查"(60 min worms)旨在解决英国农田土壤蚯蚓监测中存在的空白,为研究英国农田土壤的土壤生物学提

供第一手资料。

研究者(Jacqueline,2019)在 2018 年春季评估了超过 1300 公顷的农田土壤,以三个生态系统的十组土壤样本中蚯蚓的生存状况为指标评价土壤的健康程度。结果表明,大多数农田具有基本的蚯蚓数量和丰度,但 42% 的农田可能由于过度劳作,表现为表生和暗生蚯蚓的缺乏。耕作对蚯蚓种群有负面影响($P <$ 0.05),有机物管理不能减轻耕作的影响。在吸引农民参与方面,推特(Twitter)和《农民周刊》(*Farmer Weekly*)是非常有效的招聘渠道(图 2-15)。57% 的参与者表示会使用蚯蚓调查结果来改变他们的土壤管理做法。研究也汇报了蚯蚓识别技能方面的关键培训需求。在全国范围内,农民的参与可以为每次调查节省 1400 万英镑的田间工作成本(图 2-16、图 2-17)。

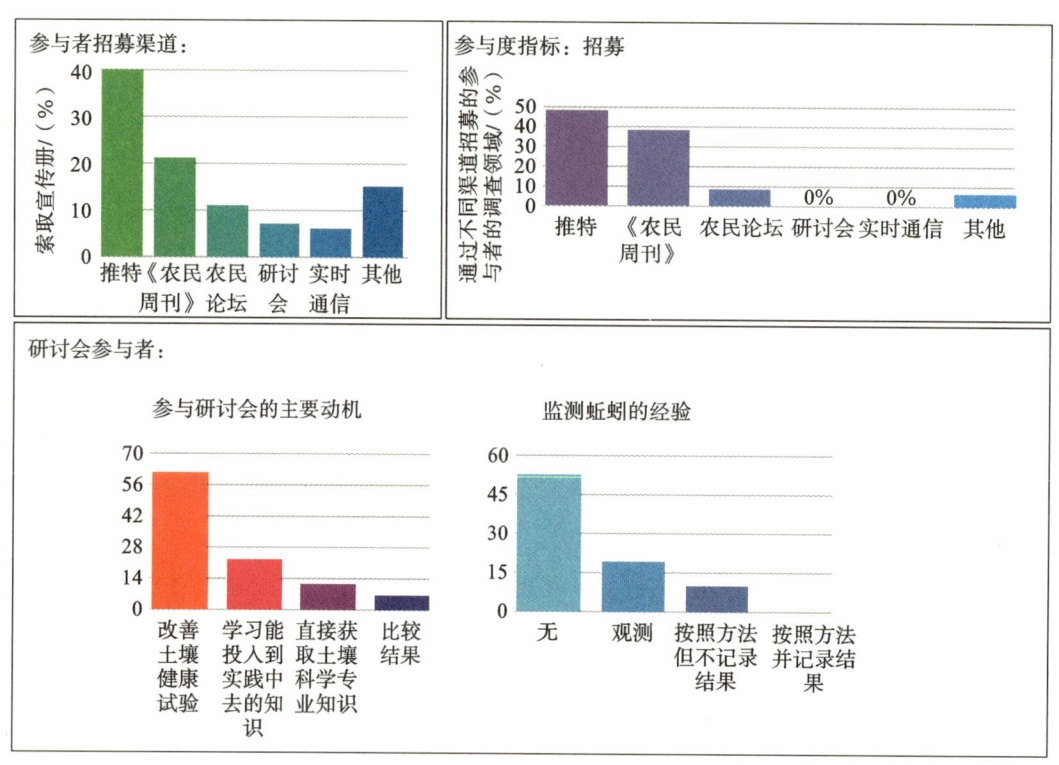

图 2-15 招募、参与 60 分钟蚯蚓调查(Jacqueline,2019)

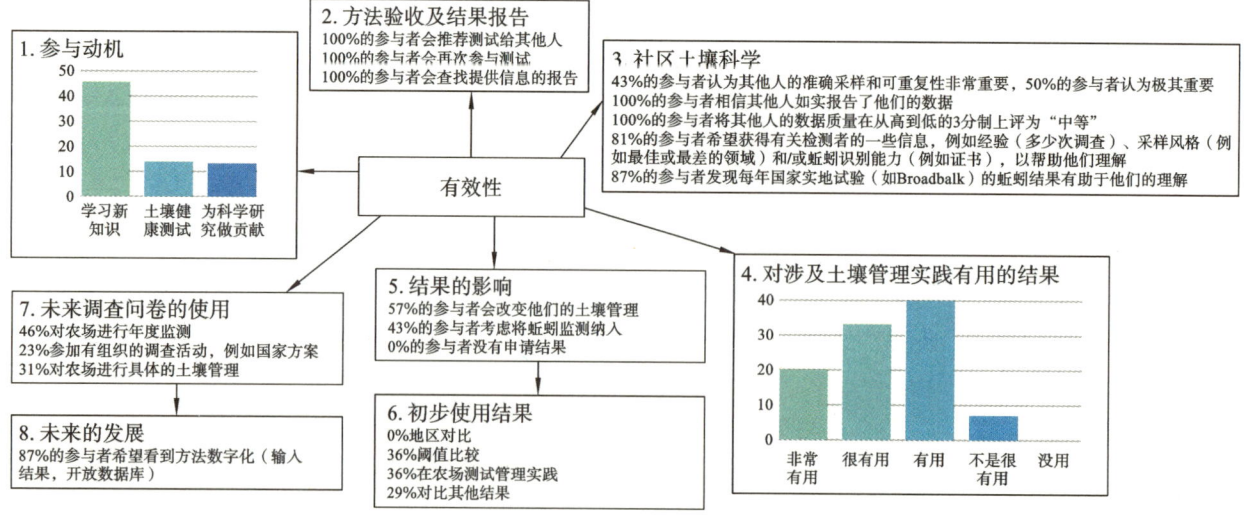

图 2-16 60 分钟蚯蚓调查对农民的价值(Jacqueline,2019)

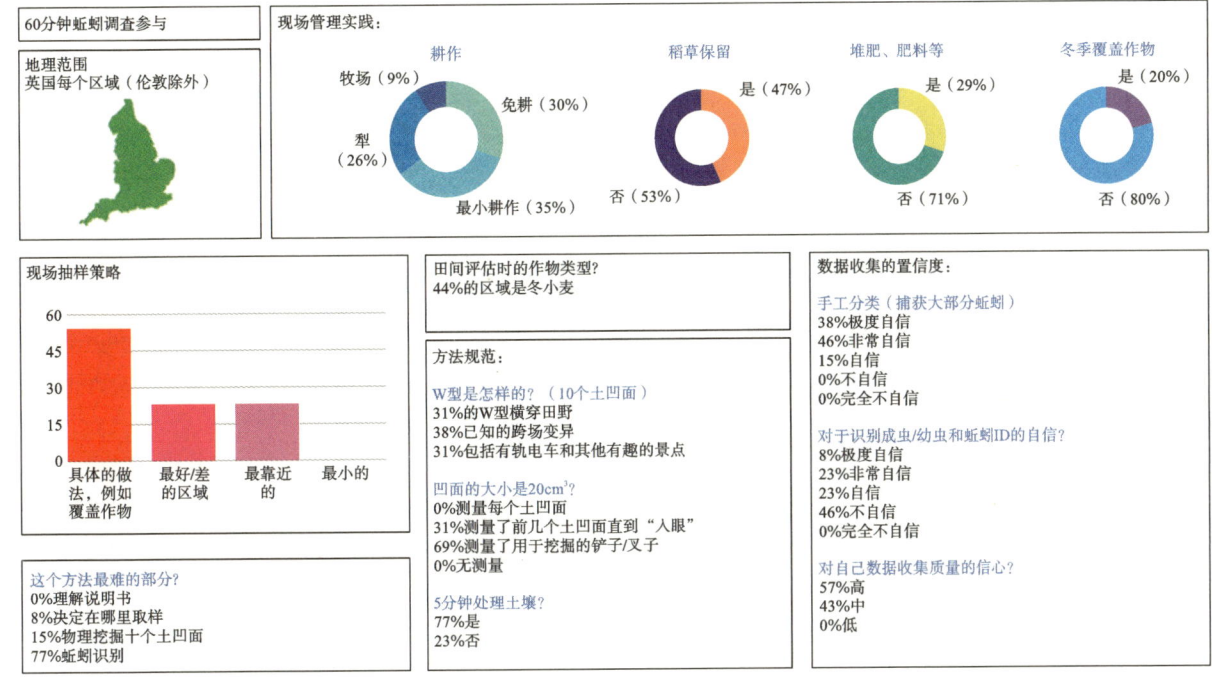

图 2-17　60 分钟蚯蚓调查参与情况 (Jacqueline, 2019)

虽然土壤生物在土壤功能中发挥着重要作用,但目前也只有微生物可以作为土壤指标,大型生物(如蚯蚓、线虫、微/大型节肢动物和土壤生物群)可以作为土壤功能的指标,因此,土壤生物在土壤健康评估中的使用范围还有改进的余地。与传统技术相比,专注于 DNA 和 RNA 的分子手段提供了更快、更便宜、信息丰富的土壤生物群测量方法。然而,通过分子手段获得的结果却存在空间和时间变化所引起的偏差和分析问题。由于很大一部分土壤生物尚未在分类和功能方面得到表征,测序产生的"大数据"分析在时间和释义上都存在很大的挑战。因此,未来更多的研究将为研究它们作为主流指标的使用奠定基础。其他分子技术如代谢组学和宏蛋白质组学也可能产生合适的指标,虽然测量指标与土壤功能直接相关,但由于提取困难,其应用也受到了限制。稳定同位素探测结合磷脂脂肪酸(phospholipid fatty acids, PLFA)分析和 DNA 探测也有助于将土壤生物多样性与土壤过程联系起来。土壤光谱技术(如近红外光谱和土壤遥感)能以快速和廉价的方式测量各种土壤特性(Veum 等,2015),基于光谱技术表征土壤健康状况需要进一步深入研究。

土壤不是矿藏,而是珍贵的生物体和不可再生资源。土壤不仅可用来生产食物、纤维等可销售(有形)的产品,而且可生产公共(无形)产品,例如美丽的景观、生物多样性或休闲享受,这些不是可以用金钱衡量的。土壤健康与食物健康、环境健康、人体健康等相互关联,需要多学科交叉和多主体参与。目前,土壤健康评价逐渐向多目标协同转变,因此多学科协同创新是未来土壤健康研究的必然选择。

参考文献

[1]　陈百明. 加拿大耕地质量监测概述[J]. 资源科学,1996(2):77-80.

[2]　房全孝. 土壤质量评价工具及其应用研究进展[J]. 土壤通报,2013,44(2):496-504.

[3]　谢建华,马常宝,董燕,等.英国耕地质量监测保护工作及启示[J].国际视野,2020,3:16-20.

[4]　杨淇钧,吴克宁,冯喆,等. 大空间尺度土壤质量评价研究进展与启示[J]. 土壤学报,2020,57(3):565-578.

[5]　杨颖,郭志英,潘恺,等. 基于生态系统多功能性的农田土壤健康评价[J]. 土壤学报,2022,59(2):461-475.

[6]　张江周,李奕赞,李颖,等. 土壤健康指标体系与评价方法研究进展[J]. 土壤学报,2022,59(3):603-616.

［7］ 周璞，毛馨卉，侯华丽，等．澳大利亚和欧盟土壤战略比较与借鉴［J］.中国国土资源经济，2023,36（1）：60-66.

［8］ ANDREWS S，KARLEN D，CAMBARDELLA C. The soil management assessment framework：A quantitative soil quality evaluation method［J］. Soil Science Society of America J ournal，2004，68(6)：1945-1962.

［9］ AMORIM H C S，ASHWORTH A J，MOORE P A，et al. Soil quality indices following long-term conservation pasture management practices［J］. Agriculture，Ecosystems & Environment，2020，301：107060.

［10］ BAVOUGIAN C M，SHAPIRO C A，STEWART Z P，et al. Comparing biological and conventional chemical soil tests in long-term tillage,rotation,N rate field study［J］. Soil Science Society of America Journal,2019,83：419-428.

［11］ CHERUBIN M R，KARLEN D L，FRANCO A L C，et al. A soil management assessment framework (SMAF) evaluation of Brazilian sugarcane expansion on soil quality［J］. Soil Science Society of America Journal，2016,80(1)：215-226.

［12］ CHU M W，SINGH S，WALKER F R，et al. Soil health and soil fertility assessment by the Haney soil health test in an agricultural soil in West Tennessee［J］. Communications in Soil Science and Plant Analysis，2019,50(9)：1123-1131.

［13］ DALUZ F B，DASILVA V R，KOCHEM F J，et al. Monitoring soil quality changes in diversified agricultural cropping systems by the Soil Management Assessment Framework (SMAF) in Southern Brazil［J］. Agriculture，Ecosystems & Environment，2019,281：100-110.

［14］ Department of Agriculture,Fisheries and Forestry. National Soil Strategy［Z］. Canberra：DAWE，2021.

［15］ DEBELJAK M，TRAJANOV A，KUZMANOVSKI V，et al. A field-scale decision support system for assessment and management of soil functions［J］. Frontiers in Environmental Science，2019，7：115.

［16］ GUGINO B K，ABAWI G S，IDOWU O J，et al. Cornell soil Health Assessment Training Manual［M］. Cornell University College of Agriculture and Life Sciences，2009.

［17］ FRANZLUEBBERS A J,HANEY R L. Evaluation of soil processing conditions on mineralizable C and N across a textural gradient［J］. Soil Science Society of America Journal，2018，82：354-361.

［18］ FRANZLUEBBERS A J. Soil-test biological activity with the flush of CO_2：Ⅲ. Corn yield responses to applied nitrogen［J］. Soil Science Society of America Journal，2018，82：708-721.

［19］ HANEY R L，BRINTON W，EVANS E. Soil CO_2 respiration：Comparison of chemical titration，CO_2 IRGA analysis and the Solvita gel system［J］. Renewable Agriculture and Food Systems，2008，23：171-176.

［20］ HANEY R L，HANEY E B. Simple and rapid laboratory method for rewetting dry soil for incubations［J］. Communications in Soil Science and Plant Analysis，2010，41：1493-1501.

［21］ HANEY R L，HANEY E B，SMITH D R，et al. The soil health tool：Theory and initial broad-scale application［J］. Applied Soil Ecology，2018，125：162-168.

［22］ STROUD J L. Soil health pilot study in England：Outcomes from an on-farm earthworm survey［J］. PLoS One,2018,14(2)：0203909.

［23］ KARLEN D L，CAMBARDELLA C A，KOVAR J L，et al. Soil quality response to long-term tillage and crop rotation practices［J］. Soil and Tillage Research，2013,133：54-64.

［24］ MITCHELL J P，SHRESTHA A，MATHESIUS K，et al. Cover cropping and no-tillage improve soil health in an arid irrigated cropping system in California's San Joaquin Valley, USA［J］. Soil and Tillage Research，2017,165：325-335.

［25］　MOEBIUS-CLUNE B N，MOEBIUS-CLUNE D J，GUGINO B K，et al. Comprehensive Assessment of Soil Health：the Cornell Framework Manual［M］. 3rd ed. New York：Cornell University，2016.

［26］　MUELLER L，SCHINDLER U，SHEPHERD T G，et al. A framework for assessing agricultural soil quality on a global scale ［J］. Archives of Agronomy and Soil Science，2012，58（1）：76-82.

［27］　PRESLEY D A. Effects of flue gas desulfurization gypsum on crop yield and soil properties in Kansas［J］. Kansas Agricultural Experiment Station Research Reports，2016，2（5）：1-7.

［28］　SINGH S. Soil health assessment for the agroecosystems of West Tennessee ［D］. Knoxville：University of Tennessee，2020.

［29］　SINGH S，JAGADAMMA S，YODER D，et al. Agroecosystem management responses to Haney soil health test in the southeastern United States［J］. Soil Science Society of America Journal，2020，84（5）：1705-1721.

［30］　STRAUSS J，SMITH H，PRETORIUS W. New approach：Mimicking nature's ratios and values—Measuring the health and fertility status of your soil：soils ［J］. SABI Magazine-Tydskrif，2015，7：26-29.

［31］　VEUM K S，SUDDUTH K A，KREMER R J，et al. Estimating a soil quality index with VNIR reflectance spectroscopy ［J］. Soil Science Society of America Journal，2015，79（2）：637-649.

［32］　VEUM K S，KREMER R J，SUDDUTH K A，et al. Conservation effects on soil quality indicators in the Missouri Salt River basin［J］. Journal of Soil and Water Conservation，2015，70（4）：232-246.

第三章

国内土壤健康评价体系

深入理解和利用土壤的物理、化学和生物特性并对土壤健康进行量化是建立准确可信的土壤健康评价体系的基础。本章按照土地利用方式的不同展开对土壤健康评价体系构建分析,为进一步理解土壤健康评价体系构建理论提供支撑。

第一节　耕地土壤健康评价体系

耕地作为农业发展的重要载体,是人类生活不可或缺的生存资源,也是保障经济发展及社会稳定的坚实基础(杜国明等,2012)。在为人类提供生产资料和生活所需时,耕地的合理利用实现了自然与经济社会间物质、能量以及信息的交换,保障人类粮食生产,维护社会稳定,并产生一定的经济价值,同时对于改善耕地生态环境、保持生物多样性起到重要作用。我国粮食连年丰收,连续 7 年保持在 6.5×10^8 吨以上(国家统计局,2021),有力保障了我国粮食安全。但是,我国中低产田面积占耕地总面积比例高达 70%,耕地地力总体偏低,耕地基础地力对粮食生产的贡献率仅为 52% 左右,较 40 年前降低了 10%~15%(田慎重等,2024)。同时,随着我国经济社会高速发展,我国长期单一粗放、高强度的耕地资源集约化利用方式及过量的化肥、农药等高投入,导致我国农业主产区土壤质量普遍下降(Zhou 等,2021;Sun 等,2021),健康堪忧,耕作层变浅、土壤养分失衡、生物群系减少等问题日趋严重(Liu 等,2015),严重威胁着我国耕地可持续利用和国家粮食安全(张桃林,2021)。国内关于耕地土壤健康评价的研究围绕耕地肥力质量、农业措施对耕地质量的提升等开展,本节按照不同地域、不同土壤类型展开耕地土壤健康评价体系构建的详细介绍。

一、耕地土壤健康评价概况

(一)背景介绍

土壤因气候、成土母质、生物学、地形、时间和人为管理等因素而易于发生改变(Karlen 等,2003),阐明土壤健康情况充满挑战。土壤在不同的土壤类型、气候和地区(Fine 等,2017)以及种植系统(Amsili 等,2021;Li 等,2022)之间差异很大,针对不同土壤类型开展耕地土壤健康评价更具现实指导意义。

黄土高原地区是中国北方重要的农业生产基地和生态屏障,土壤类型主要为喀山土和黄壤土,由于自然地理条件的限制,许多山坡农田无法灌溉。根据不同的土壤类型、特征和生化条件进行适当的田间管理,可以改善土壤健康和作物产量。土壤类型和田间管理对土壤健康的影响是国际上从小区(长期田间试验)到国家尺度的广泛研究,引起了许多学者的关注(Ling 等,2024;Khosravi 等,2023),然而,黄土丘陵区土壤健康对不同土壤和灌溉方式的响应在很大程度上尚不清楚。中国农业大学(Lu 等,2024)采用 2 种评分方法(线性和非线性评分)和 3 种指标选择方法[最小数据集(MDS)、修正最小数据集(revised minimum data set,RMDS)和总数据集(total data set,TDS)]对黄土高原不同农田土壤和灌溉类型土壤健康状况进行评价。

冬小麦-夏玉米是我国华北平原的关键的作物种植系统,分别约占全国小麦和玉米产量的 50% 和 33%(Wang 等,2012),在保护中国粮食安全方面具有重要意义。中国农业大学(Li 等,2022)利用 1993—2014 年 8 个周期的试验数据,针对冬小麦-夏玉米的轮作系统利用康奈尔土壤健康综合评价方法(CASH)建立了具体的土壤健康指标最小数据集(MDS),比较了 3 种计算华北平原不同施肥制度(NPK 为仅施化肥;M 为仅施有机肥;MNPK 为有机肥与化肥结合)土壤健康的方法。作物产量可作为直接反映土壤特性的测定指标,并最大限度地减少与土壤质量没有直接关系的因素的影响,一度被提议为主要的土壤质量指标(Gomez 等,1996)。例如,在没有明显土壤或环境退化的农田系统中,高质量土壤很大程度上可以保证高生产力(Griffiths 等,2010)。然而,大多数研究都集中在土壤质量的评估上(Qi 等,2009;Raiesi 等,2016;Zuber 等,2017),很少有人考虑土壤质量与作物产量的关联(Abdollahi 等,2015)。有研究指出,当土壤质量指数与作物产量无显著相关性时,土壤质量指标体系将不具有生物学意义(Li 等,2013)。与仅关注土壤特性的传统土壤健康评估不同,有人开始尝试在研究中通过土壤特性与小麦产量的统计关系,构建小麦-玉米轮作系统的最小数据集(MDS)。如南京农业大学(Li 等,2019)对中国 132 块小麦-玉米轮作耕地的土壤样本进行采集,测定了 26 项土壤指标,包括微生物、化学和物理性质。通过 Pearson 相关性分析,确定了影响小麦产量的 8 个关键土壤指标,并利用主成分分析法找出了土壤有机质、碱解氮、微生物量氮/全氮及有效锌等指标作为 MDS。单因素方差分析显示,碱解氮、土壤有机质和微生物量氮/全氮是限制小麦产量的主要因素。基于 MDS 和加权土壤质量指数(SQI),研究对不同生产率区域的土壤质量进行了评估,结果显示高(HP)、中(MP)和低(LP)生产率区域的平均 SQI 分别为 0.55、0.48 和 0.39,且 SQI 与小麦产量呈显著正相关,表明该 MDS 能有效代表中国小麦-玉米种植系统的土壤质量。

除此之外,物料的添加对土壤质量也产生影响,如生物炭还田后土壤质量发生改变,有必要进行深入探讨。生物炭是一种多孔的富碳材料,通过在缺氧环境中热解有机原料产生(Hossain 等,2020)。作为一种广为流传的有机土壤改良剂,生物炭可以提高中低产田的土壤肥力。虽然生物炭的养分含量通常较低,但其高吸附能力使土壤能够保留尽可能多的养分(Nobile 等,2022)。它还可以提高土壤的理化性质,如提高土壤孔隙度、阳离子交换能力、养分和水分保持、土壤酶活性,减小土壤体积等,从而促进农业生产(Zhao 等,2022)。

(二)区域选择

Lu 等(2024)开展了黄土高原耕地质量评价,研究地点是山西省朔州市(东经 111°53′—113°34′,北纬 39°05′—40°17′),位于黄土高原东部,属于中国北方农牧交错带。朔州市属温带季风气候,气温 3.6～7.3 ℃,年平均降水量 428 mm。近 75% 的年降雨量集中在 6—8 月。主要的地貌单元包括平原、山谷、山脉和丘陵。根据粮农组织世界土壤资源参比基础(World Reference Base for Soil Resources,WRB),该研究区土壤类型为喀斯特竹属土壤和黄壤属土壤。该地区的主要作物是玉米、谷子和高粱。玉米主要种植在人工灌区,谷子和高粱主要种植在雨养农田。

研究包括 2 种土壤类型(鹿芋土和雷竹土)和 2 种灌溉类型(灌溉和降雨耕作),包括 4 种处理,即鹿芋土和灌溉耕作(KA-IL)、鹿芋土和降雨耕作(KA-RL)、雷竹土和灌溉耕作(RE-IL)、雷竹土和降雨耕作(RE-RL)。根据当地的主要农业活动时间,土壤样品取自 2022 年 9—11 月。该研究共采集 68 个土壤样品,并通过手持式 GPS 记录采样点的位置信息。

Zhang 等(2023)完成了华北平原中部地区冬小麦-夏玉米的轮作系统土壤质量评价,地点在河北省曲周县(东经 114°50′—115°13′,北纬 36°35′—36°57′,平均海拔 39.6 m),属暖温带半湿润大陆性季风气候,年

平均降水量为 604 mm。超过 60% 的年均降水量发生在 7—9 月。年平均气温 13.1 ℃，年均无霜期 201 d。冬小麦（*Triticum aestivum* L.）10 月初播种，6 月收获，随后是夏玉米（*Zea mays* L.）。该研究包括 1993—2014 年建立的 8 个长期试验。长期试验分为 3 组：①仅施化肥（NPK）；②仅施有机肥（如牛粪、堆肥或生物堆肥、泥炭、蛭石等）（M）；③有机肥与化肥结合（MNPK）。试验共包括 97 个 NPK 小区、44 个 M 小区和 34 个 MNPK 小区。在 2020 年 10 月玉米收获时，采集 0～20 cm 土层长期试验和农户田的土壤样品检测土壤性质相关指标。

Li 等（2019）开展了小麦-玉米轮作耕地健康评价，研究对旱地双季作物区的小麦-玉米种植系统进行了土壤采样。从代表性的县（区）中选择了采样点，每个县（区）采集了 5 至 7 个土壤样本，共计 132 个样本，涵盖总耕地面积为 3.62×10⁵ km²。该种植系统主要分布在华北和西北地区，零星分布在西南和江淮地区（表 3-1）。采样区域位于北纬 22.26° 至 41.04°，东经 97.31° 至 122.41°，跨越暖温带、亚热带和青藏高原气候带。研究区年积温为 4200～5500 ℃（>0 ℃）或 3600～4800 ℃（≥10 ℃），年平均无霜期超过 170 天。通过对农民的访谈记录管理信息。以 2011—2015 年小麦稳定产量为基础，按其 2016 年的确定产量进行排序：高（>7 t/ha，n=48）、中（6～7 t/ha，n=36）和低（<6 t/ha，n=48）。在 2016 年 5—7 月小麦成熟期进行土壤取样和产量测定。使用 GPS 对每个采样点进行地理定位。

表 3-1　中国 132 块农田小麦-玉米种植制度信息（Li 等，2019）

区域 （×10⁵ km²）	地址		土壤样本数	土壤类型	年平均气温/℃	年平均降雨/mL
	省/市	县/区				
华北地区（2.74）	北京	房山、大兴、通州、顺义	21	潮土、褐土	13.8	669.1
	天津	静海、武清、宁河	15	潮土、褐土	13.8	608.6
	河北、河南	吴桥、安阳、正定	18	潮土、褐土	14.6	7126
	山东	平原、临沂、利津	18	潮土	15.4	10082
西北地区（0.55）	山西	夏县、闻喜、盐湖	15	褐土	11.2	5284
	陕西	泾阳、富平、兴平	15	黄土	15.8	456
江淮地区（0.10）	安徽	定远	15	灰浆黑土、潮土	17.0	1502
西南地区（0.23）	四川	西充、简阳、金堂、中江	15	紫色土	16.8	983.9

Sun 等（2023）开展了东北黑土区耕地健康评价，研究区域位于甘南县东北部典型的坡耕地，甘南县位于黑龙江省西部（东经 122°54′—124°58′，北纬 47°35′—48°32′），是齐齐哈尔市的一部分。该地区属于寒温带大陆性季风气候，平均海拔在 160～380 米，年均气温为 2.6 ℃，年均日照 2791.7 小时，年均降水量 455.2 毫米，霜冻期为 120～132 天。甘南县以农业生产闻名，特别是玉米、大米和大豆等作物，经济作物包括向日葵、土豆、瓜类和蔬菜。研究区域位于甘南县宝山乡全胜村西北部，面积约 42.24 公顷，以黑土和深棕色土为主，地形起伏较大，土壤成分和作物生长差异显著，各地块耕地质量差异较大，具有一定的代表性。

数据来源：①甘南县 2019 年土地利用数据库，该数据库提供了政府相关部门基本耕地定配边界信息；②甘南县 1：150000 土壤分布图和行政规划图，绘制了甘南县各乡镇土壤类型分布图；③ALOSPALSAR 12.5 m 数字高程模型（digital elevation model，DEM）栅格数据（2023 年 4 月 2 日检索，网址：https://search.asf.alaska.edu/），在 ArcGIS 软件中对数据进行拼接、裁剪、高程坡度提取等处理，将坡度值分为四类，并分配给所有土地利用单元，从而得到 12.5 m 分辨率的坡度和甘南县高程图；④土壤取样数据，通过田间取样获取，采集土壤样品并在实验室进行分析，确定所需的理化性质指标；⑤2023 年 8 月 30 日在 https://earthengine.google.com/ 上检索到 Sentinel-2 高分辨率多光谱图像，在 Google Earth Engine 和 ArcGIS 软件中对数据进行拼接、裁剪和归一化植被指数（normalized difference vegetation index，NDVI）提取。

罗旭（2023）以生物炭施用后的黑土为例，研究了中低肥力耕地健康评价，研究区位于东北农业大学向阳试验基地，地处松嫩平原中部，气候为寒温带大陆性气候，春季多风，夏季多雨；春季干旱，冬季干燥。无霜期超过 140 d，≥10 ℃活动积温在 2700 ℃以上。土壤有机质 27.6 g/kg，速效氮 110.1 mg/kg，速效钾 162 mg/kg，速效磷 15.9 mg/kg，按照土壤肥力分级属于 3 级。试验采用田间试验，以大豆-玉米-玉米轮作

(SM)为主区,以生物炭施用技术为副区,生物炭施用技术包括0～20 cm混施(B1)和0～40 cm混施(B2),以未添加生物炭为对照(CK),基于玉米秸秆全部还田量15000 kg/hm²、炭化率30%计算,即4500 kg/hm²施用生物炭。于2019年秋整地一次性施入,人工混匀。该研究于2022年进行取样测定后展开土壤质量评价。

二、评价方法

Lu等(2024)在黄土高原耕地质量评价案例中,采用了土壤管理评估框架(SMAF)对土壤健康指数(SHI)进行评估(Ros等,2022),该研究从TDS中选取24个潜在土壤指标,综合考虑土壤物理、化学、生物特性。采用3种方法建立数据集,即最小数据集(MDS)、修正最小数据集(RMDS)和总数据集(TDS)。首先,对所有土壤指标进行单因素方差分析,将4种土壤和灌溉方式下差异显著(P<0.05)的指标纳入TDS。采用Z-score法对TDS土壤指标进行标准化,并采用主成分分析法(PCA)对代表MDS的潜在土壤指标进行识别。由于主成分(PCs)具有较大的特征值,可以表示所有数据的变化,因此在指标选择中选择主成分特征值大于1的主成分。对于每个PC,只保留载荷值小于最高加权载荷值10%的指标作为该PC的关键指标。如果在每个PC中保留超过一个指标,则通过Pearson相关性分析确定指标冗余度。当各项指标无相关性时,各指标保留为MDS。如果没有指标保留,则只保留最高加权载荷土壤指标来建立MDS(Andrews等,2002;Brookes等,1985;Zhang等,2023)。其次,对土壤的物理、化学和生物性质进行主成分分析,确定潜在指标,建立RMDS,接下来的步骤与建立MDS相同。

在3个指标集建立后,为了使不同数据集各指标具有不同单位的可比性,采用非线性和线性评分方法将土壤指标转化为0～1的无量纲值(Yu等,2018)。所有土壤指标根据其对土壤生态系统多功能和生产力的影响可分为两类:如果土壤指标值随着土壤健康程度的提高而增加,则采用"越多越好"的评分曲线;相反,当认为土壤属性值越高对土壤健康越有害时,则采用"越少越好"的方法。以下线性评分曲线采用"越多越好"[式(3-1)]或越少越好[式(3-2)]。

$$SL = \frac{X}{X_{max}} \tag{3-1}$$

$$SL = \frac{X_{max}}{X} \tag{3-2}$$

式中,SL为TDS、MDS和RMDS各土壤性质为0～1的线性分值,X为实验室实测值,X_{max}和X_{min}为该研究4种土壤和灌溉类型土壤指标的最大实测值和最小实测值(Askari等,2014)。

采用以下非线性评分的"S曲线"对3个数据集的每个土壤指标进行标准化评分(Bastida等,2006;Zhang等,2016):

$$SNL = \frac{1}{1 + (X + X_m)^b} \tag{3-3}$$

式中,SNL为各土壤指标的非线性得分,X为实测值,X_m为各土壤指标的平均实测值。此外,b是方程的斜率,对于"越少越好"的曲线,b等于2.5;对于"越多越好"的曲线,b等于-2.5(Bastida等,2006)。

对于3种数据集选择方法,评价指标的权重值等于其共性与TDS、MDS和RMDS中共性之和的比值。利用式(3-4)计算土壤健康指数如下:

$$SHI = \sum_{i=1}^{n} W_i \times S_i \tag{3-4}$$

式中,SHI为土壤健康指数,W_i为土壤指标权重值,n为3种数据集方法的土壤指标个数,S_i为SNL或SL(Biswas等,2017)。

此研究将指标选择法与评分函数法相结合,得到6个土壤健康指标:线性评分和TDS(SHI-LT)、线性评分和MDS(SHI-LM)、线性评分和RMDS(SHI-LRM)、非线性评分和TDS(SHI-NLT)、非线性评分和MDS(SHI-NLM)、非线性评分和RMDS(SHI-NLRM)。不同土壤和灌溉方式下,SHI值越高,土壤生物过程和生态系统功能越好。

Zhang等(2023)在华北平原中部地区冬小麦-夏玉米的轮作系统土壤质量评价研究中,利用了CASH评估(Moebius-Clune等,2016)以及线性和非线性方程(Askari等,2015;Raiesi,2017)计算无单位分数。使

用 CASH 时,数据集中每个变量的平均值和标准差用于计算评分方程作为累计正态分布(Fine 等,2017):

$$p = f(x \mid \mu \cdot \sigma)^2 = \frac{1}{\sigma\sqrt{2\pi}} \int_{-\infty}^{+\infty} exp \frac{-(x-\mu)^2}{2\sigma^2} d\,x \tag{3-5}$$

式中,p 是概率(范围 0~1),x 是测量值(−∞,+∞),μ 和 σ 分别是数据集中每个指标的平均值和标准差。

使用 3 种类型的评分函数:"越多越好"(AgStab、AP、AK、Mg、Fe、Mn、Zn、SOC、土壤蛋白质和呼吸)、"越少越好"(SurfHard 和 SubHard)和"最佳范围"(土壤 pH 值)。在"越多越好"评分函数方面,当土壤养分浓度(如 AP、AK、Mg、Fe、Mn、Zn)达到或超过上限阈值时,得分设置为 1。AP、AK、Mg、Fe、Mn 和 Zn 的上限分别为 25 mg·kg^{-1}、120 mg·kg^{-1}、60 mg·kg^{-1}、15 mg·kg^{-1}、20 mg·kg^{-1} 和 4.7 mg·kg^{-1}(Liu 等,2017;National Agricultural Technical Extension and Service Center,2015)。

对于线性和非线性评分函数方法,每个土壤健康指标被归一化为 0~1 的分数(Andrews 等,2004;Askari 等,2015;Raiesi,2017)。线性评分时分别采用式(3-1)和式(3-2)计算属于"越多越好"和"越少越好"评分函数的指标。对于具有"最佳范围"的指标,当其值低于最佳范围时,应用式(3-1)计算分数;当其值高于最佳范围时,应用式(3-2)计算分数。

此外,还应用了另一种评分方法,即 S 形函数:

$$S_{Sig} = \frac{a}{1 + (x/x_\mu)^b} \tag{3-6}$$

式中,S_{Sig} 是土壤指标为 0~1 的非线性得分;a 是函数达到的最高分,在该研究中等于 1;x_μ 是整个数据集中每个土壤指标的平均值;b 是斜率,对于"越多越好"的评分函数,该斜率设置为 −2.5,对于"越少越好"的评分函数,该斜率设置为 2.5(Askari 等,2015;Raiesi,2017)。

转换后,使用等权加法将指标得分整合到复合土壤健康指数(SHI)中:

$$SHI = \sum_{i=1}^{n} S_i / n \tag{3-7}$$

式中,S_i 是 CASH、线性函数或 S 形函数的指标分数,n 是 SHI 中积分的土壤指标数量。

采用最佳子集回归(best subsets regression,BSR)方法能用较小的指标集预测整体土壤健康指数,并确定哪些指标具有高度的预测性。由此从 14 个土壤属性中定制一些土壤健康指标(Fine 等,2017;Rekik 等,2018),使用调整后 R^2、赤池信息量准则(Akaike's information criteria,AIC)和贝叶斯信息准则(Bayesian information criteria,BIC)这 3 个重要指标来决定模型的最佳拟合度。调整后的 R^2 越高,模型越好;AIC 和 BIC 指标越低,模型越好。最佳子集回归是在 R(版本 4.0.5)中执行的。预测变量用于建立 MDS,进而用于计算复合土壤健康指数[式(3-7)]。

冬小麦-夏玉米轮作系统的耕地健康评价研究小组参考了 3 组土壤健康评价研究中建立的最小数据集(MDS),并确定了适用于该试验的土壤健康评价指标(表 3-2)。这 3 组数据集分别为:①墨西哥小麦和玉米种植系统的土壤健康最小数据集,包括团聚时间、团聚体稳定性、永久萎蔫点、表上抗渗透性和土壤养分(Li 等,2019);②基于主成分分析结果的小麦-玉米轮作系统土壤健康研究数据集,包含碱解氮、土壤有机质、微生物量氮/全氮和速效钾;③Zhang 等(2023)在华北平原土壤健康研究中的最小数据集,涵盖土壤有机碳、速效钾、真菌物种丰富度、碳库活性、总碳含量和酸性磷酸酶活性。最终,选择了三组研究中重合度高且预测能力强的指标,作为本研究的最小数据集。

表 3-2 土壤健康评价指标(Zhang 等,2023)

指标类型	指标
物理指标	土壤团聚体稳定性(AgStab)、表层硬度(SurfHard)和次表层硬度(SubHard)
化学指标	土壤 pH、有效磷(AP)、速效钾(AK)、土壤有机碳(SOC)、镁(Mg)、铁(Fe)、锰(Mn)、锌(Zn)
生物指标	高锰酸钾可氧化态碳、蛋白质(Protein)、土壤呼吸(Resp)

Li 等(2019)将小麦-玉米轮作耕地健康评价方法总共分为四个步骤。第一步,确定最小数据集(MDS)。利用土壤指标与小麦产量之间的 Pearson 相关性分析来确定合格的因变量。选择与小麦产量有显著关系的土壤指标进行标准化主成分分析(PCA)(Rezaei 等,2006)。主成分分析中最能代表土壤性质

的高特征值是通过特征值不小于 1 的标准来确定的,即只考察特征值不小于 1 的主成分(Brejda 等,2000)。在特定 PC 下,每个变量的因子载荷表示该变量对 PC 构成的贡献。高权重变量被定义为绝对值在最高因子载荷 10% 以内的变量。当在单个 PC 中保留多个变量时,检查指标之间的相关系数,以确定是否有任何变量是多余的,并从 MDS 中消除。在分析过程中,通过执行方差最大旋转增强了解释不相关分量的能力(Flury,1988)。

第二步,权重分配。在确定 MDS 指标后,从 PCA 得出的每个指标的权重被计算为其共性与所有 MDS 指标的共性总和的比率。

第三步,指标评分。每个指标都使用标准评分函数(standard score function,SSF)进行转换,并根据不同的 SSF 归一化为 0~1 的分值。不同的土壤质量指标根据其土壤质量函数进行划分,使用如下描述的 3 个 SSF 方程计算:

$$\text{SSF1}: f(x) = \begin{cases} 0.1, & x < L \\ 0.1 + \dfrac{0.9 \times (x-L)}{U-L}, & L \leqslant x \leqslant U \\ 1.0, & x > U \end{cases} \tag{3-8}$$

$$\text{SSF2}: f(x) = \begin{cases} 1.0, & x < L \\ 0.1 + \dfrac{0.9 \times (U-x)}{U-L}, & L \leqslant x \leqslant U \\ 1.0, & x > U \end{cases} \tag{3-9}$$

$$\text{SSF3}: f(x) = \begin{cases} 0.1, & x < L_1, x > U_2 \\ 0.1 + \dfrac{0.9 \times (x-L_1)}{U_1 - L_1}, & L_1 \leqslant x < U_1 \\ 1.0, & U_1 \leqslant x \leqslant L_2 \\ 0.1 + \dfrac{0.9 \times (U_2-x)}{U_2 - L_2}, & L_2 < x \leqslant U_2 \end{cases} \tag{3-10}$$

第四步,通过式(3-11)计算土壤质量指数(SQI)(Li 等,2013):

$$\text{SQI} = \sum_{i=1}^{n} W_i \times S_i \tag{3-11}$$

式中,W_i 为各指标的权重值,S_i 为指标分数,n 为所选变量的数量,即 MDS 中的指标数。

Sun 等(2023)在东北黑土区耕地健康评价研究中参照《耕地质量等级》(GB/T 33469—2016),结合大量数据,采用专家访谈、会议问卷等方法,调查农户个体对建立指标体系的相关需求。经过多轮讨论,最终确定了一套适合农民个体需求的指标体系。该指标体系基于 4 个主要方面:土壤条件、立地条件、土地适宜性、社会经济和环境条件。最终选取 15 个评价指标(表 3-3)。

表 3-3　个体农户耕地质量指标评价体系(Sun 等,2023)

标准层	权重	目标层	权重
土壤条件	0.3014	土壤有机质	0.1617
		土壤碱解氮	0.0735
		土壤有效磷	0.0334
		土壤速效钾	0.0226
		土壤 pH	0.0102
立地条件	0.4212	黑土层厚度	0.0127
		土壤容重	0.0491
		耕作质地	0.1241
		表面障碍程度	0.0304
		坡度	0.0173
		高程	0.1876

标准层	权重	目标层	权重
土地适宜性	0.1683	NDVI	0.1683
社会经济和环境条件	0.1091	排水能力	0.0517
		灌溉能力	0.0517
		清洁指数	0.0057

表3-3的15个评价指标中,土壤条件重点评价土壤化学指标。土壤有机质是促进作物生长发育、促进土壤物理性质改善、调节农业生态系统的重要指标。此外,土壤碱解氮、土壤有效磷和土壤速效钾是作物生长所必需的养分,直接决定着作物的生长。土壤pH直接影响农业土壤的理化性质(Arshad等,2002)。因此,土壤条件中的这5个指标与个体农户的施肥活动直接相关,在农业实践中至关重要。立地条件侧重于评价土壤的物理性质和地理条件。黑土层厚度、土壤容重、耕作质地、表面障碍程度是直接影响作物生长的物理指标。其中黑土层厚度起着尤为关键的作用,显著影响耕地土壤的保水能力、透水性、肥力和根系生长。而坡度和高程从地理角度反映了耕地质量。优越的地理条件不仅代表了有利的作物生长条件,而且反映了农业系统对土壤侵蚀的有效控制(Albaji等,2017)。这6个指标是农民个体在农业活动中容易忽视的方面。评价这些指标有助于个体农户对耕地质量进行综合评价,更系统地了解该参数。利用土地适宜性评价农用地适宜性。归一化植被指数(NDVI)帮助农民个体评估农业用地的稳定性和环境适应性。最后,在社会经济和环境条件标准层,我们重点关注农业基础设施和环境因素,如排水能力、灌溉能力和清洁指数。在社会经济和环境角度改善和保护农业系统方面,这3个指数是个别农民特别关注的。

参照《耕地质量等级》(GB/T 33469—2016),结合研究区耕地土壤的具体组成,对部分指标实测值的影响进行了评价。在选取的15个指标中(表3-3),有6个指标(分别为耕作质地、表面障碍程度、坡度、排水能力、灌溉能力和清洁指数)被归类为概念定性指标。确定了这些指标的隶属关系(表3-4)。

表3-4 耕地质量定性评价指标隶属度的分级与赋值标准(Sun等,2023)

索引名称	分类与关联					
耕作质地	中等壤土	轻质壤土	重壤土	砂壤土	黏土	沙土
	1	0.9	0.85	0.7	0.6	0.5
表面障碍程度	低	中	高			
	1	0.8	0.5			
坡度	<5°	5°~15°	15°~25°	>25°		
	1	0.8	0.6	0.4		
排水能力	完全满足	满足	基本满足	不满足		
	1	0.9	0.7	0.3		
灌溉能力	完全满足	满足	基本满足	不满足		
	1	0.85	0.6	0.4		
清洁指数	清洁	非清洁				
	1	0.8				

在耕地质量评价过程中确定合适的隶属函数,用于对耕地质量的影响进行定量评价。组织有土壤专家参加的讲习班,以促进讨论和评分,便于进行评价。根据模糊数学原理,参照《耕地质量等级》(GB/T 33469—2016)和专家评价,将土壤有机质、土壤碱解氮、土壤有效磷、土壤速效钾、土壤pH、黑土层厚度、土壤容重、高程、归一化植被指数(NDVI)共9个定量评价指标之间的关系划分为4类隶属函数:上限函数、下限函数、峰值函数、线性函数。这4类隶属函数如图3-1所示。考虑研究区域内各评价指标的取值范围,确定相应的隶属函数参数,建立评价指标的隶属函数(表3-5)。

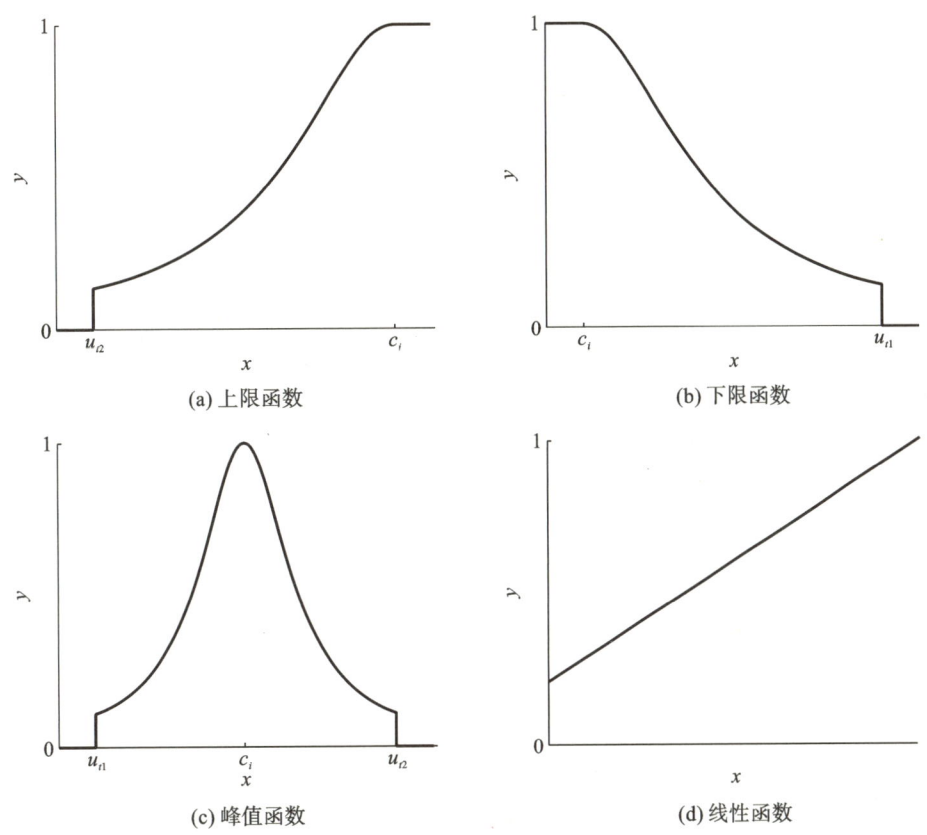

图 3-1 隶属函数(Sun 等,2023)

表 3-5 农田质量定量评价指标的隶属函数及参数(Sun 等,2023)

指标	函数类型	函数公式	参数			
			a_i	c_i	u_{t1}	u_{t2}
土壤有机质	上限函数	$y_i = \begin{cases} 0 & u_i \leqslant u_{t2} \\ 1/[1+a_i(u_i-c_i)^2] & u_{t2} < u_i < c_i \\ 1 & c_i \leqslant u_i \end{cases}$	0.0028168744	70	0	30
土壤碱解氮	上限函数	$y_i = \begin{cases} 0 & u_i \leqslant u_{t2} \\ 1/[1+a_i(u_i-c_i)^2] & u_{t2} < u_i < c_i \\ 1 & c_i \leqslant u_i \end{cases}$	0.0000063324	542	0	155
土壤有效磷	上限函数	$y_i = \begin{cases} 0 & u_i \leqslant u_{t2} \\ 1/[1+a_i(u_i-c_i)^2] & u_{t2} < u_i < c_i \\ 1 & c_i \leqslant u_i \end{cases}$	0.0011683998	60	0	12
土壤速效钾	上限函数	$y_i = \begin{cases} 0 & u_i \leqslant u_{t2} \\ 1/[1+a_i(u_i-c_i)^2] & u_{t2} < u_i < c_i \\ 1 & c_i \leqslant u_i \end{cases}$	0.0003658811	275	0	135
黑土层厚度	上限函数	$y_i = \begin{cases} 0 & u_i \leqslant u_{t2} \\ 1/[1+a_i(u_i-c_i)^2] & u_{t2} < u_i < c_i \\ 1 & c_i \leqslant u_i \end{cases}$	0.0047452114	83	0	22

续表

指标	函数类型	函数公式	参数			
			a_i	c_i	u_{t1}	u_{t2}
土壤 pH	峰值函数	$y_i = \begin{cases} 0 & u_i > u_{t2} \text{ 或 } u_i < u_{t1} \\ 1/[1+a_i(u_i-c_i)^2] & u_{t1} < u_i < u_{t2} \\ 1 & c_i = u_i \end{cases}$	1.1920071526	7.0	5.5	7.1
土壤容重	峰值函数	$y_i = \begin{cases} 0 & u_i > u_{t2} \text{ 或 } u_i < u_{t1} \\ 1/[1+a_i(u_i-c_i)^2] & u_{t1} < u_i < u_{t2} \\ 1 & c_i = u_i \end{cases}$	14.112584453	1.02	0.22	1.37
高程	下限函数	$y_i = \begin{cases} 0 & u_{t1} \leqslant u_i \\ 1/[1+a_i(u_i-c_i)^2] & c_i < u_i < u_{t1} \\ 1 & u_i \leqslant c_i \end{cases}$	0.0010684661	270	230	0
归一化植被指数（NDVI）	上限函数	$y_i = \begin{cases} 0 & u_i \leqslant u_{t2} \\ 1/[1+a_i(u_i-c_i)^2] & u_{t2} < u_i < c_i \\ 1 & c_i \leqslant u_i \end{cases}$	0.01378306831	0.95	0	0.40

注：y_i 为第 i 个评价指标的隶属度，u_i 为样本实测值，c_i 为指标标准值，a_i 为系数，u_{t1}、u_{t2} 分别为指标的上限值和下限值。

罗旭（2023）以生物炭施用后的黑土为例研究中低肥力耕地健康评价体系，选用了模糊数学中的土壤质量综合指数（integrated fertility index，IFI），并结合主成分分析（principal component analysis，PCA）对试验地各处理土壤质量进行评价。主要步骤为：①确定评价指标和隶属度函数；②结合土壤质量评价标准确定隶属函数参数值；③计算土壤指标的隶属值和 Norm 值，构建最小数据集（MDS）；④利用 PCA 方法提取 MDS 土壤特征和土壤指标的公因子方差；⑤计算土壤指标的权重；⑥计算 IFI 值，对应土壤质量评价标准对各处理土壤质量进行分级、评价。该试验选取 3 方面共计 16 个指标，包括土壤物理性状（土壤容重、含水量、总孔隙度、毛管孔隙度）、土壤化学性状（pH 值、电导率、碱解氮、铵态氮、硝态氮、有机质、有效磷、速效钾，其中，为体现土壤中氮素转化的活跃程度、可供植物利用的氮素含量和土壤质量的绝大部分信息，同时测定不同时期和土层的铵态氮、硝态氮、碱解氮含量）和土壤生物性状（脲酶、蔗糖酶、磷酸酶、过氧化氢酶），对土壤质量进行评价。采用 PCA 分析法，将特征值不小于 1 的每个主成分中载荷因子大于 0.5 的土壤指标进行分组。若某土壤参数同时在两个组中的载荷因子都大于 0.5，那么该参数应该归并到与其他参数相关性较低的那一组。若土壤指标各个主成分中的载荷因子均小于 0.5，则选取该组中没有被筛选的最大载荷的土壤参数。在筛选土壤指标的过程中，遵循"$\mu+3\sigma$"（王安琪等，2021）、相关性系数小于 0.5、变异系数不宜过高的原则（李桂林等，2007）进行筛选，最终建立 MDS。

Norm 值代表变量在多维空间中的矢量模长度，反映了变量对所有主成分的综合载荷大小。Norm 值越大，则表明该指标所包含的土壤质量信息就越多，因此可以使用 Norm 值来协助筛选指标。Norm 值的计算公式为：

$$N_{ik} = \sqrt{\sum_{i=1}^{k} (U_{ik}^2 \cdot \lambda_k)} \tag{3-12}$$

式中，N_{ik} 是第 i 个变量在特征值大于 1 的前 k 个主成分上的综合载荷，u_{ik} 是第 i 个变量在第 k 个主成分上的载荷，λ_k 是第 k 个主成分的特征值。如果所有主成分都被选择，则 N_{ik} 的值为 1。

在该试验中，采用变异系数（coefficient of variation，CV）描述指标的分异特性，参照梅楠等（2021）的研究对 CV 进行划分，共分为 4 种类型：不敏感指标，CV<10%；低敏感指标，10%≤CV<50%；中等敏感指标，50%≤CV<100%；强敏感指标，CV≥100%。

根据评价指标对土壤质量的正负效用，参照杨文娜等（2019）的研究，建立指标与土壤质量间的隶属函数。土壤容重、土壤 pH 与土壤耕层质量存在适宜的临界范围，界定为抛物线形函数；土壤含水量、总孔隙度、毛管孔隙度、电导率、碱解氮、铵态氮、硝态氮、有机质、有效磷、速效钾、脲酶、蔗糖酶、磷酸酶、过氧化氢酶与土壤质量呈正相关,界定为 S 形函数。参照黑龙江省第二次土壤普查数据和李萍等(2016)的研究,结合试验情况确定隶属函数参数,隶属函数记为 F(表 3-6)。

表 3-6　土壤质量评价指标隶属度函数与参数(罗旭,2023)

指标	隶属函数类型	隶属函数	隶属函数参数			
			a_1	b_1	b_2	a_2
土壤容重/(g/cm³)	抛物线形	$F = \begin{cases} 1 & b_2 \geqslant x \geqslant b_1 \\ \dfrac{x-a_1}{b_1-a_1} & a_1 < x < b_1 \\ \dfrac{x-a_2}{b_2-a_2} & a_2 > x > b_2 \\ 0 & x \leqslant a_1 \ 或 \geqslant a_2 \end{cases}$ a_1, b_1, a_2, b_2 为指标阈值上下限,x 为指标实测值	1.15	1.26	1.32	1.38
土壤 pH	抛物线形		6.40	6.45	6.55	6.60
土壤含水量/(%)	S 形	a_1, b_1 为指标阈值上下限,x 为指标实测值	16.0	22.0		
总孔隙度/(%)	S 形		43.0	53.0		
毛管孔隙度/(%)	S 形		22.0	30.0		
电导率/(μS/cm)	S 形		47.0	85.0		
碱解氮/(mg/kg)	S 形		103.2	121.7		
铵态氮/(mg/kg)	S 形		32.0	43.7		
硝态氮/(mg/kg)	S 形		8.8	16.0		
有机质/(g/kg)	S 形		20.7	24.9		
有效磷/(mg/kg)	S 形		16.6	24.4		
速效钾/(mg/kg)	S 形		160.7	189.2		
脲酶/[mg/(kg·24 h)]	S 形		0.33	0.47		
蔗糖酶/[mg/(kg·24 h)]	S 形		11.8	14.8		
磷酸酶/[mg/(kg·24 h)]	S 形		0.71	0.79		
过氧化氢酶/[mL/(g·20 min)]	S 形		0.37	0.46		

土壤指标的权重主要反映各评价指标的重要程度,计算公式如下:

$$W_i = C_i \Big/ \sum_{i=1}^{n} C_i \tag{3-13}$$

式中,W_i 是第 i 个变量的权重,且 $\sum_{i=1}^{n} W_i = 1$,C_i 是第 i 个变量在数据集经 PCA 分析提取后的公因子方差,$\sum_{i=1}^{n} C_i$ 是第 1~n 个变量在数据集经 PCA 降维分析后提取的公因子方差的和。

根据加乘法则将相互交叉的同类指标相加,求出土壤质量综合指数,计算公式为:

$$\text{IFI} = \sum_{i=1}^{n} (W_i \cdot F_i) \tag{3-14}$$

式中,W_i 和 F_i 分别表示第 i 种指标的权重系数和隶属度函数值。

IFI 的大小反映出土壤质量的高低水平。IFI 取值为 0~1,IFI 值越高,表明土壤质量越高,反之则表明土壤质量越低。

试验参照骆伯胜等(2004)的分等定级法,结合试验地各处理 IFI 值计算结果对土壤质量进行定级,定级标准如表 3-7 所示。

表 3-7　土壤质量等级划分标准(罗旭,2023)

IFI 取值范围	土壤质量等级
IFI≥0.8	I
0.5≤IFI<0.8	II
0.3≤IFI<0.5	III
IFI<0.3	IV

三、评价过程及结果

Lu 等(2024)在黄土高原耕地质量评价总数据集(TDS)的 PCA 结果显示,5 个特征值 PC>1,解释了原始数据方差的 70.37%(表 3-8)。在主成分 PC1 中,土壤孔隙度(Pb)和容重(BD)在 TDS 中的载荷值较高。BD 具有最高的载荷值,且与 Pb 也有显著的相关性($P<0.01$)。因此,在 PC1 中,BD 被选为最小数据集(MDS)的唯一指标。PC2 解释了 17.83% 的原始数据变化,并且只有全氮(TN)的载荷值最高,因此全氮(TN)被确定为 MDS 的一个指标。PC3 占 TDS 的 12.27%,其在微生物量碳(MBC)和微生物量氮(MBN)中具有高载荷值。MBN 是载荷值最高的指标,且与 MBC 呈正相关。因此,MBN 被认为是在 PC3 中建立 MDS 的唯一指标。PC4 代表了 8.13% 的原始数据,并且只有 β-葡萄糖苷酶(BG)具有高载荷值,因此选择 BG 作为 MDS 的指标。PC5 解释了 7.69% 的方差。PC5 中两个高载荷指标 BG 和土壤有机碳(SOC)之间的相关性不显著。因此,BG 和 SOC 代表 PC5。综上所述,MDS 由 BD、TN、MBN、BG 和 SOC 组成。

表 3-8　总数据集(TDS)的主成分分析(PCA)结果(Lu 等,2024)

土壤指标	TDS					
	PC1	PC2	PC3	PC4	PC5	COM
SMC	0.747	−0.05	−0.024	0.245	0.204	0.663
Pb	−0.81	−0.098	0.435	0.063	0.29	0.943
BD	0.832	0.127	−0.4	−0.06	−0.233	0.926
EC	0.693	−0.014	0.096	−0.077	−0.046	0.497
SOC	0.02	0.732	−0.071	0.222	0.433	0.778
TN	0.19	0.824	−0.033	0.127	0.31	0.829
NO_3^{-}-N	0.485	−0.487	0.14	−0.221	0.176	0.572
NH_4^{+}-N	−0.544	0.384	−0.271	−0.208	0.057	0.564
TP	0.357	0.477	0.155	0.21	−0.028	0.424
MBC	0.343	0.364	0.684	−0.129	−0.252	0.798
MBN	−0.042	0.417	0.694	−0.051	−0.375	0.801
BG	0.219	−0.003	0.27	−0.792	0.446	0.851
LAP	0.414	−0.28	0.212	0.085	0.391	0.455
ALP	0.051	−0.507	0.409	0.553	0.136	0.751
特征值	3.42	2.50	1.72	1.14	1.08	
方差/(%)	24.46	17.83	12.27	8.13	7.69	
累计方差/(%)	24.46	42.29	54.55	62.68	70.37	

注:SMC 为土壤含水量;Pb 为土壤孔隙度;BD 为容重;SC 为土壤含盐量;EC 为土壤电导率;SOC 为土壤有机碳;TN 为总氮;TK 为全钾;NO_3^{-}-N 为硝态氮;NH_4^{+}-N 为铵态氮;AP 为有效磷;AK 为速效钾;TP 为全磷;DOC 为溶解有机碳;C/N 为碳氮比;MBC 为微生物量碳;MBN 为微生物量氮;BG 为 β-葡萄糖苷酶;BXL 为 β-木糖苷酶;LAP 为 L-亮氨酸氨基肽酶;ALP 为碱性磷酸酶;PC 为主成分;COM 为共性。

与 TDS 相似,RMDS 中土壤物理性质的 PCA 结果显示,鉴定出一个 PC,其解释了原始数据总方差的 78.94%(表 3-9)。在 PC1 中,BD 和 Pb 具有高载荷指标,两者之间存在显著相关性(图 3-2),因此选择载荷值最高的 BD 建立 RMDS。根据土壤的化学特性,得到了两个 PC,解释总方差的 61.66%(表 3-9)。在 PC1 中,TN 和 SOC 具有高载荷值,两者之间存在显著相关性。因此,将具有最高载荷值的 TN 作为 RMDS 的一个指标。在 PC2 中,只有 EC 是高载荷值,因此选择 EC 作为其他指标。

表 3-9　修正最小数据集(RMDS)主成分分析(PCA)结果(Lu 等,2024)

土壤指标	物理		化学			生物			
	PC1	COM	PC1	PC2	COM	PC1	PC2	PC3	COM
SMC	0.733	0.538							
Pb	−0.948	0.898							
BD	0.965	0.932							
EC			−0.157	0.717	0.538				
SOC			0.818	0.151	0.691				
TN			0.833	0.365	0.827				
$NO_3^- $-N			−0.557	0.501	0.561				
$NH_4^+ $-N			0.478	−0.537	0.573				
TP			0.431	0.568	0.509				
MBC						0.891	0.075	0.103	0.809
MBN						0.834	−0.195	0.281	0.813
BG						0.366	0.239	−0.777	0.795
LAP						0.054	0.824	−0.183	0.716
ALP						−0.054	0.651	0.589	0.774
特征值	2.37		2.11	1.59		1.63	1.20	1.07	
方差/(%)	78.94		35.20	26.46		32.58	24.07	21.48	
累计方差/(%)	78.94		35.20	61.66		32.58	56.65	78.13	

土壤生物特性包括 MBC、MBN、BG、LAP 和 ALP。得到 3 个主成分,解释了总方差的 78.13%(表 3-9)。在 PC1 中,MBC 和 MBN 是高载荷指标,它们之间呈正相关。而 MBC 是载荷指标最高的,因此确定只有 MBC 代表 PC1。在 PC2 和 PC3 中,LAP 和 BG 分别具有两种 PC 的高载荷值。因此,LAP 和 BG 作为 RMDS 的两个指标。综上所述,通过测定 BD、EC、TN、MBC、LAP 和 BG 来建立 RMDS。

采用非线性和线性方法对 3 个数据集的土壤指标进行无因次化处理。非线性和线性公式参数以及 MDS、RMDS 和 TDS 中各土壤指标的权重如表 3-10 所示。MDS、RMDS 和 TDS 的 SHI 采用以下公式计算:

$$\text{SHI-NLM 或 SHI-LM} = BD \times 0.245 + SOC \times 0.256 + TN \times 0.277$$
$$+ NO_3^- \text{-N} \times 0.203 + MBN \times 0.203 + BG \times 0.020 \tag{3-15}$$

$$\text{SHI-NLRM 或 SHI-LRM} = BD \times 0.182 + EC \times 0.184 + TN \times 0.140$$
$$+ MBC \times 0.144 + LAP \times 0.167 + ALP \times 0.184 \tag{3-16}$$

$$\text{SHI-NLT 或 SHI-LT} = SMC \times 0.067 + Pb \times 0.096 + BD \times 0.094 + EC \times 0.050 + SOC \times 0.079$$
$$+ TN \times 0.084 + NO_3^- \text{-N} \times 0.058 + NH_4^+ \text{-N} \times 0.057 + AP \times 0.043 + TP \times 0.081$$
$$+ MBC \times 0.081 + MBN \times 0.086 + BG \times 0.046 + LAP \times 0.076 + ALP \times 0.067 \tag{3-17}$$

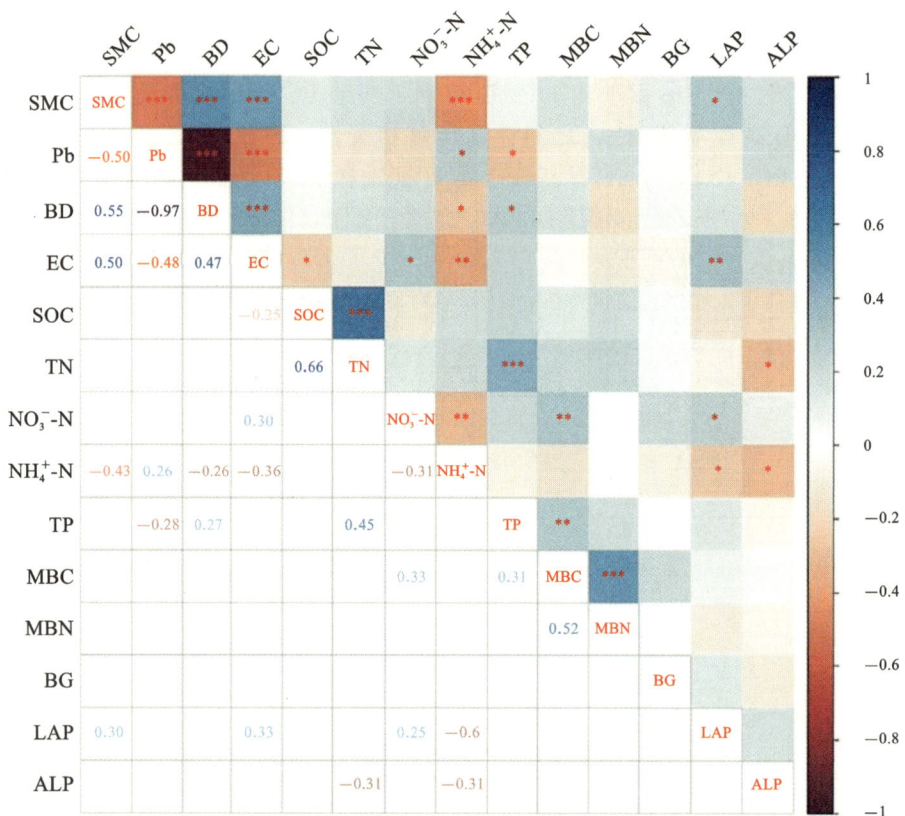

图 3-2　总数据集土壤指标的 Pearson 相关热图(Lu 等,2024)
注:＊＊＊在 0.001 水平上显著;＊＊在 0.01 水平上显著。

表 3-10　得分曲线的类型、线性和非线性方程的参数以及总数据集、最小数据集和修正最小数据集的计算权值(Lu 等,2024)

土壤指标	评分曲线	非线性		线性		权重		
		均值	斜率	最大位移	最小位移	TDS	MDS	RMDS
SMC	越多越好	9.18	−2.5	19.00		0.067		
Pb	越多越好	0.50	−2.5	0.58		0.096		
BD	越少越好	1.34	2.5		1.12	0.094	0.245	0.182
EC	越少越好	104.99	2.5		46.05	0.050		0.184
SOC	越多越好	6.92	−2.5	15.4		0.079	0.256	
TN	越多越好	0.57	−2.5	0.92		0.084	0.277	0.140
NO_3^--N	越多越好	9.10	−2.5	27.9		0.058	0.203	
NH_4^+-N	越多越好	1.75	−2.5	3.83		0.057		
AP	越多越好	7.69	−2.5	17.9		0.043		
TP	越多越好	0.06	−2.5	0.14		0.081		
MBC	越多越好	362.77	−2.5	840.00		0.081		0.144
MBN	越多越好	60.94	−2.5	121.00		0.086	0.203	
BG	越多越好	6.84	−2.5	8.70		0.046	0.020	
LAP	越多越好	22.63	−2.5	29.99		0.076		0.167
ALP	越多越好	11.95	−2.5	15.05		0.067		0.184

　　总之,黄土高原耕地质量评价研究评价了 6 种土壤健康指标在不同土壤和灌溉类型下的区分能力和适用性及 4 种土壤和灌溉类型对农牧交错带农田土壤健康的影响。最小数据集(MDS)由 BD、SOC、TN、

NO_3^--N、MBN 和 BG 组成，修正最小数据集（RMDS）由 BD、EC、TN、MBC、LAP 和 ALP 组成。4 种土壤和灌溉方式下 6 项土壤健康指标的变化一致且呈显著正相关。与其他类型相比，RE-IL 土壤健康指数最高，土壤健康指数的大小顺序为 RE-IL＞RE-RL＞KA-IL＞KA-RL。土壤健康指数和非线性评分最小数据集（SHI-NLM）的 F 值、CV 值和相关系数最高。

Zhang 等（2023）在华北平原中部地区冬小麦-夏玉米的轮作系统土壤质量评价研究中发现，施肥处理对土壤健康指数（SHI）均有显著影响（图 3-3）。仅施化肥（NPK）处理 SHI 值显著低于仅施有机肥（M）和有机肥与化肥结合（MNPK）处理，后两者处理间无差异；根据不同年份建立的子试验，仅施有机肥（M）、有机肥与化肥结合（MNPK）处理的 SHI 显著高于仅施化肥（NPK）处理（1993 年建立的试验）。有机肥与化肥结合（MNPK）与仅施化肥（NPK）处理的土壤健康综合指数（SHI）比值从 1.1（2010 年试验）增加到 1.3（2000 年试验），表明施用粪肥对土壤健康存在潜在的累积效应。

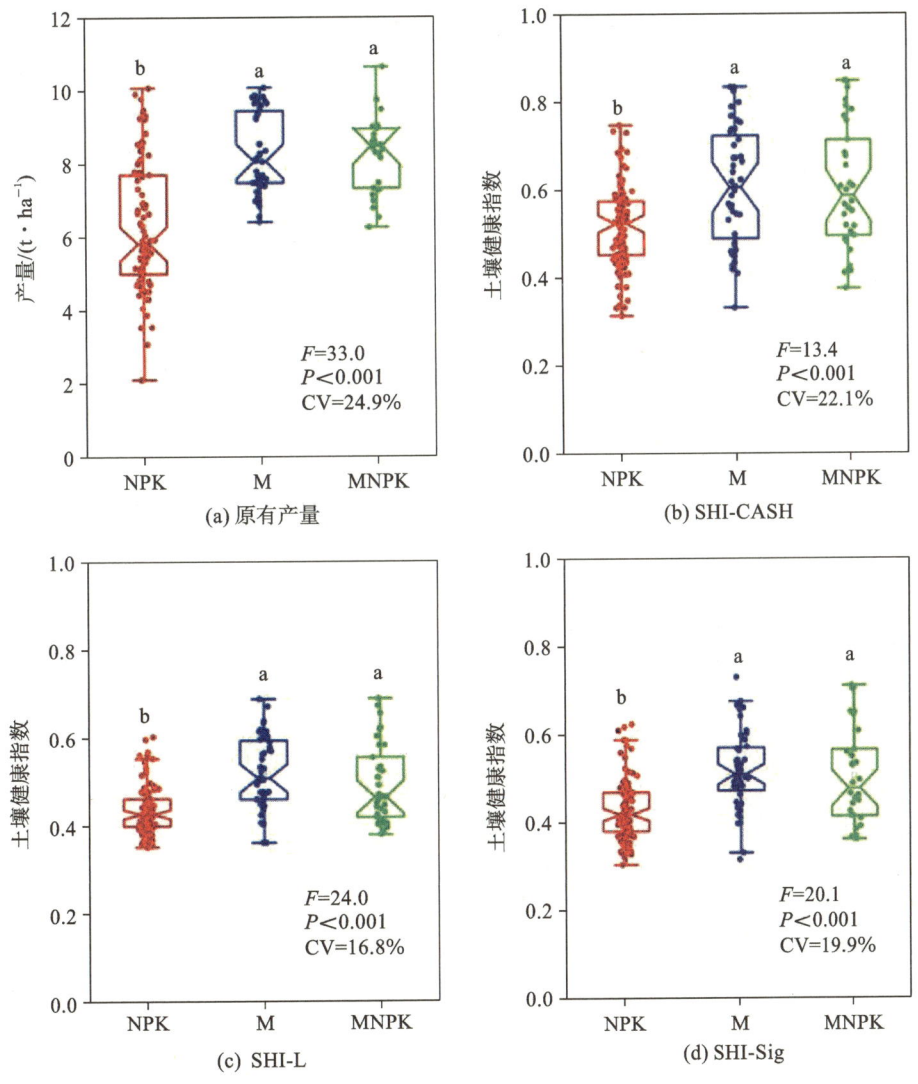

图 3-3　施肥处理对土壤健康综合指数影响（Zhang 等，2023）
注：不同小写字母表示不同施肥处理间差异显著；SHI-CASH、SHI-L、
SHI-Sig 分别表示康奈尔土壤健康综合评价方法、线性方法和 S 形方法。

最佳子集回归（BSR）结果分析表明，所有复合土壤健康指数（SHI）中的 6 项指标组合预测了不低于90％的变异性（表 3-11）。这些指标包括使用康奈尔土壤质量综合评价方法（CASH）的土壤团聚体稳定性（AgStab）、钾（K）、铁（Fe）、锰（Mn）、蛋白质（Protein）和土壤呼吸（Resp）；采用线性方法组合的次表层硬度（SubHard）、土壤团聚体稳定性（AgStab）、速效钾（AK）、铁（Fe）、锌（Zn）和有机碳（SOC）；采用 S 形方法的次表层硬度（SubHard）、土壤团聚体稳定性（AgStab）、速效钾（AK）、铁（Fe）、有机碳（SOC）和蛋白质（Protein）组合。

表 3-11　土壤健康指标的最佳子集回归结果(Zhang 等,2023)

方法	预测因子数量	变量	R^2	R^2（修正）	AIC	BIC
SHI-CASH	1	SOC	0.68	0.67	−430	−932
	2	SOC、Resp	0.79	0.79	−505	−1007
	3	Fe、Mn、SOC	0.84	0.83	−546	−1049
	4	K、Fe、Mn、Protein	0.87	0.86	−579	−1083
	5	K、Fe、Mn、AgStab、Protein	0.89	0.88	−607	−1111
	6	K、Fe、Mn、AgStab、Protein、Resp	0.9	0.9	−632	−1137
SHI-L	1	SOC	0.74	0.74	−623	−1124
	2	AK、SOC	0.81	0.81	−677	−1178
	3	AK、Fe、SOC	0.87	0.87	−748	−1249
	4	AK、Fe、SOC、Resp	0.89	0.89	−764	−1266
	5	AK、Fe、Zn、SOC、Resp	0.9	0.9	−782	−1284
	6	AK、Fe、Zn、SubHard、AgStab、SOC	0.92	0.91	−812	−1314
SHI-Sig	1	SOC	0.65	0.65	−515	−1016
	2	AK、Fe	0.79	0.79	−602	−1103
	3	AK、Fe、SOC	0.84	0.84	−650	−1151
	4	AK、Fe、SubHard、SOC	0.87	0.86	−677	−1179
	5	AK、Fe、SubHard、AgStab、SOC	0.89	0.89	−711	−1211
	6	AK、Fe、SubHard、AgStab、SOC、Protein	0.9	0.9	−730	−1230

使用康奈尔土壤健康综合评价方法(CASH)和最小数据集(MDS)的土壤健康综合指数分别为 0.58(0.42~0.73)和 0.63(0.40~0.87)。超过 60% 的农户田块低于 0.60,说明 SHI-CASH 和 SHI-MDS 之间存在显著的正相关关系(图 3-4)。

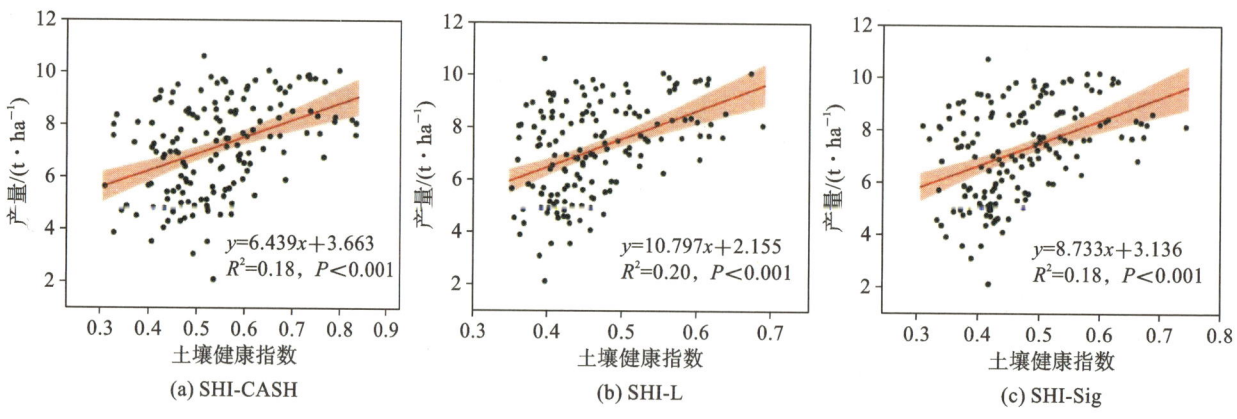

图 3-4　SHI-CASH 和 SHI-MDS 在小农田中的回归分析(Zhang 等,2023)

冬小麦-夏玉米轮作系统的土壤质量评价显示,玉米的产量和氮肥投入分别为 8.2~11.4 t/ha 和 181~300 kg/ha(Ren 等,2021)。基于 MDS 方法的小农田综合 SHI 均值为 0.63(范围为 0.40~0.87),根据 CASH 框架标准(Moebius-Clune 等,2016),属于较高水平。然而,约 40% 的 SHI-MDS 评分处于中低水平。有研究指出,某些小农田的综合 SHI 均值为 0.47(范围为 0.12~0.96)(Li 等,2019)。小农田中最低 SHI 值(0.40)与平均值(0.63)之间的差异,主要源于 SubHard 和 AgStab 得分较低,这可能与农田交通频繁导致的土壤压实有关。尽管长期试验区的 SHI 值与自然土壤相差不大,在 M 和 MNPK 处理下,41% 的田块处于中等水平。为缩小土壤健康差距,Zhang 等(2023)建议采取有效的管理措施(如秸秆还田、养分综合管理、覆盖作物、免耕等)并推广作物多样化种植,以提高土壤生产力(图3-5)。

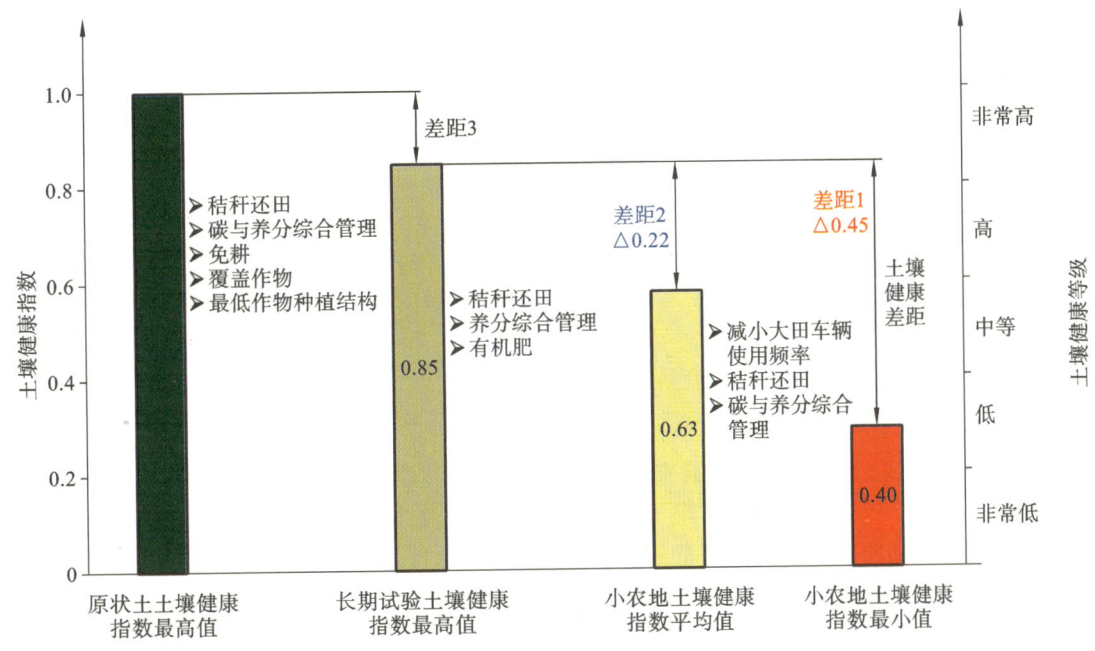

图 3-5　有效管理实践的概念模型(Zhang 等,2023)

　　Li 等(2019)在小麦-玉米轮作耕地健康评价研究中测定了小麦产量以及 26 个土壤指标,包括土壤含水量(SWC)、土壤团聚体稳定性(SAS)、容重(BD)、土壤孔隙度(Pb)、大团聚体(SAS1)、小团聚体(SAS2)、微团聚体(SAS3)、pH、电导率(EC)、土壤有机质(SOM)、全氮(TN)、全磷(TP)、有效铜(ACu)、有效锌(AZn)、有效锰(AMn)、有效铁(AFe)、交换态钙(ECa)、交换态镁(EMg)、微生物量碳(MBC)、微生物量氮(MBN)、微生物量碳/全碳(MBC/TC)、微生物量氮/全氮(MBN/TN)、碱解氮(AN)、有效磷(AP)、速效钾(AK)和基础呼吸(BR)。

　　从各土壤性状与小麦产量的 Pearson 相关系数可以看出,电导率(EC)、土壤有机质(SOM)、全氮(TN)、全磷(TP)、碱解氮(AN)、有效铜(ACu)、有效锌(AZn)、微生物量碳(MBC)、微生物量氮(MBN)和微生物量氮/全氮(MBN/TN)指标与小麦产量的相关性显著,因此保留用于 MDS。容重(BD)、土壤孔隙度(Pb)、土壤团聚体稳定性(SAS)、pH、土壤含水量(SWC)、有效磷(AP)、速效钾(AK)、有效锰(AMn)、有效铁(AFe)、交换态钙(ECa)、交换态镁(EMg)、微生物量碳/全碳(MBC/TC)和基础呼吸(BR)等指标的含量不足以引起小麦产量的显著差异,因此在进一步的分析中排除了这些指标。

　　3 个主成分(PC)特征值大于 1,累计变异率为 76.11%(表 3-12)。在每个主成分中,最高因子载荷 10% 以内的指标被保留用于 MDS。在 VARIMAX 轮作后,PC1 有 3 个高权重因子载荷,解释了 30.01% 的变异,该分量主要与土壤化学养分有关。两个指标分别是碱解氮(AN)和土壤有机质(SOM)。选择碱解氮(AN)作为 PC1 的代表,因为它的因子载荷最高。此外,基于小麦产量和专家意见(Andrews 等,2002),虽然土壤有机质(SOM)与碱解氮(AN)相关,但也被添加到 MDS 中。对于 PC2,微生物量氮(MBN)和微生物量氮/全氮(MBN/TN)是权重较高的变量,解释了 26.68% 的变异,该 PC 主要与土壤生物化学有关。选择微生物量氮/全氮作为 PC2 的代表,因为它的因子载荷最高。对 PC3,有效锌(AZn)是最高的因子载荷,所以它也被保留在 MDS 中。因此,MDS 最终细化为土壤有机质(SOM)、碱解氮(AN)、微生物量氮/全氮和有效锌(AZn)。

表 3-12　中国小麦-玉米种植体系小麦期土壤质量指标主成分分析结果(Li 等,2019)

PCs	PC1	PC2	PC3
特征值	3.00	2.67	1.94
百分数/(%)	30.01	26.68	19.41
累计百分数/(%)	30.01	56.69	76.11

PCs	PC1	PC2	PC3
EC	-0.409	0.164	0.654
SOM	0.915	0.186	0.202
TN	0.826	0.364	0.161
TP	0.147	0.545	0.538
AN	0.930	0.065	-0.086
ACu	0.306	-0.066	0.663
AZn	0.058	-0.056	0.841
MBC	0.435	0.711	-0.007
MBN	0.359	0.904	0.044
MBN/TN	-0.110	0.918	-0.048

确定 MDS 后,通过以下步骤完成土壤质量评价。

首先,利用主成分分析得到的群落计算 MDS 指标的权重(表 3-13)。结果表明,土壤有机质(SOM)和碱解氮(AN)指标在土壤质量评价中的权重最高,高于有效锌(AZn)和微生物量氮/总氮(MBN/TN)指标。

表 3-13　小麦-玉米种植体系小麦期最小数据集土壤质量指标的共性和权重(Li 等,2019)

MDS 指标	共性	权重
SOM	0.931	0.320
AN	0.890	0.306
MBN/TN	0.531	0.182
AZn	0.560	0.192

根据对土壤质量的不同影响,采用 EPs 中描述的上限型标准线性函数对土壤有机质和碱解氮进行评分。①对这些指标进行规范化(Qi 等,2009)。在本研究中,有效锌的评分采用 EPs 中描述的峰限型。②根据有效锌与产量的关系进行规范化。微生物量氮与总氮的比值为"越高越好"。归一化后,土壤指标值除以其中的最高值(Liebig 等,2001),将土壤有机质、碱解氮、微生物量氮与全氮的比值、有效锌分别转化为 0.1~1.0 的分值。

最后,利用式(3-1)计算 SQI,得到 132 块麦田的 SQI 值为 0.121~0.958。高生产力土壤(0.55±0.17)和中生产力土壤(0.48±0.15)的 SQI 显著高于低生产力土壤(0.39±0.17)(图 3-6)。高产水平下,估算 SQI 的 MDS 指标分别为碱解氮 0.175、土壤有机质 0.186、微生物量氮/全氮 0.101 和有效锌 0.090。在中、低生产力水平上,用于估算 SQI 的 MDS 指标分别为碱解氮 0.151、土壤有机质 0.158、微生物量氮/全氮 0.079、有效锌 0.087 和碱解氮 0.106、土壤有机质 0.127、微生物量氮/全氮 0.086、有效锌 0.071。

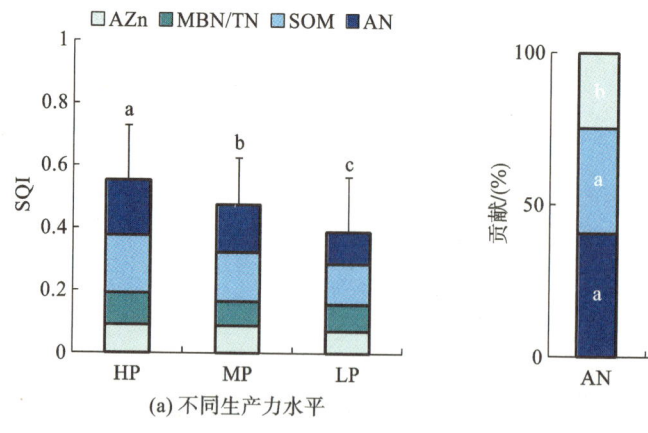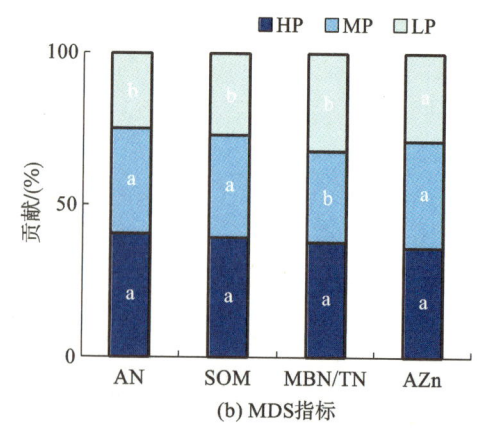

图 3-6　小麦-玉米种植体系小麦期高、中、低生产力土壤质量指标值及其各 MDS 指标的个体贡献(Li 等,2019)

注:误差线表示总体指标值的标准差;不同的小写字母代表不同生产力水平之间差异显著($P \leqslant 0.05$)。

SQI 在不同地区存在显著差异,四个地区的顺序为:江淮地区(0.59±0.14)＞华北地区(0.48±0.20) ≈西北地区(0.45±0.13)＞西南地区(0.36±0.14)(表 3-14)。

表 3-14　小麦-玉米种植制度小麦期四个地区土壤质量指数(平均值±标准差)(Li 等,2019)

地区	最小值	最大值	平均值	变异系数/(%)
华北地区	0.12	0.96	0.48±0.20b	41.67
西北地区	0.20	0.74	0.45±0.13bc	28.89
江淮地区	0.36	0.82	0.59±0.14a	23.73
西南地区	0.20	0.70	0.36±0.14c	38.89

注:不同小写字母表示不同地区间土壤质量指数差异显著($P<0.05$),后同。

相关性分析结果显示,SQI 与小麦产量呈较强的线性关系(图 3-7),可表示为式(3-18):

$$y = 3.3368x + 4.941 (n=132, P<0.01)$$
(3-18)

式中,y 代表小麦产量(t/ha),x 代表 SQI。

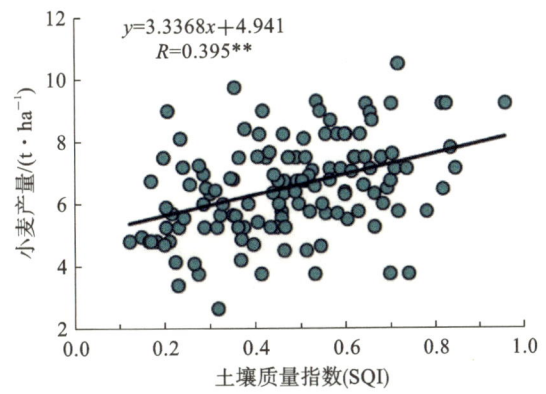

图 3-7　132 块农田土壤质量指数与小麦产量的相关性(Li 等,2019)

注: $**$ 表示显著水平 $P<0.01$。

总之,对小麦-玉米轮作耕地土壤健康评价结果表明,小麦产量随土壤质量的提升而增加。显然,低生产力水平下小麦增产的差距和潜力较大。在小麦-玉米种植体系的小麦期农田,各 MDS 指标对 SQI 的具体贡献表明,碱解氮(AN)在高生产力水平的贡献最大(40.6%),而在中生产力水平(35.0%)或低生产力水平(24.4%)则相对较低。同样,土壤有机质对 SQI 的贡献在高生产力水平最大(39.5%),而在中生产力水平(33.5%)和低生产力水平(27.0%)则相对较低。微生物量氮/全氮对 SQI 的贡献表现为高生产力(37.9%)＞低生产力(32.3%)＞中生产力(29.8%)。有效锌对 SQI 的贡献表现为高生产力(36.3%)＞中生产力(34.9%)＞低生产力(28.8%)。因此,碱解氮、土壤有机质和微生物量氮/全氮可能是限制小麦生产力的主要因素。

Sun 等(2023)在东北黑土区耕地健康评价研究中基于层次分析法(analytic hierarchy process,AHP),建立了相应的耕地质量综合指标的层次结构模型。接着,构建判断矩阵,并邀请相关领域的合格专家对指标体系进行评分。然后将判断矩阵归一化,计算最大特征值,得到一致性指数(consistency index,CI)。根据相应的 RI(random index)值确定一致性比例(consistency ratio,CR)。在确认 CR 值小于 0.1,一致性检验成功后,得到不同评价指标对应的权重。同时,计算了不同指标数据的隶属度。对于数值评价因子,通过建立隶属函数得到相应的隶属度(表 3-5)。对于定性评价因子,根据定性评价指标的分级分配标准,采用德尔菲法直接确定隶属度(表 3-4)。最后,得到了不同评价单元和不同指标的隶属度。基于权重和隶属度,耕地质量综合指数按照式(3-19)通过求和方法计算:

$$p = \sum_{i=1}^{n} (C_i \times F_i)$$
(3-19)

式中,p 为耕地质量综合指数,C_i 为第 i 个评价指标的综合权重,F_i 为第 i 个评价指标的隶属度。

在计算出耕地质量综合指数后,按照指标值的升序,采用自然断点法将土地质量划分为4个等级。

在该研究中,NSGA-Ⅱ-BO-XGBoost 模型利用个体农户指标体系中各指标的值作为输入,对耕地质量综合指数进行预测。为了管理概念指标,采用单热编码技术。one-hot 编码技术提供二进制向量,将分类特征的变量转换为数值(0 或 1)。提出的耕地质量评价 NSGA-Ⅱ-BO-XGBoost 模型分为两个阶段。首先,采用 NSGA-Ⅱ 进行超参数的初步整定。其次,利用 NSGA-Ⅱ 改进的贝叶斯优化算法对超参数进行进一步调优。最后,基于优化后的超参数对 XGBoost 模型进行训练。

首先把待优化的目标黑箱模型记为 f,令 $\{X_1, X_2, \cdots, X_n\}$ 表示所有待优化超参数的候选解集。每个超参数 X_i 都有自己的对应区间 $[c_i, d_i]$,因此所有待优化的超参数的定域可定义为 $\Lambda = [c_1, d_1] \times \cdots \times [c_n, d_n]$,其中 $X \in \Lambda$。代理模型表示 f 的概率分布。它根据贝叶斯定理生成一个后验概率分布,该分布表示所有候选 X 的 $f(X)$ 的可能值。每当在新的 X 点处获得新的观测值 f 时,后验分布就会更新。代理模型通常采用高斯过程,高斯过程可表示为:

$$G(X \mid \mu \cdot \sigma^2) = \frac{1}{\sqrt{2\pi\sigma^2}} \exp \frac{(X-\mu)^2}{2\sigma^2} \tag{3-20}$$

协方差函数 k,也称为高斯 RBF 核,可以定义为:

$$k(X, X_i) = \sigma^2 \exp - \frac{1}{2l^2} \parallel X - X_i \parallel^2 \tag{3-21}$$

式中,l 为长度比例比。核函数的值越大,表示两个输入空间点之间的距离越短。

下一个采样点 λ 可确定如下:

$$\lambda = \underset{x \in \Lambda}{\arg\max} AF(X; D) \tag{3-22}$$

式中,AF 表示必须最大化的采集函数,D 表示到目前为止的观测数据。一个常用的获取函数是期望改进(expected improvement,EI)函数。因此,该研究采用 EI 函数作为习得函数。单点高斯后验的期望改进可以表示为:

$$EI(X) = [\max(y - f^*, 0) \mid y] \tag{3-23}$$

式中,f^* 表示当前观察到的最佳函数值,y 是服从正态分布的随机变量 $\sim N(\mu(X), \sigma^2(X))$,其中 N 是正态分布函数,$\mu(X)$ 和 $\sigma^2(X)$ 分别是 f 在 X 点的后验均值和后验方差。

$$EI(X) = \sigma(X)(z\varphi(z) + \omega(z)) \tag{3-24}$$

式中,φ 和 ω 分别为正态分布的累计分布函数和概率密度函数。

在模型的第一阶段,初始化 n 组超参数作为候选解。应用 NSGA-Ⅱ 对这些解进行优化和细化,最终选择性能最佳的超参数集,记为 X_0,从而得到相应的数据点 $D_0 \in \{X_0, f(X_0)\}$。这有助于使用 D_0 而不是直接使用随机初始化的超参数拟合初始高斯过程模型 G_t,从而提高高斯过程模型的拟合性能。

在模型的第二阶段,使用 D_0 对初始高斯过程模型 G_t 进行拟合。随后,利用 NSGA-Ⅱ 基于期望改进(EI)函数计算获取函数 S 的最大值。通过迭代得到了超参数的最优集合 X_T。最后,使用 X_T 作为 XGBoost 模型的超参数,该模型在农田尺度耕地质量数据集上进行训练。这就形成了一个评估农田尺度耕地质量的最终模型。算法概述如图3-8所示,其中 f 为目标黑箱模型,G 为高斯过程模型,S 为获取函数,X 为模型超参数组合,n 为超参数候选解的总数,p_c 为 NSGA-Ⅱ 中的交叉概率,p_m 为 NSGA-Ⅱ 中的突变概率,T 为贝叶斯算法的最大迭代次数,k 和 J 分别表示采用 NSGA-Ⅱ 优化算法第一阶段和第二阶段的最大迭代次数。

Sun 等(2023)在东北黑土区耕地健康评价中利用 NSGA-Ⅱ-BO-XGBoost 模型,计算了48个代表大田尺度的耕地质量综合指数;然后采用自然断点法将这些指标分为优、良、中、差四个等级。最终结果表明:优等用地占总用地的22.92%,良等用地占总用地的29.17%;约33.33%的土地被归为中等,约14.58%的土地被归为劣等。总体而言,中等评级所占比例最高,优等、良等和中等的组合占结果的80%以上。这表明研究区大田尺度样地总体耕地质量趋于良好。研究区耕地质量分布如图3-9所示。由图可知,东南地区以优、良等用地质量为主,西北地区以中、劣等用地质量为主。提高耕地质量,必须以个体农户为重点,提高西北地区的土地质量。此外,应着力巩固和改善东南边缘地区的耕地质量。

罗旭(2023)以生物炭施用后的黑土为例的中低肥力耕地健康评价研究结果如下。

```
Input: f, G, S, X, n, p_c, p_m, T, k, J
Output: X_T
Generate n feasible solutions randomly as P_0={X_1, X_2, ⋯, X_n}
for i←1 to k do
    Select the best solutions from P_{i-1}
    Perform crossover of the selected parents based on p_c and generate offspring
    Perform mutation of the selected offspring based on p_m
    Evaluate the offspring
    Add them to the next generation P_i
end for
Save the best X from P_k as X_0
D_0←{X_0, f(X_0)}
Save D_0 as the initial observation
for t←1 to T do
    Fit the Gaussian process model G_t on D_{t-1}
    Generate n feasible solutions randomly as P_0={X_1, X_2, ⋯, X_n}
    Evaluate each solution in P_0 using S
    for j←1 to J do
        Select the best solutions that maximize S from P_{j-1}
        Perform crossover of the selected parents based on p_c and generate offspring
        Perform mutation of the selected offspring based on p_m
        Evaluate the offspring on S
        Add them to the next generation P_j
    end for
    Save P_j as X_t
    D_t←D_{t-1}∪{X_t, f(X_t)}
end for
```

图 3-8　隶属函数（Sun 等，2023）

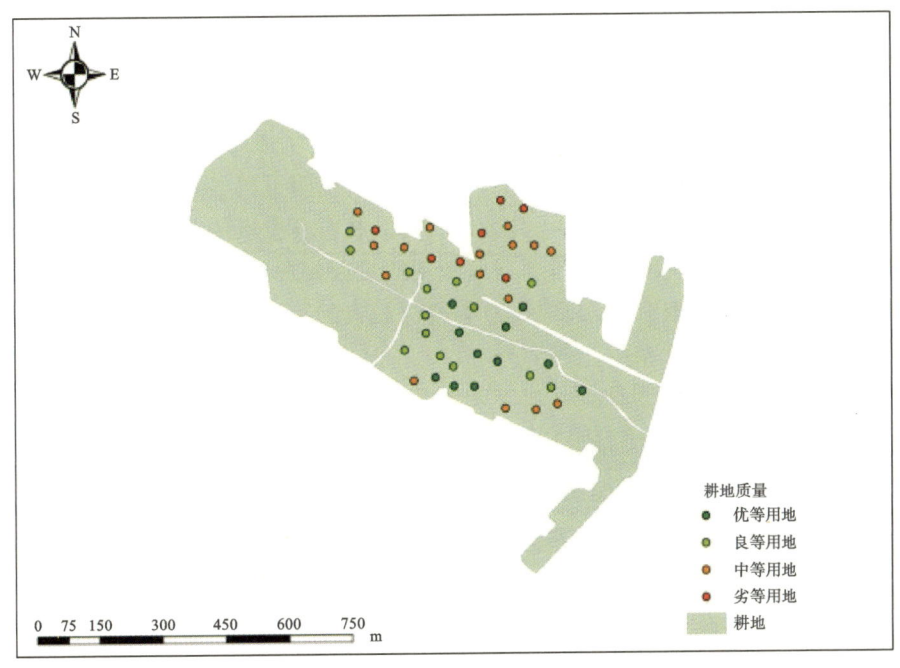

图 3-9　研究区耕地质量分布图（Sun 等，2023）

（1）土壤质量评价指标的基本描述。

土壤质量评价指标统计特征见表 3-15，其中，土壤容重、pH 值的变异系数分别为 9.2%、2.1%，属于不敏感指标；土壤含水量、总孔隙度、毛管孔隙度、电导率、碱解氮、铵态氮、硝态氮、有机质、有效磷、速效钾、脲酶、磷酸酶、过氧化氢酶的变异系数分别为 27.3%、13.0%、30.4%、28.8%、10.8%、19.7%、41.7%、10.1%、22.5%、11.3%、21.0%、15.4%、13.6%，均属于中等敏感指标。生物炭和轮作种植模式共同对土壤结构、微生物环境和土壤中的生理生化过程产生影响，从而使大部分指标表现出中等敏感。此外，所有指标处在不敏感和中等敏感水平，说明生物炭添加能够对土壤生产力产生影响，且维持在较为稳定的水平。K-S（Kolmogorov-Smirnov）检验结果表明，各项指标均符合正态分布（$P < 0.05$）。

表 3-15　土壤质量评价指标统计特征(罗旭,2023)

指标	最小值	最大值	均值	标准误	变异系数/(%)	K-S检验
土壤容重/(g/cm³)	1.04	1.40	1.28	0.12	9.2	0.22
土壤含水量/(%)	13.0	28.2	17.1	5.10	27.3	0.23
总孔隙度/(%)	33.9	54.5	45.6	5.94	13.0	0.17
毛管孔隙度/(%)	15.8	38.7	22.3	6.77	30.4	0.27
土壤 pH	6.30	6.73	6.52	0.13	2.1	0.09
电导率/(μS/cm)	37.5	110.6	67.3	19.4	28.8	0.13
碱解氮/(mg/kg)	97.3	136.5	109.8	11.9	10.8	0.21
铵态氮/(mg/kg)	27.0	52.6	38.5	7.59	19.7	0.13
硝态氮/(mg/kg)	4.08	30.0	14.5	6.06	41.7	0.13
有机质/(g/kg)	17.5	25.7	23.0	2.33	10.1	0.20
有效磷/(mg/kg)	14.0	32.2	19.9	4.49	22.5	0.12
速效钾/(mg/kg)	127.8	200.2	159.2	18.0	11.3	0.11
脲酶/[mg/(kg·24 h)]	0.29	0.60	0.44	0.09	21.0	0.19
磷酸酶/[mg/(kg·24 h)]	0.69	1.21	0.83	0.13	15.4	0.33
过氧化氢酶/[mL/(kg·20 min)]	0.30	0.52	0.40	0.05	13.6	0.12

最小数据集的建立:该研究共选取 16 个指标进行土壤质量评价构成总数据集(TDS),对 TDS 进行偏相关 KMO 和 Bartlett 球形检验,结果显示,KMO 值为 0.772>0.5,代表指标间的偏相关性较强,Sig.=0.000<0.01,拒绝 Bartlett 球形检验零假设,适合进行因子分析。通过对 TDS 进行主成分分析,筛选出适合土壤质量评价的关键指标,提取特征值大于 1 的 5 个主成分且在主成分上的载荷大于 0.5 的指标进行分组(表 3-16)。前 5 个主成分(PC)的累计贡献率达到了 89.3%,说明可以较好地用这 5 个主成分解释土壤质量。其中,PC1 的贡献率为 29.6%,说明第一主成分(PC1)对土壤质量的贡献最大,其中碱解氮、有机质对 PC1 的载荷最大,因此可以认为碱解氮和有机质对土壤质量起到关键性作用。结合 Norm 值的计算,在5 个主成分中,概括相关系数进行取舍后,选取每组中载荷最大的因子进入最小数据集 MDS,分别为碱解氮、毛管孔隙度、脲酶、土壤容重和蔗糖酶。

表 3-16　土壤质量指标的主成分分析及 Norm 值计算(罗旭,2023)

指标	PC1	PC2	PC3	PC4	PC5	分组	Norm 值
碱解氮/(mg/kg)	−0.92	−0.03	0.21	0.18	0.16	1	2.05
铵态氮/(mg/kg)	0.74	0.41	−0.17	−0.34	0.01	1	1.88
硝态氮/(mg/kg)	0.66	−0.13	0.45	0.01	−0.21	1	1.64
有机质/(g/kg)	0.77	−0.03	−0.35	0.34	0.33	1	1.87
有效磷/(mg/kg)	−0.62	−0.11	−0.12	−0.31	0.48	1	1.53
土壤含水量/(%)	0.02	0.77	0.45	0.42	0.08	2	1.77
磷酸酶/[mg/(kg·24h)]	0.18	0.81	0.30	0.23	0.13	2	1.72
电导率/(μS/cm)	0.28	−0.71	0.33	−0.22	0.09	2	1.63
毛管孔隙度/(%)	−0.13	0.89	0.35	0.22	0.09	2	1.86
总孔隙度/(%)	0.53	0.09	0.64	−0.05	0.13	3	1.56
土壤 pH	−0.21	0.34	−0.72	0.49	0.01	3	1.57
脲酶/[mg/(kg·24 h)]	0.39	0.58	−0.57	−0.34	0.02	3	1.75
过氧化氢酶/[mL/(kg·20 min)]	0.61	−0.17	−0.51	0.44	−0.23	3	1.73

指标	PC1	PC2	PC3	PC4	PC5	分组	Norm 值
土壤容重/(g/cm³)	−0.49	0.43	−0.29	−0.52	0.01	4	1.62
速效钾/(mg/kg)	0.09	−0.48	−0.08	0.66	0.48	4	1.45
蔗糖酶/[mg/(kg·24 h)]	−0.48	−0.07	0.12	0.45	−0.51	5	1.37
特征值	4.73	3.75	2.55	2.15	1.11		
累计贡献率/(%)	29.6	53	68.9	82.3	89.3		

（2）最小数据集的冗余度检验。

为了检验 MDS 的冗余度,对入选 MDS 的各指标进行 Pearson 相关性分析(表 3-17)。结果表明,MDS 中的各指标之间相关性都小于 0.5,说明 MDS 中各项指标之间的相关性低,因此认为该 MDS 可以较好地对 2022 年轮作模式下 SMB1 处理的土壤质量进行综合评价。

表 3-17　MDS 各指标间的 Pearson 相关性分析(罗旭,2023)

	碱解氮	毛管孔隙度	脲酶	土壤容重	蔗糖酶
碱解氮	1				
毛管孔隙度	0.21	1			
脲酶	−0.47	0.19	1		
土壤容重	0.27	0.33	0.46	1	
蔗糖酶	0.41	0.12	−0.24	0.05	1

（3）土壤质量综合指数的计算。

对 MDS 进行降维分析,参照式(3-13)计算,得到各指标公因子方差,确定权重(表 3-18)。碱解氮、毛管孔隙度、脲酶、土壤容重、蔗糖酶的权重分别为 0.25、0.23、0.22、0.09、0.20。因此,IFI 计算公式为:IFI= $0.25F_1 + 0.23F_2 + 0.22F_3 + 0.09F_4 + 0.20F_5$。其中,$F_1 \sim F_5$ 分别代表碱解氮、毛管孔隙度、脲酶、土壤容重、蔗糖酶的隶属度值。计算得 2022 年轮作模式下 B1 处理,即 SMB1 的土壤质量综合指数(IFI)为 0.45。

表 3-18　MDS 指标的公因子方差与权重(罗旭,2023)

指标	公因子方差	权重
碱解氮	0.91	0.25
毛管孔隙度	0.82	0.23
脲酶	0.80	0.22
土壤容重	0.32	0.09
蔗糖酶	0.73	0.20

生物炭施用对不同种植制度下土壤质量综合指数的影响:SMB1、SMB2 分别提高大豆-玉米-玉米轮作 IFI 值 25.0%、14.6%($P<0.05$),同时生物炭处理土壤质量水平均达Ⅱ级,较对照(Ⅲ级)提高一个等级。可见,生物炭在 2021 年三种种植模式下均对土壤 IFI 值有提升趋势,表明生物炭施用可显著提升土壤质量。

在 2022 年,大豆-玉米-玉米轮作下 SMB1、SMB2 较对照显著提高土壤 IFI 值 50.0%、63.3%,质量等级并未改变,均表现为Ⅲ级(表 3-19)。

表 3-19　2021—2022 年不同生物炭处理 IFI 值的等级划分(罗旭,2023)

年份	处理代号	IFI 值	土壤质量等级
	SMCK	0.48±0.09bA	Ⅲ
2021	SMB1	0.60±0.06aA	Ⅱ
	SMB2	0.55±0.05aA	Ⅱ

续表

年份	处理代号	IFI 值	土壤质量等级
	SMCK	0.30±0.03bA	Ⅲ
2022	SMB1	0.45±0.05aA	Ⅲ
	SMB2	0.49±0.05aA	Ⅲ

注:不同小写字母表示同种种植模式下生物炭处理间差异显著,不同大写字母表示同种生物炭施用方式下种植模式间差异显著($P<0.05$)。

生物炭是作物秸秆等有机物在高温无氧条件下的产物,其农田应用能够调节土壤碳氮比,具有缓解连作障碍的潜力。生物炭施用可提高不同种植制度下土壤质量等级,随着种植年限的增加,促进效果减弱。2021 年,施用生物炭提高轮作土壤质量等级 1 级,到 2022 年时,施用生物炭对轮作土壤质量等级无影响($P>0.05$),说明包括生物炭在内的有机物料添加对耕地质量的提升作用仍需进一步开展大田研究以增强其科学性。

四、小结

黄土高原耕地质量评价研究评价了 6 种土壤健康指标在不同土壤和灌溉类型下的区分能力和适用性及 4 种土壤和灌溉类型对农牧交错带农田土壤健康的影响。最小数据集(MDS)由 BD、SOC、TN、NO_3^--N、MBN 和 BG 组成,修正最小数据集(RMDS)由 BD、EC、TN、MBC、LAP 和 ALP 组成。4 种土壤和灌溉方式下 6 项土壤健康指标的变化一致且呈显著正相关。与其他类型相比,RE-IL 土壤健康指数最高,土壤健康指数的大小顺序为 RE-IL＞RE-RL＞KA-IL＞KA-RL。土壤健康指数和非线性评分最小数据集(SHI-NLM)的 F 值、CV 值和相关系数最高。

农户是西北地区粮食生产的核心力量,且其产量和管理水平存在较大差异(Lu 等,2013;Wang 等,2023)。冬小麦-夏玉米轮作系统的土壤质量评价显示,玉米的产量和氮肥投入分别为 8.2～11.4 t/ha 和 181～300 kg/ha(Ren 等,2021)。基于 MDS 方法的小农田综合 SHI 均值为 0.63(范围为 0.40～0.87),根据 CASH 框架标准(Moebius-Clune 等,2016),属于较高水平。然而,约 40% 的 SHI-MDS 评分处于中低水平。有研究指出,某些小农田的综合 SHI 均值为 0.47(范围为 0.12～0.96)(Li 等,2019)。小农田中最低 SHI 值(0.40)与平均值(0.63)之间的差异,主要源于 SubHard 和 AgStab 得分较低,这可能与农田交通频繁导致的土壤压实有关。为缩小最低值与平均值之间的差距,建议通过秸秆还田、减小大田车辆使用频率以及综合碳养分管理来改善土壤健康。小农田与长期试验田(M 和 MNPK 处理)之间的土壤健康差异,主要与农艺措施(土地平整、施肥量和频率、种植密度、品种等)、基础设施和社会经济因素(Zhang 等,2016)有关。养分和碳的管理是影响土壤健康的重要措施。调查表明,超过 90% 的农户除了玉米和小麦秸秆残留外,未施用其他有机材料,尽管这对改善土壤健康非常重要(He 等,2022;Jia 等,2022;Liu 等,2022)。因此,建议采取措施缩小小农田与长期试验区最高 SHI 值之间的土壤健康差距(如秸秆还田、碳养分综合管理)。养分管理技术对土壤健康也起着重要作用(Zhang 等,2016)。尽管长期试验区的 SHI 值与自然土壤相差不大,在 M 和 MNPK 处理下,41% 的田块处于中等水平。为缩小土壤健康差距,建议采取有效的管理措施(如秸秆还田、养分综合管理、覆盖作物、免耕等)并推广作物多样化种植,以提高土壤生产力(图 3-5)。

小麦-玉米轮作耕地健康评价发现,小麦产量随土壤质量的提升而增加(图 3-6)。显然,低生产力水平下小麦增产的差距和潜力较大。在小麦-玉米种植体系的小麦期农田,各 MDS 指标对 SQI 的具体贡献表明,碱解氮(AN)在高生产力水平的贡献最大(40.6%),而在中生产力水平(35.0%)或低生产力水平(24.4%)则相对较低。同样,土壤有机质对 SQI 的贡献在高生产力水平最大(39.5%),而在中生产力水平(33.5%)和低生产力水平(27.0%)则相对较低。微生物量氮/全氮对 SQI 的贡献表现为高生产力(37.9%)＞低生产力(32.3%)＞中生产力(29.8%)。有效锌对 SQI 的贡献表现为高生产力(36.3%)＞中生产力(34.9%)＞低生产力(28.8%)。因此,碱解氮、土壤有机质和微生物量氮/全氮可能是限制小麦生产力的主要因素。

生物炭是作物秸秆等有机物在高温无氧条件下的产物,其农田应用能够调节土壤碳氮比,具有缓解连作障碍的潜力。生物炭施用可提高不同种植制度下土壤质量等级,随着种植年限的增加,促进效果减弱。2021 年,施用生物炭提高轮作土壤质量等级 1 级,到 2022 年时,施用生物炭对轮作土壤质量等级无影响

（$P > 0.05$），说明包括生物炭在内的有机物料添加对耕地质量的提升作用仍需进一步开展大田研究以增强其科学性。

　　针对耕地的质量评价在众多土壤利用类型中占据主体，这主要是由于耕地土壤质量的研究对人类生存的意义更为重要，良好可持续的耕地质量能够确保粮食产量、品质的平稳，保障粮食安全。目前，利用土壤肥力指标进行耕地质量评价的研究居多，构建出针对黄土高原、华北平原、东北黑土区等不同地区的土壤 TDS、MDS 等，并利用不同措施，如生物炭施用，进行相应土壤改良后的质量评价，取得较好的耕地质量提升效果。

　　到目前为止关于耕地系统健康评价，国内外尚无系统的研究成果，相关研究主要集中在耕地疾病、耕地质量、土壤健康、生态系统健康等方面，其内涵的表述方式有所不同，但有一个基本的共识，即各类健康受自然因素、环境因素和人文因素共同作用的影响。耕地系统健康在受到系统内外因素影响或压力时，具有稳定的生产能力、维持能力和恢复能力。因土壤类型、地域特征、田间管理等不同，耕地健康评价系统性不足，仍需要开展大量工作才能全面揭示国内耕地健康评价体系的构建。

第二节　林地土壤健康评价体系

　　森林健康是指对森林资源进行了科学合理的利用之后，经过森林内生物和非生物因子的双重作用，既可以保持其良好的存在和更新状态，又能够发挥必要的生态服务功能的能力，并满足当下与未来全体人类对森林多功能和多层次的生态、经济和社会需求。提高森林资源的面积和质量，保护森林健康，以达到森林资源的可持续经营，已成为各国之间达成的共识（委霞，2021）。

　　目前，对森林健康的研究多集中于森林的结构、格局，进行现状评价（许俊丽，2018），而森林是不断更新演替的系统，在进行森林健康研究时，须从健康可持续的角度出发，既要反映森林生存现状，又要考虑森林未来的发展与演替，在充分认识生态过程的基础上，对森林未来的发展方向做出正确评价。

一、林地土壤健康评价概况

（一）背景介绍

　　油茶是一种原产于中国的油料植物，广泛种植在亚热带和温暖的丘陵地区用于产油（Hu 等，2005）。这种从种子中获得的油被称为"东方橄榄油"，被联合国粮食及农业组织（FAO）视为健康的食用油。该油含有高达 90% 的不饱和脂肪酸，以及可预防心血管疾病的特定生理活性物质，如茶多酚和茶皂苷，以及丰富的维生素 E、角鲨烯和类黄酮（Chen 等，2001）。油茶可以种植在贫瘠的山地和丘陵上，因此不占用农田，主要栽培在中国南方的 14 个省份。为评价不同母质下南方油茶的土壤品质，中南林业科技大学（Liu 等，2018）以广西和湖南为研究对象，其中涉及 3 种母质、4 种土壤物理性状、12 种土壤化学性质和 7 种土壤生物学性质，选择土壤质量指标作为潜在土壤质量指标，通过因子分析和判别分析构建了 MDS。

　　华北落叶松是华北地区重要的植树造林速生树种，具有较高的社会、经济和生态价值，但由于植树造林方式单一、林分结构简单，以及选择兴安落叶松为主要树种，纯人工林面临土壤肥力和质量严重下降的问题（Chai 等，2014；Niu 等，2016；Wu 等，2016；Zhou 等，2018）。为更好地了解和全面评价土壤质量对制定可持续森林管理做法的意义，研究拟建立一个土壤质量指数（SQI），用于评价杉木不同间伐强度下的土壤质量。北京林业大学（Qiu 等，2019）的研究评估了林分密度对华北兴安落叶松人工林土壤质量的影响。研究在四个不同地块上进行，选择不同的间伐强度。研究分析了土壤的 16 种物理、化学和生物特性。土

壤质量指数(SQI)的计算基于总数据集(TDS)和最小数据集(MDS),采用不同的评分方法(线性和非线性)、积分程序(加性、加权加性和 Nemoro)以及权重分配方法(主成分分析的共性和变异)。通过非线性加权加性方法计算的 SQI 值表现优于其他方法。使用 MDS 和非线性评分方法,计算了两个 SQI 指数(SQI$_w$ 和 SQI$_n$)。研究的主要目的是确定 MDS 和关键指标,选择最合适的整合程序,量化不同密度下兴安落叶松人工林的土壤质量,从而为可持续人工林的最佳管理密度提供理论依据,进而为科学管理和林地土壤恢复提供支持。

(二)区域选择

Liu 等(2018)在南方油茶土壤质量评价研究中,选择亚热带红壤地区,包括广西壮族自治区柳州市和贺州市,以及湖南省长沙市、浏阳市和邵阳市。研究区主要位于北纬 24°20′—31°20′和东经 104°45′—120°50′。年平均气温 16~20 ℃,年平均降水量 1000~2000 mm,无霜期 241~285 d。地势为丘陵,岩性成分以砂岩、板岩和第四纪红黏土为主,这三种母质是油茶生长的主要母质。在研究区,共从油茶林地中选取了 142 个样地(各 20 m×30 m),其中第四纪红黏土 54 个样地,砂岩 58 个样地,板岩 30 个样地。源自第四纪红黏土的土壤富含黏土(43.24%),而源自板岩的土壤具有中等砂粒含量(37.96%)和黏粒含量(30.28%)的特点,而源自砂岩的土壤砂粒含量较高(47.54%)。总体而言,这些土壤可以归类为黏壤土、粉质壤土和砂壤土。

Qiu 等(2019)在华北落叶松土壤质量评价研究中,选择在河北省塞罕坝机械林场(北纬 42°02′—42°36′,东经 116°51′—117°39′,海拔 1100~1940 m)进行,主要物种为华北落叶松。该地区为温带大陆性季风气候,年平均气温为—1.4 ℃,年平均降水量为 450 mm,年平均蒸发量为 1229.9 mm,年平均无霜期为 68 d。地形平坦,土壤主要是富营养冻土,伴有砂度冻土和典型的干旱砂土(Soil Survey Staff,2014)。该研究地点是 1989 年在荒漠化荒地上建立的华北落叶松的纯种植园,该种植园种植了少量灌木和草本植物。第一次管理活动是在 2002 年进行的,主要是修剪。2008 年,在约 200 hm^2 的面积上建立了 12 个样地(20 m×30 m),初始林分密度相似(平均 2086 棵/hm^2),地形特征和管理活动相同。在 12 个样地中进行了 4 种间伐(0%、14%、28%、42%间伐),最终形成 4 个林分密度,约 2086 棵/hm^2(对照,CK)、约 1792 棵/hm^2(高密度,HD)、约 1495 棵/hm^2(中等密度,MD)和约 1211 棵/hm^2(低密度,LD)。每个林分密度进行 3 次重复。每个样地周围都有一个 5 m 宽的缓冲区,以避免潜在的边缘效应。任何两个样地之间的距离小于 3 km,以尽量减少气候和土壤类型的差异,并确保林分之间的差异主要是密度不同造成的。所有地块的土壤类型均为砂壤土。2016 年 10 月,在 12 个不同土壤深度(0~20 cm、20~40 cm)的地块中进行了土壤采样。根据每个样地的 S 形路线选择 5 个采样点。使用深度为 5 cm,直径为 5 cm 的土钻采样器采集土壤岩心样品,用于分析物理性质。同时,使用 5 cm 螺旋钻收集土壤样品,用于分析化学和生物特性。测定的 16 个土壤理化性质包括容重(BD)、土壤含水量(SWC)、饱和持水量(SWHC)、毛细持水量(CWHC)、非毛细孔隙度(NCP)、毛细孔隙度(CP)、总孔隙度(OP)、土壤有机质(OM)、土壤全氮(TN)、全磷(TP)、碱解氮(AN)、有效磷(AP)、全钾(TK)、速效钾(AK)、土壤 pH、电导率(EC)。测定的 23 项土壤生物学性质包括微生物群落组成、微生物生物量、总微生物生物量、革兰氏阳性菌(G$^+$)、革兰氏阴性菌(G$^-$)、细菌、细菌多样性、真菌、真菌多样性、放线菌、放线菌多样性、微生物群落多样性、G$^+$:G$^-$、细菌与真菌脂质的浓度比(B:F)、微生物量碳(MBC)、微生物量氮(MBN)、MBC:MBN、蔗糖酶(INV)、脲酶(URE)、多酚氧化酶(PPO)、酸性磷酸酶(ACP)、β-葡萄糖苷酶(BG)、N-乙酰葡萄糖苷酶(NAG)。

二、评价方法

中南林业科技大学研究团队(Liu 等,2018)在评价土壤质量指数时分为六个步骤。第一步,因子分析。因子分析用于将变量分组为统计因子,仅当测量变量之间存在相关性且 KMO (Kaiser-Meyer-Olkin,抽样适合性检验)的球形度检验大于 0.5 时,才减少整个数据集(Johnson 等,1992)。该方法类似于主成分分析(PCA),也用于因子提取,但对因子进行方差最大旋转跟踪,以最大限度地提高因子与测量变量之间的相关性。仅保留和旋转特征值大于 1 的因子。

第二步,判别分析。采用逐步判别分析,筛选出不同母质中区分度最高的组分。随后,对构成最具判别力的变量进行逐步判别分析,以确定形成判别函数的土壤质量指标的最小数据集。在分析之前,使用 K-S 检验检查所有变量的正态性,并转换非正态分布变量以满足线性判别分析的正态分布假设(Reimann 等,2008)。因此,判别分析可以确定是否可以导出具有统计学意义的函数来分隔两个或多个组。

第三步,回归分析。为检验最小数据集中所选的土壤质量指标是否与植物生长相关,以产量为因变量,以最小数据集中保留的候选土壤质量指标为自变量,进行多变量回归分析。使用产量和候选指标进一步进行逐步回归。在逐步回归分析中,根据回归模型中的相对重要性逐个选择自变量,并将显著性为 5% 的变量纳入模型中。

第四步,应用标准评分函数(SSF)对不同 SSF 的土壤指标进行 0～1 归一化。使用 Masto 等(2008)定义的三种类型的 SSF 根据其土壤质量函数计算不同的土壤质量指标。

$$f(x) = \left.\begin{cases} 1.0 & x \geqslant U \\ \dfrac{0.9(x-L)}{U-L} & L < x < U \\ 0.1 & x \leqslant L \end{cases}\right\} SSF(1) \tag{3-25}$$

$$f(x) = \left.\begin{cases} 1.0 & x \leqslant U \\ \dfrac{0.9(x-L)}{U-L} & L > x > U \\ 0.1 & x \geqslant L \end{cases}\right\} SSF(2) \tag{3-26}$$

$$f(x) = \left.\begin{cases} 1.0 - \dfrac{0.9(x-c)}{U-c} & c < x \leqslant U \\ 1.0 & b < x \leqslant c \\ \dfrac{0.9(x-L)}{b-L} + 0.1 & L < x < b \\ 0.1 & x < L, x > U \end{cases}\right\} SSF(3) \tag{3-27}$$

式中,x 是指标的监测值,$f(x)$ 为 0.1～1 的指标得分,L 和 U 分别是指标的阈值下限和上限,b 和 c 是最优值。

第五步,权重分配。确定 MDS 后,使用 MDS 再次进行 PCA,每个 MDS 变量的权重通过其公性计算(Shukla 等,2005),该权重等于其公性与 MDS 中所有变量的共性总和的比率。

最后,计算土壤质量指数(SQI)。在对指标进行评分和加权后,SQI 由式(3-11)计算(Doran 等,1994)。

北京林业大学团队(Qiu 等,2019)在评估土壤质量时采用了三个步骤。第一步,通过对 39 个指标进行单因素方差分析(ANOVA,$n=3$),评估了林分密度对土壤指标的影响,选择了在 TDS 中具有显著差异($P<0.05$)的 4 个指标。接着,对 TDS 进行主成分分析(PCA),以筛选出 MDS 的关键属性,并选择特征值大于 1 的主成分(PC)。在所选的 PC 上进行旋转,以便提高不相关指标的可解释性。对于每个 PC,选取绝对载荷值位于最高因子负载前 10% 的指标作为高载荷指示指标。如果某个 PC 只有一个高载荷指示指标,则该指标将保留在 MDS 中;若有多个指标,则通过 Pearson 相关性分析来判断是否有指标可以从 MDS 中剔除。如果高载荷指标的相关性较差($r<0.70$),则将这些指标保留在 MDS 中;反之,仅选择相关系数(绝对值)总和最高的指标。

第二步,MDS 指标的评分和加权。选择 MDS 指标后,使用非线性评分方法将每个土壤指标转换为 0～1 的无单位分数(Andrews 等,2002;Askari 等,2014;Zhang 等,2011)。根据各指标对 SQI 的正负影响,将 MDS 指标分为"越多越好"和"越少越好"两种类型。对非线性评分应用了 S 形函数[式(3-3)]。

MDS 指标的权重是用 PCA 结果确定的。每个 PC 的变异百分比除以所有具有特征值大于 1 的 PC 解释的总变异百分比,从而提供 MDS 指标的权重(Askari 等,2014;Duraisamy 等,2020)。

第三步,将指标分数集成到 SQI 中。将转换后的指标得分整合到以下两个 SQI:加权加性土壤质量指数(SQI$_w$)(Andrews 等,2002)和 Nemoro 质量指数(SQI$_n$)(Qi 等,2009;Rahmanipour 等,2014)。

$$SQI_w = \sum_{1}^{n} (W_i S_i) \tag{3-28}$$

$$SQI_n = \sqrt{\frac{P_{ave}^2 + P_{min}^2}{2} \times \frac{n-1}{n}}$$

(3-29)

式中,SQI_w 和 SQI_n 是土壤质量指数(分别加权累加),S_i 是指标得分,W_i 是指标权重,n 是 MDS 中土壤指标的数量,P_{ave} 是选定指标在每个采样点的平均值,P_{min} 是最低得分(Andrews 等,2002;Qi 等,2009)。更高的 SQI 值意味着更好的土壤功能和土壤过程,并反映了土地利用变化的积极影响。

三、评价过程及结果

中南林业科技大学研究团队通过因子分析和判别分析,最终将容重(BD)、砂粒含量、土壤有机质(SOM)、有效磷(AP)、速效钾(AK)、有效铁(AFe)和酸性磷酸酶(ACP)等指标保留在 MDS 中,SOM、AP 和 BD 在不同母质土壤质量评价中的判别系数最高。将 23 个实测指标分为特征值大于 1 的 6 个主成分(表 3-20),采用逐步判别分析方法,选择 PC1、PC2 和 PC3 成分作为 3 种土壤母质最有力的判别因子。结果表明,2 个判别函数显著,特征值为 3.142,典型相关系数为 0.871(表 3-21)。随后,对 PC1、PC2 和 PC3 的土壤性质进行了第二次逐步判别分析,观察到两个显著的判别函数,分别解释了总方差的 91.4% 和 8.6%。此外,在土壤母质中,选取了 7 个指标作为最有力的鉴别因素:BD、砂粒含量、SOM、AP、AK、AFe 和 ACP。在代表土壤质量对母质响应的变量中,SOM、AP 和 BD 的判别系数最高,其次是 ACP 和砂粒含量。

表 3-20　中国南方油茶林地土壤重要主成分上 23 个土壤理化生物学性质的旋转成分载荷和共性(Liu 等,2018)

指标	成分					
	1	2	3	4	5	6
蔗糖酶	0.919	−0.043	0.068	0.051	−0.020	−0.070
ACP	0.873	0.088	−0.036	0.046	−0.092	0.150
AMn	0.797	−0.006	0.071	0.398	−0.005	−0.114
砂粒含量	−0.713	0.005	−0.022	0.513	0.042	0.090
脲酶	−0.661	−0.564	0.185	0.016	0.056	0.007
粉粒含量	0.569	−0.498	0.419	0.230	0.056	−0.167
BD	−0.115	−0.891	−0.183	0.022	−0.035	0.005
AK	0.239	0.730	0.588	−0.164	0.174	−0.055
过氧化氢酶	0.527	−0.556	0.056	0.453	−0.028	−0.136
AB	−0.478	−0.527	0.524	0.103	−0.181	−0.065
SOM	0.106	0.179	0.875	0.033	−0.160	0.076
AFe	0.231	0.200	0.745	0.308	−0.155	−0.304
AP	−0.239	−0.077	0.709	−0.246	0.339	−0.005
ACu	0.174	−0.173	0.090	0.680	0.043	0.189
真菌	0.119	−0.065	0.055	−0.677	0.069	0.343
黏粒含量	0.049	0.468	−0.379	−0.642	−0.088	0.084
AZn	0.060	0.427	0.191	−0.605	0.021	0.316
TN	0.117	−0.022	−0.002	0.546	−0.037	−0.129
ACa	−0.282	0.024	0.044	−0.046	0.847	−0.103
AMg	0.173	0.203	−0.540	−0.070	0.626	−0.045
土壤 pH	0.314	0.278	0.001	0.447	0.503	0.131
细菌	−0.108	0.024	−0.252	−0.072	0.073	0.757
放线菌	0.032	0.280	−0.001	−0.243	−0.262	0.742

续表

指标	成分					
	1	2	3	4	5	6
方差百分数/(%)	21.478	19.496	13.565	9.221	6.400	4.862
累计百分数/(%)	21.478	40.974	54.539	63.760	70.160	75.022

表 3-21　不同母质之间的逐步判别分析总结(Liu 等,2018)

	函数判别式	
	1	2
挑选 PCs		
Sig.	<0.001	<0.001
特征值	3.142	1.001
方差百分数/(%)	96.3	3.7
典型相关系数	0.871	0.568
标准化判别系数		
PC1	−4.021	0.095
PC2	1.415	−1.462
PC3	1.946	0.637
挑选指标		
Sig.	<0.001	<0.001
特征值	7.644	0.717
方差百分数/(%)	91.4	8.6
典型相关系数	0.940	0.646
标准化判别系数		
BD	0.817	0.880
砂粒含量	−0.326	0.919
SOM	−1.049	0.219
AP	1.276	0.811
AK	0.215	0.757
AFe	1.463	−0.093
ACP	−0.533	0.425

不同母质间差异显著,平均 SQI 评分分别为 0.54、0.62 和 0.71(图 3-10)。板岩的土壤质量较高,而第四纪红黏土的土壤质量较低。基于 MDS 的方程计算的土壤样品的 SQI 得分为 0.26～0.91,平均值为 0.62。基于 SQI 聚类分析,确定了 3 类不同土壤质量:高质量(SQI>0.68)、中等质量(0.55<SQI<0.70)和低质量(SQI<0.55)。基于 MDS 的 SQI 与基于 23 个测量指标(TDS)的 SQI 趋势相似,相关系数为 0.733(图 3-11)。

此外,根据相关性分析的结果,观察到 SQI 与年产油量之间存在显著相关性(图 3-12),这可以通过以下回归方程来描述:

$$y = 923.4x - 228.8(R^2 = 0.694, P < 0.05) \tag{3-30}$$

式中,y 代表年产油量(kg/ha),x 表示 SQI。

Liu 等(2018)的研究有三个主要发现:①源自板岩的土壤在 TN、AK、AMg、AMn、ACu 和 AZn 上含量最高,而源自砂岩的土壤富含 SOM、AFe 和 AB,但缺乏 AK,而源自第四纪红黏土的土壤在 3 类母质中质

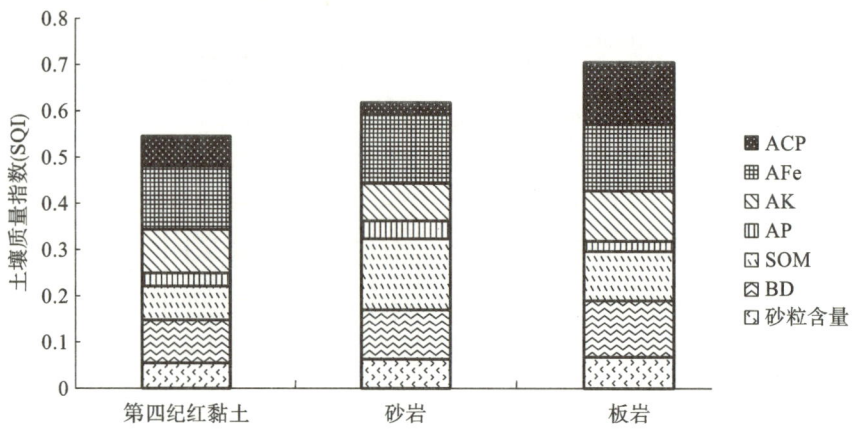

图 3-10   不同母质的土壤质量指数(SQI)(Liu 等,2018)

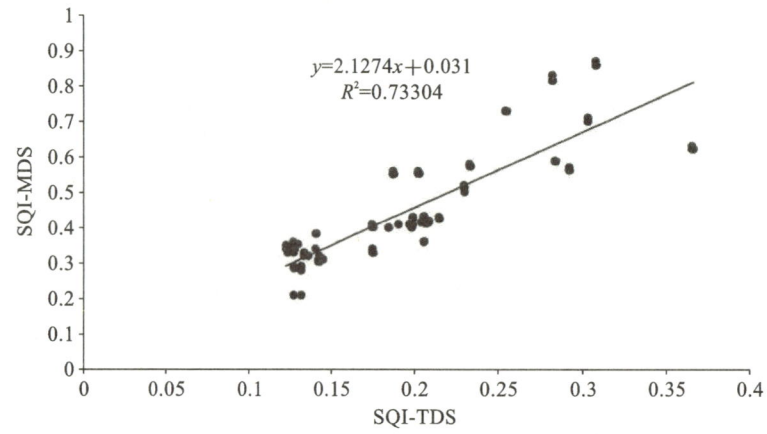

图 3-11   基于 MDS 的土壤质量指数(SQI)与基于 23 个实测指标(TDS)的 SQI 的相关性(Liu 等,2018)

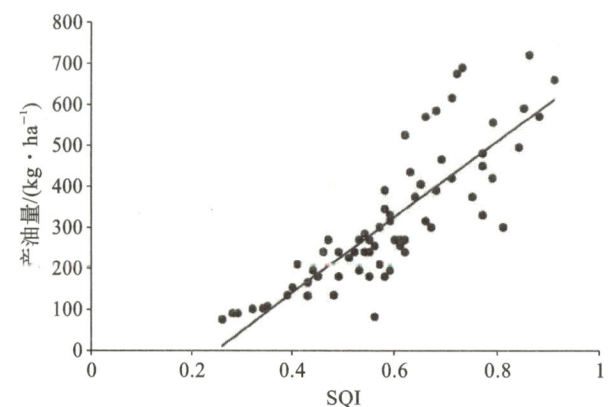

图 3-12   土壤质量指数(SQI)与油茶产油量的关系(Liu 等,2018)

量指数最低;②可以 BD、砂粒含量、SOM、AP、AK、AFe 和 ACP 为研究对象,采用因子分析和判别分析方法评价不同母质下的土壤质量;③基于不同母质 MDS 的 SQI 评分板岩>砂岩>第四纪红黏土,分别为 0.71、0.62 和 0.54,与产油量呈较强相关性(0.733)。源自板岩的土壤被认为是油茶最合适的种植地点,它的质量高于砂岩和第四纪红黏土。因此,有必要提高砂岩栽培土壤中 AK 的含量,同时应采取措施提高养分缺乏且 SQI 最低的第四纪红黏土土壤的肥力。

北京林业大学团队(Qiu 等,2019)测量 39 个土壤指标作为潜在的 SQ 指标。方差分析结果显示,两种土壤深度下,NCP、CP、OP、G^- 多样性在 4 种林分密度之间的差异无统计学意义($P > 0.05$)。35 个土壤指标在 4 种林分密度中差异显著($P < 0.05$)(表 3-22、表 3-23),因此,这 35 个指标被选为 TDS。

表 3-22 不同密度下 0~20 cm 和 20~40 cm 深度（n=3）的兴安落叶松人工林土壤理化性质（Qiu 等, 2019）

土壤理化指标	土壤深度/cm	CK 平均值	CK 标准误差	HD 平均值	HD 标准误差	MD 平均值	MD 标准误差	LD 平均值	LD 标准误差	ANOVA P
BD/(g·cm⁻³)	0~20	1.17a	0.03	1.16a	0.03	1.07b	0.03	1.10b	0.02	0.006
	20~40	1.31a	0.02	1.28a	0.02	0.17b	0.03	1.26a	0.04	0.001
WAT/(%)	0~20	8.30c	0.40	10.75b	0.34	12.04ab	1.98	13.15a	0.88	0.004
	20~40	6.47b	0.33	8.95a	0.33	8.37a	0.96	8.55a	0.53	0.004
SWHC/(%)	0~20	32.92b	3.08	37.29a	0.94	38.54a	1.65	40.00a	0.73	0.008
	20~40	27.70c	2.35	30.10bc	0.91	33.53a	1.45	32.99ab	1.66	0.009
CWHC/(%)	0~20	27.71b	3.16	32.18a	0.44	32.10a	1.51	34.39a	1.82	0.019
	20~40	23.97b	2.58	26.29ab	1.06	28.80a	0.84	28.60a	0.75	0.013
NCP/(%)	0~20	6.75a	0.85	6.57a	0.44	8.00a	2.70	6.86a	1.83	0.736
	20~40	5.42a	1.01	5.40a	0.36	6.10a	2.08	6.08a	2.43	0.919
CP/(%)	0~20	36.00a	4.22	41.45a	0.66	38.56a	3.46	41.97a	2.3	0.124
	20~40	34.78b	3.38	37.34ab	1.61	37.29ab	1.42	39.99a	1.78	0.106
OP/(%)	0~20	42.75a	4.98	48.02a	0.55	46.56a	6.15	48.83a	4.09	0.404
	20~40	40.20a	4.39	42.75a	1.93	43.39a	3.21	46.06a	4.05	0.311
OM/(g·kg⁻¹)	0~20	31.81c	3.43	42.39b	2.02	54.06a	3.38	51.75a	1.65	0.000
	20~40	17.88b	5.52	21.45b	2.65	41.89a	4.28	37.10a	3.60	0.000
TN/(g·kg⁻¹)	0~20	1.45c	0.08	1.53bc	0.04	1.78a	0.11	1.63b	0.05	0.003
	20~40	1.29b	0.02	1.33b	0.09	1.54a	0.04	1.50a	0.03	0.001
TP/(g·kg⁻¹)	0~20	0.15b	0.02	0.17ab	0.01	0.19a	0.02	0.17ab	0.01	0.054
	20~40	0.12c	0.02	0.13bc	0.00	0.17a	0.01	0.15ab	0.01	0.015
TK/(g·kg⁻¹)	0~20	2.13c	0.19	2.27c	0.04	2.66b	0.20	3.05a	0.14	0.000
	20~40	1.77b	0.17	1.78b	0.02	2.36a	0.09	2.39a	0.09	0.000
AN/(mg·kg⁻¹)	0~20	118.07c	3.03	116.09c	8.72	148.67a	3.86	134.34b	1.39	0.000
	20~40	99.53b	5.67	98.05b	4.65	122.04a	5.95	116.56a	2.37	0.001
AP/(mg·kg⁻¹)	0~20	1.61b	0.15	1.80b	0.10	2.07a	0.14	2.15a	0.12	0.004
	20~40	0.87ab	0.20	0.82b	0.04	1.09a	0.08	0.95ab	0.07	0.101
AK/(mg·kg⁻¹)	0~20	47.53d	4.73	70.93b	2.14	81.93a	3.78	62.10c	5.77	0.000
	20~40	27.60b	2.03	38.87a	1.62	38.53a	3.61	44.33a	4.24	0.001
pH	0~20	6.42a	0.22	6.33b	0.07	6.20c	0.02	6.40b	0.02	0.000
	20~40	6.66ab	0.06	6.81a	0.12	6.59b	0.14	6.75ab	0.07	0.098
EC/(μS·cm⁻¹)	0~20	33.57b	2.96	37.25b	1.12	39.95a	4.84	36.98b	3.19	0.015
	20~40	28.48b	1.03	27.95b	0.25	32.70a	1.51	31.08a	0.73	0.001

表 3-23　不同密度下 0～20 cm 和 20～40 cm 深度($n = 3$)的兴安落叶松人工林土壤生物学特性(Qiu 等,2019)

土壤生物指标	土壤深度/cm	CK		HD		MD		LD		ANOVA
		平均值	标准误差	平均值	标准误差	平均值	标准误差	平均值	标准误差	P
磷脂脂肪酸 /(nmol·g^{-1})	0～20	11.67 c	0.63	14.73 b	0.84	17.14 a	0.71	12.96 c	0.52	0.000
	20～40	7.13 d	0.38	8.10 c	0.46	10.54 a	0.44	9.02 b	0.36	0.000
磷脂脂肪酸多样性	0～20	2.90 bc	0.07	3.01 ab	0.07	3.08 a	0.05	2.87 c	0.06	0.009
	20～40	2.58 b	0.04	2.74 a	0.02	2.80 a	0.04	2.74 a	0.07	0.002
细菌/ (nmol·g^{-1})	0～20	8.18 c	0.44	10.39 b	0.59	11.60 a	0.49	8.95 c	0.36	0.000
	20～40	5.23 b	0.28	5.71 b	0.33	7.06 a	0.30	6.52 b	0.26	0.000
细菌多样性	0～20	2.49 b	0.03	2.58 a	0.03	2.59 a	0.04	2.46 b	0.05	0.006
	20～40	2.15 c	0.07	2.27 bc	0.05	2.43 a	0.02	2.36 ab	0.13	0.013
G$^+$/(nmol·g^{-1})	0～20	2.39 d	0.13	3.43 b	0.19	3.73 a	0.16	2.96 c	0.12	0.000
	20～40	1.37 c	0.07	1.60 b	0.09	2.13 a	0.09	2.08 a	0.08	0.000
G$^+$ 多样性	0～20	1.80 c	0.06	1.93 b	0.08	2.05 a	0.04	1.76 c	0.04	0.001
	20～40	1.61 b	0.01	1.78 a	0.04	1.84 a	0.08	1.67 b	0.01	0.001
G$^-$/(nmol·g^{-1})	0～20	2.65 d	0.14	3.89 b	0.25	4.50 a	0.19	3.05 c	0.13	0.000
	20～40	1.35 c	0.11	1.72 b	0.08	2.59 a	0.08	1.80 b	0.03	0.000
G$^-$ 多样性	0～20	1.68 ab	0.02	1.65 b	0.03	1.69 a	0.01	1.68 ab	0.01	0.081
	20～40	1.65 a	0.02	1.68 a	0.02	1.69 a	0.02	1.68 a	0.01	0.186
真菌/ (nmol·g^{-1})	0～20	0.97 d	0.04	1.29 b	0.07	1.49 a	0.05	1.12 c	0.04	0.000
	20～40	0.51 c	0.02	0.68 b	0.04	0.83 a	0.02	0.69 b	0.02	0.000
真菌多样性	0～20	1.02 d	0.01	1.27 b	0.04	1.36 a	0.01	1.12 c	0.04	0.000
	20～40	0.83 c	0.01	0.87 b	0.02	0.92 a	0.02	0.88 b	0.02	0.000
放线菌 /(nmol·g^{-1})	0～20	0.91 c	0.05	1.20 b	0.07	1.56 a	0.06	1.11 b	0.04	0.000
	20～40	0.48 c	0.03	0.69 b	0.04	0.88 a	0.01	0.72 b	0.03	0.000
放线菌多样性	0～20	0.85 c	0.02	0.88 bc	0.02	1.01 a	0.03	0.89 b	0.02	0.000
	20～40	0.74 c	0.02	0.78 b	0.01	0.86 a	0.01	0.78 b	0.02	0.000
G$^+$∶G$^-$	0～20	0.90 b	0.00	0.88 c	0.02	0.83 d	0.00	0.97 a	0.00	0.000
	20～40	1.01 b	0.04	0.93 c	0.02	0.82 d	0.03	1.15 a	0.04	0.000
B∶F	0～20	8.46 a	0.09	8.06 b	0.05	7.78 c	0.06	7.96 b	0.04	0.000
	20～40	10.34 a	0.36	8.40 c	0.03	8.50 c	0.20	9.47 b	0.06	0.000
MBC /(mg·kg^{-1})	0～20	329.4 c	16.4	397.6 b	16.22	476.5 a	16.4	444.0 a	19.69	0.000
	20～40	210.6 c	6.81	235.9 b	9.18	253.4 ab	7.34	264.7 a	13.14	0.001
MBN /(mg·kg^{-1})	0～20	42.48 c	2.12	53.48 b	2.17	65.89 a	2.65	61.41 a	3.44	0.000
	20～40	26.49 c	0.66	31.10 b	1.53	36.26 a	0.94	36.71 a	1.79	0.000

续表

土壤生物指标	土壤深度/cm	CK		HD		MD		LD		ANOVA
		平均值	标准误差	平均值	标准误差	平均值	标准误差	平均值	标准误差	P
MBC : MBN	0～20	7.75 a	0.03	7.44 b	0.04	7.23 c	0.10	7.23 c	0.10	0.000
	20～40	7.95 a	0.06	7.59 b	0.09	6.99 d	0.02	7.21 c	0.03	0.000
INV /(mg·g^{-1})	0～20	21.82 b	1.14	24.25 b	1.26	31.93 a	1.92	34.61 a	2.10	0.000
	20～40	14.09 c	0.58	16.46 b	0.67	23.46 a	1.08	15.2 bc	0.70	0.000
URE/(mg·g^{-1})	0～20	0.10 c	0.01	0.12 c	0.01	0.20 a	0.02	0.15 b	0.02	0.000
	20～40	0.06 d	0.00	0.08 c	0.01	0.17 a	0.01	0.10 b	0.01	0.000
ACP/(μg·g^{-1})	0～20	230.6 d	12.0	280.97 c	14.45	378.4 a	22.7	320.6 b	19.20	0.000
	20～40	101.7 c	4.19	184.97 b	7.55	254.1 a	11.9	196.0 b	9.10	0.000
PPO/(mg·g^{-1})	0～20	0.30 a	0.02	0.27 ab	0.01	0.25 b	0.01	0.29 a	0.02	0.019
	20～40	0.41 a	0.02	0.31 c	0.01	0.33 bc	0.01	0.34 b	0.02	0.000
BG/(μg·g^{-1})	0～20	33.10 c	2.13	43.54 b	2.10	54.14 a	3.11	37.58 c	4.16	0.000
	20～40	15.84 c	1.91	18.11 bc	2.91	25.20 a	2.45	20.59 b	1.81	0.006
NAG/(μg·g^{-1})	0～20	13.02 c	2.34	18.27 b	2.26	27.76 a	2.09	14.5 bc	1.36	0.000
	20～40	6.51 b	0.44	8.03 ab	1.53	9.19 a	1.07	6.58 ab	1.15	0.054

在两种土壤深度(0～20 cm 和 20～40 cm)中,四种林分密度的 MDS 指标评分值差异显著(P<0.001)。在 0～20 cm 深度,真菌的评分值范围为 0.51～0.75;而在 20～40 cm 深度,范围为 0.17～0.42(图 3-13)。在 0～20 cm 深度,真菌的评分值按林分密度排列的顺序为 MD>HD>LD>CK;而在 20～40 cm 深度,真菌的评分值按林分密度排列的顺序为 MD>LD>HD>CK,LD 和 HD 在 20～40 cm 深度的真菌评分没有显著差异(图 3-13)。有机质(OM)的评分值在 0～20 cm 深度的范围为 0.40～0.72,而在 20～40 cm 深度的范围为 0.14～0.57,并且在两种土壤深度中,MD 和 LD 的 OM 评分显著高于 CK 和 HD(图 3-13)。在四种林分密度中,G$^+$:G$^-$ 的评分在两种土壤深度的顺序为:MD>HD>CK>LD(图 3-13)。

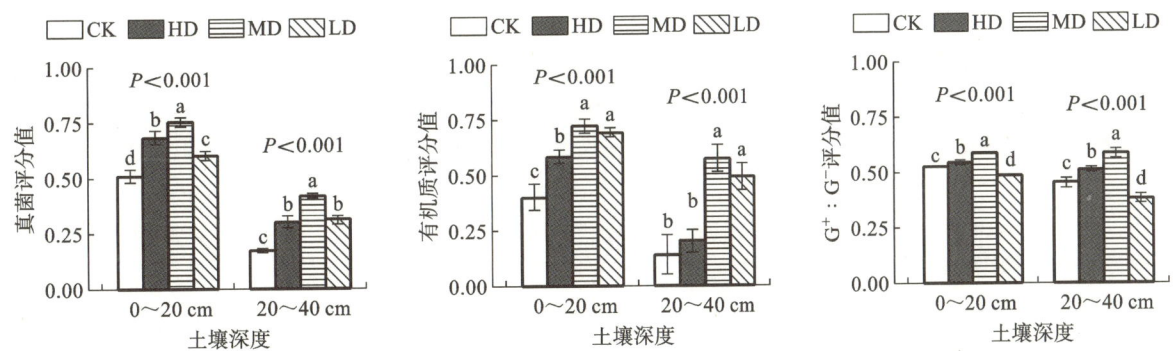

图 3-13　在 0～20 cm 和 20～40 cm 深度下,四种林分密度的 MDS(真菌、有机质、G$^+$:G$^-$)指标评分值(n=3)
注:CK 为对照(2086 棵/公顷,0%间伐);HD 为高密度(1792 棵/公顷,14%间伐);MD 为中等密度(1495 棵/公顷,28%间伐);LD 为低密度(1211 棵/公顷,42%间伐)。G$^+$:G$^-$ 为革兰氏阳性菌与革兰氏阴性菌的浓度比,数值为均值±标准差。

Qiu 等(2019)的研究发现,真菌、有机质和 G$^+$:G$^-$ 是通过 PCA 和 Pearson 相关性分析选择的 MDS 属性。结果表明,在区分林分密度对土壤质量的影响方面,SQI$_w$ 优于 SQI$_n$。8 年后不同密度的 SQI 值在两种土层深度上均有显著差异(P<0.001);林分密度的降低(间伐引起)对林分 SQ 有正向影响,其中 MD

的 SQI 值最高;1495 棵/公顷(MD)左右的密度管理有利于华北落叶松人工林 SQ 的维持。研究表明,SQI 方法简单易行且定量灵活,可作为一种有效的 SQ 改善评价工具,为其他树种土壤健康评价提供参考。

第三节　草地土壤健康评价体系

　　草原是中国重要的生态资源,占中国国土面积的 40% 以上,比耕地和森林面积的总和还多。草原是中国最大的陆地生态系统,也是最重要的陆地碳汇之一(Ji 等,2021)。然而,近年来,在全球气候变化和过度放牧等自然和人为因素的共同作用下,草地生态系统的退化日益严重(Bai 等,2020)。在草地生态系统中,植被群落组成的不同会直接影响累积在地表的凋落物及输入土壤的营养物质,进而改变土壤中养分储量及物质能量流动(傅致远等,2018;Xing 等,2019),气候、植被、土壤属性及土地利用方式是影响土壤性质的主要因素(张丽星等,2021)。因此,展开土地利用方式、植被类型等因素对草地土壤的健康影响评价日益重要。

一、草地土壤健康评价概况

(一)背景介绍

　　巴音布鲁克高寒草原是中国第二大草原。在巴音布鲁克高寒草原,围栏放牧已被广泛采用,以恢复退化的草地,改善土壤质量。然而,放牧排斥导致牧草短缺。为了满足日益增长的牧草需求,部分草原被清理为农田以种植牧草,农业和畜牧业在该地区的共存导致了土地利用的多样化(Guan 等,2015)。中国科学院东北地理与农业生态研究所、中国科学院吉林省草地农业重点研究室和新疆农业大学(Yu 等,2018a)联合展开研究,旨在:①针对高寒草地不同土地利用类型,采用敏感指标选择方法(总数据集、最小数据集和修正最小数据集)和标准评分方法(线性和非线性)开发 SQI;②比较不同土地利用类型的分化能力;③研究土地利用处理对高寒草地土壤质量的影响。

　　黄土丘陵区是我国主要的生态屏障和畜牧业基地,然而,由于自然和人为因素影响,生态环境恶化,植被遭到严重破坏。宁夏大学(Zhou 等,2020)以宁夏黄土丘陵区典型草原为研究对象,选取放牧草地(GG)、围栏草地(FG)、等高线沟草地(CG)和鱼鳞坑草地(FPG)4 种土地利用类型,测定不同土地利用方式下 0~40 cm 土层的物理、化学和生物学特性指标 18 项,旨在采用 3 种指标选择方法(总数据集 TDS、最小数据集 MDS 和修正最小数据集 RMDS)和 2 种评分方法(线性和非线性)对云雾山不同土地利用类型的土壤质量进行评价,确定最合适的 SQI、指标选择方法和评分方法,研究土地利用变化对土壤质量的影响。

　　中国科学院东北地理与农业生态研究所(Yu 等,2018b)开展的研究评估了不同土地利用方式对东北半干旱碱性草地土壤质量的短期影响。研究涉及的土地利用方式包括玉米田、苜蓿牧草、单作羊草草地和演替再生草地。研究选择了 22 个土壤指标作为潜在土壤质量指标,旨在通过这些指标构建最小数据集(MDS),并利用最合适的评分函数和积分方法,分析不同土地利用方式对土壤质量的影响。

(二)区域选择

　　高寒草地土壤质量评价研究在中国科学院巴音布鲁克草原生态系统研究站(北纬 42°53.1′,东经 83°42.5′,海拔 2500 m)进行(Yu 等,2018a)。巴音布鲁克高寒草原位于中亚天山南部,总面积约 2.3×10⁴ km²。1956—2015 年的年平均气温和降水量分别为 −4.6 ℃和 273.5 mm,总降水量的 70%~80% 发生在 6—9 月。研究区土壤为粉质黏壤土。该研究确立了 3 种土地利用处理方式,即土地利用处理为冬季

2 只/hm² 的适度放牧草地(GR)(100 hm²)、1984 年以来未放牧的围栏草地(FE)(0.25 hm²)和 2014 年起由草地转化的耕地(CL)(55 hm²)。放牧草地(GR)和围栏草地(FE)位点以紫花针茅(*Stipa purpurea*)和羊茅(*Festuca kryloviana*)为主,为干旱草地类型。放牧草地(GR)和围栏草地(FE)处理的植被覆盖率分别为 60% 和 90%。地上生物量为 318 g/m² 和 515 g/m²,0～20 cm 深度的地下生物量为 1.70 kg/m² 和 2.30 kg/m²,分别用于放牧草地(GR)和围栏草地(FE)处理。农田处理遵循巴音布鲁克草原的传统耕地做法。2017 年 4 月中旬,在去除地上生物量和凋落物后,使用直径为 5 cm 的土钻采集 0～20 cm 深度的土壤样品。实验组确定土壤的物理、化学和生物特性,以制定土壤质量指标,并根据土地利用与任务的适宜性(包括测量的易用性、灵敏度和可靠性)以及控制研究区土壤质量的关键特性的相关性和代表性来评估土地利用的影响。使用相应的标准实验室分析方法对每个样品测量了 14 个土壤指标:BD、GMD、MWD、ST、SW、C/N、SOC、TN、TK、AN、EC、MBC、MBN 和 SRR。

宁夏大学(Zhou 等,2020)的草地土壤质量研究区位于宁夏回族自治区(北纬 36°13′—36°19′,东经 106°24′—106°28′),距固原市东北方向约 45 km。半干旱气候,干湿季节差别明显。年平均降水量 400～450 mm,7—9 月降水量占 60%。年平均气温在 4～6 ℃。海拔高度为 1800～2150 m 不等(Guo 等,2018;Su 等,2019)。主要地貌单元包括高原、丘陵和山脉,主要土壤为山地灰褐土(Wei 等,2018),为深土层,pH 值约为 8.1。地带性植被为典型的草原植被。该研究建立了坡度和坡向相同或相近的四种土地利用类型,分别为放牧草地(GG)、2001 年建立的围栏草地(FG)、2001 年建立的等高线沟草地(CG)和鱼鳞坑草地(FPG)。表 3-24 提供了植被特征的详细信息。2016 年 7 月,对各用地植被生长情况进行调查(表 3-24)。采用卷尺测量各树种自然高度,重复 30 次。在 5 个 1 m×1 m 的地块测量各树种的覆盖度和密度,然后在地面上将各树种分开切割,带回实验室,在 65 ℃下干燥至恒定质量。采用对角取样法,同时采集 160 份 0～40 cm 深度的土壤样品。每种土地利用类型有 40 个土壤样本,测定土壤的生物学特性和理化性质。

表 3-24　四个站点的地理细节和每个站点的植被特征(Zhou 等,2020)

土地利用类型	地理位置	覆盖率/(%)	地上生物量/(g·m⁻²)	株高/cm	密度/(株·m⁻²)
放牧草地	106°20′14.37″E,36°14′58.21″N	77.67±4.91	18.35±4.94	3.47±0.29	329.33±48.01
围栏草地	106°23′11.95″E,36°16′11.86″N	85.33±6.98	108.01±7.26	33.4±1.75	159.67±45.41
等高线沟草地	106°24′9.96″E,36°12′2.34″N	67.67±3.93	64.68±13.33	17.2±1.42	195.67±41.03
鱼鳞坑草地	106°24′42.16″E,36°11′56.30″N	49.67±1.86	70.80±15.36	16.3±2.23	112.00±14.42

中国科学院东北地理与农业生态研究所(Yu 等,2018b)研究地点为长岭草地生态研究站(44°33′N,123°31′E,海拔 145 m)。该站位于松嫩草原南部。1980—2013 年,该区平均气温 5.9 ℃,年平均降水量 427 mm,70%～80% 的降水量集中在 6—9 月。无霜期约 140 天。研究区土壤为碱性盐渍化土壤,质地为砂粒 23%、粉粒 35%、黏粒 42%。土壤中游离碳酸氢钠和碳酸钠含量较高,pH 为 8.0～11.0。原生植被覆盖率为 50%～90%,旺季地上生物量为 100～360 g/m²(Yu 等,2014)。该研究于 2011 年 5 月初在一个农田场地开展,持续 5 年,直到土壤取样。由于连续耕作和均匀管理,实验前农田的土壤条件几乎相同。设计了 4 种土地利用处理方法,分别为玉米田(Corn)、苜蓿多年生牧草(Alfalfa)、单作羊草(MG)和演替再生草地(SRG)。自 2011 年起,该农田连续进行玉米单作。玉米田遵循松嫩草地的传统耕作方法,即在作物生长季节前至少翻两次土,深达 20 cm,每年施肥两次(氮肥为 74 kg/ha、磷肥为 22 kg/ha、钾肥为 41 kg/ha,分别在播种时和 7 月中旬施肥)。紫花苜蓿地块于 2014 年 5 月设立。2014 年以前,这些地块为免耕农田,其他做法与之前描述的传统农田相同。然而,由于土壤条件差,土地利用时间短,2011—2013 年该免耕农田玉米生长较差。考虑到当地恶劣的自然条件和畜牧业的发展,于 2014 年 5 月将免耕农田改为苜蓿草料地,播种密度约为 1200 粒/m²。2011 年 5 月,在单作草地处理地块上播种羊草种子,播种密度约为 2000 粒/m²。补播对植被恢复有积极作用,2011 年 9 月初地上生物量为 100～120 g/m²。2011 年退耕还田,在不受干扰的情况下恢复草原。2015 年,SRG 样地的优势种为 *Chloris virgata*、*Sonchus brachyotus*、*Chenopodium glaucum* 和 *Phragmites communis*,占地上生物量比例大于 85.00%。紫花苜蓿、MG 和 SRG 地块未使用肥料。2015 年 9 月初,在去除地上生物量和凋落物后,用直径为 4 cm 的土钻采集 0～20 cm

深度的土壤样品,测定土壤有机碳(SOC)、微生物量碳(MBC)和其他土壤指标。

二、评价方法

Yu等(2018a)在高寒草地土壤质量评价研究中采用3种土壤指标选择方法确定合适的指标,即总数据集、最小数据集、修正最小数据集。对14项指标进行单因素方差分析(ANOVA),评估不同土地利用方式对土壤指标的影响。只有显示显著差异的指标($P < 0.05$)被选为总数据集的指标(Raiesi,2017)。对总数据集的标准化数据矩阵进行主成分分析,以确定代表最小数据集的潜在土壤指标,遵循传统程序(Andrews等,2002;Askari等,2015;Raiesi,2017)。在另一项程序中,分别对物理、化学和生物三种土壤特性进行主成分分析,以确定代表修正最小数据集的潜在土壤指标,确保修正最小数据集至少包括一项物理、化学和生物指标。在指标的选择中选择了特征值大于1的主成分(PC)(Andrews等,2004)。此外,当选定的PC解释数据集中总变异性小于90%时,添加了解释至少5%总变异性的PC。对于每个PC,仅保留载荷值在最高加权载荷10%以内的高载荷指标作为索引该PC的重要指标。当每个PC中保留多个指标时,使用Pearson相关性分析确定指标冗余(Andrews等,2002;Raiesi,2017)。如果高载荷指标不相关(相关系数小于0.75),则每个指标都保留在最小数据集中,否则仅为最小数据集选择具有最高加权载荷的指标。对于每个土壤指标与不同单位的可比性,使用线性和非线性评分函数方法将数据转换为从0到1的单位较少的可组合分数(其中1代表指标的高水平,0代表指标的低水平)(Andrews等,2002;Andrews等,2004;Raiesi,2017)。土壤指标根据土壤生产力和质量的敏感性可分为两个功能。当土壤质量增加时,增加指标水平,应用"越多越好"评分曲线。相反,当土壤指标水平高被认为对土壤质量不利时,应用"越少越好"评分曲线。对于总数据集和最小数据集的指标选择方法,权重值等于其共性与总数据集或最小数据集中所有变量的共性之和的比值。对于修正最小数据集的指标选择方法,分两步给出权重值。首先,主观上对土壤物理、化学和生物特性给予同等权重(0.33),以强调这三种土壤特性对土壤生态系统贡献的同等重要性(Romaniuk等,2011;Nakajima等,2015)。其次,按照总数据集和最小数据集的加权方法,为指标分配子权重值,以强调这些指标对特定类型土壤特性的个体重要性。当在物理、化学和生物特性中选择多个PC时,按每个指标的共性分配权重值为总数据集和最小数据集中的权重值。土壤指标评分加权后,采用加权法计算土壤质量指数。该研究结合指标选择方法和评分函数方法,比较了6个SQI,分别是线性评分-总数据集(SQI-LT)、线性评分-最小数据集(SQI-LM)、线性评分-修正最小数据集(SQI-LRM)、非线性评分-总数据集(SQI-NLT)、非线性评分-最小数据集(SQI-NLM)和非线性评分-修正最小数据集(SQI-NLRM)。较高的SQI值意味着更好的土壤功能和土壤过程,并反映了土地利用对土壤功能的积极影响(Raiesi,2017)。

Zhou等(2020)在开展宁夏草地土壤健康评价研究时选取18种土壤性质,综合考虑了土壤的物理、化学和生物特性(Cao等,2003;Li等,2014;Gong等,2015;Nabiollahi等,2018;Yu等,2018b),选择对外部干扰敏感的酶指标。采用TDS、MDS和RMDS土壤指标选择方法确定适宜的指标。

首先,对各土壤指标进行单因素方差分析。选取不同土地利用类型下存在显著差异的指标作为TDS因子(Yu等,2018a)。对汇总数据进行标准化处理,对无量纲数据进行主成分分析(PCA),确定土壤指标,并将其纳入MDS(Andrews等,2002;Askari等,2015;Yu等,2018a)。其次,对土壤的物理、化学和生物性质进行主成分分析,确定代表RMDS的土壤指标。至少选择一个物理、化学和生物指标来建立RMDS。假设具有高特征值的主成分(PCs)最能代表系统的变化,则只选择特征值大于1的主成分(Andrews等,2002)。对于每个主成分,只保留载荷值在最高加权载荷的10%以内的指标。当在每个主成分中保留多个指标时,使用Pearson相关性分析来确定指标的冗余度(Raiesi,2017)。如果指标不相关,则将所有指标保存在MDS中,否则只选择加权载荷最大的指标建立MDS(Yu等,2018b)。在确定TDS,MDS和RMDS指标后,采用线性和非线性评分函数法将各土壤指标转换为0~1的值(Andrews等,2002;Raiesi,2017)。基于对土壤质量的敏感性,将土壤指标分为两个函数。如果各指标的水平随土壤质量的改善而增加,则采用"越多越好"的评分曲线。否则,使用"越少越好"的评分曲线。该研究采用两种评分方法和三种指标选择方法,比较了线性计分总数据集(SQI-LT)、线性计分最小数据集(SQI-LM)、线性计分修正最小数据集(SQI-LRM)、非线性计分总数据集(SQI-NLT)、非线性计分最小数据集(SQI-NLM)和非线性计分修正最小数据集(SQI-NLRM)6 种 SQI。SQI 值越高,说明土壤功能越好。SQI 反映了土地利用变化对土壤功能的影响(Raiesi,2017)。

Yu 等(2018b)在研究不同土地利用方式对东北半干旱碱性草地土壤质量影响中采用了相应的标准实验室分析方法,测量了每个样地的 22 项土壤指标,包括土壤的化学、物理和生物特性(表 3-25)。对 22 项指标进行单因素方差分析,以评估不同土地利用方式对土壤指标的影响。只有在 4 种土地利用之间具有显著差异($P<0.05$)的指标才被选为总数据集(TDS)的成员,以制定 SQI。

表 3-25　土壤指标的测量方法(Yu 等,2018b)

土壤过程	土壤指标	分析法	引用
物理	土壤含水量(WAT)	烘箱干燥法	Gong 等(2015)
化学	全氮(TN)	干燃碳、氮分析仪	Matejovic(1997)
	碱解氮(AN)	氢氧化钠裂解	Lu(2000)
	全磷(TP)	消化,分光光度计检测	Olsen 等(1982)
	有效磷(AP)	碳酸氢钠提取,比色检测	Olsen 等(1982)
	土壤有机碳(SOC)	改进的 Mebius 方法	Yeomans 等(1988)
	极不稳定碳(F1)	改进的 Walkley-Black 方法	Chan 等(2001)
	不稳定碳(F2)	改进的 Walkley-Black 方法	Chan 等(2001)
	不稳定碳(F3)	改进的 Walkley-Black 方法	Chan 等(2001)
	水可提取的有机碳(WEOC)	用 0.50 M 硫酸钾溶液提取	Yu 等(2017)
	C/N 比(C∶N)	摩尔基	
	C/P 比(C∶P)	摩尔基	
	N/P 比(N∶P)	摩尔基	
	土壤 pH	土壤酸碱度(土壤∶水=1∶5)	Yu 等(2014)
	电导率(EC)	土壤∶水溶液=1∶5	Yu 等(2014)
	总盐含量(TS)	八离子计算法	Gong 等(2015)
	钠吸收比(SAR)	土浆(土壤∶水=1∶5)	Gong 等(2015)
生物	微生物量碳(MBC)	氯仿熏蒸技术	Jenkinson 等(1976);Yu 等(2017)
	过氧化氢酶(CAT)	用高锰酸钾的标准溶液反滴定残余过氧化氢	Guan(1986);Yu 等(2017)
	脲酶(URE)	10%尿素,pH=6.7,37 ℃,24 h	Guan(1986);Yu 等(2017)
	逆变酶(INV)	3,5-二硝基水杨酸比色法,pH=5.5,37 ℃,24 h	Guan(1986);Yu 等(2017)
	碱性磷酸酶(ALP)	磷酸苯基二钠比色法,pH=9.0,37 ℃,12 h	Guan(1986);Yu 等(2017)

使用评分函数分析框架,SQI 的计算分 3 个独立步骤:①从 TDS 中识别指标的最小数据集(MDS);②使用标准评分函数方法对 MDS 指标进行评分;③将指标得分整合为一个比较 SQI 值(Andrews 等,2004;Raiesi,2017)。为了确定代表最小数据集(MDS)的潜在土壤指标,对总数据集(TDS)的标准化数据矩阵进行了主成分分析(PCA)。选择特征值大于 1 的主成分(PC)和解释数据集中总变异至少 5%的主成分(PC)来识别 MDS。对于每个主成分,仅保留载荷值在最高加权载荷 10%以内的高载荷指标作为索引该主成分的重要指标。当每个主成分中保留多个指标时,使用 Pearson 相关性分析确定指标冗余(Andrews 等,2002)。如果高载荷指标不相关,则每个指标都保留在 MDS 中。否则,仅为 MDS 选择加权载荷最高的指标。

在确定土壤质量指数(SQI)的最小数据集(MDS)后,采用线性和非线性评分函数将每个土壤指标转换为 0~1 范围的无单位组合分数(Andrews 等,2002;Andrews 等,2004;Askari 等,2015;Raiesi,2017)。根据土壤的生产力和可持续性目标,选择合适的评分算法对指标进行评分。当土壤指标对质量有益时,根据升序(越多越好)或降序(越少越好)应用"越多越好"[式(3-1)]和"越少越好"[式(3-2)]评分曲线。对于非线性评分,使用 S 形函数[式(3-6)]。最终,通过加性[式(3-7)]和加权加性[式(3-11)]方法整合转换后的得分,得到 SQI_A 和 SQI_W。

结合指标评分函数和积分方法,比较了线性评分加性积分法(SQI-LA)、线性评分加权加性积分法(SQI-LWA)、非线性评分加性积分法(SQI-NLA)和非线性评分加权加性积分法(SQI-NLWA)4个SQI。较高的土壤质量指数(SQI)值意味着更好的土壤功能和土壤过程,并反映了土地利用变化对土壤功能的积极影响,如养分循环、土壤抗性和恢复力以及土壤生产力和可持续性(Raiesi,2017)。使用总数据集(TDS)计算土壤质量指数(SQI)可以产生比最小数据集(MDS)更全面的结果(Askari等,2014)。然而,使用总数据集(TDS)的评估工作可能会显著增加劳动力和实验室分析的成本。

三、评价过程及结果

高寒草地土壤质量评价研究采用单因素方差分析(ANOVA)检验土地利用处理对土壤实测指标和SQI的影响,采用Fisher最小显著性差异法(LSD)检验土壤指标和SQI在土地利用处理间的平均差异,分析均在$P<0.05$的显著性水平下进行。土壤指标与SQI的相关矩阵基于Pearson相关系数,显著性水平为$P<0.05$、$P<0.01$和$P<0.001$。采用方差系数(CV)表示各SQI的离散度和差异性。

评分函数方法和指标选择方法对管理实践的准确性和敏感性通过方差分析检验的F值和CV值进行评估。较高的F值和CV值表明此评分方法比另一种评分方法更准确、更敏感。此外,通过Pearson相关性分析,考虑了指标选择方法(最小数据集和修正最小数据集)与总数据集的准确性。较高的相关系数表明该指标选择方法优于其他方法。结果表明,所研制的SQI具有最高的F值、CV值和相关系数,验证了检测土壤管理措施对土壤质量影响的有效方法,并具有最佳的区分能力。

Yu等(2018a)研究评估了6种已开发SQI对不同土地利用处理的分化能力和适用性,并探讨了3种土地利用对高寒草地土壤质量的影响。3种土地利用处理在3种物理指标(BD、GMD和MWD)、5种化学指标(SOC、TN、TK、AN和EC)和3种生物指标(MBC、MBN和SRR)方面存在显著差异(表3-26)。选择这11个土壤指标作为总数据集的成员,并分别选择3个土壤过程(物理、化学和生物)进行主成分分析,以减少SQI计算的冗余指标。根据主成分分析结果,选择SOC、AN、MWD和MBC构成修正最小数据集。

表3-26 作为土壤质量潜在指标测量的土壤指标(Yu等,2018a)

土壤指标	CL	GR	FE	ANOVA	
				F	P
BD/(g/cm³)	1.30±0.12a	1.02±0.02b	0.88±0.03b	24.56	0.001
ST/℃	12.73±2.07a	15.66±2.48a	15.12±2.29a	1.40	0.318
SW/(%)	32.20±1.47a	25.47±3.47b	28.07±2.82ab	4.69	0.059
GMD/mm	0.90±0.10b	1.30±0.19a	1.49±0.07a	16.83	0.003
MWD/mm	1.52±0.02b	2.98±0.37a	3.22±0.18a	44.06	0.000
SOC/(g/kg)	30.79±5.44b	51.38±2.40a	52.55±3.07a	30.07	0.001
TN/(g/kg)	3.80±0.10c	5.35±0.15a	5.10±0.04b	175.35	0.000
TK/(g/kg)	6.44±1.89c	9.46±0.12b	13.08±0.93a	22.62	0.002
C/N	8.14±1.89a	9.62±0.12a	10.30±0.93a	2.93	0.130
AN/(mg/kg)	95.55±13.13c	139.88±32.8b	215.95±14.00a	23.16	0.002
EC/(μS/cm)	227±25.24b	313±13.32a	298±17.04a	16.96	0.003
MBC/(mg/kg)	322.43±10.31c	814.06±59.2b	958.53±106.11a	67.30	0.000
MBN/(mg/kg)	20.58±0.16b	91.90±9.86a	93.71±16.48a	42.46	0.000
SRR/(μmol·m⁻²·s⁻¹)	4.98±0.71a	2.88±0.48b	2.74±0.39b	16.14	0.004

注:BD为容重;GMD为几何平均直径;MWD为平均重量直径;ST为土壤温度;SW为土壤含水量;SOC为土壤有机碳;TN为全氮;C/N为碳氮比;TK为总钾;AN为碱解氮;EC为电导率;MBC为微生物量碳;MBN为微生物量氮;SRR为土壤呼吸速率;CL为耕地;GR为放牧草地;FE为围栏草地。

3 种不同土地利用方式下采用不同方法构建的 6 个 SQI 的土壤质量变化,SQI-LT 为 0.55~0.87、SQI-NLT 为 0.32~0.59、SQI-LM 为 0.36~0.92、SQI-NLM 为 0.19~0.70、SQI-LRM 为 0.41~0.93、SQI-NLRM 为 0.20~0.66(图 3-14)。6 个 SQI 结果均表明:围栏草地(FE)处理的土壤质量显著高于放牧草地(GR)和耕地(CL)处理。耕地(CL)处理的土壤质量最低,显著低于放牧草地(GR)处理,说明这些 SQI 在不同土地利用方式下的土壤质量评估中表现同样出色。基于较高的 F 值、CV 值和相关系数,SQI-NLRM 指数对检测土地利用对土壤质量影响的区分能力最好。因此,SQI 是评估不同土地利用方式对土壤质量影响的有效工具,建议将 SQI-NLRM 应用于未来同类高寒草地土壤质量评价研究。3 种土地利用方式的 SQI 值为围栏草地(FE)>放牧草地(GR)>耕地(CL)处理。与围栏草地(FE)处理相比,短期耕地(CL)处理下 SQI 值的降低幅度远大于放牧草地(GR)长期处理。因此,适度放牧为高寒草原的动物生产和长期保持土壤质量提供了可持续的解决方案。

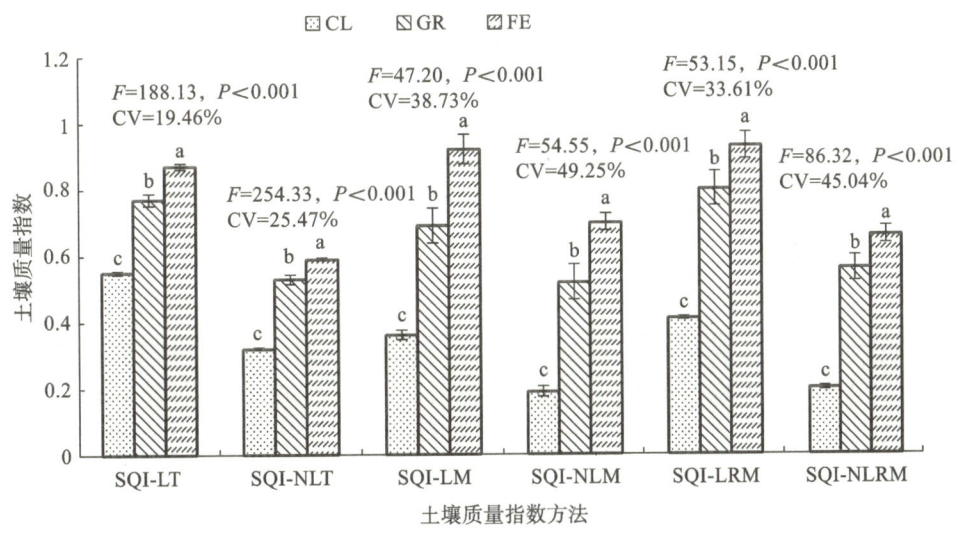

图 3-14　不同土地利用方式下土壤质量指标的比较(Yu 等,2018a)

注:不同土地利用类型中相同小写字母的值差异不显著;F、P 值为方差分析结果;CV 为方差系数。

总之,Yu 等(2018a)评估了 6 个已开发的 SQI 对不同土地利用方式的区分能力和适用性,并研究了 3 种土地利用方式对高寒草地土壤质量的影响。在 3 种土地利用处理下,不同方法构建的 6 个 SQI 得到的土壤质量变化相似。此外,6 个 SQI 之间存在显著的正相关。这些结果表明,这些质量指标在不同土地利用方式下的土壤质量评价中表现同样良好。基于较高的 F 值、CV 值和相关系数,SQI-NLRM 指数在检测土地利用方式对土壤质量的影响方面具有最好的区分能力。因此,SQI 是评价不同土地利用方式对土壤质量影响的有效工具,建议在今后类似高寒草地土壤质量评价研究中应用 SQI-NLRM。3 种土地利用方式下的 SQI 值依次为围栏草地>放牧草地>耕地处理。与围栏草地处理相比,短期耕地处理下的 SQI 值下降幅度远大于长期放牧草地处理。因此,适度放牧是实现高寒草原动物生产效益与土壤质量长期保持相结合的可持续解决方案。

Zhou 等(2020)在开展宁夏草地土壤健康评价研究时,除毛细孔隙度(CP)、5 个化学指标和 7 个生物指标外,不同土地利用方式的土壤物理指标均存在显著差异。选取 18 个土壤指标作为 TDS 的组成部分,利用土壤物理、化学和生物过程进行主成分分析,以减少 SQI 计算中的冗余指标。与其他 3 种土地利用相比,放牧草地(GG)的 BD 较高,含水量和总孔隙度(TP)较低,但 CP 差异不显著。图 3-15 显示,GG 的土壤团聚体指标(GMD 和 MWD)明显高于其他 3 种土地利用。围栏草地(FG)的土壤有机碳(SOC)、全氮(TN)和碱解氮(AN)均高于其他 3 种土地利用方式,有效钾(AK)低于 GG(表 3-27),土壤生物指标 MBC、MBN、SA、PA、PPA 和 UA 均高于 GG、等高线沟草地(CG)和鱼鳞坑草地(FPG)(表 3-28)。

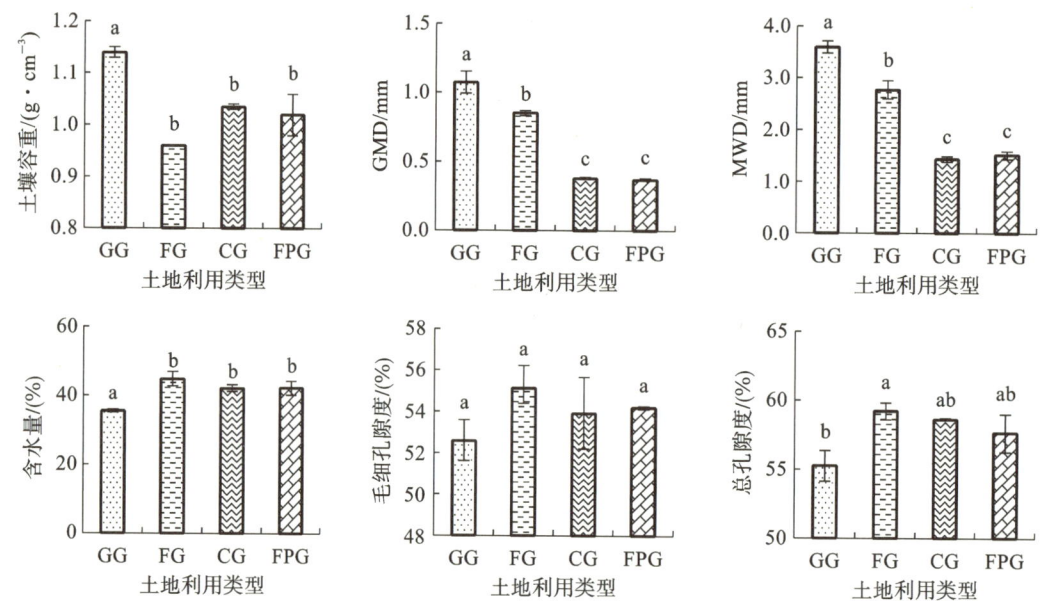

图 3-15　土壤物理性质的描述性统计(Zhou 等,2020)

注:不同小写字母对应差异显著(*P*<0.05)。柱状图表示标准误差。GG 为放牧草地;FG 为围栏草地;CG 为等高线沟草地;FPG 为鱼鳞坑草地;GMD 为几何平均直径;MWD 为平均重量直径。

表 3-27　土壤化学性质描述性统计(平均值±标准差)(Zhou 等,2020)

土壤指标	放牧草地	围栏草地	等高线沟草地	鱼鳞坑草地	ANOVA	
					F	*P*
SOC/(g·kg⁻¹)	18.63±0.02b	30.35±0.29a	14.23±0.08d	16.13±0.12c	2032.35	0.0001
TN/(g·kg⁻¹)	2.44±0.07b	2.92±0.06a	1.49±0.01d	1.71±0.00c	222.39	0.0001
TPP/(g·kg⁻¹)	0.67±0.01a	0.65±0.00a	0.57±0.08d	0.62±0.01b	61.53	0.0008
AK/(mg·kg⁻¹)	228.37±2.00a	168.37±3.50b	132.53±2.63c	103.68±0.25d	497.57	0.0001
AN/(mg·kg⁻¹)	101.38±0.10b	161.75±0.39a	77.17±0.74c	100.17±0.00b	7427.20	0.0001

表 3-28　土壤生物学特性描述性统计(平均值±标准差)(Zhou 等,2020)

土壤指标	放牧草地	围栏草地	等高线沟草地	鱼鳞坑草地	ANOVA	
					F	*P*
MBC/(mg·kg⁻¹)	71.58±0.00c	201.32±4.48a	143.16±2.24b	144.28±3.36b	311.27	0.0001
MBN/(mg·kg⁻¹)	29.04±1.70c	63.26±2.26a	45.89±1.13b	48.23±1.56b	68.07	0.0001
SA(mg·g⁻¹)	135.76±0.57d	373.20±0.63a	206.59±1.85b	197.44±1.05c	7882.35	0.0001
PA/(μg·kg⁻¹)	226.92±0.55c	373.15±5.52a	306.07±2.40b	204.38±3.17d	506.05	0.0001
CA/(mL·g⁻¹·h⁻¹)	0.25±0.01c	0.12±0.01d	0.34±0.00b	0.37±0.01a	684.78	0.0001
PPA/(mg·g⁻¹)	26.24±0.50c	37.87±0.46a	31.06±0.43b	19.87±1.72d	65.27	0.0007
UA/(mg·g⁻¹)	41.00±2.13d	81.87±0.92a	67.84±2.27b	54.31±1.18c	103.69	0.0003

　　不同土地利用类型的 18 项土壤指标不一致。由于牲畜的践踏,GG 的 BD(堆积密度)显著高于其他土地利用类型。这一结果证实了 Wheeler 等(2002)在 Fort Collins 的发现,放牧 1 年后,BD 显著增加(Zhou 等,2017)。草地植被下较大的根质量占植物总生物量的 85%,这可能有助于草地土壤生物孔隙的发育,从而增加 TP(Hebb 等,2017)。MWD 和 GMD 是衡量土壤对任何管理措施和物理条件敏感性的重要生态系

统指标,可以反映土壤团聚体的大小分布。MWD 和 GMD 值越大,土壤结构稳定性越好,抗侵蚀能力越强(Nath 等,2017;Han 等,2018;Zhao 等,2018)。放牧对土壤团聚体的破坏造成 GG 的 GMD 和 MWD 值显著高于 FG、CG 和 FPG(Zhou 等,2020)。SOC、TN、TPP、AK 和 AN 是影响土壤物质组成的重要因子。本研究中,GG 的 TPP 和 AK 含量较高,SOC、TN 和 AN 含量介于 FG 和 CG 之间(表 3-27),这是由于一定程度的牲畜饲养加速了系统元素循环和牲畜排泄物的返回(Xu 等,2010)。

研究土地利用方式对土壤微生物碳(MBC)和氮(MBN)含量的影响具有重要意义(Dinesh 等,2003;Wu 等,2008)。研究表明,FG 的 MBC 和 MBN 含量显著高于 GG、CG 和 FPG(表 3-28),这主要归因于 FG 的生物量较高,输入土壤的根系和凋落物较多,从而为微生物提供丰富的能量物质,促进其数量和生物量的增加(Sheng 等,2009)。本研究中,破坏 CG 和 FPG 原始土壤结构并回填后,土壤中的原生植被遗存分布于不同土层。尽管土地恢复已多年,但植被未恢复至原始状态,导致 CG 和 FPG 的 SA、蛋白酶、PPA 和 UA 活性低于 FG。有研究发现,生态系统退化时土壤酶活性会下降(Prieto 等,2011)。放牧对多年生牧草覆盖度有负面影响,相关变化与土壤有机碳减少有关,从而导致土壤酶活性下降(Prieto 等,2011)。

传统研究中的 TDS 中包含所有理化指标(Cao 等,2003;Li 等,2014;Gong 等,2015;Nabiollahi 等,2018;Yu 等,2018b)。该研究采用主成分分析法确定 MDS 和 RMDS 的指标。从与 TDS 相关的 18 个指标中选择 3 个 MDS 指标,包括 1 个物理指标和 2 个生物指标(表 3-29)。然而,RMDS 中使用了 6 个指标,其中至少包括 1 个物理、化学和生物特性指标。

表 3-29　总数据集的主成分分析结果及主要的三个土壤过程(Zhou 等,2020)

土壤指标	总数据集				物理			化学			生物		
	PC1	PC2	PC3	COM	PC1	PC2	COM	PC1	PC2	COM	PC1	PC2	COM
BD	0.877	−0.406	−0.187	0.969	0.883	0.412	0.949						
GMD	0.004	0.992	0.056	0.988	−0.756	0.653	0.998						
MWD	−0.070	0.994	0.025	0.994	−0.807	0.590	0.999						
FWC	0.818	−0.519	−0.115	0.952	0.938	0.316	0.980						
TP	0.787	−0.495	0.116	0.877	0.899	0.344	0.926						
SOC	0.816	0.553	−0.164	0.998				0.904	−0.407	0.983			
TN	0.520	0.837	−0.155	0.996				0.998	−0.012	0.996			
TPP	0.025	0.929	−0.359	0.993				0.868	0.374	0.893			
AK	−0.191	0.934	0.292	0.994				0.642	0.733	0.949			
AN	0.804	0.498	−0.320	0.998				0.882	−0.471	0.999			
MBC	0.927	−0.325	−0.127	0.982							0.898	−0.434	0.995
MBN	0.950	−0.241	−0.184	0.995							0.909	−0.383	0.972
SA	0.991	0.044	−0.065	0.988							0.978	−0.086	0.963
PA	0.878	0.104	0.457	0.990							0.940	0.223	0.934
CA	0.688	0.722	0.063	0.998							0.708	0.601	0.863
PPA	0.787	0.289	0.541	0.995							0.859	0.446	0.937
UA	0.941	−0.240	0.204	0.985							0.957	−0.206	0.959
特征值	9.17	6.48	1.03		3.69	1.16		3.76	1.06		5.63	1.00	
方差/(%)	53.97	38.13	6.08		73.79	23.25		75.14	21.28		80.41	14.21	
累计方差/(%)	53.97	92.10	98.18		73.79	97.05		75.14	96.41		80.41	94.63	

不同土地利用类型下的土壤质量评价(图 3-16)和显著的正相关分析(表 3-29)表明,6 个 SQI 是一致的,都能准确反映土地利用变化下的土壤质量。由于 CV 值和 F 值较高,线性评分法的 SQI 比非线性评分方法更敏感、更优越。这一结果与 Guo 等(2017)和 Nehrani 等(2020)的研究结果一致。

通过对指标的比较和验证(图 3-17)得出,基于 RMDS 方法的线性评分方法的准确性更优。线性评分法优于非线性评分法的原因是其简单且不需要复杂的数学计算(Yu 等,2018a)。然而,Rahmanipour 等(2014)、Nabiollahi 等(2018)、Yu 等(2018a)和 Li 等(2019)发现,非线性评分方法比线性方法更能代表系统功能,而且不受面积的限制,因此优于线性评分方法(Li 等,2019)。

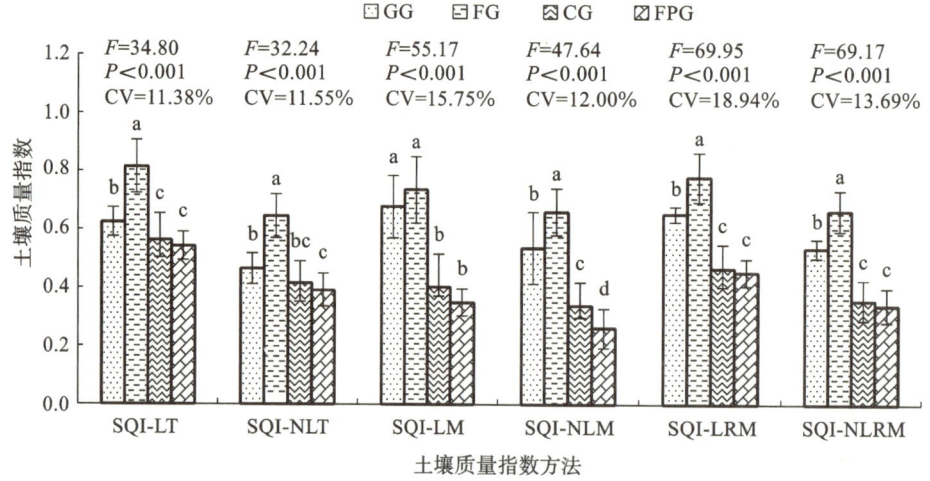

图 3-16　不同土地利用类型土壤质量指标的比较(Zhou 等,2020)

注:土地利用类型中不同小写字母值差异显著($P < 0.05$)。柱状图表示标准误差。GG 为放牧草地;FG 为围栏草地;CG 为等高线沟草地;FPG 为鱼鳞坑草地;SQI-LT 为线性评分总数据集;SQI-LM 为线性评分最小数据集;SQI-LRM 为线性评分修正最小数据集;SQI-NLT 为非线性评分总数据集;SQI-NLM 为非线性评分最小数据集;SQI-NLRM 为非线性评分修正最小数据集。

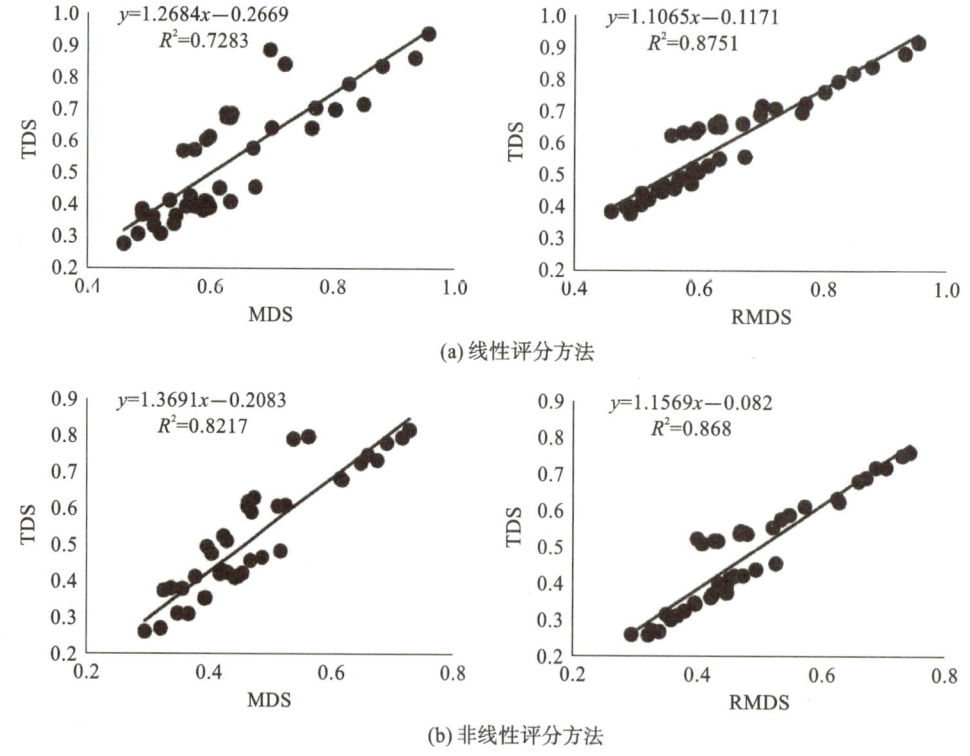

图 3-17　利用 TDS、MDS 和 RMDS 及不同方法计算的土壤质量指标之间的关系(Zhou 等,2020)

土壤质量评价为 6 个土壤质量指标的相关矩阵(表 3-30)。土地利用变化对宁夏典型草地土壤质量影响显著(图 3-16)。4 种土地利用类型的 SQI 值排序为 FG＞GG＞CG＞FPG。由于放牧干扰的减少,草地生物量会增加,从而改善土壤质量。有研究表明,等高线沟相比于围栏处理能向土壤深处提供更多的水,在 60～100 cm 处土壤水分增加(Su 等,2019)。该研究以围栏处理效果最好,实践中应考虑当地坡度、降雨、水土流失等因素,因地制宜实施围栏、鱼鳞坑、等高线沟等草地修复措施。

表 3-30　土壤质量指标间的相关性分析(Zhou 等,2020)

	SQI-LT	SQI-NLT	SQI-LM	SQI-NLM	SQI-LRM	SQI-NLRM
SQI-LT	1					
SQI-NLT	1.00**	1				
SQI-LM	0.88*	0.89*	1			
SQI-NLM	0.90*	0.91*	1.00**	1		
SQI-LRM	0.94*	0.95*	0.98**	0.99**	1	
SQI-NLRM	0.93*	0.94*	0.99**	0.99**	1.00**	

综合来看,Zhou 等(2020)研究评估了宁夏不同土地利用类型对草地土壤质量的影响,SQI 的计算采用三种指标选择方法和两种评分方法。MDS 由 SA、GMD 和 PPA 建立,RMDS 由 FWC、GMD、TN、AK、SA 和 CA 建立。4 种土地利用模式下不同方法构建的 6 个质量指标的变化相似,且具有显著的相关性。SQI-LRM 具有最高的 F 值、CV 值和相关系数,可用于类似草地类型的土壤质量评价。与其他土地利用类型相比,FG 具有更高的 SQI 值。4 种土地利用类型的 SQI 值排序为 FG＞GG＞CG＞FPG。结果表明,围护是退化草地土壤质量恢复最有力的措施,对研究区退化草地的生态重建具有重要的指导意义。

Yu 等(2018b)在东北草地土壤质量评价总数据集的构建中,测量了 22 个土壤指标作为与不同土地利用方式对土壤质量影响相关的潜在指标(表 3-31)。方差分析结果显示,4 种土地利用方式中有 13 个土壤指标差异显著($P \leqslant 0.05$)(表 3-31),因此,将这些土壤指标作为 TDS 的成员进行主成分分析,以减少 SQI 计算中指标的冗余性。13 项土壤指标分别为 AN、TP、C∶P、N∶P、SOC、F2、F3、MBC、WEOC、CAT、URE、INV 和 WAT。不同土地利用方式对土壤指标的影响不同。

表 3-31　作为土壤质量潜在指标测量的土壤指标(Yu 等,2018b)

指标	玉米	紫花苜蓿	MG	SRG	方差分析	
					F	P
TN/(g/kg)	0.98±0.05a	1.21±0.06a	1.10±0.10a	1.33±0.20a	1.54	0.25
AN/(mg/kg)	60.12±2.58a	55.27±1.97a	54.15±2.93a	45.78±2.73b	5.35	0.01
TP/(g/kg)	0.35±0.02b	0.40±0.01ab	0.48±0.05a	0.32±0.04b	4.71	0.02
AP/(mg/kg)	6.55±1.02a	6.09±1.04a	3.97±0.80a	4.45±0.57a	2.03	0.16
C∶N	6.27±0.40b	7.25±0.52ab	8.16±0.72a	7.16±0.36ab	2.20	0.14
C∶P	17.76±1.71b	22.57±1.10ab	19.00±0.84b	25.94±2.79a	4.33	0.03
N∶P	2.84±0.24b	3.16±0.10b	2.38±0.23b	4.04±0.55a	4.62	0.02
SOC/(g/kg)	6.23±0.49b	8.74±0.42a	8.81±0.79a	9.34±1.09a	3.48	0.05
F1/(g/kg)	2.96±0.10b	4.31±0.16a	3.73±0.48ab	4.30±0.61a	2.54	0.11
F2/(g/kg)	1.18±0.20b	1.49±0.12b	1.74±0.16ab	2.27±0.34a	4.47	0.03
F3/(g/kg)	0.55±0.04b	1.23±0.14a	1.24±0.08a	0.84±0.14b	9.22	<0.01
MBC/(mg/kg)	228.96±15.26c	394.72±12.64a	254.17±30.42bc	304.24±25.96b	10.75	<0.01
WEOC/(mg/kg)	134.24±1.35b	145.49±1.12b	159.78±2.17a	160.98±8.15a	8.71	<0.01

指标	玉米	紫花苜蓿	MG	SRG	方差分析	
					F	P
CAT/(mL/g)	0.75±0.03b	0.86±0.01a	0.87±0.03a	0.86±0.01a	5.54	0.01
URE/(mg/g)	0.45±0.04b	0.84±0.05a	0.54±0.06b	0.64±0.09b	7.34	<0.01
WAT/(%)	13.12±0.22a	9.53±0.15c	10.48±0.71bc	10.93±0.28b	14.10	<0.01
INV/(mg/g)	4.97±0.64b	10.68±0.22a	12.08±0.74a	11.53±0.83a	25.43	<0.01
ALP/(mg/g)	0.59±0.04b	0.96±0.07a	0.81±0.10ab	0.88±0.15ab	2.54	0.10
pH	9.60±0.15a	9.45±0.05a	9.43±0.06a	9.22±0.33a	0.68	0.58
EC/(μS/cm)	267±35a	231±22a	267±23a	249±62a	0.20	0.90
TS/(g/kg)	1.47±0.20a	1.42±0.03a	1.54±0.10a	1.46±0.21a	0.11	0.95
SAR	6.92±1.92a	5.54±0.76a	5.99±1.12a	5.22±1.52a	0.28	0.84

最小数据集的构建:从主成分分析的结果来看,前四个 PC 的特征值大于 1.0,解释了大于 86.74% 的原始数据方差(表 3-32)。第一个 PC 解释了总方差的 43.35%,INV 的载荷值最高,只有 SOC 的载荷值在最高载荷值的 10% 以内。这两个指标之间存在显著的相关性($P < 0.01$)(表 3-33),因此我们只选择 INV 作为 PC1 的指标。第二个 PC 解释了总方差的 21.03%,并且有两个高权重指标在最高载荷值的 10% 以内。这两个指标分别是 TP 和 N∶P,其中 N∶P 的载荷值高于 TP。由于 TP 与 N∶P 的相关性极显著($P < 0.01$),故选择 N∶P 作为 PC2 的指标。第三个 PC 解释了总方差的 13.10%,只有 WEOC 的因子载荷最高,其他指标均在最高载荷值的 10% 以内。因此,保留 WEOC 作为 PC3 的指标。F2 是 PC4 下的高权重指标(占总方差的 9.26%),因此选择 F2 作为 MDS 指标。最后选取 INV、N∶P、WEOC 和 F2 作为计算 SQI 的 MDS。

表 3-32 TDS 主成分分析结果(Yu 等,2018b)

土壤指标	PC1	PC2	PC3	PC4	COM
AN	−0.33	0.54	0.58	0.13	0.75
TP	0.32	0.90	−0.06	0.17	0.95
C∶P	0.63	−0.59	0.25	0.11	0.81
N∶P	0.26	−0.92	0.17	0.01	0.94
SOC	0.89	0.07	0.18	0.38	0.97
F2	0.70	−0.20	−0.02	0.64	0.94
F3	0.70	0.45	0.07	−0.22	0.75
MBC	0.60	−0.18	0.41	−0.54	0.86
WEOC	0.47	−0.21	−0.77	−0.17	0.87
CAT	0.80	0.26	−0.24	0.03	0.77
URE	0.73	0.04	0.59	−0.14	0.91
WAT	−0.74	−0.20	0.16	0.44	0.81
INV	0.95	0.09	−0.21	0.10	0.95
特征值	5.64	2.73	1.70	1.20	
方差/(%)	43.35	21.03	13.10	9.26	
累计方差/(%)	43.35	64.38	77.48	86.74	

表 3-33　TDS 的相关矩阵(Yu 等,2018b)

指标	AN	TP	C∶P	N∶P	SOC	F2	F3	MBC	WEOC	CAT	URE	WAT	INV
AN	1												
TP	0.35	1											
C∶P	−0.23	−0.36	1										
N∶P	−0.42	−0.73**	0.77**	1									
SOC	−0.15	0.41	0.57*	0.18	1								
F2	−0.29	0.14	0.54*	0.35	0.85**	1							
F3	0.09	0.56*	0.31	−0.20	0.55*	0.19	1						
MBC	−0.13	−0.05	0.41	0.39	0.41	0.14	0.37	1					
WEOC	−0.60**	−0.02	0.28	0.20	0.18	0.24	0.30	0.1	1				
CAT	−0.18	0.48*	0.34	−0.05	0.67**	0.50*	0.61**	0.34	0.50*	1			
URE	−0.01	0.20	0.52*	0.20	0.73**	0.41	0.59**	0.73**	−0.13	0.40	1		
WAT	0.30	−0.33	−0.24	0.04	−0.47*	−0.26	−0.60**	−0.55*	−0.42	−0.64**	−0.52*	1	
INV	−0.39	0.42	0.45*	0.15	0.86**	0.72**	0.66**	0.45*	0.56*	0.77**	0.54*	−0.70**	1

利用线性和非线性评分函数对 MDS 中的所有土壤指标进行变换。考虑到 MDS 参数对土壤功能的贡献,INV、WEOC 和 F2 指标采用"越多越好"曲线,N∶P 指标采用"越少越好"曲线。得分方程中使用的参数如表 3-34 所示。各土壤指标的权重由各 PC 的变化来分配。INV 的权重最大,对 SQI 的贡献最大,其次是 N∶P 和 WEOC,F2 的权重最低。

表 3-34　MDS 中各指标的评分曲线类型、非线性和线性方程参数及计算权重(Yu 等,2018b)

指标	评分曲线	非线性		线性		权重
		均值(X_m)	坡度(b)	X_{max}	X_{min}	
INV	越多越好	9.81	−2.5	13.70		0.50
N∶P	越少越好	3.10	2.5		1.69	0.24
WEOC	越多越好	150.12	−2.5	173.68		0.15
F2	越多越好	1.67	−2.5	3.22		0.11

最后,使用加性和加权加性方法比较的 SQI 可以描述如下。

$$\text{SQI-LA 或 SQI-NLA} = (S_{INV} + S_{N∶P} + S_{WEOC} + S_{F2})/4 \tag{3-31}$$

$$\text{SQI-LWA 或 SQI-NLWA} = (0.50 \times S_{INV}) + (0.24 \times S_{N∶P}) + (0.15 \times S_{WEOC}) + (0.11 \times S_{F2}) \tag{3-32}$$

土地利用对土壤质量的影响:SQI-LA、SQI-NLA、SQI-LWA 和 SQI-NLWA 指数的 SQI 值在不同处理间的取值范围分别为 0.24、0.23、0.33 和 0.29(图 3-18)。在加性和加权加性方法中,尽管线性 SQI 的取值范围大于非线性 SQI,但非线性 SQI 的 CV 值和 F 值均高于线性 SQI,表明对管理更敏感。

在不同的土地利用方式中,所有的 SQI 都有显著差异($P < 0.001$)。结果表明,MG 处理的 SQ 显著优于苜蓿和玉米处理,而玉米处理的 SQ 显著低于苜蓿、MG 和 SRG 处理。SRG 处理的 SQ 与 MG 和苜蓿处理的 SQ 无显著差异(图 3-18)。

总结来说,Yu 等(2018b)从东北半干旱碱性草地土壤 22 个测定指标中选取 AN、TP、C∶P、N∶P、SOC、F2、F3、MBC、WEOC、CAT、URE、INV 和 WAT 共 13 个土壤指标作为 TDS,根据主成分分析结果,MDS 只保留 INV、N∶P、WEOC 和 F2。在不同土地用途处理下,四项指标的质素评估结果相似。此外,

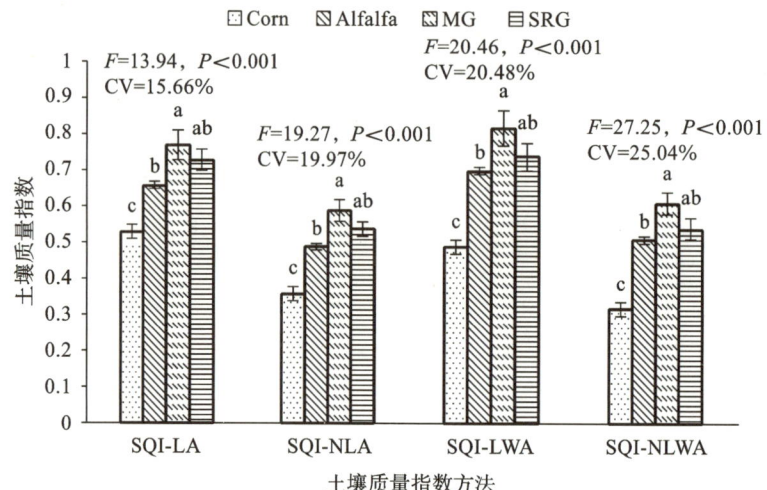

图 3-18　不同土地利用方式下土壤质量指标的比较（Yu 等，2018b）

注：不同土地利用类型中相同小写字母的数值差异不显著。柱状图表示标准误差。F、P 值为
方差分析的结果。CV 为方差系数。Corn 为玉米田；Alfalfa 为紫花苜蓿多年生牧草草地；MG
为单作羊草草地；SRG 为演替再生草地。

四个 SQI 彼此之间均显著正相关。这些结果表明，这些质量指数在敏感性和准确性方面都很好地量化了土地利用转换对质量指数的影响。SQI-NLWA 对管理层的识别能力最好，表明该方法比其他方法更能检测土地利用转换对 SQ 的短期影响。MG 处理的最高 SQI 值显著高于玉米和苜蓿处理，SRG 处理的 SQI 值与 MG 和苜蓿处理的 SQI 值无显著差异。研究结果表明：①退耕还草显著提高了松嫩草原的 SQ；②土壤质量指数是评价土壤管理措施对土壤质量影响的有效工具，SQI-NLWA 是评价土壤质量影响的有效工具。

土壤质量评价方法和指标选择方法会显著影响土壤质量评价的结果。虽然学者相继提出了许多土壤质量评价方法，但土壤质量指数（SQI）法可能是最常用的方法（Andrews 等，2002）。本节选取巴音布鲁克高寒草原、黄土丘陵区草原、东北草原等不同地区的特色草原开展草地土壤健康评价分析，从中发现，沿用耕地、林地土壤健康评价体系的构建方法，土壤健康指数的 TDS、MDS 及 RMDS 也是评价的主体。这是由于 SQI 方法在定量上灵活，易于使用，并且与土壤管理实践密切相关。在指标选择方法方面，利用几个可为土壤质量评估提供充足信息的指标建立最小数据集（MDS）来评价土壤质量的方法被广泛采用，不仅具有科学性，而且可减少工作量。

综上所述，虽然草原所处的位置可能不同，整体上针对草地土壤健康评价的研究方法以土壤质量指数方法为主，相较耕地土壤质量评价更为单一。构建的土壤健康评价体系能够代表相应的草地土壤质量，但构建的最小数据集 MDS 指标随植被类型和土壤类型的不同而变化。因此，未来的土壤健康评价可能仍需进一步针对植被和土壤类型来开展。

第四节　园地土壤健康评价体系

山地农业的发展为解决耕地数量和质量的不平衡问题提供了有效的途径。我国山地和丘陵地区占土地总面积的 40% 以上，且中国是柑橘类进化的重要中心，拥有丰富的葡萄、柠檬、柑橘、柚子等种质资源。园地土壤的典型特征是土壤酸化、养分失衡和过量施肥，这些最终会影响土壤质量。因此，评价园地土壤健康状况对制定有效的土壤管理策略以提高作物生产力具有重要意义。

一、园地土壤健康评价概况

(一)背景介绍

信丰县是重要的脐橙生产基地,位于中国亚热带中部的江西省(赣南地区),2011 年种植面积 1.3 万公顷,年产量 15 万吨。开展脐橙园土壤质量系统评价,对改善土壤管理和提高脐橙产量具有重要意义。中国科学院土壤环境与污染修复重点实验室(Cheng 等,2016)采用五步土壤质量评价框架对信丰县脐橙园进行土壤质量评价,一方面比较不同加权方法(MRA 和 PCA)的优势,建立具有生物学意义的种植园土壤最小数据集;另一方面以脐橙产量为指标,在区域尺度上评价脐橙系统土壤质量,为脐橙生产的可持续发展提供土壤管理实践指导。

长三角地区作为中国重要的经济带之一,近年来经济发展和城镇化进程加速,导致了土壤退化和污染等环境问题,威胁着当地都市农业的可持续性(Geng 等,2021)。然而,针对该地区土壤健康评估工具的研究较为稀缺。不同地区土壤的差异性较大,且现有研究的局限性使得现行的土壤健康评价系统难以有效用于农业土壤健康的监测。因此,需要开发本地化的土壤健康评估工具,使其不仅能够为样地尺度提供精准的评估结果,还能在区域尺度上具有可比性。基于此,上海市环境科学研究院借鉴康奈尔土壤健康评价系统,建立了首个适用于长三角地区的土壤健康定量评价方法,并将其应用于上海果园(Cao 等,2023)。这一方法不仅能对不同管理系统间的土壤健康水平进行比较,还能对不同栽培年限的园地土壤健康状况进行纵向分析,为长期监测绿色管理系统下的土壤健康提供支持。

(二)区域选择

江西省南部信丰县(北纬 25°02′—25°23′,东经 114°39′—115°14′)脐橙总种植面积为 13000 hm²,该区地处亚热带湿润季风气候区,气候温暖,日照充足,雨量充沛。年平均气温 19.6 ℃,年平均降水量 1510 mm,无霜期为 298 天,年平均日照时间 1596.8 h,主要脐橙品种为纽荷尔脐橙(*Citrus Sinensis Osbeck* cv. Newhall),占脐橙种植总面积的 88%。主要土壤类型包括花岗岩红壤、来自石英岩的红土、来自泥质岩石的红土、源自紫色砾石岩的钙质紫色土壤和源自紫色砾石岩的酸性紫色土壤。Cheng 等(2016)选取信丰县 13 个乡镇的 114 个具有代表性的纽荷尔脐橙果园(8~12 年)作为该研究的监测点,种植密度约为每公顷 750 棵脐橙树。在每个果园中,根据 S 形选择原则,筛选出 5 组脐橙树并进行标记。每组包含 10 棵正常生长的树。采收时,将这 5 组果实全部采摘并分别称重。根据 5 组平均重量和种植密度计算各果园产量。最终,记录了 2011—2013 年 3 年脐橙的平均产量,用于土壤质量评价。2012 年 11 月下旬,从每个果园的相应 5 个标记组中选出 5 棵树。在每棵树下,从滴水线附近 0~50 cm 的深度向 4 个方向采集 4 个土壤样本(约 200 g)。将每个果园的所有土壤子样本混合为一个土壤样本,共收集了 114 个土壤样本。所有土壤样本都经过风干、研磨和筛分,然后分析其基本物理和化学性质。

上海果园土壤主要归类为粉状(砂质)黏壤土,由河海相沉积物的形成土壤的母质发展而来。全市属亚热带季风气候,年降雨量超过 1200 mm,平均气温为 17.7 ℃。该地区以城市农业为特色,集约化农业分布密集,果园是主要产业之一,桃子和梨是该地区主要受欢迎的水果品种。Cao 等(2023)采用分层随机抽样设计,选取上海郊区 22 个果园用地。由于桃子和梨是研究区种植最广泛的水果品种,该研究主要集中在桃园和梨园,具有较好的代表性。为了评估和比较不同田间管理实践对土壤健康的影响,纳入了 3 个典型的管理系统。①有机农业(ORG,$n=3$):ORG 果园施用的有机肥料为商业有机堆肥,病虫害防治采用非化学农药。②绿色农业(GRE,$n=16$):化肥和病虫害防治主要采用天然草或人工草栽培技术提高土壤肥力。③常规农业(CONV,$n=3$):应用有经验的农民的典型做法,包括使用合成肥料、农药和杀虫剂。其中 ORG 果园和 CONV 果园作为 GRE 果园的对照。根据研究区桃树、梨树的生长周期和整体栽培年限,将

GRE 果园按栽培年限进一步划分为 1～3a、3～5a、5～10a 和 10＋a 共 4 组,探究 GRE 果园不同栽培期下土壤健康的动态变化。

测定的 20 项土壤理化指标中,物理指标包括体积重量(VW)、体积含水量(VWC)、平均重量直径(MWD)、几何平均直径(GMD)和土壤质地(砂粒、粉粒和黏粒),化学指标包括 pH 值、土壤有机质(SOM)、阳离子交换量(CEC)、总水溶性盐(TS)和有效磷(AP),生物指标包括土壤呼吸(SR$_{24}$)、荧光素二乙酸酯水解酶活性(FDA)、土壤中性磷酸酶活性(SNP)、蚯蚓密度(Worm)、平均显色效果(AWCD)、Mclntosh 多样性指数(U)、Shannon 多样性指数(H)和 Simpson 多样性指数(D)。

2021 年 4—6 月(土壤耕作和基肥施用前)对园地土壤进行采样,根据每个果园的种植面积随机抽取 3 个采样点。采用标准土壤采样钻(直径 5 cm)采集非灌溉行间、相邻两棵果树之间、单棵果树 0.8 m 施肥范围外的表层非根际土壤芯(0～20 cm),避免灌溉、施肥等农艺措施造成的干扰。在每个采样点,在半径 3 m 内取 5 个梅花形土壤样品,除去动植物残留物等大杂质,充分混合,得到复合样品,然后分成两份,每份约200 g。两个土壤样本装在无菌聚乙烯袋中,并立即带回实验室。其中一个样品用于分析土壤理化性质和酶活性,另一个样品在 4 ℃下保存,以检测微生物多样性和土壤呼吸。最后,在每个采样点的中间对土壤样品[100 cm(长)×100 cm(宽)×20 cm(深)]进行手工分选,以确定蚯蚓密度。

二、评价方法

Cheng 等(2016)在土壤质量评价过程中的总数据集包括 pH、阳离子交换量(CEC)、土壤有机质(SOM)、砂粒(Sand)、粉粒(Silt)、黏粒(Clay)、全氮(TN)、碱解氮(AN)、有效磷(AP)、速效钾(AK)、有效硼(AB)、有效铜(ACu)、有效铁(AFe)、有效锌(AZn)和有效锰(AMn)。首先,使用 Pearson 相关性分析来确定纳入 MDS 的有意义的土壤指标。与脐橙产量没有显著相关性的土壤指标从总数据集中剔除。其次,对总数据集中的其余指标进行 PCA,以减少数据冗余,并选择重要指标进入 MDS。此外,通过使用方差最大旋转增强了解释不相关分量的能力(Flury 等,1990)。根据 PCA 结果,仅保留了特征值大于 1 的主成分(PC)和解释至少 5％数据变化的主成分(PC)。根据 Andrews 等(2001)的说法,对于每个保留的 PC,为MDS 选择了额定系数载荷值在最高权重系数 10％以内的指标。当 PC 中保留多个指标时,使用 Pearson相关性分析确定指标冗余(Andrews 等,2002)。如果高权重指标之间的相关系数小于 0.6,则每个指标都被认为是重要的,并保留在 MDS 中(Li 等,2013)。否则,MDS 仅保留加权因子载荷最高的指标。

为了消除不同指标单位的影响,使用一些标准评分函数为每个指标分配 0.1～1.0 的分数(Qi 等,2009;Li 等,2013)。采用标准 S 形和抛物线形方程,方程如下:

$$\text{Type S: } f(x) = \begin{cases} 0.1 & x \leqslant L \\ 0.1 + \dfrac{0.9(x-L)}{U-L} & L < x < U \\ 1.0 & U \leqslant x \end{cases} \tag{3-33}$$

$$\text{Type parabola: } f(x) = \begin{cases} 0.1 & x < L_1, x > U_2 \\ 0.1 + \dfrac{0.9(x-L_1)}{U_1-L_2} & L_1 \leqslant x < U_1 \\ 1.0 & U_1 \leqslant x \leqslant L_2 \\ 1 - \dfrac{0.9(U_2-x)}{U_2-L_2} & L_2 < x \leqslant U_2 \end{cases} \tag{3-34}$$

式中,$f(x)$ 是指标的分数,x 是指标的测量值,L 和 U 是指标的下限和上限阈值。

MRA 和 PCA 都用于分配指标权重。大多数研究使用主成分分析(PCA),其原则是具有较高共性的指标将被赋予更高权重(Andrews 等,2002;Li 等,2013)。然而,PCA 的高共性仅表明很大一部分方差是由 MDS 的主要成分解释的(Johnson 等,1992),这些成分是一种统计结构,与产量无关。相比之下,与作物产量密切相关的 MRA 加权方法很少使用。多元回归分析(MRA)的标准化回归系数经常用于比较不同自变量与因变量的相对重要性(Bring,1994)。如果根据 MRA 方法分配指标权重,则对作物产量影响最大的指标将获得最大权重。然而研究人员很少使用 MRA 加权方法。因此,在 MRA 加权方法被广泛接受之前,需要确认其优越性。在对所有 MDS 指标进行评分和加权后,计算土壤质量指数(SQI)。根据以下分类标准将 SQI 划分为 5 个等级:Ⅲ级为比平均 SQI 多 10% 或小于 10%,其他等级根据相邻等级的 20% 的递增或递减确定,较低等级表示土壤质量较好(Chen 等,2013)。

Cao 等(2023)参考康奈尔土壤健康评价系统(CASH)构建土壤健康评价体系,提出 4 个步骤,包括:①通过因子分析确定 MDS 并分配权重;②根据现有实验数据建立局部评分曲线;③综合 MDS 指标得分及其相应权重对土壤健康进行综合评分;④通过耕作实验检验局部 SHI 的效率。

首先,使用方差分析(ANOVA)确定 ORG、GRE 和 CONV 每个指标的变异性。进行事后成对比较(Duncan 检验)以确定具有显著差异的指标(即那些对管理系统敏感的指标)进行因子分析,以简化使用方差最大旋转的数据集解释。然后选择指标,并将权重分配给相应的指标。应用 Z-score 法对数据进行标准化,因子分析推荐保留特征值大于 1 的因子。

其次,建立评分函数的研究数据来自 GRE 果园 16 个采样点的 48 个抽样数据,通过将非线性评分函数拟合到累计正态分布(CND)中,将每个指标转换为 0～100 的无量纲分数(Moebius-Clune 等,2016)。对于每个指标,都使用了高斯分布函数[式(3-20)],参数 μ(平均值)和 σ(标准差)是使用 Origin 2021 软件从指标值估计的。

在现有研究的基础上,提出了土壤指标的 3 种评分函数。①对有机质等对土壤健康有正向作用的指标应用了"越多越好"函数(M)。这些指标的评分函数计算为 Score=100×CND。②对容重、总盐度等对土壤健康不利的指标采用"越少越好"函数(L)。这些指标的评分函数计算为 Score=100×(1−CND)。③对 pH 值和有效磷采用最佳范围的最优曲线(O)。它们可以通过标准评分函数(SSF)描述如下(Kim 等,2020)。使用标准评分函数转换指标分数,然后拟合到正态分布函数进行评分:

$$f(x)=\begin{cases}0.1, & x<L_1,x>U_2 \\ 0.1+0.9\times\dfrac{x-L_1}{U_1-L_1}, & L_1\leqslant x<U_1 \\ 1.0, & U_1\leqslant x\leqslant L_2 \\ 1.0-0.9\times\dfrac{U_2-x}{U_2-L_2}, & L_2<x\leqslant U_2\end{cases} \tag{3-35}$$

式中,x 是指标值,$f(x)$ 是指标的分数,范围为 0.1～1.0,L 和 U 是最佳范围的下限和上限阈值,pH 为 6.5～7.5(Malik 等,2018),有效磷为 40～80 mg/kg(Zhang 等,2006)。

最后,在对每个指标进行加权和评分后,由式(3-11)计算 SHI 值。

三、评价过程及结果

Cheng 等(2016)基于脐橙产量与土壤各性质之间的 Pearson 相关系数见表 3-35,CEC、Clay、ACu、AFe、AZn 和 AMn 指标与脐橙产量无显著相关性,因此被剔除。PCA 保留的土壤指标包括 pH、SOM、Sand、Silt、TN、AN、AP、AK 和 AB。使用两种方法(MRA 和 PCA)来分配指标权重。MRA 和 PCA 在 MDS 中分配的土壤指标的权重如表 3-36 所示。不同指标的权重差异很大,总体而言,SOM 的权重最高(0.341),Silt 的权重最低(0.065)。然而,在 PCA 下,指标权重相对一致,AB 的权重最高(0.270),pH 的权重最低(0.145)。MRA 加权法在灵敏度和准确性方面优于 PCA 加权法,因此,MRA 加权法被推荐用于未来的土壤质量评估。由于 MDS 指标随作物和土壤类型以及气候区域的变化而变化,土壤质量评估应针对不同的作物和土壤类型进行。

表 3-35 脐橙产量与土壤性质的相关系数 (Cheng 等, 2016)

	产量	pH	SOM	CEC	Sand	Silt	Clay	TN	AN	AP	AK	AB	ACu	AFe	AZn	AMn
产量	1															
pH	0.255**	1														
SOM	0.357**	0.067	1													
CEC	0.022	0.360**	0.064	1												
Sand	−0.208*	−0.095	−0.349**	−0.255**	1											
Silt	0.198*	0.154	0.242*	0.223*	−0.784**	1										
Clay	0.103	−0.026	0.278**	0.150	−0.691**	0.094	1									
TN	0.331**	0.174	0.801**	0.182	−0.407**	0.341**	0.256	1								
AN	0.251*	−0.096	0.608**	0.013	−0.311**	0.243**	0.216*	0.599**	1							
AP	0.291**	0.034	0.330**	0.216*	0.063	−0.119	0.037	0.344**	0.242**	1						
AK	0.288**	0.064	0.060	0.493**	−0.180	0.172	0.088	0.231*	0.169	0.352**	1					
AB	0.210*	0.308**	0.311**	0.043	−0.160	−0.005	0.263**	0.211*	0.061	0.015	−0.044	1				
ACu	0.152	0.002	0.001	−0.060	0.013	0.019	−0.044	0.085	−0.006	−0.153	−0.096	−0.041	1			
AFe	0.153	−0.111	0.126	0.054	0.022	0.010	−0.047	0.026	0.060	0.065	0.012	0.104	0.083	1		
AZn	0.183	−0.183	0.074	−0.159	−0.060	0.123	−0.048	0.070	0.002	0.001	−0.132	−0.091	0.444**	0.156	1	
AMn	0.113	−0.105	0.062	−0.082	0.083	−0.070	−0.051	0.012	−0.044	0.020	−0.045	−0.032	0.035	0.205*	0.240*	1

表 3-36　在 MDS 中使用多元回归分析和主成分分析分配的土壤质量指标的权重(Cheng 等,2016)

土壤性质	多元回归分析		主成分分析	
	Beta[a]	权重	COM	权重
pH	0.188	0.218	0.398	0.145
SOM	0.293	0.341	0.451	0.165
Silt	0.056	0.065	0.608	0.222
AK	0.252	0.292	0.542	0.198
AB	0.072	0.084	0.738	0.270

注:[a] 标准化回归系数。

　　基于 PCA 加权法(SQI-P)的 114 个园地土壤的 SQI 范围为 0.345~0.691,平均值为 0.523,变异系数为 13%[图 3-19(a)]。基于 MRA 加权法(SQI-M)的 114 个脐橙园土壤的 SQI 变化范围为 0.234~0.758,平均值为 0.506,变异系数为 18%[图 3-19(b)]。SQI-M 和 SQI-P 的相关性如图 3-20 所示。SQI-P 以Ⅲ级为主,占所有样品的 67%。SQI-M 的等级分为Ⅱ级、Ⅲ级和Ⅳ级 3 个主要等级,分别占样品的 22%、38% 和 32%。相关性分析表明,SQI-M 和 SQI-P 均与脐橙产量显著相关。脐橙果园整体土壤质量属于中下水平,在脐橙果园施肥管理时,应多施石灰和有机肥、钾肥和硼肥。

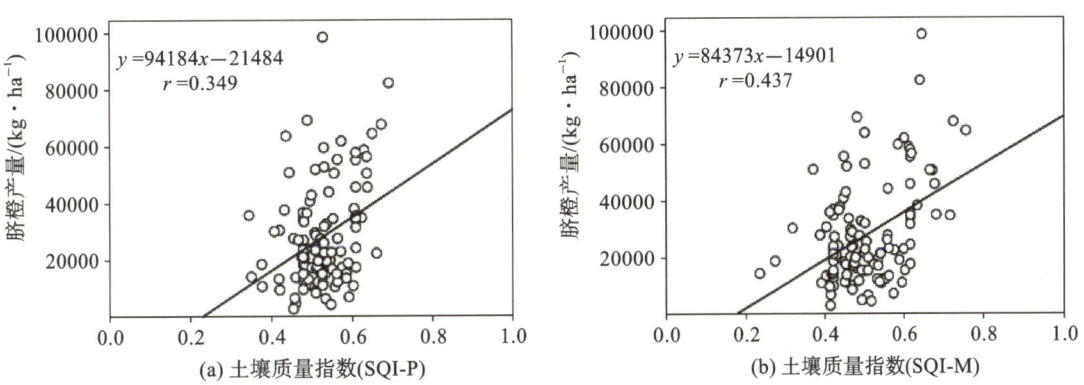

图 3-19　基于 PCA 加权法和 MRA 加权法的脐橙产量与土壤质量指数的相关性(Cheng 等,2016)

　　综上所述,MRA 加权法在敏感性和准确性上都优于 PCA 加权法,建议采用 MRA 加权法进行土壤质量评价。MDS 保留的土壤指标包括 SOM、Silt、pH、AB 和 AK,反映了园地土壤面临的主要问题,应考虑合理性和可信度。此外,MDS 指标随作物类型、土壤类型和气候区域的不同而变化。因此,土壤质量应针对不同的作物和土壤类型进行具体的评价。脐橙园土壤质量总体上处于中下水平,在脐橙园施肥管理中应注重石灰和有机肥、钾肥、硼肥的施用。

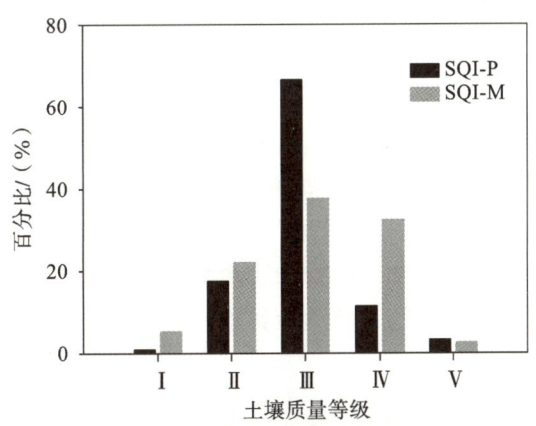

图 3-20　不同加权方法下的土壤质量等级

　　Cao 等(2023)通过因子分析筛选出 17 个土壤指标,保留特征值大于 1 的前 5 个因子,表明这些因子可

能比其他因子解释更多的变异。前5个因子解释了总方差的80.17%,代表所研究的土壤特征的变异性比例很高。每个指标都可以根据最高载荷分配一个因子,由此产生的5个主因子代表了土壤的不同属性。因子1表示土壤微生物性质为AWCD、H、U、D和FDA正载荷,并给出微生物性质的名称。因子2表现出常规土壤肥力特征SNP和SR$_{24}$,其中SNP与土壤磷含量和SR高度相关,SR$_{24}$进一步影响养分有效性,因此因子2可命名为养分属性。因子3表示水稳性土壤团聚体稳定性指标,表示土壤抗侵蚀属性。因子4对盐度和蚯蚓丰度的载荷值为正,可称为盐属性。因子5仅包含较高的VW正载荷值,可称为结构属性。

选取各因子载荷值不小于0.7的指标作为MDS指标,以反映园地土壤的多维信息。同时,根据指标间的相关性分析,进一步减少指标的冗余性。在因子1中,AWCD、U、H和D之间高度相关($P<0.01$),保留相关性最高的AWCD以表示因子1。考虑到因子2的果实生长,尽管SOM与CEC高度相关,但SOM仍被纳入MDS。pH、AP和SNP均保留,因为它们的载荷量不小于0.7。土壤呼吸被保留,因为它被推荐为土壤生物健康的有力指标,可以在各种作物或不同采样时间进行比较(Laffely等,2020),并且在不同栽培年份的果园中也观察到显著差异。而因子3、因子4和因子5均仅包含一个高载荷变量,分别为GMD、TS和VW。因此,改进后的MDS依次包括以下10个指标:AWCD、CEC、SOM、AP、pH、SNP、SR$_{24}$、GMD、TS和VW。

所有MDS指标均进行其他因素分析,指标的分类和权重见表3-37。结果表明,SOM和CEC在评估土壤健康方面的作用比其他指标重要得多。表3-38给出了MDS中物理、化学和生物指标的评分函数,均采用五色量表(红、橙、黄、绿、深绿色)进行解释,分别对应最差(0~20)、更差(20~40)、中等(40~60)、更好(60~80)和最好(80~100)的等级分类(图3-21)。大多数指标采用"越多越好"曲线进行评分,在这种情况下,较高的值与较高的分数相关,包括SOM、CEC、SNP、SR$_{24}$、GMD和AWCD。TS和VW根据"越少越好"曲线进行评分,其测量值越低,得分越高。一般总盐度小于1 g/kg的土壤被视为非盐渍土(即得分=100)(Wang等,2019)。pH和AP采用"最佳"曲线进行评分,pH范围为6.5~7.5,这被认为是植物养分有效性的最佳(即得分=100)pH值(Malik等,2018)。AP范围为40~80 mg/kg在土壤中磷含量丰富,容易通过径流和淋溶进入水环境,为最佳范围(即得分=100)(Zhang等,2006)。

表3-37　MDS中土壤健康指标的权重(Cao等,2023)

MDS	权重
SOM	0.128
CEC	0.127
SNP	0.120
pH	0.116
AP	0.109
SR$_{24}$	0.096
GMD	0.087
TS	0.078
AWCD	0.076
VW	0.063

注:SOM为土壤有机质;CEC为阳离子交换量;SNP为中性磷酸酶;AP为有效磷;SR$_{24}$为土壤呼吸;GMD为几何平均直径;TS为总水溶性盐;AWCD为平均显色效果;VW为体积重量。

表3-38　物理、化学和生物指标的评分函数(Cao等,2023)

土壤健康指标		评分方式	评分函数	适用范围
物理	GMD/mm	越多越好	评分=100×CND	(0.422,0.131)
	VW/(g·cm^{-3})	越少越好	评分=100×(1-CND)	(1.57,0.921)
	SOM/(g·kg^{-1})	越多越好	评分=100×CND	(106,7.2)
	CEC/(cmol(+)·kg^{-1})	越多越好	评分=100×CND	(32.5,5.82)

续表

土壤健康指标		评分方式	评分函数	适用范围
化学	pH	最佳曲线	评分=ND(SSF)	(8.66,5.05)
	AP/(mg·kg⁻¹)	最佳曲线	评分=ND(SSF)	(428,5.5)
	TS/(g·kg⁻¹)	越少越好	评分=100×(1−CND)	(4.94,1)
	SNP/(U·g⁻¹)	越多越好	评分=100×CND	(40195.42,1099.74)
生物	SR₂₄/(mg CO₂·g⁻¹·h⁻¹)	越多越好	评分=100×CND	(0.004388,0.001774)
	AWCD	越多越好	评分=100×CND	(1.007,0.315)

注:GMD 为几何平均直径;VW 为体积重量;SOM 为土壤有机质;CEC 为阳离子交换量;AP 为有效磷;TS 为总水溶性盐;SNP 为中性磷酸酶;SR₂₄ 为土壤呼吸;AWCD 为平均显色效果;CND 为累计正态分布。

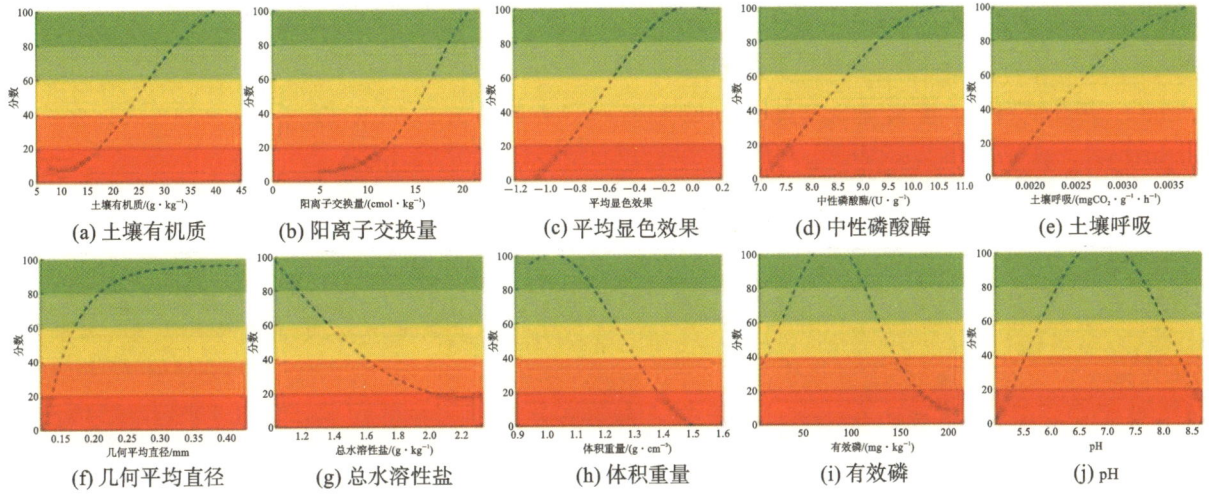

图 3-21　基于物理、化学和生物指标综合土壤健康评估的评分曲线(Cao 等,2023)

采用综合加权方法将 MDS 指标得分纳入 22 个果园的 SHI 中。SHI 值为 28～88,其中 95% 的果园等级为中等(40～60)至较好(60～80),其余属于较差等级。SHI 值呈 ORG>GRE>CONV 的趋势,等级分别为较好、较好和中等[图 3-22(a)]。同时,随着栽培年限的增加,SHI 遵循 10+a>5～10a>1～3a>3～5a 的格局,等级分别为较好、较好、中等和中等[图 3-22(b)]。1～3 年果园的 SHI 低于平均水平,甚至在 3～5 年内呈下降趋势,说明 GRE 果园前 5 年的土壤健康状况不容乐观。

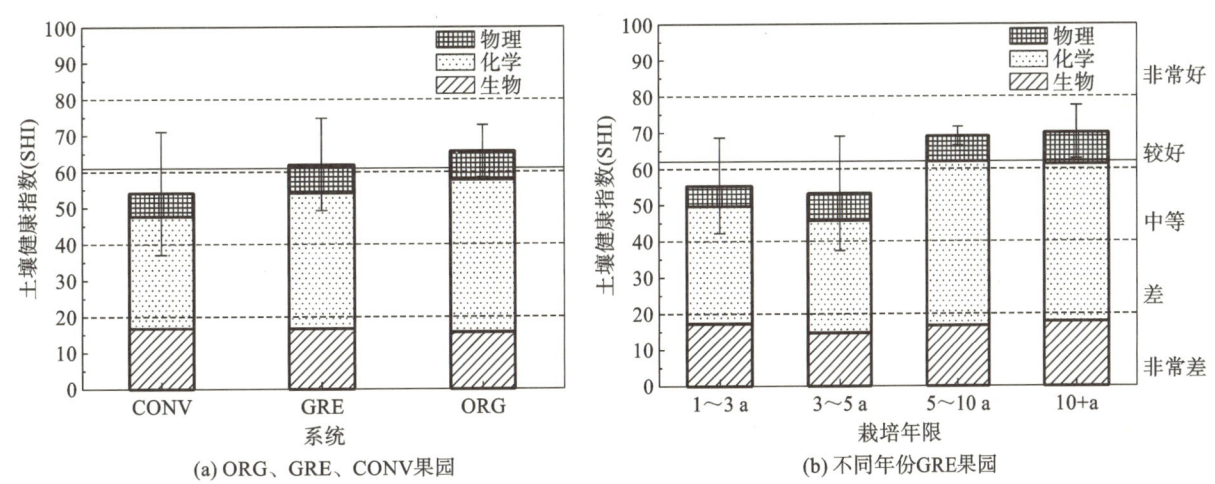

图 3-22　土壤健康指数计算(Cao 等,2023)

Cao 等(2023)对上海园地土壤健康评价体系的构建结果表明,长期的绿色有机管理对土壤健康有显著的促进作用。指标得分表明了园地土壤目前的制约因素,这是后续管理实践改进的方向。通过分析管理

活动对土壤健康动态的影响及其调控机制,提炼出有机肥添加、草皮栽培、水肥一体化灌溉、废弃物堆肥等绿色农业生产关键技术。这些技术的应用将有利于农业土壤的改良,促进土壤恢复健康。

本节以江西省南部信丰县亚热带脐橙、上海长三角地区果树等开展果园系统土壤健康评价体系的介绍,从中可以发现,以康奈尔土壤健康评价系统为主,采用 TDS、MDS 的评价居多。不同的是,在以往研究采用的土壤物理化学生物指标外,还新增了有效硼(AB)、有效铜(ACu)、有效铁(AFe)、有效锌(AZn)和有效锰(AMn)等指标,更具园地土壤质量的独特代表性,也更具科学性,为其他类型土壤质量指标的选择提供参考。

参考文献

[1]   杜国明,刘彦随.黑龙江省耕地集约利用评价及分区研究[C]//中国自然资源学会.中国自然资源学会 2012 年学术年会论文集.广州:[出版者不详],2012.

[2]   傅致远,姜宏,王国强,等.半干旱草原区土壤性质对植物群落结构的影响[J].生态学杂志,2018,37(3):823-830.

[3]   国家统计局.国家统计局关于 2021 年粮食产量数据的公告[R/OL].(2021-12-06)[2022-04-16].https://www.stats.gov.cn/sj/zxfb/202302/t20230203_1901294.html.

[4]   李桂林,陈杰,孙志英,等.基于土壤特征和土地利用变化的土壤质量评价最小数据集确定[J].生态学报,2007,27(7):2715-2724.

[5]   李萍,李洪军.黑龙江省萝北县耕地地力评价[M].北京:中国农业科学技术出版社,2016.

[6]   罗旭.生物炭施用对不同种植制度下作物产量和黑土质量的影响[D].哈尔滨:东北农业大学,2023.

[7]   骆伯胜,钟继洪,陈俊坚.土壤肥力数值化综合评价研究[J].土壤,2004,36(1):104-106,111.

[8]   梅楠,谷岩,李德忠,等.基于最小数据集的吉林省黑土耕层土壤质量评价[J].农业工程学报,2021,37(12):91-98.

[9]   田慎重,管西林,宁堂原,等.多样化种植对提升耕地质量的作用:进展与展望[J].土壤学报,2024,61(3):619-634.

[10]   王安琪,杨平,赵燕洲,等.不同种植模式下农田耕层土壤肥力现状比较——以皖南宣州区为例[J].土壤,2021,53(2):277-284.

[11]   委霞.基于结构方程模型的福寿林场三种典型林分健康评价[D].长沙:中南林业科技大学,2021.

[12]   许俊丽.基于群落结构、更新能力及土壤质量的上海城市森林健康评价研究[D].上海:华东师范大学,2018.

[13]   杨文娜,任嘉欣,李忠意,等.主成分分析法和模糊综合评价法判断喀斯特土壤的肥力水平[J].西南农业学报,2019,32(6):1307-1313.

[14]   张丽星,海春兴,常耀文,等.羊草及芨芨草草原和西北针茅草原土壤质量评价[J].草业学报,2021,30(4):68-79.

[15]   张桃林.守护耕地土壤健康 支撑农业高质量发展[J].土壤,2021,53(1):1-4.

[16]   ABDOLLAHI L,HANSEN E M,RICKSON R,et al. Overall assessment of soil quality on humid sandy loams:Effects of location,rotation and tillage[J]. Soil and Tillage Research,2015,145:29-36.

[17]   ALBAJI M,ALBOSHOKEH A. Assessing agricultural land suitability in the Fakkeh region,Iran[J]. Outlook on Agriculture,2017,46(1):57-65.

[18]   AMSILI J P,ES H,SCHINDELBECK R. Cropping system and soil texture shape soil health outcomes and scoring functions[J]. Soil Security,2021,4:536-543.

［19］ ANDREWS S，KARLEN D，CAMBARDELLA C. The soil management assessment framework：A quantitative soil quality evaluation method［J］. Soil Science Society of America Journal，2004，68(6)：1945-1962.

［20］ ANDREWS S，KARLEN D，MITCHELL J. A comparison of soil quality indexing methods for vegetable production systems in Northern California［J］. Agriculture Ecosystems & Environment，2002，90(1)：25-45.

［21］ ANDREWS S，CARROLL C. Designing a soil quality assessment tool for sustainable agroecosystem management［J］. Ecological Applications，2001，11：1573-1585.

［22］ ARSHAD M A，MARTIN S. Identifying critical limits for soil quality indicators in agro-ecosystems［J］. Agriculture Ecosystems & Environment，2002，88(2)：153-160.

［23］ ASKARI M S，HOLDEN N M. Indices for quantitative evaluation of soil quality under grassland management［J］. Geoderma，2014，230-231：131-142.

［24］ ASKARI M S，HOLDEN N M. Quantitative soil quality indexing of temperate arable management systems［J］. Soil and Tillage Research，2015，150：57-67.

［25］ BAI Y，ZHAO Y，WANG Y. Assessment and functional zoning of grassland ecosystem services in Northern China contribute to the construction of ecological security barrier［J］. Chinese Academy of Science，2020，35：675-689.

［26］ BASTIDA F，JOSÉ L，TERESA H，et al. Microbiological degradation index of soils in a semiarid climate［J］. Soil Biology & Biochemistry，2006，38(12)：3463-3473.

［27］ BISWAS S，HAZRA G C，PURAKAYASTHA T J，et al. Establishment of critical limits of indicators and indices of soil quality in rice-rice cropping systems under different soil orders［J］. Geoderma，2017，292：34-48.

［28］ BREJDA J J，MOORMAN T B，KARLEN D L，et al. Identification of regional soil quality factors and indicators：Ⅰ. central and southern high plains［J］. Soil Science Society of America Journal，2000，64：2115-2124.

［29］ BRING J. How to standardize regression coefficients［J］. The American Statistician，1994，48(3)：209-213.

［30］ BROOKES P C，LANDMAN A，PRUDEN G，et al. Chloroform fumigation and the release of soil nitrogen：A rapid direct extraction method to measure microbial biomass nitrogen in soil［J］. Soil Biology & Biochemistry，1985，17 (6)：837-842.

［31］ CAO H，SUN H，YANG H. A review：Soil enzyme activity and its indication for soil quality［J］. Chinese Journal of Applied and Environmental Biology，2003，9(1)：105-109.

［32］ CHAI Z，WANG D，HAO Y，et al. Succession dynamics of larix principis-rupprechtii plantation in intermediate section of Qinling mountains［J］. Scientia Silvae Sinicae，2014，50(2)：14-21.

［33］ CHEN Y，WANG H，ZHOU J，et al. Minimum data set for assessing soil quality in farmland of Northeast China［J］. Pedosphere，2013，23(5)：564-576.

［34］ CHEN Y Z，WANG D B，SU Y C，et al. The fatty acid composition of Camellia oleifera［J］. Non-Wood Forest Research，2001，14 (3)：1-4.

［35］ CHENG J，DING C，LI X，et al. Soil quality evaluation for navel orange production systems in central subtropical China［J］. Soil & Tillage Research，2016，155：225-232.

［36］ DINESH R，CHAUDHURI S G，GANESHAMURTHY A N，et al. Changes in soil microbial indices and their relationships following deforestation and cultivation in wet tropical forests［J］. Applied Soil Ecology，2003，24：17-26.

［37］ DONG T，XU W，ZHENG H，et al. A framework for regional ecological risk warning based on ecosystem service approach：A case study in Ganzi，China［J］. Sustainability，2018，10(8)：2699.

[38] DORAN J W, PARKIN T B. Defining and assessing soil quality[J]. Defining Soil Quality for a Sustainable Environment, 1994, 35: 1-21.

[39] DURAISAMY V, PRAMOD T, PADIKKAL C, et al. Soil quality for sustainable agriculture [J]. Nutrient Dynamics for Sustainable Crop Production, 2020:41-66.

[40] FINE A K, VAN E H M, SCHINDELBECK R R. Statistics, scoring functions, and regional analysis of a comprehensive soil health database[J]. Soil Science Society of America Journal, 2017, 81 (3): 589-601.

[41] FLURY B, RIEDWYL H. Multivariate statistics: A practical approach[J]. Journal of Educational Statistics, 1990, 15: 171-174.

[42] FLURY B. Multivariate Statistics:A Practical Approach[M]. London:CRC Press,1988.

[43] GENG X, ZHANG D, LI C, et al. Application and comparison of multiple models on agricultural sustainability assessments: A case study of the Yangtze River delta urban agglomeration, China[J]. Sustainability, 2021, 13(1): 121.

[44] GOMEZ A A, KELLY D S, SYERS J K, et al. Measuring sustainability of agricultural systems at the farm level[J]. Methods for Assessing Soil Quality, 1996, 49: 401-410.

[45] GONG L, ZHANG X N, RAN Q Y. Quality assessment of oasis soil in the upper reaches of Tarim River based on minimum data set[J]. Acta Pedologica Sinica, 2015, 52(3): 682-689.

[46] GRIFFITHS B S, BALL B C, DANIELL T J, et al. Integrating soil quality changes to arable agricultural systems following organic matter addition, or adoption of a ley-arable rotation[J]. Applied Soil Ecology, 2010, 46(1): 43-53.

[47] GUO L, SUN Z, ZHU O Y, et al. A comparison of soil quality evaluation methods for fluvisol along the lower Yellow River[J]. Catena, 2017, 152:135-143.

[48] HAN X, FAN M, GUO Y, et al. Effects of surface-layer soil water-stable aggregates under land use patterns[J]. Journal of Arid Land Resources and Environment, 2018, 32: 114-120.

[49] HE H, PENG M, LU W, et al. Commercial organic fertilizer substitution increases wheat yield by improving soil quality [J]. Science of the Total Environment, 2022, 851: 158132.

[50] HEBB C, SCHODERBEK D, HERNANDEZ-RAMIREZ G, et al. Soil physical quality varies among contrasting land uses in Northern Prairie regions[J]. Agriculture, Ecosystems & Environment, 2017,240: 14-23.

[51] HENDERSON P A, SEABY R M H. A Practical Handbook for Multivariate Methods[M]. Lymington: Pisces Conservation, 2008.

[52] HOSSAIN M Z, BAHAR M M, SARKAR B, et al. Biochar and its importance on nutrient dynamics in soil and plant[J]. Biochar, 2020, 2: 379-420.

[53] HU F M, TANG X F, LIU H M, et al. Culture and Utilization of Chinese Non-Wood Product Forest Trees [M]. Beijing:Chinese Forestry Publication House, 2005.

[54] JI B, HE J, WANG Z, et al. Characteristics and composition of vegetation carbon storage in natural grassland in Ning-xia, China[J]. The Journal of Applied Ecology, 2021, 32(4): 1259-1268.

[55] JIA R, ZHOU J, CHU J, et al. Insights into the associations between soil quality and ecosystem multifunctionality driven by fertilization management: A case study from the North China Plain[J]. Journal of Cleaner Production, 2022, 362: 132265.

[56] JOHNSON R A, WICHERN D W. Applied multivariate statistical analysis[M]. 3rd ed. New Jersey:Prentice Hall, 1992.

[57] KARLEN D L, DITZLER C A, ANDREWS S S. Soil quality: Why and how? [J]. Geoderma, 2003, 114:145-156.

[58] KHOSRAVI A K, REZAPOUR S, ASADZADEH F, et al. An integrated approach for

estimating soil health: Incorporating digital elevation models and remote sensing of vegetation[J]. Computers and Electronics in Agriculture, 2023: 210.

[59] LAFFELY A, SUSAN M E, MALLORY E B. Evaluation of the CO_2 flush as a soil health indicator[J]. Applied Soil Ecology, 2020:154.

[60] LI J P, XU M F, SU Z Y, et al. Soil fertility quality assessment under different vegetation restoration patterns[J]. Acta Ecologica Sinica, 2014, 34:2297-2307.

[61] LI K, WANG C, ZHANG H, et al. Evaluating the effects of agricultural inputs on the soil quality of smallholdings using improved indices[J]. Catena, 2022, 209:105838.

[62] LI P, SHI K, WANG Y, et al. Soil quality assessment of wheat-maize cropping system with different productivities in China :Establishing a minimum data set[J]. Soil & Tillage Research, 2019, 190:31-40.

[63] LI P, ZHANG T, WANG X, et al. Development of biological soil quality indicator system for subtropical China[J]. Soil & Tillage Research, 2013, 126: 112-118.

[64] LIEBIG M A, VARVEL G, DORAN J. A simple performance-based index for assessing multiple agroecosystem functions[J]. Agronomy Journal, 2001, 93: 313-318.

[65] LIU G, ZHANG X, WANG X, et al. Soil enzymes as indicators of saline soil fertility under various soil amendments[J]. Agriculture, Ecosystems and Environment, 2017, 237: 274-279.

[66] LING J, ZHOU J, WU G, et al. Deep-injected straw incorporation enhances subsoil quality and wheat productivity[J]. Plant and Soil, 2024,499:207-220.

[67] LIU H, DU X, LI Y, et al. Organic substitutions improve soil quality and maize yield through increasing soil microbial diversity[J]. Journal of Cleaner Production, 2022, 347:131323.

[68] LIU J, WU L, CHEN D, et al. Development of a soil quality index for Camellia oleifera forestland yield under three different parent materials in Southern China[J]. Soil and Tillage Research, 2018, 176: 45-50.

[69] LIU X B, YANG L. Arable land degradation and serious pollution in China[J]. Ecological Economy, 2015(3): 6-9.

[70] LU H Y, CHEN X Y, MA K, et al. Soil health assessment under different soil and irrigation types in the agro-pastoral ecotone of Northern China[J]. Catena, 2024, 235.

[71] MALIK A A, JEREMY P, BUCKERIDGE K M, et al. Land use driven change in soil pH affects microbial carbon cycling processes[J]. Nature Communications, 2018, 9(1): 3591.

[72] MASTO R E, CHHONKAR P K, SINGH D, et al. Alternative soil quality indices for evaluating the effect of intensive cropping, fertilisation and manuring for 31 years in the semi-arid soils of India[J]. Environmental Monitoring & Assessment, 2008, 136(1-3): 419-435.

[73] MOEBIUS-CLUNE B N, MOEBIUS-CLUNE D J, GUGINO B K, et al. Comprehensive Assessment of Soil Health:the Cornell Framework Manual [M].3rd ed. New York: Cornell University, 2016.

[74] NABIOLLAHI K, GOLMOHAMADI F, TAGHIZADEH-MEHRJARDI R, et al. Assessing the effects of slope gradient and land use change on soil quality degradation through digital mapping of soil quality indices and soil loss rate[J]. Geoderma, 2018, 318: 16-28.

[75] NAKAJIMA T, LAL R, JIANG S, et al. Soil quality index of a crosby silt loam in central Ohio[J]. Soil and Tillage Research, 2015, 146:323-328.

[76] National Agricultural Technical Extension and Service Center. Evaluation of Cultivated Land Quality of the Wheat-maize Rotation Regions of North China [M]. Beijing: China Agriculture Press, 2015.

[77] NATH A J, LAL R. Effects of tillage practices and land use management on soil aggregates

and soil organic carbon in the North Appalachian region, USA[J]. Pedosphere, 2017, 27(1): 172-176.

[78]　NEHRANI S H, ASKARI M S, SAADAT S, et al. Quantification of soil quality under semi-arid agriculture in the northwest of Iran[J]. Ecological Indicators, 2020, 108: 105770.

[79]　NIU R, GAO X, XU F, et al. Carbon, nitrogen, and phosphorus stoichiometric characteristics of soil and leaves from young and middle aged Larix principis-rupprechtii growing in a Qinling Mountain plantation[J]. Acta Ecologica Sinica, 2016, 36(22):7384-7392.

[80]　NOBILE C, LEBRUN M, VÉDÈRE C, et al. Biochar and compost addition increases soil organic carbon content and substitutes P and K fertilizer in three French cropping systems[J]. Agronomy for Sustainable Development, 2022, 42(6): 1-15.

[81]　PRIETO L H, BERTILLER M B, CARRERA A L, et al. Soil enzyme and microbial activities in a grazing ecosystem of Patagonian Monte, Argentina[J]. Geoderma, 2011, 162:281-287.

[82]　QI Y, DARILEK J L, HUANG B, et al. Evaluating soil quality indices in an agricultural region of Jiangsu Province, China[J]. Geoderma, 2009, 149(3-4): 325-334.

[83]　QIU X, PENG D, WANG H, et al. Minimum data set for evaluation of stand density effects on soil quality in Larix principis-rupprechtii plantations in North China[J]. Ecological Indicators, 2019, 103: 236-247.

[84]　RAHMANIPOUR F, MARZAIOLI R, BAHRAMI H A, et al. Assessment of soil quality indices in agricultural lands of Qazvin Province, Iran[J]. Ecological Indicators, 2014, 40 (5):19-26.

[85]　RAIESI F, KABIRI V. Identification of soil quality indicators for assessing the effect of different tillage practices through a soil quality index in a semi-arid environment [J]. Ecological Indicators, 2016, 71:198-207.

[86]　RAIESI F. A minimum data set and soil quality index to quantify the effect of land use conversion on soil quality and degradation in native rangelands of upland arid and semiarid regions[J]. Ecological Indicators, 2017, 75: 307-320.

[87]　REIMANN M, LUNEMANN U F, CHASE R B. Uncertainty avoidance as a moderator of the relationship between perceived service quality and customer satisfaction[J]. Journal of Service Research, 2008, 11(1):63-73.

[88]　REKIK F, VAN E H, HERNANDEZ-AGUILERA J N, et al. Soil health assessment for coffee farms on andosols in Colombia[J]. Geoderma Regional, 2018, 14: e00176.

[89]　REN H, HAN K, LIU Y, et al. Improving smallholder farmers' maize yields and economic benefits under sustainable crop intensification in the North China Plain [J]. Science of the Total Environment, 2021, 763: 143035.

[90]　REZAEI S A, GILKES R J, ANDREWS S S. A minimum data set for assessing soil quality in rangelands[J]. Geoderma, 2006, 136(1-2): 229-234.

[91]　ROMANIUK R, LIDIA G, ALEJANDRO C, et al. A comparison of indexing methods to evaluate quality of soils: the role of soil microbiological properties[J]. Soil Research, 2011, 49: 733-741.

[92]　RONALD A, HANS J. On a state factor model of ecosystems[J]. BioScience, 1997 (8): 536-543.

[93]　ROS G H, VERWEIJ S E, JANSSEN S, et al. An open soil health assessment framework facilitating sustainable soil management [J]. Environmental Science & Technology, 2022, 56: 17375-17384.

[94]　SHENG H Y, CAO G M, LI G R, et al. Effect of grazing disturbance on plant community of alpine meadow dominated by Potentilla froticosa shrub on Qilian Mountain [J]. Ecology and Environmental Sciences, 2009, 18(1):235-241.

[95]　SHUKLA M K, LAL R, EBINGER M. Determining soil quality indicators by factor analysis

[J]. Soil and Tillage Research, 2005, 87(2): 194-204.

[96] Soil Survey Staff. Keys to Soil Taxonomy[M]. 12rd ed. Washington DC: USDA-Natural Resources Conservation Service, 2014.

[97] SU T T, HAN B F, MA H B, et al. Effects of contour trenches engineering measures on soil moisture dynamics and balance of typical steppe in Loess Hilly Region[J]. Transactions of the Chinese Society of Agricultural Engineering, 2019, 35: 125-134.

[98] SUN H, YANG Z, LI X, et al. Assessment of the cultivated land quality in the black soil region of Northeast China based on the field scale[J]. Environmental Monitoring and Assessment, 2023, 195: 1508.

[99] SUN L, YU Y, PETROPOULOS E, et al. Manure amendment sustains soil biodiversity by mitigating acidification induced by chemical N fertilization [J]. Social Science Research Network Electronic Journal, 2022, 11(1): 64.

[100] SUN T, FENG X, LAL R, et al. Crop diversification practice faces a tradeoff between increasing productivity and reducing carbon footprints[J]. Agriculture, Ecosystems & Environment, 2021, 321: 107614.

[101] SWANEPOEL P A, PREEZ C C, BOTHA P R, et al. Soil quality characteristics of kikuyu-ryegrass pastures in South Africa[J]. Geoderma, 2014, 232-234: 589-599.

[102] WANG H, REN H, ZHANG L, et al. A sustainable approach to narrowing the summer maize yield gap experienced by smallholders in the North China Plain[J]. Agricultural Systems, 2023, 204: 103541.

[103] WANG J, WANG E, YANG X, et al. Increased yield potential of wheat-maize cropping system in the North China Plain by climate change adaptation[J]. Climatic Change, 2012, 113(3-4): 825-840.

[104] WANG S L, GE J, CAI P J, et al. Salinization situation and landscaping strategy of certain site in Shanghai[J]. Resources Economization & Environmental Protection, 2019, 210: 13-14.

[105] WEI L, SU J S, JING G H, et al. Nitrogen addition decreased soil respiration and its components in a long-term fenced grassland on the Loess Plateau[J]. Journal of Arid Environments, 2018, 152: 37-44.

[106] WHEELER M A, TRLICA M J, FRASIER G W, et al. Seasonal grazing affects soil physical properties of a montane riparian community[J]. Journal of Range Management, 2002, 55(1): 49-56.

[107] WU J G, AI L. Soil microbial activity and biomass C and N content in three typical ecosystems in Qilian Mountains, China[J]. Journal of Plant Ecology, 2008, 32: 465-476.

[108] WU J, LIU W, CHEN C. Can intercropping with the world's three major beverage plants help improve the water use of rubber trees? [J]. Journal of Applied Ecology, 2016, 53(6): 1787-1799.

[109] XING P, LI G, CHEN X, et al. Effects of grazing on carbon exchange in a *Leymus secalinus* grassland ecosystem in the agro-pastoral ecotone of Northern Shanxi[J]. Acta Praticulturae Sinica, 2019, 28: 1-11.

[110] CAO Y, LI X, QIAN X, et al. Soil health assessment in the Yangtze River Delta of China: Method development and application in orchards[J]. Agriculture, Ecosystems & Environment, 2023, 341: 108190.

[111] YANG J, LI A, YANG Y. Soil organic carbon stability under natural and anthropogenic-induced perturbations[J]. Earth-Science Reviews, 2020, 205: 103199.

[112] YAO R, YANG J, GAO P, et al. Determining minimum data set for soil quality assessment of typical salt-affected farmland in the coastal reclamation area[J]. Soil and Tillage Research, 2013, 128:

137-148.

[113] YU P J, HAN D L, LIU S W, et al. Soil quality assessment under different land uses in an alpine grassland[J]. Catena, 2018a, 171: 280-287.

[114] YU P J, LI Q, JIA H T, et al. Effect of cultivation on dynamics of organic and inorganic carbon stocks in Songnen plain[J]. Agronomy Journal, 2014, 106(5):1574-1582.

[115] YU P J, LIU S W, ZHANG L, et al. Selecting the minimum data set and quantitative soil quality indexing of alkaline soils under different land uses in Northeastern China[J]. Science of the Total Environment, 2018b, 616-617: 564-571.

[116] ZHANG C, XUE S, LIU G B, et al. A comparison of soil qualities of different revegetation types in the Loess Plateau, China[J]. Plant and Soil, 2011, 347 (1): 163-178.

[117] ZHANG G, BAI J, XI M, et al. Soil quality assessment of coastal wetlands in the Yellow River Delta of China based on the minimum data set[J]. Ecological Indicators, 2016, 66: 458-466.

[118] ZHANG J, LI Y, JIA J, et al. Applicability of soil health assessment for wheat-maize cropping systems in smallholders' farmlands [J]. Agriculture, Ecosystems & Environment, 2023, 353: 108558.

[119] ZHANG M, ZHOU C, FANG L. Environmentally sensitive thresholds of phosphorus in paddy soils[J]. Journal of Agro-Environment Science, 2006, 25(1): 170-174.

[120] ZHANG W, CAO G, LI X, et al. Closing yield gaps in China by empowering smallholder farmers[J]. Nature, 2016, 537: 671-674.

[121] ZHAO F Z, FAN X D, REN C J, et al. Changes of the organic carbon content and stability of soil aggregates affected by soil bacterial community after afforestation[J]. Catena, 2018, 171: 622-631.

[122] ZHAO L Y, XU W M, GUAN H L, et al. Biochar increases Panax notoginseng's survival under continuous cropping by improving soil properties and microbial diversity[J]. Science of the Total Environment, 2022, 850:157990.

[123] ZHOU T, WANG C, ZHOU Z. Impacts of forest thinning on soil microbial community structure and extracellular enzyme activities: a global meta-analysis[J]. Soil Biology and Biochemistry, 2020, 149: 107915.

[124] ZHOU W, CHENG X, WU R, et al. Effect of intraspecific competition on biomass partitioning of Larix principis-rupprechtii[J]. Journal of Plant Interactions, 2018, 13(1): 1-8.

[125] ZHOU Y, LI X H, LIU Y S. Cultivated land protection and rational use in China[J]. Land Use Policy, 2021, 106: 105454.

[126] ZHOU Y, MA H, JIA X, et al. Soil quality assessment under different ecological restoration measures in typical steppe in loess hilly area in Ningxia[J]. Transactions of the Chinese Society of Agricultural Engineering, 2017, 33(18): 102-110.

[127] ZUBER S M, BEHNKE G D, NAFZIGER E D, et al. Multivariate assessment of soil quality indicators for crop rotation and tillage in Illinois[J]. Soil and Tillage Research, 2017, 174: 147-155.

[128] KIM S W, JEONG S W, AN Y J. Application of a soil quality assessment system using ecotoxicological indicators to evaluate contaminated and remediated soils[J]. Environmental Geochemistry and Health,2020:1681-1690.

[129] CHAN K Y, BOWMAN A, OATES A. Oxidizible organic carbon fractions and soil quality changes in an oxic paleustalf under different pasture leys[J]. Soil Science, 2001, 166: 61-67.

[130] GUAN S Y. Soil Enzyme and Its Research Method [M]. Beijing: China Agricutural Press, 1986.

［131］ JENKINSON D S, POWLSON D S. The effects of biocidal treatments on metabolism in soil. Ⅰ. Fumigation with chloroform[J]. Soil Biology & Biochemistry, 1976, 8: 167-177.

［132］ LU R K. Analytical Methods of Agricultural Chemistry in Soil [M]. Beijing: China Agricultural Scientech Press, 2000.

［133］ MATEJOVIC I. Determination of carbon and nitrogen in samples of various soils by the dry combustion[J]. Communications in Soil Science and Plant analysis, 1997, 28 (17-18): 1499-1511.

［134］ OLSEN S R, SOMMERS L E, MILLER R H, et al. Methods of Soil Analysis[M]. 2rd ed. Madison: Soil Science Society of America, 1982.

［135］ YEOMANS J C, BREMNER J M. A rapid and precise method for routine determination of organic carbon in soil[J]. Communications in Soil Science and Plant Analysis, 1988, 19: 1467-1476.

［136］ YU P J, LIU S W, HAN K X, et al. Conversion of cropland to forage land and grassland increases soil labile carbon and enzyme activities in Northeastern China[J]. Agriculture, Ecosystems & Environment, 2017, 245: 83-91.

第四章

植烟土壤健康评价体系构建实例分析

　　烟草是我国重要的经济作物,其产量和品质受遗传因素、生态环境和栽培技术等综合影响(刘国顺,2003)。土壤是影响烟草品质的主要生态因子之一,在适宜的气候条件下,选择具有良好结构、肥力状况及健康微生物种群的土壤是提高烟叶品质的关键(张翔等,2009;任小利等,2012)。然而近年来,伴随着工业化和农业生产方式的转变,我国烟区普遍存在烤烟连作以及奢施化肥等现象,导致土壤退化明显,如酸化、板结、养分失衡等,成为限制优质烟叶生产的主要因素(任小利等,2012;刘国等,2013;袁晓霞,2009;王恒东,2015)。土壤退化是土壤生态系统结构和功能被破坏的过程,涉及土壤的物理过程、化学过程和生物过程,相互影响,其本质是土壤资源的数量减少和质量降低(黄昌勇,2000)。不少科研工作者就土壤碳氮比值(王军等,2015)、营养平衡(杨启航等,2020)和生物多样性(曾婕等,2015;何川等,2012;杨宇虹等,2014)开展了相关研究,也进行了土壤保育和改良方法探讨(王瑞等,2016;郭亚利等,2016),但多数研究只关注单一的化学、物理或生物特性指标(焦永吉等,2014;罗付香等,2014;刘国顺等,2010;邓阳春等,2010)。在生产实践中发现,相同的栽培管理措施和气候条件下,有些烟田的优质烟叶生产概率较高,有些田块则明显较低;同时一些田块容易实现优质高产,一些田块则由于肥力不均、根际病害高发等原因难以实现优质、高产同步。目前,土壤健康状况已成为我国烟叶优质高效生产的限制因素,因此本章节将以我国河南、贵州、四川等三个不同植烟区的植烟土壤健康评价体系构建实例为参照,探讨建立适宜本地区的土壤健康评价方法,这对实现我国耕地土壤定向保育和烟叶生产的可持续发展具有重要意义。

第一节　豫中南烟区土壤健康评价体系构建

　　自烟草引入中国以来,河南一直是传统的浓香型烤烟种植区。然而近年来,河南部分烟区存在耕作制度不科学、烤烟连作以及奢施化肥、不施有机肥等现象,导致烟田耕层浅、犁地层坚硬、土壤黏重、通透性差、土壤养分不协调、土壤生物活性与多样性指数下降、土壤水肥气热不平衡、植烟土壤质量退化等问题,严重影响了烟株根系发育和烟叶品质提升,植烟土壤健康问题已经成为河南烟叶生产持续健康发展的限制因素。郑州烟草研究院以豫中南的许昌、平顶山和驻马店等地典型烟区褐土植烟土壤为研究对象,在调研该地优质烟叶生产历史分布区域及栽培措施的基础上,以烟田多年烟叶品质和产量结果为参考,按照优质烟叶的生产概率选择高、中、低三种不同档次的烟田,采集相应的土壤样品,通过对比分析土壤的物理、化学和生物指标,筛选确定土壤健康评价指标最小数据集,在进一步田间验证的基础上,构建植烟土壤健康评价体系,探讨建立优质烟叶生产土壤健康标准,以期为河南植烟土壤健康评价体系的构建提供一定的理论基础和数据支持,为烟田土壤保育和定向改良方向提供参考。

一、豫中南植烟土壤特性分析

(一)豫中南植烟土壤性质基本特征

1.采样区域与测定指标

2015年10月,在河南省泌阳县、郏县和襄城县植烟区采集土壤样品,代表性样点布设主要考虑了优质烟叶生产概率、土壤质地和类型、烟叶产量质量和发病概率等,基本覆盖了各县主要烤烟种植区。其中,泌阳县、郏县和襄城县分别布设了25、28和25个样点,合计为78个(表4-1)。2016年10月,在3个县植烟区随机选择14个验证点,采集14份验证土壤样品。

表4-1 植烟土壤样品采集点

地区	取样数/份	取样乡镇
泌阳县	25	高店、盘古、马谷田、花园、赊湾、杨家集、双庙、郭集、泰山庙
郏县	28	李口、堂街、薛店、茨芭、黄道、渣园、白庙、安良
襄城县	25	王洛、汾陈、颍桥回族镇、双庙、紫云

土壤物理特性指标包括容重、土壤颗粒组成、田间持水量、总孔隙度、水稳性团聚体、土壤表层硬度、土壤次表层硬度;土壤化学特性包括土壤pH、有机质含量、碱解氮、有效磷、速效钾、可溶性氯、有效铁、有效锰、有效锌;土壤生物特性包括活性有机质、土壤蛋白含量、土壤酶(脲酶、磷酸酶、过氧化氢酶、蔗糖酶)活性、土壤微生物(细菌和真菌)含量、土壤微生物Alpha多样性分析、土壤黑胫病数量。具体测定方法及数据处理参考戴华鑫等(2017;2018)。

2.土壤物理特性

由表4-2可知,豫中南烟区土壤容重为1.34 g/cm³,黏粒含量为20.35%,田间持水量为22.52%,总孔隙度为49.47%,水稳性团聚体总量为31.07%,土壤表层硬度和次表层硬度分别为19.22 kg/cm²和40.46 kg/cm²。在不同土壤样品间,水稳性团聚体总量和土壤表层硬度差异最大,变异系数接近40%;而容重和总孔隙度差异最小,变异系数均在7%左右。根据国际制土壤质地分类标准(陈丽琼,2010),采集的78个样品中,壤土、黏壤土和黏土分别有7个、55个和16个,分别占比8.97%、70.51%和20.51%,说明豫中南烟区土壤质地以黏壤土为主,其次为黏土,壤土占比较少。

表4-2 豫中南烟区土壤物理特性

项目	均值	标准差	范围	2.5%分位值	97.5%分位值	变异系数/(%)
容重/(g·cm⁻³)	1.34	0.094	1.18~1.80	1.21	1.59	7.03
黏粒含量/(%)	20.35	4.76	10.86~31.84	13.08	29.80	22.56
田间持水量/(%)	22.52	3.18	15.68~30.55	16.12	29.50	14.13
粉砂粒含量/(%)	38.72	8.17	15.07~57.09	20.45	55.67	20.64
砂粒含量/(%)	40.93	9.15	23.39~74.07	25.19	58.74	21.98
总孔隙度/(%)	49.47	3.55	32.10~55.33	40.14	54.47	7.18
水稳性团聚体总量/(%)	31.07	12.34	8.92~64.24	9.90	60.59	39.70
土壤表层硬度/(kg·cm⁻²)	19.22	7.08	6.50~44.60	7.73	39.35	39.73
土壤次表层硬度/(kg·cm⁻²)	40.46	9.97	14.50~69.10	18.94	65.12	27.40

研究表明,当土壤容重低于1.27 g/cm³时,烟草根系能良好地向下生长;当容重超过1.51 g/cm³时,根系的向下生长能力迅速受到限制(胡伟,2013)。从图4-1(a)中可以看出,该烟区95.8%的土壤样品容重小于1.51 g/cm³,显示大部分植烟土壤容重适于烟草生长。最适宜的植烟土壤质地是砂壤土和壤砂土,前者黏粒含量为15%~20%,后者黏粒含量为10%~15%(陈江华等,2008)。图4-1(b)表明,豫中南烟区

79.2%土壤样品黏粒含量小于20%,说明该区大部分土壤黏粒含量适宜种植烤烟。

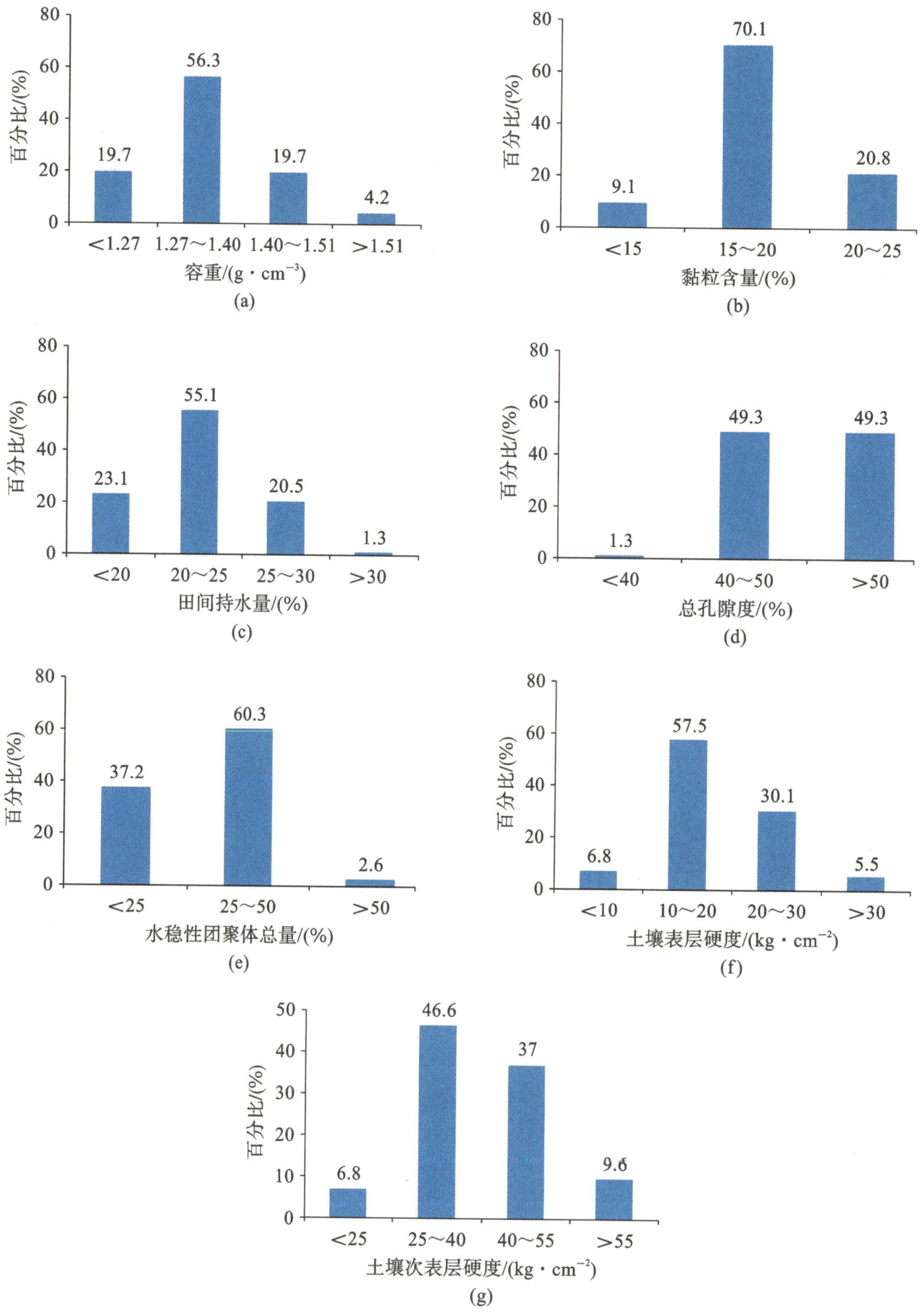

图 4-1　豫中南植烟土壤物理特性分布状况

由康奈尔土壤评价体系可知,土壤田间持水量小于10%时,保水能力较差;土壤田间持水量为10%～20%时,保水能力一般;土壤田间持水量大于20%时,保水性较好(Moebius-Clune 等,2016)。图 4-1(c)显示,豫中南烟区76.9%土壤样品田间持水量大于20%,其中21.8%土壤样品田间持水量大于25%,保水能力整体较强。郑存德(2012)的研究表明,高产玉米田耕层土壤总孔隙度为50%～52%,中产玉米田耕层土壤总孔隙度为41%～44%。由图 4-1(d)可看出,研究区域内98.7%土壤样品总孔隙度大于40%,土壤透气性总体较好。图 4-1(e)表明,37.2%土壤样品水稳性团聚体总量小于25%,60.3%土壤样品水稳性团聚体总量为25%～50%,2.6%土壤样品水稳性团聚体总量大于50%。康奈尔土壤健康评价体系认为土壤水稳性团聚体含量小于25%时会影响土壤质量(Moebius-Clune 等,2016),由此可见豫中南烟区部分土壤团聚体结构稳定性较差。

农作物根系生长要求土壤具有适宜的硬度,土壤过度疏松或紧实都不利于作物生长和产量的形成(黄细喜,1988)。研究表明,在硬度适宜的土壤中,施肥促进了根系生长,对土壤养分的吸收利用增加;相反,在硬度较高的土壤中,由于土壤机械强度过大,根系生长受阻,不利于对养分和水分的吸收利用,从而抑制了地上部的生长发育(Nadian 等,1997;Tomasz,2014)。由康奈尔土壤健康评价体系可知,土壤硬度小于20 kg/cm² 时,土壤疏松;土壤硬度为20～30 kg/cm² 时,土壤较紧密;土壤硬度大于30 kg/cm² 时,土壤紧密(Moebius-Clune 等,2016)。图 4-1(f)显示,研究区域 64.3％土壤样品表层硬度小于 20 kg/cm²,35.7％土壤样品表层硬度大于 20 kg/cm²。由图 4-1(g)可知,53.4％土壤样品次表层硬度小于 40 kg/cm²,46.6％土壤样品次表层硬度大于 40 kg/cm²,表明该区域约一半土壤次表层结构紧密。

综合土壤物理特性分析结果,豫中南烟区植烟土壤样品主要为黏壤土,大部分植烟土壤的容重、质地适宜于烤烟生长,持水保肥能力较强,表层土壤较为疏松;但约半数土壤结构稳定性较一般,次表层土壤紧实,透气性较差。

3.土壤化学特性

由表 4-3 可知,豫中南植烟土壤 pH 平均为 6.88,有机质含量平均为 14.79 g/kg,碱解氮含量平均为60.20 mg/kg,有效磷含量平均为 13.58 mg/kg,速效钾含量平均为 125.09 mg/kg,可溶性氯含量平均为13.77 mg/kg,有效铁含量平均为 22.14 mg/kg,有效锰含量平均为 26.93 mg/kg,有效锌含量平均为 1.20 mg/kg。不同样品间以有效磷、有效铁和有效锌含量差异相对较大,变异系数分别为 65.85％、89.91％和76.29％。

表 4-3　豫中南烟区土壤化学特性

项目	均值	标准差	范围	2.5％分位值	97.5％分位值	变异系数/(％)
pH	6.88	1.28	4.69～8.39	4.69	8.36	18.66
有机质/(g·kg⁻¹)	14.79	4.12	3.96～26.28	4.60	25.04	27.82
碱解氮/(mg·kg⁻¹)	60.20	13.78	19.95～87.5	24.73	87.50	22.89
有效磷/(mg·kg⁻¹)	13.58	8.80	0.15～35.57	1.04	33.64	65.85
速效钾/(mg·kg⁻¹)	125.09	32.65	49.05～225.93	57.97	218.28	26.10
可溶性氯/(mg·kg⁻¹)	13.77	5.38	6.30～33.10	6.56	29.06	39.10
有效铁/(mg·kg⁻¹)	22.14	19.91	3.06～80.92	3.11	77.65	89.91
有效锰/(mg·kg⁻¹)	26.93	12.69	7.43～45.60	10.27	45.20	47.12
有效锌/(mg·kg⁻¹)	1.20	0.92	0.06～4.41	0.25	3.46	76.29

以《河南植烟土壤与烤烟营养》(张翔等,2009)中提出的养分丰缺指标为依据,对豫中南烟区土壤的主要养分进行评价,pH、有机质和碱解氮含量的适宜范围分别为 5.5～7.0、10～15 g/kg、30～65 mg/kg,有效磷、速效钾、有效铁、有效锰和有效锌含量分别大于 5 mg/kg、100 mg/kg、4.5 mg/kg、5 mg/kg 和 0.5 mg/kg 时含量适宜,可溶性氯含量小于 30 mg/kg 时适宜烟草生长。

图 4-2 表明,考察的土壤样品 pH 为 5.5～7.0 的占 24.4％,21.8％的土壤样品 pH＜5.5,53.8％的土壤样品 pH＞7.0;有机质含量大于 10 g/kg 的土壤样品占 89.7％;61.5％的土壤样品碱解氮含量为 30～65 mg/kg;有效磷含量大于 5 mg/kg 的土壤样品占 82.9％,其中 28.9％的样品有效磷含量在 18 mg/kg 以上;速效钾含量大于 100 mg/kg 的样品占 84.7％;仅 1.3％的土壤样品可溶性氯含量大于 30 mg/kg;94.9％的土壤样品有效铁含量高于 4.5 mg/kg;80.8％的土壤样品有效锌含量大于 0.5 mg/kg;所有土壤样品有效锰含量都高于 5 mg/kg。可见,在豫中南烟区,大部分土壤有机质含量适宜、丰富;约 3/5 的土壤碱解氮含量适宜,但约 2/5 的土壤碱解氮含量偏高;土壤总体供磷、钾、铁、锰、锌能力均很强,但约 1/5 土壤缺锌;氯离子含量适宜;但半数土壤 pH 偏高。总体而言,豫中南烟区土壤有机质、碱解氮含量中等偏高,有效磷、有效钾、有效铁和有效锰含量丰富,可溶性氯和有效锌含量适宜,但半数样品 pH 超过 7,需要引起注意。

图 4-2　豫中南植烟土壤 pH 和养分含量的分布情况

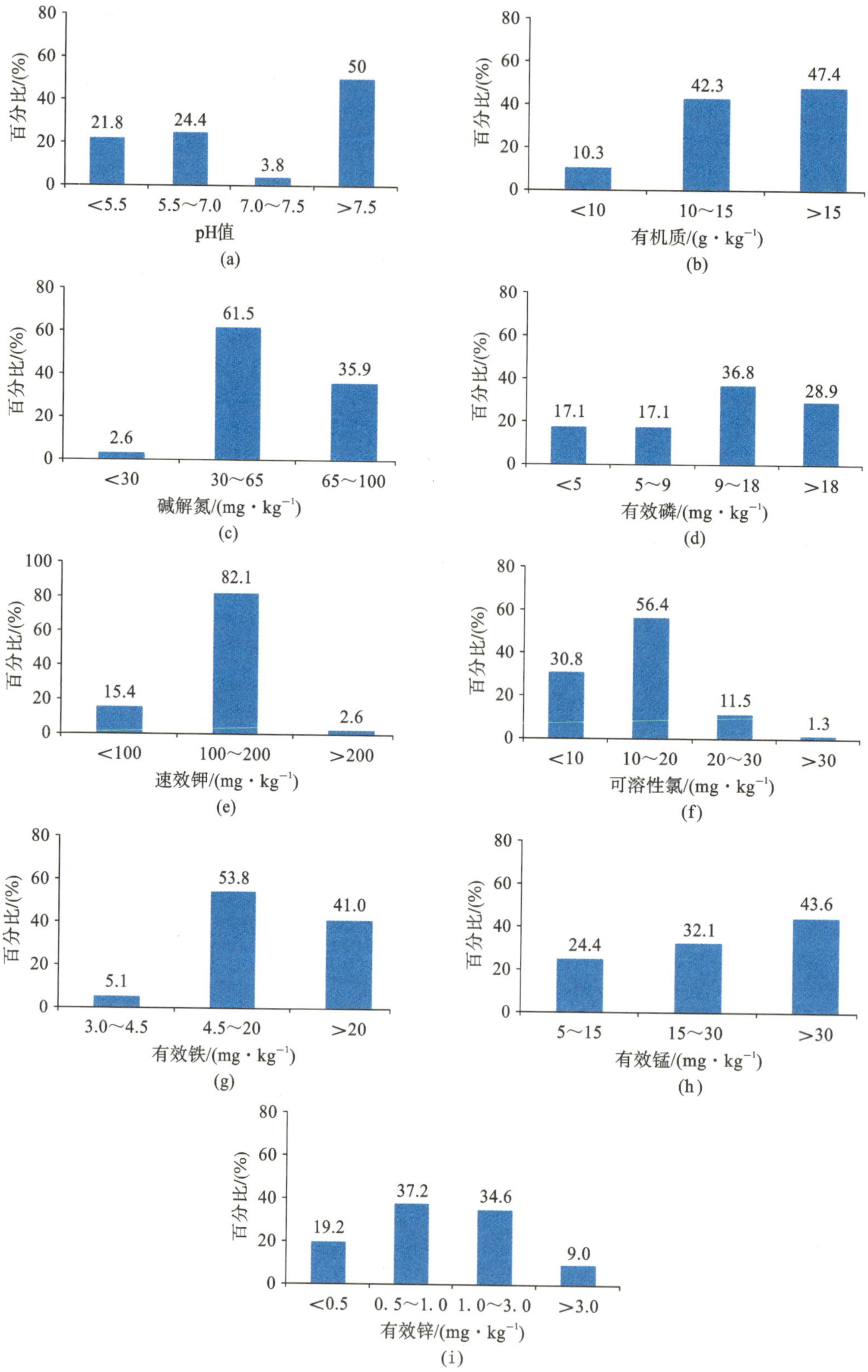

4. 土壤生物特性

（1）生物特性和群落分布。

活性有机质（碳）是土壤有机质的活性部分，也是土壤中易氧化分解且能被微生物利用作为能源及碳源的土壤有机质（Johns 等,1994；Blair 等,1995）。活性有机质包括了众多游离度较高的有机质,如植物残茬、根类物质、真菌菌丝、微生物及其渗出物如多糖等（Whitbread 等,1998）。因此,土壤活性有机质并非一种单纯的化合物,近年文献中常见的轻组有机碳、可溶性有机碳、水溶性有机碳、有效碳、潜在可矿化碳、微生物量碳、易氧化有机碳和热水提取碳等均属此范畴(庞学勇等,2009)。已有研究表明,土壤活性有机质虽然只占土壤有机碳总量的较小部分,但由于其是土壤中较为活跃的部分,对外界环境十分敏感(Dai 等,2001),在土壤的物理、化学和生物过程中扮演着十分重要的角色(Kalbitz 等,2000),对于指示土壤碳库平衡、表征土壤肥力与质量具有重要意义(王晶等,2003)。

土壤蛋白是球囊霉素土壤蛋白的简称。球囊霉素是丛枝菌根菌丝分泌产生的附着有金属离子(以铁离子为主,其含量为 1‰～9‰)的一种糖蛋白(Upadhyaya 等,1996;Franke 等,1996),主要存在于丛枝菌根菌丝体和孢子壁层结构中,随着菌丝和孢子降解而进入土壤(Driver 等,2005)。研究表明,土壤蛋白在土壤中难溶于水,难于分解,在自然状态下极为稳定(Halvorson 等,2006;Rillig 等,2001;Rillig 等,2007),是土壤有机质的重要组成部分,代表土壤有机质中的有机结合氮(Wright 等,2006),也是土壤团聚体形成的重要黏合剂(Wright 等,2007;Borie 等,2006;Rillig 等,2006),在改善土壤有机结构、土壤特性和促进土壤物质循环中发挥着重要作用。因此,土壤蛋白对于土壤团聚化过程、土壤质量改善和评价具有非常重要的意义(杜介方等,2011)。

因此,活性有机质和土壤蛋白含量两个指标与土壤微生物活性和植株根系生长密切相关;Chao 指数和 Ace 指数反映样品中群落的丰富度,Shannon 指数以及 Simpson 指数反映群落的多样性(Moebius-Clune 等,2016)。对豫中南植烟土壤生物特性的分析结果显示(表 4-4),该区域土壤活性有机质和土壤蛋白含量平均分别为 372.97 mg/kg 和 2.29 mg/g,脲酶、磷酸酶、过氧化氢酶和蔗糖酶活性平均分别为 0.23 mg/(g·d)、0.92 mg/(g·d)、0.76 mL/(g·h)和 6.47 mg/(g·d)。其中不同样品间脲酶活性变异最大,变异系数达116.24%。分析土壤细菌 OTU 平均数量为 39409 个,含量平均为 7.61×10^8 cfu/g,Ace 指数平均为 2639,Chao 指数平均为 2652,Shannon 指数平均为 6.17,Simpson 指数平均为 0.0065。不同样品间细菌含量差异较大,变异系数 62.24%。分析土壤真菌 OTU 平均数量为 31114 个,含量平均为 4.21×10^6 cfu/g,Ace 指数平均为 472,Chao 指数平均为 480,Shannon 指数平均为 4.00,Simpson 指数平均为 0.0596。不同样品间真菌含量和真菌 Simpson 指数差异明显,变异系数分别为 97.62%和 106.74%,其他指标变异系数均低于 20%(表 4-5)。

表 4-4　豫中南烟区土壤生物特性

项目	均值	标准差	范围	2.5% 分位值	97.5% 分位值	变异系数 /(%)
活性有机质/(mg·kg⁻¹)	372.97	107.66	40.02～663.48	67.91	641.07	28.87
土壤蛋白含量/(mg·g⁻¹)	2.29	0.91	0.52～4.26	0.56	4.22	39.77
脲酶 /(NH₃-N·mg·g⁻¹·d⁻¹)	0.23	0.27	0.0057～1.28	0.01	1.27	116.24
磷酸酶 /(Phenol·mg·g⁻¹·d⁻¹)	0.92	0.71	0.12～2.74	0.13	2.31	77.48
过氧化氢酶/ (0.1 mol·L⁻¹ KMnO₄, mL·g⁻¹·h⁻¹)	0.76	0.21	0.31～1.18	0.32	1.11	28.07
蔗糖酶/ (Glucose·mg·g⁻¹·d⁻¹)	6.47	4.04	0.83～17.17	1.09	15.85	62.43

表 4-5　豫中南烟区土壤微生物数量与多样性指数

	项目	均值	标准差	范围	2.5% 分位值	97.5% 分位值	变异系数 /（%）
细菌	OTU 数量	39409	2508	29163～41980	29483	41959	6.36
	含量/（×10⁸ cfu·g⁻¹）	7.61	4.73	2.48～23.3	2.54	22.70	62.24
	Ace 指数	2639	446	1700～3245	1702	3243	16.78
	Chao 指数	2652	443	1686～3240	1686	3240	16.83
	Shannon 指数	6.17	0.21	5.66～6.55	5.67	6.54	3.47
	Simpson 指数	0.0065	0.0018	0.0042～0.0120	0.0042	0.0119	28.12
真菌	OTU 数量	31114	5855	10179～40649	11190	40512	18.82
	含量/（×10⁶ cfu·g⁻¹）	4.21	4.11	0.25～25	0.27	23.52	97.62
	Ace 指数	472	80	295～747	300	732	17.09
	Chao 指数	480	81	301～733	308	719	16.74
	Shannon 指数	4.00	0.46	2.25～4.76	2.35	4.74	11.48
	Simpson 指数	0.0596	0.054	0.0160～0.3955	0.0170	0.3695	106.74

相较于国外农田土壤（Moebius-Clune 等，2016），豫中南植烟土壤的活性有机质和蛋白含量处于缺乏状态，均在国外平均水平以下。豫中南烟区土壤细菌多样性高于真菌，这与一般农田土壤特性一致（Fierer 等，2007）。研究区内土壤细菌和真菌的丰富度、均匀度变化较小，群落结构较为稳定。与已有研究结果相比（张忠民等，2015；苏婷婷等，2016），豫中南烟区土壤细菌 Shannon 指数高于重庆烟区，低于贵州遵义烟区，表明土壤细菌 α 多样性高于重庆植烟土壤，低于贵州遵义植烟土壤。

对 44 份土壤样品的分析结果显示，土壤中的细菌归属于 25 个菌门、306 个菌属。所占比例较高的有 13 个菌门（图 4-3）：酸杆菌门（Acidobacteria）、变形菌门（Proteobacteria）、放线菌门（Actinobacteria）、浮霉菌门（Planctomycetes）、绿弯菌门（Chloroflexi）、芽单胞菌门（Gemmatimonadetes）、拟杆菌门（Bacteroidetes）、硝化螺旋菌门（Nitrospirae）、装甲菌门（Armatimonadetes）、厚壁菌门（Firmicutes）、疣微菌门（Verrucomicrobia）、蓝藻门（Cyanobacteria）和迷踪菌门（Elusimicrobia）。其中，酸杆菌门、变形菌门、放线菌门和浮霉菌门为该区土壤细菌的优势菌门，占细菌群落总 OTU 数量的 76.0%。

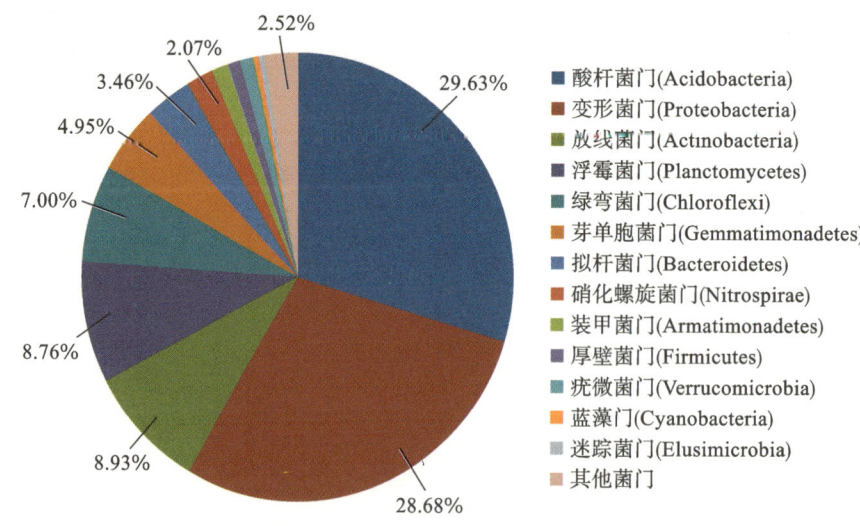

图 4-3　土壤细菌门水平的群落分布

306 个菌属中，酸杆菌门的 Bryobacter（丰度 1.76%）和 Candidatus Solibacter（丰度 1.48%）、浮霉菌门的小梨形菌属（Pirellula）（丰度 1.48%）、芽单胞菌门的芽单胞菌属（Gemmatimonas）（丰度 1.41%）、硝化螺旋菌门的硝化螺旋菌属（Nitrospira）（丰度 1.37%）和变形菌门的 Haliangium（丰度 1.11%）为豫中

南烟区土壤细菌的优势菌属(表 4-6)。

表 4-6　土壤细菌属水平群落分布

门类别	属类别	丰度比例/(%)
酸杆菌门(Acidobacteria)	Bryobacter	1.76
	Candidatus Solibacter	1.48
浮霉菌门(Planctomycetes)	小梨形菌属(Pirellula)	1.48
芽单胞菌门(Gemmatimonadetes)	芽单胞菌属(Gemmatimonas)	1.41
硝化螺旋菌门(Nitrospirae)	硝化螺旋菌属(Nitrospira)	1.37
变形菌门(Proteobacteria)	Haliangium	1.11
其他菌门		91.39

44 份土壤样品中的真菌归属于 6 个菌门、21 个菌纲和 351 个菌属。其中所占比例较高的 3 个门为子囊菌门(Ascomycota)、担子菌门(Basidiomycota)、接合菌门(Zygomycota);所占比例较高的 3 个纲为粪壳菌纲(Sordariomycetes)、散囊菌纲(Eurotiomycetes)、座囊菌纲(Dothideomycetes)。这说明,子囊菌门、担子菌门和接合菌门为该区土壤真菌的优势菌门,占真菌群落总 OTU 数量的 86.28%。粪壳菌纲、散囊菌纲和座囊菌纲为子囊菌门中的优势菌纲,占真菌群落总 OTU 数量的 48.57%(图 4-4)。接合菌门的被孢霉属(Mortierella)(丰度 11.52%)、担子菌门的隐球菌属(Cryptococcus)(丰度 4.95%)和子囊菌门的镰刀菌属(Fusarium)(丰度 4.71%)为土壤真菌的优势菌属(表 4-7)。

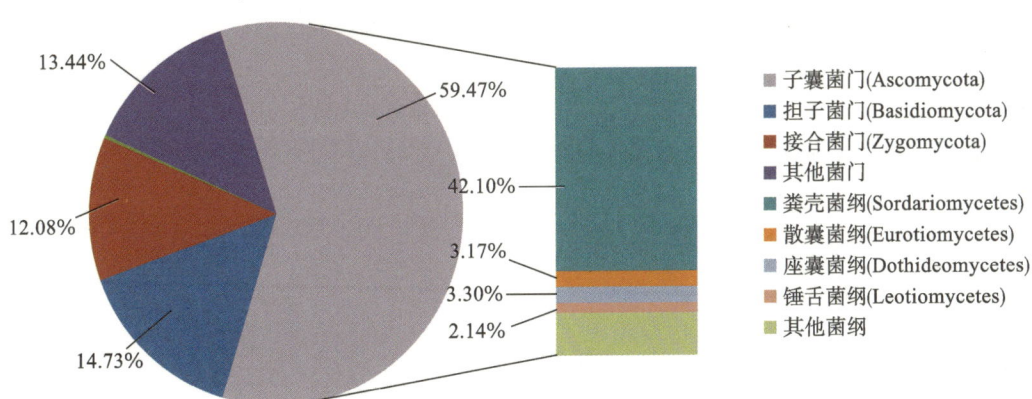

图 4-4　土壤真菌门、纲水平的群落分布

表 4-7　土壤真菌属水平群落分布

门类别	属类别	丰度比例/(%)
接合菌门(Zygomycota)	被孢霉属(Mortierella)	11.52
担子菌门(Basidiomycota)	隐球菌属(Cryptococcus)	4.95
	久浩酵母属(Guehomyces)	2.21
子囊菌门(Ascomycota)	镰刀菌属(Fusarium)	4.71
	毛壳菌属(Chaetomium)	3.53
其他菌门		70.73

(2)土壤黑胫病数量及分布。

提取 78 份土壤 DNA 后经 PCR 检测,结果表明,在 22 份已知有黑胫病发病的田块中有 18 份样品可扩增出烟草黑胫病菌 251 bp 的特异性条带,检测准确度为 81.8%,但扩增信号浓度有所不同(图 4-5)。在余下 55 份没有明显黑胫病发病的田块中,未检测出黑胫病特异性条带。

以已知浓度含有目标片段的质粒为模板进行实时定量 PCR 扩增,通过质粒浓度对数和对应的 Ct 值生

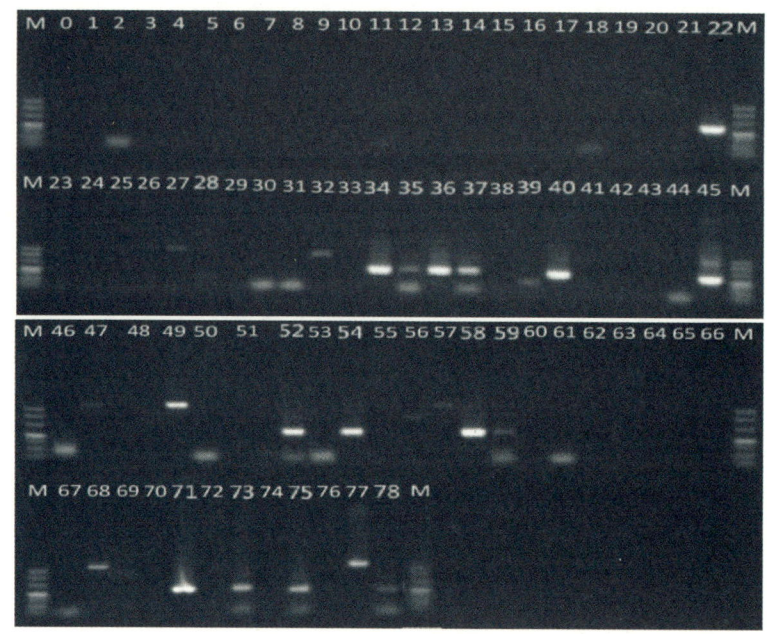

图 4-5　土壤黑胫病菌特异性 PCR 电泳图

注：M 为 DL500 Marker，0 为阴性对照，1～78 为 78 个土壤样品编号。

成扩增反应标准曲线，由此计算待测土样中的黑胫病菌数量。由表 4-8 看出，土壤黑胫病菌数量差异较大。通过 SPSS 软件计算土壤黑胫病数量与发病率之间的简单相关系数，得出结果为 0.0899，相关性较小。因此，烟田土壤黑胫病菌数量与发病率之间可能无直接相关性。

表 4-8　烟田土壤黑胫病菌数量与发病率

样品号	数量/(个/g)	发病率/(%)	样品号	数量/(个/g)	发病率/(%)
9	—	5.5	45	7.21×10^5	15.2
19	—	6.5	52	1.70×10^6	4.4
22	8.63×10^5	11.5	54	5.72×10^6	7.2
28	3.80×10^5	9.8	56	—	15.8
34	5.58×10^5	20.0	58	3.44×10^5	4.0
35	2.43×10^4	4.8	59	3.37×10^5	10.4
36	1.57×10^6	4.9	67	1.29×10^6	6.0
37	1.05×10^6	4.8	71	3.86×10^6	5.5
39	1.73×10^4	22.0	73	1.74×10^6	5.3
40	2.25×10^5	9.0	75	4.94×10^5	7.0
41	—	7.6	78	6.87×10^5	4.8

注："—"表示未检测出黑胫病菌。

相较于贵州、云南等植烟区（张忠民等，2015；苏婷婷等，2016；黄化刚等，2015；陈冬梅等，2012；段玉琪等，2012），豫中南烟区土壤的优势细菌群落组成相似，且群落丰度与贵州烟区相似，均以酸杆菌门丰度较高（张忠民等，2015；黄化刚等，2015），重庆烟区土壤绿弯菌门丰度较高（约 24%）（张翔等，2009）。土壤真菌群落结构组成与陈冬梅等（2012）和陈丹梅等（2014；2016）研究结果一致。总体可以看出，不同植烟区土壤的细菌群落丰度比例差异较大，而真菌区系差异较小。烟草黑胫病是河南烟草生产中最主要的土传病害之一，发病率高，分布范围广，造成的经济损失巨大。有研究报道，烟草黑胫病的田间发病程度与土壤烟草黑胫病菌数量正相关（耿坤等，2002）。研究发现，土壤黑胫病菌数量与烟叶发病率之间并无直接相关性，这可能是由于黑胫病发病情况除受病菌数量因素影响外，还与气候因素、耕作栽培、根结线虫病和烟草品种抗性等因素有关（王志愿等，2010）。

(二)不同植烟县土壤性质比较

1.土壤物理特性

比较发现,3个植烟县土壤物理特性有一定差异(表4-9)。郏县土壤黏粒含量、表层硬度和次表层硬度均为3县最高,平均分别为22.98%、22.20 kg/cm² 和45.53 kg/cm²,均显著高于泌阳县;而泌阳县土壤田间持水量平均为25.25%,水稳性团聚体总量平均为41.22%,均极显著高于郏县和襄城县。

表4-9　不同植烟县土壤物理特性

项目	泌阳县	郏县	襄城县
容重/(g·cm⁻³)	1.36±0.08a	1.35±0.12a	1.31±0.06a
黏粒含量/(%)	16.91±3.06bB	22.98±5.15aA	20.86±3.52aA
田间持水量/(%)	25.25±3.14aA	21.31±2.44bB	20.97±1.85bB
总孔隙度/(%)	48.78±3.18a	49.17±4.40a	50.65±2.42a
水稳性团聚体总量/(%)	41.22±11.67aA	30.32±9.42bB	21.77±7.37cC
土壤表层硬度/(kg·cm⁻²)	17.95±6.83bA	22.20±7.74aA	17.06±4.99bA
土壤次表层硬度/(kg·cm⁻²)	36.56±9.95bB	45.53±6.95aA	38.52±10.08bB

注:同行数据后带有不同小、大写字母,分别表示差异达到显著水平(P<0.05)和极显著水平(P<0.01)(下同)。

泌阳县植烟土壤以黏壤土和壤土为主,共占测定样品的96%;郏县和襄城县植烟土壤以黏壤土和黏土为主,二者合计占测定样品的95%以上(表4-10)。

表4-10　不同植烟县土壤质地百分比(%)及样本数(个)

项目	壤土	黏壤土	黏土
泌阳县	24.0(6)	72.0(18)	4.0(1)
郏县	3.6(1)	53.6(15)	42.9(12)
襄城县	0(0)	88.0(22)	12.0(3)
合计/个	7	55	16

2.土壤化学特性

表4-11表明,3个植烟县土壤养分含量有显著差异。襄城县土壤可溶性氯含量平均为18.27 mg/kg,显著高于泌阳县和郏县;土壤有效磷含量平均为16.57 mg/kg,极显著高于郏县。郏县土壤有机质含量平均为17.60 g/kg,极显著高于泌阳县和襄城县。泌阳县土壤pH显著较低,但碱解氮、速效钾、有效铁、有效锰和有效锌含量较高。

表4-11　不同植烟县土壤化学特性

项目	泌阳县	郏县	襄城县
pH	5.49±0.74bB	7.44±0.84aA	7.64±0.97aA
有机质/(g·kg⁻¹)	12.58±2.08bB	17.60±4.29aA	13.85±3.76bB
碱解氮/(mg·kg⁻¹)	68.36±14.16aA	54.77±11.04bB	58.11±12.78bB
有效磷/(mg·kg⁻¹)	14.85±9.53aAB	10.47±7.53bB	16.57±8.44aA
速效钾/(mg·kg⁻¹)	138.84±29.77aA	125.86±39.71abAB	110.49±18.44bB
可溶性氯/(mg·kg⁻¹)	10.92±4.22bB	12.29±4.06bB	18.27±4.95aA
有效铁/(mg·kg⁻¹)	43.20±16.91aA	11.55±10.17bB	12.94±13.72bB
有效锰/(mg·kg⁻¹)	41.37±4.90aA	20.84±9.40bB	19.31±8.51bB
有效锌/(mg·kg⁻¹)	2.04±1.06aA	0.83±0.25bB	0.78±0.6bB

3.土壤生物特性

(1)土壤生物特性和微生物群落分布。

分析显示,3个植烟县土壤活性有机质、土壤蛋白含量和酶活性均有显著差异(表4-12)。郏县土壤活性有机质含量平均为418.22 mg/kg,显著高于襄城县和泌阳县;泌阳县土壤蛋白含量平均为3.17 mg/g,磷酸酶活性平均为1.46 mg/(g·d),均极显著高于郏县和襄城县;郏县土壤脲酶、过氧化氢酶和蔗糖酶活性极显著高于泌阳县。泌阳县植烟土壤细菌含量、Chao指数、Ace指数和Shannon指数极显著低于其他两县。3个植烟县土壤真菌OTU序列数量、含量和α多样性指数均无显著差异。可见,郏县和襄城县土壤细菌多样性优于泌阳县,3个植烟县土壤真菌多样性无明显差别。

表4-12 不同植烟县土壤生物特性

项目	活性有机质 /(mg·kg^{-1})	土壤蛋白 /(mg·g^{-1})	脲酶 /(NH$_3$-N·mg· g^{-1}·d^{-1})	磷酸酶 /(Phenol·mg· g^{-1}·d^{-1})	过氧化氢酶 /(0.1 mol·L^{-1} KMnO$_4$, mL·g^{-1}·h^{-1})	蔗糖酶 /(Glucose·mg· g^{-1}·d^{-1})
泌阳县	355.47±80.87bAB	3.17±0.69aA	0.10±0.05bB	1.46±0.52aA	0.58±0.16bB	3.33±1.59bB
郏县	418.22±112.78aA	1.87±0.56bB	0.41±0.37aA	0.69±0.63bB	0.84±0.17aA	9.01±4.45aA
襄城县	339.78±111.73bB	1.88±0.82bB	0.18±0.15abAB	0.62±0.66bB	0.84±0.20aA	6.75±3.10bB

项目	细菌					
	OTU/个	含量/(×10^8 cfu·g^{-1})	Chao指数	Ace指数	Shannon指数	Simpson指数
泌阳县	39995±1219a	4.04±1.15bB	2202±335bB	2181±314bB	5.98±0.18cB	0.0072±0.0021aA
郏县	39933±1087a	9.86±6.22aA	2815±199aA	2809±200aA	6.19±0.12bA	0.0071±0.0017aA
襄城县	38353±3806a	8.70±3.09aA	2909±407aA	2896±399aA	6.33±0.18aA	0.0054±0.0001bB

项目	真菌					
	OTU/个	含量/(×10^6 cfu·g^{-1})	Chao指数	Ace指数	Shannon指数	Simpson指数
泌阳县	32989±5898a	4.12±2.47a	451.56±47.65a	450±51a	3.86±0.34a	0.0646±0.0417a
郏县	31308±6868a	2.96±2.39a	490.92±105.83a	478±109a	4.03±0.62a	0.066±0.0958a
襄城县	29167±4218a	5.56±6.08a	495.36±72.98a	487±71a	4.10±0.34a	0.0476±0.0372a

泌阳县和郏县植烟土壤中细菌均以酸杆菌门所占比例最高,平均分别为30.56%和30.91%;其次为变形菌门,所占比例平均分别为29.00%和27.06%。而襄城县植烟土壤中的细菌则以变形菌门所占比例最高,平均为30.00%;其次为酸杆菌门,所占比例平均为27.7%。泌阳县和郏县土壤酸杆菌门所占比例显著高于襄城县;郏县和襄城县土壤放线菌门所占比例显著低于泌阳县,但浮霉菌门比例显著高于泌阳县;变形菌门所占比例在三县没有显著差异(图4-6)。以上结果表明,泌阳县、郏县和襄城县植烟土壤细菌群落分布有一定差异,且在优势细菌群落中,酸杆菌门、放线菌门和浮霉菌门的丰度比例差别较大。

泌阳县、郏县和襄城县植烟土壤中的真菌均以子囊菌门所占比例最高,平均分别为56.09%、55.13%和66.96%。3个植烟县土壤中的真菌均以粪壳菌纲所占比例最高,平均分别为40.99%、38.67%和46.57%。除襄城县植烟土壤子囊菌门的比例显著高于泌阳县和郏县外,其余菌门、菌纲的丰度比例在3个植烟县中无显著差异(图4-7)。以上结果表明,在泌阳县、郏县和襄城县植烟土壤中,真菌丰度比例的差别主要表现为子囊菌门的差别。

(2)土壤黑胫病发病状况。

在泌阳县、郏县和襄城县3个植烟县中,通过黑胫病ITS序列引物PCR扩增检测到的有黑胫病的样品数分别为1个、9个和8个,但通过实际观察有黑胫病发病并取样的土壤样品数分别为3个、10个和9个,检测准确率分别为33.3%、90.0%和88.9%。选择部分田块考察黑胫病发病率,结果显示,泌阳县、郏县、襄城县的黑胫病发病率分别为1.25%、3.66%和2.57%,泌阳县黑胫病发病率低于郏县和襄城县(图4-8)。

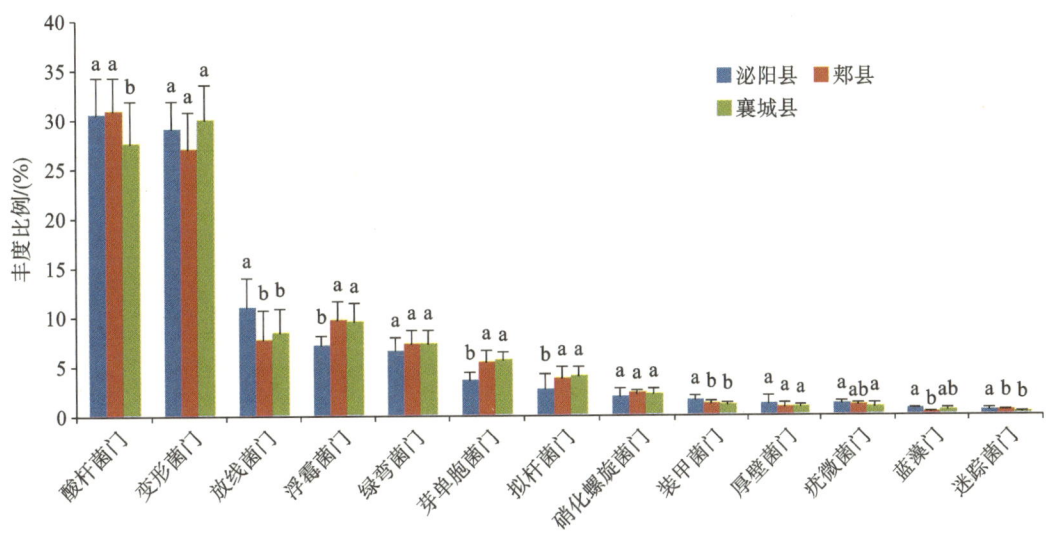

图 4-6 不同植烟县土壤细菌门水平的群落分布

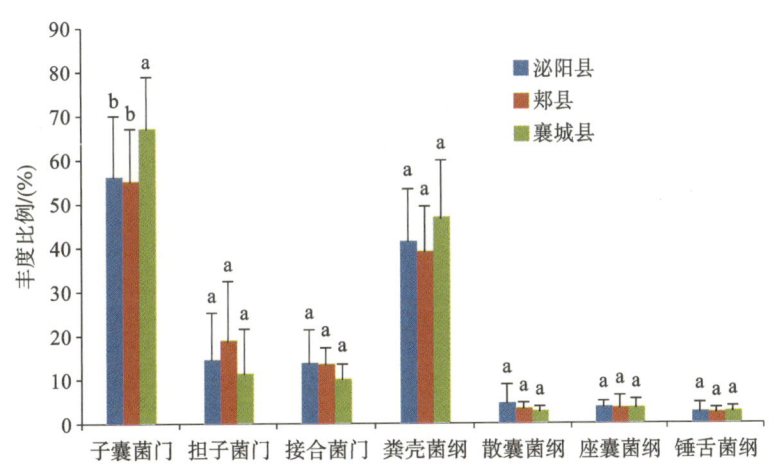

图 4-7 不同植烟县土壤真菌门和纲水平的群落分布

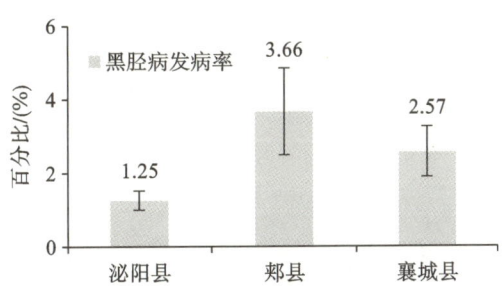

图 4-8 不同植烟县烟田土壤黑胫病发病率

(三)不同质地植烟土壤性质比较

1. 土壤物理特性

不同质地的植烟土壤黏粒含量、田间持水量和土壤次表层硬度有较大的差别,其中黏土的黏粒含量平均为 27.49%,土壤次表层硬度平均为 45.00 kg/cm²,均极显著高于壤土;壤土的田间持水量平均为 23.79%,显著高于黏土,其余土壤物理特性没有显著差异(表 4-13)。

表 4-13　不同质地植烟土壤物理特性

项目	壤土	黏壤土	黏土
容重/(g·cm⁻³)	1.37±0.06a	1.33±0.08a	1.35±0.14a
黏粒含量/(%)	13.55±1.26cC	19.11±2.87bB	27.49±1.87aA
田间持水量/(%)	23.79±4.14aA	22.92±3.08aA	20.70±2.46bA
总孔隙度/(%)	48.15±2.39a	49.84±2.96a	48.87±5.34a
水稳性团聚体总量/(%)	37.06±16.72a	29.97±12.28a	32.25±10.18a
土壤表层硬度/(kg·cm⁻²)	17.46±8.53a	18.79±7.38a	19.83±5.45a
土壤次表层硬度/(kg·cm⁻²)	32.24±7.50bB	38.75±10.14bAB	45.00±7.70aA

2. 土壤化学特性

结果显示,3 种质地植烟土壤的化学性质有较大差异。黏土的 pH、有机质和速效钾含量显著或极显著高于黏壤土和壤土;壤土有效磷、有效铁和有效锰含量则显著高于黏土(表 4-14)。

表 4-14　不同质地植烟土壤化学特性

项目	壤土	黏壤土	黏土
pH	5.25±0.46cC	6.81±1.30bB	7.82±0.36aA
有机质/(g·kg⁻¹)	11.87±2.28bA	14.78±3.99abA	16.10±4.66aA
碱解氮/(mg·kg⁻¹)	59.73±15.85a	61.75±14.10a	55.08±11.05a
有效磷/(mg·kg⁻¹)	17.76±11.72aA	14.58±8.39abA	9.74±7.85bA
速效钾/(mg·kg⁻¹)	117.84±39.93bB	119.93±28.76bB	146.01±35.61aA
可溶性氯/(mg·kg⁻¹)	9.68±1.73bB	14.58±5.76aA	12.78±4.09abAB
有效铁/(mg·kg⁻¹)	43.69±14.39aA	23.59±20.34bAB	7.72±3.90cB
有效锰/(mg·kg⁻¹)	41.24±5.32aA	27.77±12.90bB	17.79±5.39cC
有效锌/(mg·kg⁻¹)	1.73±1.12a	1.22±0.97a	0.90±0.41a

3. 土壤生物特性

(1)土壤生物特性和微生物群落分布。

表 4-15 结果表明,黏土活性有机质含量和脲酶、过氧化氢酶、蔗糖酶活性显著高于壤土和黏壤土;壤土蛋白含量和磷酸酶活性则显著高于黏土;黏土细菌含量、Chao 指数和 Ace 指数也显著较高,而黏壤土则 Shannon 指数显著高于壤土。3 种质地土壤的真菌多样性没有显著差异。

表 4-15　不同质地植烟土壤生物特性

项目	活性有机质 /(mg·kg⁻¹)	土壤蛋白 /(mg·g⁻¹)	脲酶 /(NH₃-N·mg· g⁻¹·d⁻¹)	磷酸酶 /(Phenol·mg· g⁻¹·d⁻¹)	过氧化氢酶 /(0.1 mol·L⁻¹ KMnO₄, mL·g⁻¹·h⁻¹)	蔗糖酶 /(Glucose·mg· g⁻¹·d⁻¹)
壤土	304.89bA	3.04±0.82aA	0.09cB	1.15aA	0.51cC	2.37cC
黏壤土	368.04abA	2.38±0.93aA	0.17bB	0.99aA	0.74bB	5.82bB
黏土	419.69aA	1.67±0.47bB	0.52aA	0.56aA	0.92aA	10.50aA

项目	细菌					
	OTU/个	含量/(×10⁸ cfu·g⁻¹)	Chao 指数	Ace 指数	Shannon 指数	Simpson 指数
壤土	40537a	3.75bA	2098bA	2094bA	5.95bA	0.0065abA

项目	细菌					
	OTU/个	含量/($\times 10^8$ cfu·g^{-1})	Chao 指数	Ace 指数	Shannon 指数	Simpson 指数
黏壤土	38943a	7.47abA	2687aA	2670aA	6.21aA	0.0061bA
黏土	40463a	9.81aA	2777aA	2772aA	6.14abA	0.0079aA
项目	真菌					
	OTU/个	含量/($\times 10^6$ cfu·g^{-1})	Chao 指数	Ace 指数	Shannon 指数	Simpson 指数
壤土	32553a	4.12a	430a	434a	4.02a	0.0440a
黏壤土	30689a	4.57a	489a	482a	4.02a	0.0540a
黏土	31935a	3.05a	471a	456a	3.91a	0.0854a

壤土和黏土均以酸杆菌门占比最高,平均分别为 33.11％和 28.71％;其次为变形菌门,占比平均分别为 28.16％和 26.54％。而黏壤土则以变形菌门占比最高(29.37％),其次为酸杆菌门(28.71％)。壤土中酸杆菌门比例显著高于黏壤土,而拟杆菌门显著低于黏土,其余细菌类别没有显著差异(图 4-9)。可知,壤土、黏壤土和黏土细菌群落分布差别主要表现为酸杆菌门和拟杆菌门差异。

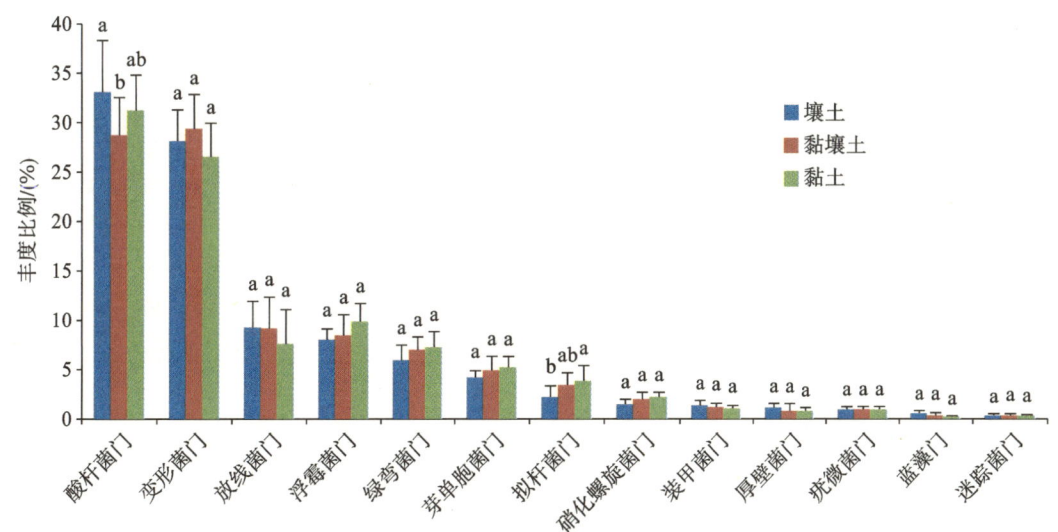

图 4-9　不同质地植烟土壤细菌门水平的群落分布

壤土、黏壤土和黏土均以子囊菌门占比最高,平均分别为 66.94％、57.27％和 63.73％,其次为担子菌门和接合菌门;壤土、黏壤土和黏土在纲类别中均以粪壳菌纲占比最高,平均分别为 49.04％、41.22％和 42.07％,壤土中散囊菌纲占比 7.21％,高于黏壤土(2.90％)和黏土(2.28％),其次为座囊菌纲和锤舌菌纲(图 4-10)。除散囊菌纲外,3 种质地土壤优势真菌群落在门、纲水平上差别不显著。

(2)土壤黑胫病发病状况。

由表 4-16 看出,不同质地植烟土壤黑胫病发病率存在明显差别。在 78 份土壤样品中,7 份壤土样品没有发现黑胫病菌,黏壤土和黏土的实际发病概率分别达 27.3％和 43.8％,说明黑胫病发病状况与土壤质地密切相关;同时,不同质地烟田的黑胫病发病率存在明显差别,壤土中没有检测到黑胫病菌,也没有出现明显黑胫病发病烟田,黏壤土和黏土黑胫病发病率分别为 1.90％和 5.37％。有报道指出,黑胫病属高温高湿性病害,在合适温度下,黑胫病游动孢子可借助于水来传播,在相同降雨状况下,黏土的保水保湿性最强,其次为黏壤土,壤土保水性相对较差。研究表明,砂质壤土不易积水,发病均较轻;黏质土壤容易积水,发病较重(邹青云,2005),这与研究结果相一致。

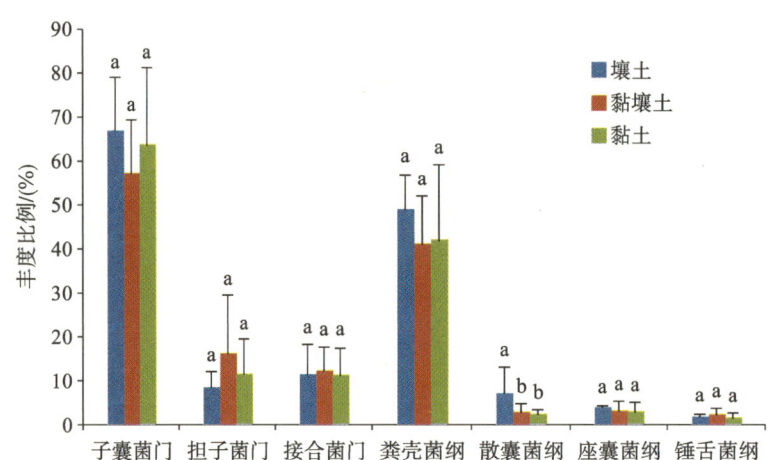

图 4-10 不同质地植烟土壤真菌门、纲水平群落分布

表 4-16 不同质地植烟土壤发病比例及黑胫病发病率

发病状况	壤土	黏壤土	黏土
发病比例/(%)	0(0)	27.3	43.8
黑胫病发病率/(%)	0	1.90±0.96	5.37±2.96

二、不同健康档次植烟土壤物理、化学和生物特性比较

近年来国内不少科研工作者从烤烟连作和不同施肥方式等不同角度分析植烟土壤性质,并在植烟土壤健康评价方面进行了一些探索,但已有研究大多只关注单一的物理、化学或生物特性,关于植烟土壤健康的综合关键指标筛选及评价方法仍处于探索阶段。因此,研究基于烤烟实际生产,以豫中南烟区为例,通过产区实地调研对植烟土壤样品进行健康档次划分,并从土壤物理、化学和生物指标等方面系统分析了不同健康档次样品的土壤性质差异,以其为基础筛选出能反映植烟土壤健康状态的重要指标。

(一)土壤健康档次划分

通过产区实地调研,依据优质烟叶生产概率、土壤肥力、烟叶产值产量和发病概率等历史数据,将 78 个取样点划分成 3 个档次类别,分别代表 3 种土壤健康状况。划分依据为:高档烟田满足优质烟生产概率高(上等烟比例大于 40%),土壤肥力强(有机质含量大于 12 g/kg、碱解氮含量为 40~65 mg/kg、有效磷含量为 10~30 mg/kg、速效钾含量大于 200 mg/kg,至少同时符合 3 点),烟叶产量为 150~220 kg 且亩产值大于 4500 元,发病概率小于 5%;优质烟生产概率高、土壤肥力强、烟叶产值产量高和发病概率低这四项因素有一项不满足,即为中档烟田;优质烟生产概率高、土壤肥力强、烟叶产值产量高和发病概率低这四项因素有两项及两项以上不满足,即为低档烟田。结果如表 4-17 所示。

表 4-17 土壤样品档次划分状况

项目	高档/份	中档/份	低档/份
泌阳县	3	19	3
郏县	7	17	4
襄城县	4	15	6
合计	14	51	13

(二)土壤物理特性

高档烟田土壤田间持水量平均为 23.28%,显著高于低档烟田,水稳性团聚体总量平均为 35.04%,极显著高于低档烟田。同时可看出,土壤表层硬度和土壤次表层硬度随土壤档次的升高逐渐降低,而总孔隙度随土壤档次的升高逐渐升高(表4-18)。

表4-18　不同档次植烟土壤物理特性

项目	高档	中档	低档
容重/(g·cm⁻³)	1.30±0.07a	1.34±0.10a	1.37±0.07a
黏粒含量/(%)	20.83±4.67a	20.42±4.78a	19.52±5.04a
田间持水量/(%)	23.28±3.48aA	22.84±3.03aA	20.35±2.73bA
总孔隙度/(%)	50.76±2.58a	49.39±3.89a	48.31±2.69a
水稳性团聚体总量/(%)	35.04±12.01aA	31.63±10.55abAB	24.63±17.09bB
土壤表层硬度/(kg·cm⁻²)	18.26±7.64a	18.54±6.69a	20.90±8.13a
土壤次表层硬度/(kg·cm⁻²)	36.94±5.98a	39.73±10.21a	41.01±12.71a

(三)土壤化学特性

高档烟田土壤有机质和碱解氮含量平均分别为 17.09 g/kg、66.05 mg/kg,均极显著高于低档烟田。同时,高档烟田土壤有效磷、有效铁和有效锰含量均高于低档烟田,但可溶性氯含量低于低档烟田(表4-19)。

表4-19　不同档次植烟土壤化学特性

项目	高档	中档	低档
pH	6.81±1.15a	6.77±1.36a	7.40±1.01a
有机质/(g·kg⁻¹)	17.09±3.46aA	15.15±3.67aA	10.91±4.08bB
碱解氮/(mg·kg⁻¹)	66.05±9.96aA	62.49±12.26aA	44.91±13.02bB
有效磷/(mg·kg⁻¹)	14.50±8.49a	13.91±8.91a	13.39±9.35a
速效钾/(mg·kg⁻¹)	119.43±26.25a	127.59±31.96a	121.42±41.95a
可溶性氯/(mg·kg⁻¹)	12.74±3.81a	13.97±6.01a	14.07±4.27a
有效铁/(mg·kg⁻¹)	21.37±16.87a	24.51±21.76a	13.69±12.60a
有效锰/(mg·kg⁻¹)	28.99±11.18a	28.03±13.09a	20.42±11.31a
有效锌/(mg·kg⁻¹)	0.93±0.39a	1.30±0.99a	1.09±0.98a

(四)土壤生物特性

1. 土壤生物特性差异和微生物群落

随健康档次从高档到中档和低档,土壤活性有机质、土壤蛋白含量和蔗糖酶活性呈逐渐降低趋势,高档烟田土壤的活性有机质、土壤蛋白含量和蔗糖酶活性平均分别为 443.03 mg/kg、2.64 mg/g、8.02 mg/(g·d),均极显著高于低档烟田;高档烟田土壤真菌 Shannon 指数平均为 4.30,相对高于中、低档烟田。三档植烟土壤的细菌多样性没有显著差异(表4-20)。

表4-20　不同档次植烟土壤生物特性

项目	活性有机质/(mg·kg⁻¹)	土壤蛋白/(mg·g⁻¹)	脲酶/(NH₃-N·mg·g⁻¹·d⁻¹)	磷酸酶/(Phenol·mg·g⁻¹·d⁻¹)	过氧化氢酶/(0.1 mol·L⁻¹ KMnO₄, mL·g⁻¹·h⁻¹)	蔗糖酶/(Glucose·mg·g⁻¹·d⁻¹)
高档	443.03aA	2.64aA	0.21a	0.99a	0.76a	8.02aA
中档	383.06bA	2.37aA	0.23a	0.97a	0.76a	6.44abAB

项目	活性有机质/ (mg·kg^{-1})	土壤蛋白/ (mg·g^{-1})	脲酶/ (NH$_3$-N·mg· g^{-1}·d^{-1})	磷酸酶/ (Phenol·mg· g^{-1}·d^{-1})	过氧化氢酶/ (0.1 mol·L^{-1} KMnO$_4$, mL·g^{-1}·h^{-1})	蔗糖酶/ (Glucose·mg· g^{-1}·d^{-1})
低档	257.91cB	1.61bB	0.29a	0.61a	0.74a	4.91bB

项目	细菌					
	OTU/个	含量/(×10^8 cfu·g^{-1})	Chao 指数	Ace 指数	Shannon 指数	Simpson 指数
高档	39983a	8.96a	2739a	2712a	6.17a	0.0067a
中档	39634a	7.21a	2536a	2534a	6.13a	0.0067a
低档	38035a	7.22a	2921a	2889a	6.31a	0.0050a

项目	真菌					
	OTU/个	含量/(×10^6 cfu·g^{-1})	Chao 指数	Ace 指数	Shannon 指数	Simpson 指数
高档	29336a	4.46a	496a	486a	4.30aA	0.0294a
中档	32353a	4.19a	478a	470a	3.88bB	0.0712a
低档	29307a	3.98a	467a	461a	4.00abAB	0.0593a

高档和中档植烟土壤均以酸杆菌门占比最高,平均分别为30.77%和30.45%;其次为变形菌门,占比平均分别为28.82%和28.07%。而低档植烟土壤则以变形菌门占比最高(30.50%),其次为酸杆菌门(25.53%)(图4-11)。由此可知,高、中档植烟土壤酸杆菌门比例显著高于低档土壤,其余细菌门在3档土壤中没有显著差异。

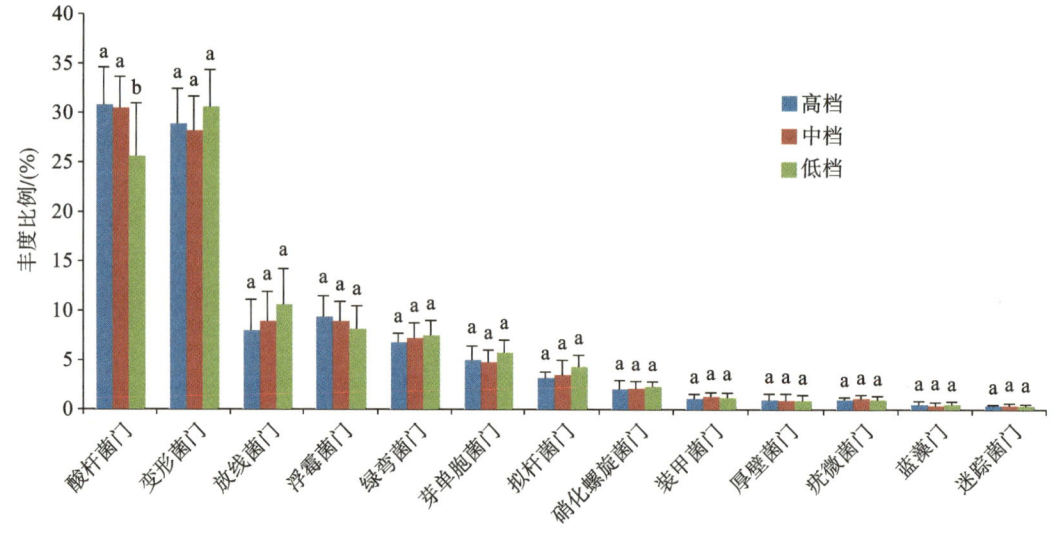

图4-11 不同档次植烟土壤细菌门水平群落分布

图4-12表明,3档植烟土壤均以子囊菌门占比最高,平均分别为62.21%、57.93%和61.04%,纲类别中均以粪壳菌纲占比最高,平均分别为41.25%、41.37%和45.56%。高档烟田土壤散囊菌纲的丰度显著高于中、低档烟田,其他真菌种类差异不大。

2.土壤黑胫病数量及发病率

不同档次植烟土壤样品之间的黑胫病数量无显著差别(表4-21)。高、中、低三档烟田黑胫病菌数量分别为3.61×10^5、2.88×10^{5}和2.80×10^{5}个,但由于样品间黑胫病菌数量差异较大,标准差较高。此外,不同档次烟田黑胫病发病率均在3%以下,无显著差别。

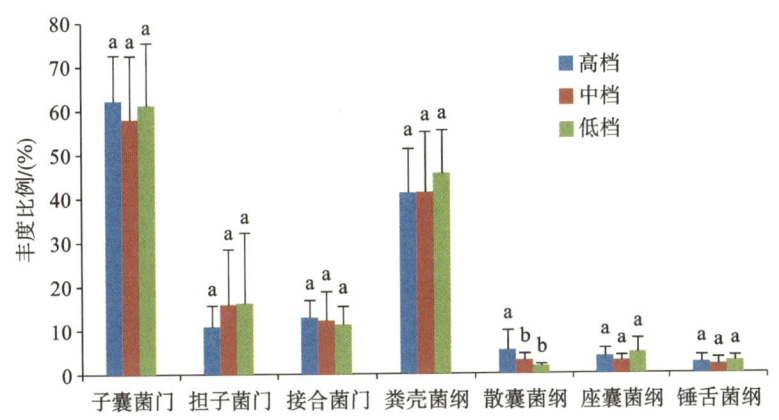

图 4-12 不同档次植烟土壤真菌门、纲水平群落分布

表 4-21 不同档次植烟土壤黑胫病菌数量及黑胫病发病率

土壤健康档次	数量/(×10⁵ 个·g⁻¹)	发病样品数/个	发病率/(%)
高档	3.61±3.18a	4	1.29±0.19a
中档	2.88±3.23a	14	2.94±1.68a
低档	2.80±2.37a	4	2.30±0.92a

(五)土壤健康评价指标之间的相关分析

不同健康档次植烟土壤部分物理、化学和生物指标存在明显差异。由本节可知,不同健康档次植烟土壤的田间持水量、水稳性团聚体总量、有机质、碱解氮、活性有机质、土壤蛋白含量、蔗糖酶活性和真菌Shannon 指数 8 个指标存在显著差异;土壤表层硬度、土壤次表层硬度、可溶性氯 3 个指标随着土壤健康档次的降低有升高趋势,因此将这 11 个指标作为评价土壤健康档次的待选指标,分析指标之间的相关性。由表 4-22 可以看出,田间持水量与水稳性团聚体总量、碱解氮和土壤蛋白含量呈极显著正相关,而与蔗糖酶活性呈极显著负相关;水稳性团聚体总量与碱解氮呈极显著正相关,与可溶性氯呈极显著负相关;表层硬度与次表层硬度呈极显著正相关;次表层硬度还与有机质、蔗糖酶活性呈正相关,而与土壤蛋白含量呈负相关性;有机质含量与碱解氮、活性有机质和蔗糖酶活性呈极显著正相关;碱解氮含量还与活性有机质和土壤蛋白含量呈极显著正相关;可溶性氯与蔗糖酶活性呈显著正相关;除有机质和碱解氮外,活性有机质还与土壤蛋白含量、蔗糖酶活性呈极显著正相关;土壤蛋白含量与蔗糖酶活性呈极显著负相关;真菌Shannon 指数与前面 10 个物理、化学及生物学指标无显著相关性。

表 4-22 植烟土壤健康评价指标之间的相关分析

健康指标	田间持水量	水稳性团聚体总量	表层硬度	次表层硬度	有机质	碱解氮	可溶性氯	活性有机质	土壤蛋白	蔗糖酶活性	真菌Shannon指数
田间持水量	1	0.401**	−0.126	−0.220	0.037	0.610**	−0.200	0.221	0.631**	−0.302**	0.059
水稳性团聚体总量		1	0.066	−0.117	0.220	0.337**	−0.386**	0.256*	0.371**	0.040	−0.099
表层硬度			1	0.580**	0.224	−0.146	0.066	−0.021	−0.205	0.126	−0.060
次表层硬度				1	0.321**	−0.085	0.224	0.079	−0.255*	0.328**	−0.116
有机质					1	0.403**	0.100	0.796**	0.029	0.650**	0.050
碱解氮						1	0.054	0.610**	0.677**	0.030	−0.001
可溶性氯							1	−0.033	−0.255*	0.246*	0.199

续表

健康指标	田间持水量	水稳性团聚体总量	表层硬度	次表层硬度	有机质	碱解氮	可溶性氯	活性有机质	土壤蛋白	蔗糖酶活性	真菌Shannon指数
活性有机质								1	0.317**	0.520**	−0.020
土壤蛋白									1	−0.478**	−0.147
蔗糖酶活性										1	0.119
真菌Shannon指数											1

三、植烟土壤健康评价体系构建

土壤健康评价最小数据集要求对土壤功能的改变比较敏感,能够对管理或气候作出快速反应,所以评价指标体系应该具有简单易获、可操作性与可重复性强、灵敏性好等优点,同时需要充分反映土壤物理、化学以及生物等特性(蔡小溪等,2015)。土壤健康评价指标的量化是以土壤健康评价最小数据集为基础,根据土壤健康指标与土壤功能的量化关系建立评价曲线。土壤健康指标的量化方法有多种,如线性量化或非线性量化等,主要有标准化指数法(房全孝,2013)、累计正态分布法、模糊综合评价法、地统计学方法、系统评价方法、动力学评价方法和决策树法(徐建明等,2010)。在目前较为成熟且应用广泛的康奈尔土壤健康评价体系中(Moebius-Clune等,2016),采用了线性量化和累计正态分布法。

目前,土壤健康综合评价多采用土壤健康综合指数,包括土壤质量动力学法、多变量指标克里金法、相对土壤质量指数法、层次分析法和主成分分析法等方法(Andrews等,2004;Larson等,1991;黄鸿翔,2005;Smith等,1993;Karlen等,2003;蔡小溪等,2015),对各评价指标加权赋值计算而得。如张明发等(2017)基于非等权赋值构建的湘西植烟土壤质量综合评价体系、康奈尔大学的等权赋值体系(Moebius-Clune等,2016),也有的不计算综合评价指数而进行分指标评价,从而明确指出问题指标及改良方向(Moebius-Clune等,2016)。

本节从评价指标确立、赋值及综合评价方法建立等方面探讨构建了土壤健康量化评价体系并进行验证,为全国植烟土壤健康评价体系的建立提供了理论依据和参考。

(一)评价体系最小数据集的建立

土壤健康是土壤许多物理、化学和生物性质以及形成这些性质的过程的综合体现,因此综合评价土壤的健康状态必须建立在对不同土壤属性的阈值与最适值以及各种土壤属性的不同水平间的相互组合的基础上(张华等,2001;盛丰,2014)。

在前文对不同健康档次土壤样品的分析中,选出11个指标(土壤田间持水量、水稳性团聚体总量、表层硬度、次表层硬度、有机质、碱解氮、可溶性氯、活性有机质、土壤蛋白、蔗糖酶活性、真菌Shannon指数)作为豫中南植烟土壤健康评价的关键指标。由于真菌Shannon指数对取样及测定条件要求高,且费用较高,用于指导土壤改良的实用性不强,故将该指标剔除,将剩余的10个指标用于后续最小数据集(MDS)的构建。

在提出的各种定量确定土壤健康评价MDS的数理统计方法中,主成分分析(PCA)应用最广泛(贡璐等,2015),因为PCA法能在一定程度上减少参评土壤指标的数量,并降低数据冗余程度,但是在做主成分分析之前应检验所选指标是否具有较强的相关性,若相关性较低,就不能起到很好的数据约化效果。因此,本研究采用以下步骤确定最小数据集。

(1)KMO检验和Bartlett球形检验。用SPSS软件对筛选出的关键评价指标进行KMO检验和Bartlett球形检验,判断整体相关性强弱,进而确定是否进行主成分分析。Kaiser(1974)认为,KMO值小于0.5,不适合主成分分析;KMO值为0.5~0.6,勉强适合;KMO值为0.6~0.7,不太适合;KMO值为0.7~0.8,适合;KMO值为0.8~0.9,很适合;KMO值大于0.9,非常适合。所以,若KMO值大于0.7且

Bartlett 球形检验值 Sig.＜0.05,则继续进行下面 3 个步骤,确定最小数据集;若 KMO 值小于 0.7,则筛选出的关键评价指标直接进入最小数据集。

　　(2)主成分分析(PCA)。选出每个特征值 Eigenvalues≥1 的 PC 中因子荷载不小于 0.5 的土壤参数分为 1 组。若某土壤参数同时在两个主成分(PC)中的荷载高于 0.5,则该参数应归并到与其他参数相关性较低的那一组。分组后,考察每组中参数之间的相关性。如果某土壤因素与该组中其他因素的相关性都非常低($r<0.3$),说明其他因素均不能代表该因素包含的土壤质量信息,应将该因素从该组中分离出来独成一组。

　　(3)计算矢量常模(Norm)值。Norm 值的几何意义为该变量在由主成分组成的多维空间中的矢量常模(Norm)的长度,长度越长,则表明该变量对所有主成分的综合荷载越大,其解释综合信息的能力就越强。PCA 分析只考虑某变量在一个 PC 上的荷载,这样该变量在其他特征值大于 1 的 PC 上的信息就全部丢失,可以通过计算变量的 Norm 值避免该缺陷。Norm 值的计算公式如下:

$$N_{ik} = \sqrt{\sum_{i=1}^{k} (u_{ik}^2 \cdot \lambda_k)} \tag{4-1}$$

式中,N_{ik} 为第 i 个变量在 Eigenvalues＞1 的前 k 个主成分上的综合荷载;u_{ik} 为第 i 个变量在第 k 个主成分上的荷载;λ_k 为第 k 个主成分的特征值。

　　(4)排序选取参数。每组中 Norm 值在最高 Norm 值 10％范围内的参数被选取,然后分析每组所选参数间的相关性。若高度相关($r>0.5$),则选取总分值最高的进入最终的 MDS;若相关性很低($r<0.3$),则全部进入最终的 MDS(张世文等,2013)。

　　对这 10 个指标的测定值进行 KMO 检验,结果如表 4-23 所示,可以看出,KMO 值为 0.657,小于 0.7,若此时做因子分析,会导致一部分信息丢失,不能准确、全面地评价植烟土壤健康状况。因此,筛选出的关键评价指标(土壤田间持水量、水稳性团聚体总量、表层硬度、次表层硬度、有机质、碱解氮、可溶性氯、活性有机质、土壤蛋白和蔗糖酶活性)直接进入植烟土壤健康评价体系最小数据集(MDS)。

表 4-23　KMO 检验和 Bartlett 球形检验

KMO 度量		0.657
Bartlett 球形检验	近似卡方	357.317
	df	45
	Sig.	0

(二)植烟土壤健康评价最小数据集的评分函数确定

　　一般土壤健康评价指标与土壤功能的评分曲线类型有正相关、负相关和 Gaussian 方程(Kaiser,1974),分别对应三种形式的评分函数:递增型、递减型和最优型(图 4-13)。评分函数的最小值设定为 0,表示健康状况最差。评分函数的最大值设定为 100,表示该指标状况最优。

　　前文研究发现,考察的土壤样品中,高档烟田土壤大多数物理、生物指标高于低档烟田,如田间持水量、水稳性团聚体总量、活性有机质含量、土壤蛋白含量和蔗糖酶活性,但高档烟田土壤的个别指标低于低档烟田,如土壤表层硬度、土壤次表层硬度和可溶性氯含量;而化学指标通常在最适范围内适合烟草生长,如碱解氮。

　　对于递增型和递减型评分函数,本研究采用各评价指标测定值的平均值和标准差(见第三章)计算累计正态分布(cumulative normal distribution,CND),通过累计正态分布确定指标的评分函数,CND 的计算公式如下。

$$f(x \mid \mu, \sigma^2) = \frac{1}{\sqrt{2\pi\sigma^2}} \exp\left[-\frac{(x-\mu)^2}{2\sigma^2}\right] \tag{4-2}$$

$$\theta(x) = \frac{1}{\sqrt{2\pi}} \int_{-\infty}^{x} e^{-t^2/2} \, dt \tag{4-3}$$

$$F(x) = \Phi\left(\frac{x-\mu}{\sigma}\right) = \frac{1}{2}\left[1 + \mathrm{erf}\left(\frac{x-\mu}{\sigma\sqrt{2}}\right)\right] \tag{4-4}$$

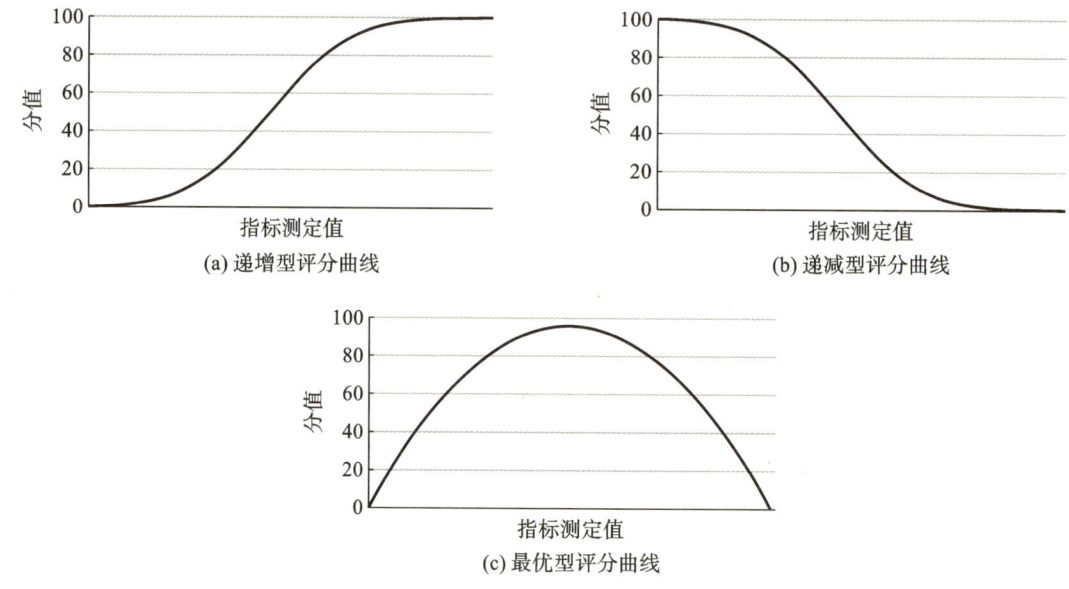

图 4-13　三种类型评分曲线

式中,$f(x \mid \mu, \sigma^2)$ 为参评指标的正态分布函数,μ 为平均值,σ 为标准差;$\theta(x)$ 为标准正态分布函数的累计函数;$F(x)$ 表示以 μ 为平均值、σ 为标准差的正态分布函数的累计正态分布,即 CND。

对于最优型评分函数,当测定值小于适宜范围最低限时,构建随测定值增加分数升高的递增线性方程;当测定值在最适范围内时,分数为 100;当测定值大于适宜范围最高限时,构建随测定值增加分数降低的递减线性方程。

在土壤健康评价指标赋值的过程中,一般考虑土地利用方式(Andrews 等,2004;李桂林等,2008;李桂林等,2007;高张等,2017;崔东等,2017)、不同土壤类型(曹启民等,2017;聂军等,2010)、土层厚度(张连金等,2016)和质地(Moebius-Clune 等,2016)等因素。如康奈尔评价体系按照质地类别分类构建土壤健康评分函数。我们的研究也发现,考察的土壤样品中不同质地土壤的物理、化学和生物特性存在显著差异。因此,本研究选择按照质地类别来构建评分函数。烟草生长发育对矿质营养的需求都有适宜的范围划定,所以对在不同质地土壤中呈现显著差异的营养元素指标统一构建评分函数。最终需要分质地类别构建评分函数的指标有土壤次表层硬度、有机质、活性有机质、土壤蛋白和蔗糖酶活性。

1. 递增型评分函数

从前文分析可以看出,本研究中,符合递增型评分函数的指标有水稳性团聚体总量、田间持水量、有机质、活性有机质、土壤蛋白、蔗糖酶活性,评分函数的分值由式 Score＝100×CND 计算得到。

前期研究发现,质地对水稳性团聚体总量、田间持水量影响不明显,对有机质、活性有机质、土壤蛋白和蔗糖酶活性影响显著。因此,在建立函数过程中,对前者不区分质地,对后者分质地建立。

水稳性团聚体总量反映了土壤对雨水冲刷的抗土体分散能力,其评分函数为 $F(x) = 100 \times \{1 + \mathrm{erf}[(x-31.07)/(12.34\sqrt{2})]\}/2$,函数图像如图 4-14 所示。可以看出,水稳性团聚体总量大于 42% 时,该指标得分大于 80 分,土壤团聚体稳定性强;水稳性团聚体总量小于 22% 时,该指标得分小于 20 分,土壤结构稳定性差。

田间持水量反映了土壤的蓄水保墒能力,其评分函数为 $F(x) = 100 \times \{1 + \mathrm{erf}[(x-22.52)/(3.18\sqrt{2})]\}/2$,函数图像如图 4-15 所示。可知,田间持水量大于 25% 时,该指标得分大于 80 分,土壤保水能力强;田间持水量小于 20% 时,该指标的得分小于 20 分,土壤蓄水能力差。

有机质表示土壤中来源于生物体的含碳物质,是土壤养分的主要来源,能促进土壤结构形成,改善土壤物理性质,提高土壤缓冲能力。壤土、黏壤土和黏土有机质的评分函数分别为 $F(x) = 100 \times \{1 + \mathrm{erf}[(x-11.87)/(2.28\sqrt{2})]\}/2$、$F(x) = 100 \times \{1 + \mathrm{erf}[(x-14.78)/(3.99\sqrt{2})]\}/2$、$F(x) = 100 \times \{1 + \mathrm{erf}[(x-16.10)/(4.66\sqrt{2})]\}/2$,函数图像如图 4-16 所示。可知,壤土、黏壤土和黏土的有机质含量分别大于 13 g/kg、

23 g/kg、27 g/kg 时,该指标得分大于 80 分,有利于土壤健康;壤土、黏壤土和黏土的有机质含量分别小于 10 g/kg、12 g/kg 和 13 g/kg 时,该指标得分小于 20 分,不利于土壤健康。

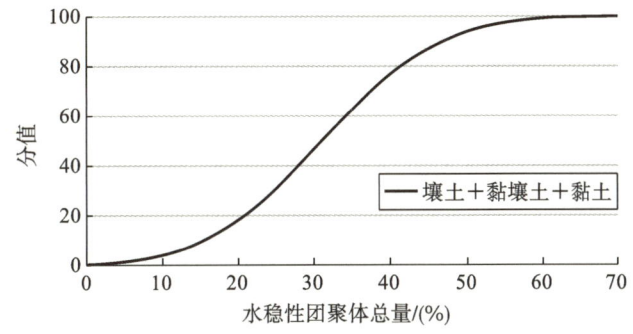

图 4-14　水稳性团聚体总量评分函数

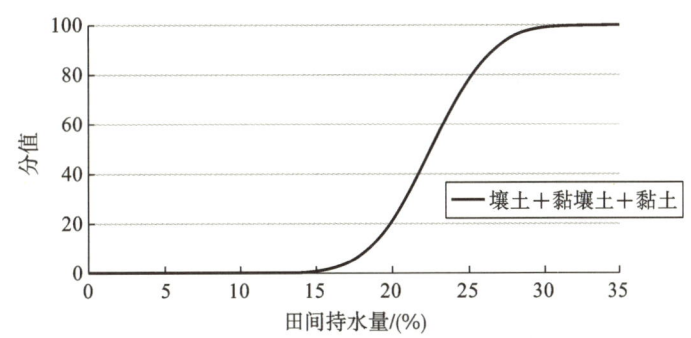

图 4-15　田间持水量评分函数

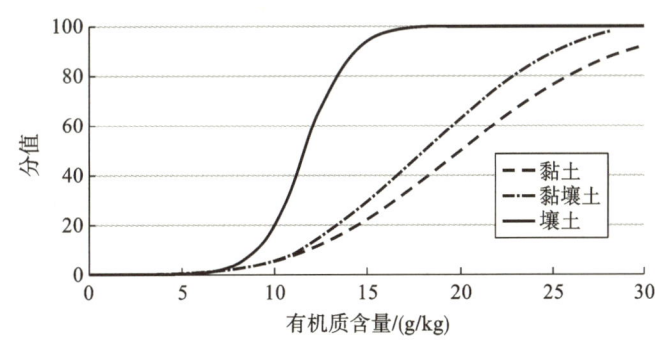

图 4-16　有机质评分函数

活性有机质是土壤有机质的活性部分,指土壤中有效性较高、易被土壤微生物分解矿化的那部分有机质,有助于维持健康的土壤食物网。壤土、黏壤土和黏土活性有机质的评分函数分别为 $F(x)=100\times\{1+\mathrm{erf}[(x-304.89)/(95.77\sqrt{2})]\}/2$、$F(x)=100\times\{1+\mathrm{erf}[(x-368.04)/(101.73\sqrt{2})]\}/2$、$F(x)=100\times\{1+\mathrm{erf}[(x-419.69)/(118.30\sqrt{2})]\}/2$,函数图像如图 4-17 所示。可见,壤土、黏壤土和黏土的活性有机质含量分别大于 380 mg/kg、430 mg/kg、520 mg/kg 时,该指标得分大于 80 分;壤土、黏壤土和黏土的活性有机质含量分别小于 220 mg/kg、280 mg/kg、320 mg/kg 时,该指标得分小于 20 分。

土壤蛋白是指有机质中的有机氮部分,微生物可矿化分解这部分氮为植物提供养分,在改善土壤结构、促进土壤物质循环和螯合土壤潜在毒性元素等方面发挥着重要作用。壤土、黏壤土和黏土土壤蛋白的评分函数分别为 $F(x)=100\times\{1+\mathrm{erf}[(x-3.04)/(0.82\sqrt{2})]\}/2$、$F(x)=100\times\{1+\mathrm{erf}[(x-2.38)/(0.93\sqrt{2})]\}/2$、$F(x)=100\times\{1+\mathrm{erf}[(x-1.67)/(0.47\sqrt{2})]\}/2$,函数图像如图 4-18 所示。可见,壤土、黏壤土和黏土的土壤蛋白含量分别大于 2 mg/g、3.1 mg/g、3.7 mg/g 时,该指标得分大于 80 分;壤土、黏壤土和黏土的土壤蛋白含量分别小于 1.2 mg/g、1.5 mg/g、2.3 mg/g 时,该指标得分小于 20 分。

蔗糖酶直接参与土壤有机质的代谢过程,蔗糖酶活性不仅能够表征土壤生物学活性强度,也可反映土

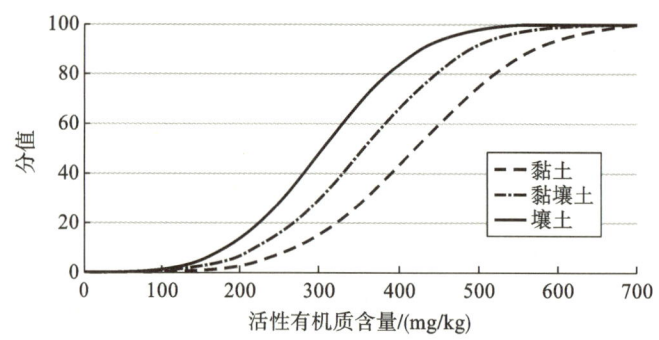

图 4-17　活性有机质评分函数

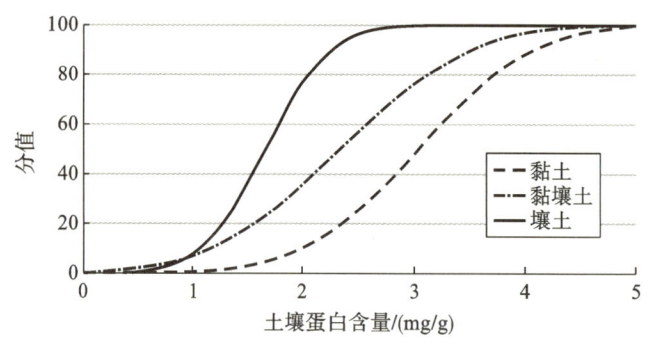

图 4-18　土壤蛋白评分函数

壤熟化程度和肥力水平。壤土、黏壤土和黏土土壤蔗糖酶活性的评分函数分别为 $F(x)=100\times\{1+\mathrm{erf}[(x-2.37)/(2.01\sqrt{2})]\}/2$、$F(x)=100\times\{1+\mathrm{erf}[(x-5.82)/(3.51\sqrt{2})]\}/2$、$F(x)=100\times\{1+\mathrm{erf}[(x-10.50)/(3.32\sqrt{2})]\}/2$，函数图像如图 4-19 所示。可见，壤土、黏壤土和黏土的土壤蔗糖酶活性分别大于 4 mg/(g·d)、7 mg/(g·d)、13 mg/(g·d)时，该指标最适于维持平衡、健康的土壤生物环境；壤土、黏壤土和黏土的土壤蔗糖酶活性分别小于 0.7 mg/(g·d)、3 mg/(g·d)、8 mg/(g·d)时，该指标得分小于 20 分，不利于土壤健康。

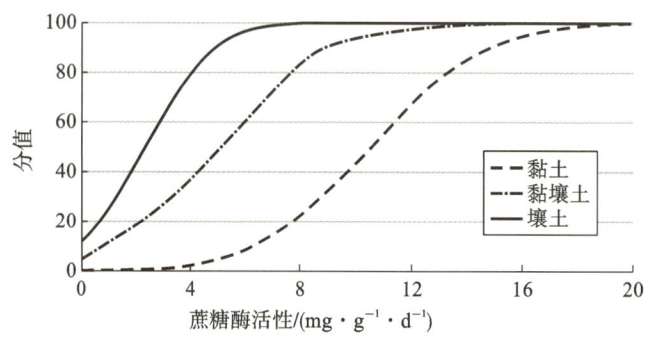

图 4-19　蔗糖酶活性评分函数

2.递减型评分函数

符合递减型评分函数的指标有土壤表层硬度、土壤次表层硬度和可溶性氯。本研究发现，质地对表层硬度影响不明显，对次表层硬度影响显著，因此在建立函数过程中，仅对次表层硬度区分质地。土壤表层硬度和土壤次表层硬度评分函数的分值由公式 Score=100×(1−CND)计算得到。

土壤表层硬度反映了 0～15 cm 土层最大抗压强度和紧实度，其评分函数为 $F(x)=100\times\{1+\mathrm{erf}[(x-18.88)/(7.08\sqrt{2})]\}/2$，函数图像如图 4-20 所示。结果表明，土壤表层硬度小于 12 kg/cm² 时，该指标得分大于 80 分，结构疏松，适于烤烟生长发育；土壤表层硬度大于 25 kg/cm² 时，该指标得分小于 20 分，土壤结构紧实。

土壤次表层硬度反映了 15～30 cm 土层最大抗压能力，壤土＋黏壤土与黏土土壤次表层硬度的评分

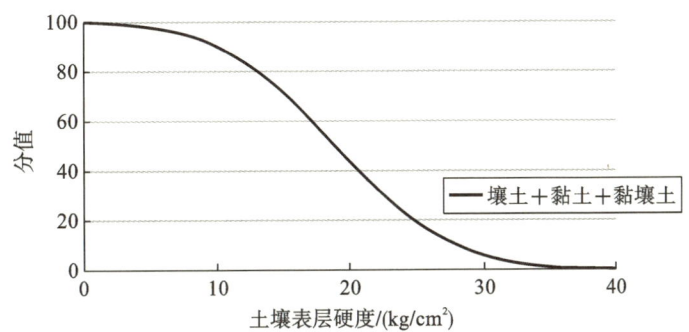

图 4-20　土壤表层硬度评分函数

函数分别为 $F(x) = 100 \times \{1 + \mathrm{erf}[(x - 37.96)/(10.04\sqrt{2})]\}/2$、$F(x) = 100 \times \{1 + \mathrm{erf}[(x - 45)/(7.70\sqrt{2})]\}/2$，函数图像如图 4-21 所示。可看出，壤土＋黏壤土土壤次表层硬度小于 30 kg/cm^2，黏土土壤次表层硬度小于 39 kg/cm^2 时，该指标得分大于 80 分，此时次表层土壤的物理状态最好。

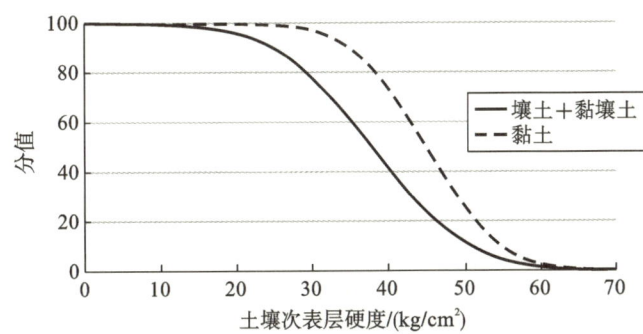

图 4-21　土壤次表层硬度评分函数

适宜种植烤烟地区的土壤可溶性氯含量应小于 30 mg/kg，本研究将可溶性氯含量小于 30 mg/kg 时，该指标得分设置为 100 分；而当可溶性氯含量大于 60 mg/kg 时，该指标得分为 0 分；可溶性氯含量为 30～60 mg/kg 时，该指标分值随含量增加而递减（图 4-22）。可溶性氯的评分函数如下所示。

$$F(x) = \begin{cases} 100, & x < 30 \\ -3.33x + 200, & 30 \leqslant x \leqslant 60 \\ 0, & x > 60 \end{cases} \tag{4-5}$$

式中，$F(x)$ 为可溶性氯含量影响土壤健康的分值，x 为可溶性氯含量的测定值。由此得到可溶性氯含量的评分函数（图 4-22）。

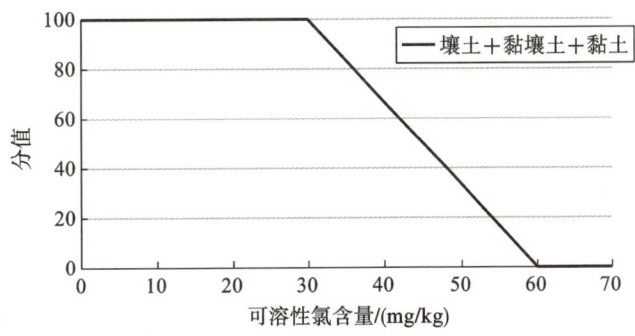

图 4-22　可溶性氯含量评分函数

3. 最优型评分函数

符合最优型评分函数的指标有碱解氮。《河南植烟土壤与烤烟营养》将河南省碱解氮划分为 3 个等级：高（＞65 mg/kg）、适宜（30～65 mg/kg）、低（＜30 mg/kg）。本研究将土壤碱解氮含量为 30～65 mg/kg 时，该指标的分值设定为 100 分；碱解氮含量小于 30 mg/kg 时，该指标分值随碱解氮含量递增；碱解氮

含量大于 65 mg/kg 时,该分值随碱解氮含量升高而减小。碱解氮的评分函数如下。

$$F(x) = \begin{cases} 3.33x, & x < 30 \\ 100, & 30 \leqslant x \leqslant 65 \\ -2.86x + 286, & 65 < x \leqslant 100 \\ 0, & x > 100 \end{cases} \tag{4-6}$$

式中,$F(x)$ 为碱解氮影响土壤健康的分值,x 为碱解氮的测定值。土壤碱解氮的评分函数如图 4-23 所示。

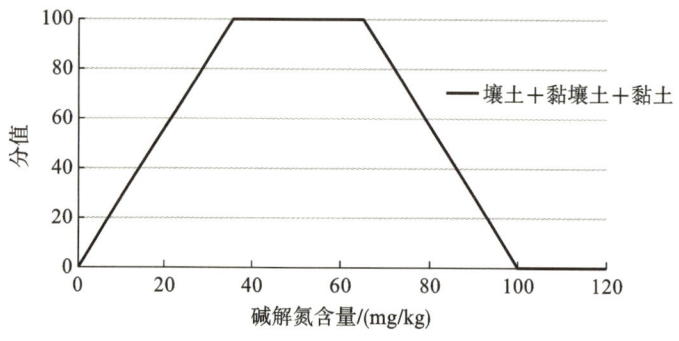

图 4-23　碱解氮评分函数

(三)土壤健康综合评价

通过评分函数对各指标测定值转换后的得分进行主成分分析,确定最小数据集中各指标的权重系数。从表 4-24 可看出,土壤田间持水量、水稳性团聚体总量、土壤表层硬度、土壤次表层硬度、有机质、碱解氮、可溶性氯、活性有机质、土壤蛋白和蔗糖酶活性的权重分别为 0.094、0.057、0.111、0.112、0.116、0.074、0.122、0.103、0.105 和 0.106,其中可溶性氯、有机质、土壤次表层硬度和土壤表层硬度权重较高。

表 4-24　最小数据集各评价指标得分的主成分分析结果

项目	主成分				公因子方差	权重
	1	2	3	4		
田间持水量	0.806	−0.150	−0.107	−0.132	0.701	0.094
水稳性团聚体总量	0.615	0.017	−0.061	0.212	0.427	0.057
土壤表层硬度	0.190	−0.521	0.708	−0.147	0.830	0.111
土壤次表层硬度	0.161	−0.673	0.552	0.243	0.843	0.112
有机质	0.381	0.824	0.218	0.016	0.873	0.116
碱解氮	−0.64	0.120	0.339	0.116	0.552	0.074
可溶性氯	0.086	−0.069	−0.148	0.939	0.916	0.122
活性有机质	0.720	0.418	0.270	0.068	0.772	0.103
土壤蛋白	0.841	−0.215	−0.151	−0.111	0.788	0.105
蔗糖酶活性	−0.046	0.758	0.461	0.064	0.794	0.106

根据得到的评价指标权重以及指标得分,计算土壤健康总分,计算公式如下。

$$S = \sum_{i=1}^{n} (S_i \cdot W_i) \tag{4-7}$$

式中,S 为土壤健康综合得分;S_i 为各评价指标得分;W_i 为各指标权重。

(四)验证

1. 内源样品模型验证

我们以构建模型所用内源样品为验证对象,通过构建的评分函数和等权计算方法确定每个土壤样品健康综合得分,将分值大于 70 分的定位为高档烟田,分值为 50～70 分的定义为中档烟田,分值小于 50 分的定义为低档烟田(图 4-24)。得到各样品综合得分并划定类别后,与样品的设定档次进行对比。结果表明有 67 个土壤样品与设定档次相同,总体符合率达 85.9%。以上验证结果充分证明了本研究构建的健康评价体系能够很好地评价植烟土壤健康状况,使得烟田土壤保育和改良有据可依,方向和目标更为明确。

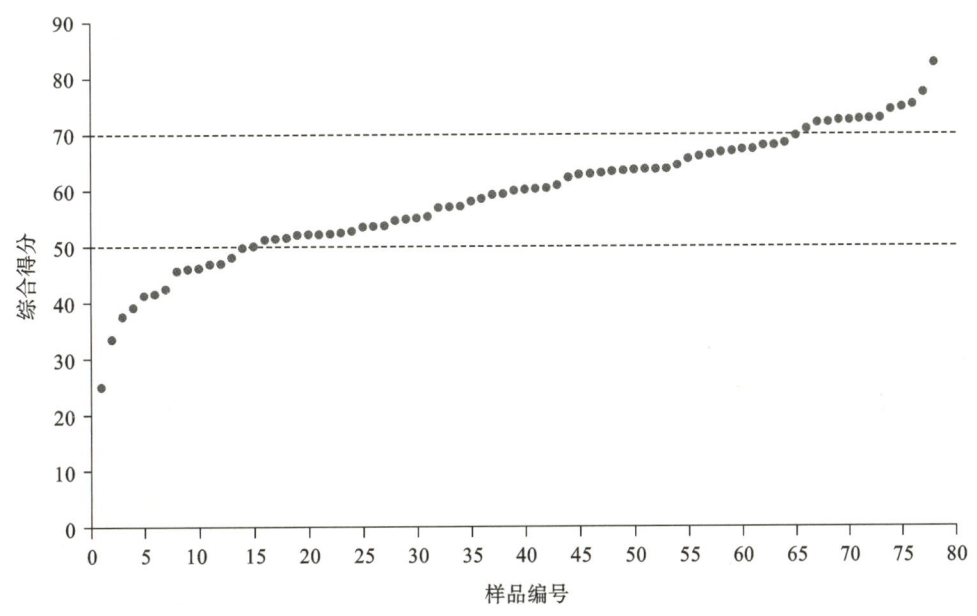

图 4-24　土壤健康评价综合得分样品分布

2. 差异档次土壤样品分析

在验证分析中,有 11 个土壤样品与设定档次不同(图 4-25),其中有 10 个土壤样品低于设定档次,1 个土壤样品高于设定档次。主要原因如下。①烟叶生产过程不仅受土壤健康状况的影响,还受到田间栽培管理措施、气候等多种因素的影响:当土壤健康处于中等水平时,做好栽培管理,就能够最大限度地发挥土壤生产潜力,达到优质烟生产水平;但若田间管理水平较差,健康的土壤也无法满足烟叶产质并重的生产要求。②土壤健康评价体系本身可能不够完善:由于土壤健康评价模型的构建既牵扯到土壤物理、化学和生物学等多个客观指标,又与烟叶产量质量、病害发病率等人为因素有关,在判定土壤健康档次上可能不够客观;模型中用到的样品数量只有 78 个,远小于康奈尔土壤健康评价模型的 2632 个(盛丰,2014),建立的背景数据库代表性不强,其构建的评分函数可能不够准确,进而导致评价结果可能偏离设定档次。

3. 低档土壤样品分值分析

所有低档土壤样品化学指标平均得分高于物理和生物指标,其中有 43% 的土壤样品物理指标平均得分最低,另有 57% 的土壤样品生物指标得分最低。低档土壤的主要问题表现为持水能力差、团聚体结构稳定性差、表层和次表层土壤紧实、活性有机质和土壤蛋白含量低、蔗糖酶活性低等(表 4-25)。可见,植烟土壤的物理、生物特性已成为影响土壤健康状况的主要限制因素,这可能与这些年有机肥施用不足和长期大型农机耕作有关,造成土壤大团聚体少和土壤板结紧实。所以,在进行植烟土壤健康评价的过程中应该充分关注物理特性与生物指标。

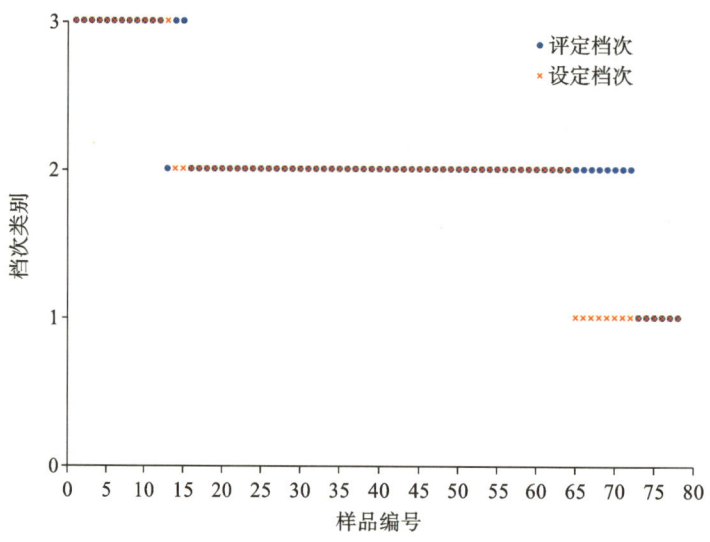

图 4-25　验证结果

注:纵坐标数字 1 代表高档,2 代表中档,3 代表低档。

评定档次为根据土壤样品综合得分得到的结果,设定档次为依据生产因素预设的土壤样品档次。

表 4-25　低档土壤样品各评价指标得分情况

土壤样品	物理指标				化学指标			生物指标			综合得分
	田间持水量	水稳性团聚体总量	土壤表层硬度	土壤次表层硬度	有机质	碱解氮	可溶性氯	活性有机质	土壤蛋白	蔗糖酶活性	
1	11.0	4.3	36.1	0.5	0.3	66.4	100	0.1	13.4	8.9	24.9
2	10.6	5.0	64.7	37.7	7.0	82.8	100	1.2	2.8	10.2	33.3
3	1.6	27.8	12.6	5.2	30.4	100	100	25.3	14.9	60.5	37.4
4	27.8	23.0	45.9	6.8	16.9	100	100	12.4	16.9	43.0	39.0
5	24.2	98.0	6.0	77.1	6.9	100	100	2.4	3.4	28.7	41.2
6	25.5	19.5	53.8	63.7	13.6	100	100	10.7	13.4	10.7	41.4
7	7.0	48.7	12.3	41.3	43.2	100	100	23.6	27.6	28.9	42.4
8	18.6	4.6	74.1	84.4	0.5	100	100	43.5	2.5	14.0	45.6
9	27.5	27.4	7.1	22.0	42.0	100	100	35.1	14.6	84.0	45.9
10	17.2	11.8	42.6	19.7	34.1	100	100	20.3	86.1	20.0	46.0
11	44.2	29.1	0.3	9.9	81.8	100	100	16.6	20.7	64.5	46.8
12	11.2	32.4	42.1	81.1	23.0	100	100	17.4	14.4	43.5	46.8
13	63.5	72.2	6.3	1.6	34.2	75.7	100	34.8	84.4	26.4	48.0
14	25.8	37.1	20.6	7.0	71.2	67.7	100	40.1	23.9	93.8	49.7
15	18.1	20.2	64.2	51.8	48.3	100	100	0.2	14.8	69.2	49.9

4.外源样品模型验证

我们以 2016 年新考察的 14 份烟田外源土壤样品为验证对象,测定土壤质地、土壤田间持水量、水稳性团聚体总量、土壤表层硬度、次表层硬度、有机质、碱解氮、可溶性氯、活性有机质、土壤蛋白和蔗糖酶活性等指标,按照已构建的评分函数和等权计算方法确定每个土壤样品健康综合得分(表 4-26),比较设定档次和评定档次差异,结果发现 1 个样品高于评定档次,2 个样品低于评定档次,余下 11 个样品符合预期,总体准确率为 78.6%。

表 4-26　外源土壤样品各评价指标情况及等级验证

| 土壤样品 | 质地 | 物理指标 | | | | 化学指标 | | | 生物指标 | | | 综合得分 | 设定档次 | 评定档次 |
		田间持水量	水稳性团聚体总量	土壤表层硬度	土壤次表层硬度	有机质	碱解氮	可溶性氯	活性有机质	土壤蛋白	蔗糖酶活性			
1	2	24.0	21.2	23.9	36.2	11.1	72.1	20.3	339.4	3.0	2.1	57.7	2	2
2	1	26.7	32.1	11.2	29.8	12.2	66.6	9.6	398.0	4.1	1.6	77.0	1	1
3	2	29.1	44.9	10.2	27.3	15.3	66.5	12.8	458.3	4.4	3.3	79.7	1	1
4	2	23.5	30.2	12.1	43.8	16.5	56.5	7.3	308.9	3.0	2.2	65.3	2	2
5	2	18.7	12.0	17.5	44.4	9.6	23.6	5.9	49.1	0.6	1.4	35.0	3	3
6	3	22.2	24.0	21.1	45.1	14.5	45.6	7.3	370.8	1.7	9.4	57.0	2	2
7	3	24.1	31.9	18.6	41.4	16.3	57.9	14.3	490.1	2.3	9.8	70.9	1	1
8	3	20.0	38.8	17.6	47.8	17.0	56.5	7.6	337.5	1.5	15.9	66.8	1	2
9	3	15.8	26.4	29.2	62.1	14.8	42.9	12.0	282.4	1.2	11.8	39.3	3	3
10	2	21.3	15.7	14.3	43.3	13.2	54.2	16.9	451.5	1.2	9.2	54.6	2	2
11	2	21.4	18.8	16.2	38.8	13.8	56.2	16.1	341.1	1.3	8.0	55.2	2	2
12	2	21.3	23.6	8.5	20.8	16.9	60.8	16.0	518.5	1.7	10.8	76.9	2	1
13	2	21.7	26.4	27.1	49.6	15.1	61.1	13.1	456.1	3.6	2.5	54.7	2	2
14	2	16.3	35.5	13.3	38.8	17.4	66.5	14.9	510.0	3.3	3.7	66.1	1	2

注:质地一栏中1、2、3分别代表壤土、黏壤土、黏土;各指标单位参照前文;评定/设定档次中数字1代表高档,2代表中档,3代表低档。

(五)与康奈尔土壤健康评价体系指标比较

由表 4-27 可以看出,豫中南植烟土壤健康体系与康奈尔土壤健康评价体系中的物理指标相同,包括土壤田间持水量、水稳性团聚体总量、土壤表层硬度、土壤次表层硬度 4 个指标。植烟土壤健康评价体系中化学指标包括有机质、碱解氮和可溶性氯,而康奈尔土壤健康评价体系将有机质归为生物学指标,化学指标包括 pH 值、可提取磷、可提取钾和微量元素(Moebius-Clune 等,2016),本项目也检测了这 4 个指标,结果显示不同健康档次土壤样品之间无显著差异或降低/升高趋势,因此没有将这 4 个指标纳入体系。植烟土壤健康评价体系生物学指标包括活性有机质、土壤蛋白和蔗糖酶活性 3 个指标;康奈尔土壤健康评价体系的生物学指标中没有蔗糖酶活性这一项,而是加入了土壤呼吸指标,该指标与土壤微生物数量密切相关;本项目通过高通量测序平台及 Real-Time PCR 定量分析检测了土壤中细菌、真菌的数量,结果显示不同档次烟田土壤中细菌、真菌的数量并无显著差异,因此没有将其纳入评价体系。

表 4-27　植烟土壤健康评价体系与康奈尔土壤健康评价体系中评价指标比较

主要指标	植烟土壤健康评价体系	康奈尔土壤健康评价体系
田间持水量	●	●
水稳性团聚体总量	●	●
土壤表层硬度	●	●
土壤次表层硬度	●	●
有机质	●	●
碱解氮	●	○
可溶性氯	●	○
活性有机质	●	●

续表

主要指标	植烟土壤健康评价体系	康奈尔土壤健康评价体系
土壤蛋白	●	●
蔗糖酶活性	●	○
土壤呼吸	○	●
pH 值	○	●
可提取磷	○	●
可提取钾	○	●
微量元素(铁、锰、锌等)	○	●

注:"●"表示体系含有该指标;"○"表示体系中没有该指标。

四、小结

本节以河南浓香型典型烟区郏县、襄城县和泌阳县植烟土壤为研究对象,在调研该地优质烟叶生产历史分布区域及栽培措施的基础上,通过常规分析、基于 MiSeq 平台的高通量测序技术、方差分析和主成分分析,研究了豫中南植烟土壤的物理、化学和生物特性,不同植烟县以及不同质地土壤性质的差异,不同健康档次植烟土壤的物理、化学和生物特性,筛选出评价该区土壤健康状况的待选评价指标,建立豫中南植烟土壤健康评价的最小数据集,利用正态分布确立了各指标的评分函数,建立植烟土壤健康综合评价体系。得到以下主要结果。

(1)在豫中南植烟区,土壤质地以黏壤土为主,黏土和壤土占比分别为 20.5% 和 9.0%。土壤容重适宜,表层土壤较疏松,持水能力强;土壤有机质、碱解氮含量较为丰富,有效磷、速效钾、有效铁和有效锰含量丰富,氯离子和有效锌含量适宜;土壤细菌和真菌的丰度、均匀度变化较小,群落结构多样性较为稳定,优势细菌群落为酸杆菌门、变形菌门、放线菌门和浮霉菌门,优势真菌群落为子囊菌门、担子菌门和接合菌门。土壤黑胫病菌数量与发病率无直接相关性。该区土壤存在的问题包括土壤结构稳定性一般、透气性差、次表层土壤较为紧实、pH 偏高、活性有机质和土壤蛋白含量较低等,这些可能是今后土壤改良中需要重点关注的指标。

(2)不同植烟县土壤物理、化学和生物特性存在显著差异。郏县和襄城县土壤性质较为接近,但与泌阳县土壤性质差别较大。其中泌阳县土壤田间持水量、水稳性团聚体总量、碱解氮、速效钾、有效铁、有效锰、有效锌、土壤蛋白含量和磷酸酶活性显著或极显著高于郏县和襄城县;郏县土壤黏粒含量、土壤表层硬度、土壤次表层硬度、有机质、活性有机质、脲酶活性、过氧化氢酶活性、蔗糖酶活性和细菌含量显著或极显著高于泌阳县;襄城县土壤有效磷、可溶性氯、细菌 Chao 指数、Ace 指数和 Shannon 指数为 3 县最高。土壤细菌多样性表现为襄城县>郏县>泌阳县,而真菌多样性没有显著差异;3 县植烟土壤酸杆菌门、放线菌门、浮霉菌门和子囊菌门丰度比例有显著差异;泌阳县黑胫病发病率低于郏县和襄城县。

(3)不同质地土壤物理、化学和生物特性也存在很大差异。壤土有效磷、有效铁、有效锰、有效锌、土壤蛋白含量和磷酸酶活性显著或极显著高于黏土,黑胫病发病率明显低于黏壤土和黏土;黏壤土可溶性氯和细菌 Shannon 指数为 3 类质地最高;黏土黏粒含量、土壤次表层硬度、pH、有机质、速效钾、活性有机质、脲酶活性、过氧化氢酶活性、蔗糖酶活性、细菌含量、Chao 指数、Ace 指数显著高于壤土。3 种质地植烟土壤的酸杆菌门丰度比例有显著差异。

(4)不同健康档次植烟土壤部分物理、化学和生物指标存在明显差异。高档烟田土壤主要特征为:结构疏松,透气性好,保水能力强,团聚体结构稳定,有机质、活性有机质、土壤蛋白含量丰富,氮、磷、钾含量适宜,可溶性氯含量低,矿质微量元素含量充足,酶活性较高,细菌、真菌多样性较好,微生物群落结构适宜(细菌酸杆菌门占比最高,真菌散囊菌纲占比最高)。不同档次间差异主要表现为田间持水量、水稳性团聚体总量、土壤表层硬度、土壤次表层硬度、有机质、碱解氮、活性有机质、土壤蛋白、蔗糖酶活性和真菌多样性这些指标的差异,可作为土壤健康评价备选指标。

(5)建立了包含10个指标的植烟土壤健康评价最小数据集,确立了各指标评分函数,构建了基于权重赋值的植烟土壤综合评价体系,有较高的准确性。符合递增型评分函数的指标为水稳性团聚体总量、田间持水量、有机质、活性有机质、土壤蛋白、蔗糖酶活性,符合递减型评分函数的指标为土壤表层硬度、土壤次表层硬度和可溶性氯,符合最优型评分函数的指标为碱解氮。

(6)探讨建立了适于豫中南烟区的植烟土壤健康评价体系,内源样品回判准确率为85.9%,外源样品验证准确率为78.6%。明确豫中南烟区健康状况较差的烟田主要问题是持水能力差,团聚体结构稳定性差,表层和次表层土壤紧实,活性有机质和土壤蛋白含量低,蔗糖酶活性低,为该区土壤定向培育和改良指明了方向。

▷

第二节　贵州黔南州植烟土壤健康评价体系构建

贵州省作为我国重要的烟草产区之一,烟叶面积和产量在全国排名第二,但贵州省各烟区尚未建立完整的植烟土壤健康评价体系。黔南州是贵州省典型的植烟地区,为更好地评价本地区土壤健康状况,黔南州烟草公司与郑州烟草研究院、浙江大学合作,开展了黔南州植烟土壤健康评价体系构建研究:首先通过黔南基本烟田规划区耕地土壤调查,确定了177个典型植烟土壤取样点,检测其物理、化学和生物学指标;在此基础上,分析不同县区物理、化学和生物指标的共性与差异;为了研究影响植烟区土壤健康的主要指标,采用相关性分析、PCA等方法,筛选确定适合黔南烟区植烟土壤健康评价的最小数据集;通过结合多种评分方法和多种土壤健康指数,筛选出最适合黔南州植烟土壤健康评价的模型,在此基础上进行土壤健康等级区划。研究结果有助于全面了解黔南州永久基本烟田规划区的耕地土壤健康状况,为烤烟种植制定和实施土壤保育、土质改良、平衡施肥等基础性关键技术提供可靠依据,对推动贵州省黔南州"十四五"期间烤烟产业实现高质量发展具有重要的现实意义。

一、黔南州植烟土壤特性分析

不同县区土壤物理、化学、生物特性可能会不同,因此明确不同县区土壤特性的差异有利于因地制宜指导烟叶生产。肖钰(2021)在四川植烟区域内选取了10个具有代表性的植烟县,比较了不同植烟县物理、化学、生物指标特性,明确了不同县所限制发展的土壤指标。上一节中,我们在豫中南植烟区选取了3个具有代表性的植烟县,也对其进行了不同土壤特性的比较,发现3个植烟县土壤特性具有显著差异。因此,本节旨在对贵州省黔南州植烟土壤相关指标进行全方位的测量,涵盖了土壤物理、化学指标及土壤酶活性、土壤活性有机碳等生物指标。对黔南州以及不同植烟县土壤特性进行分析,以期了解黔南州植烟土壤概况和明确不同县区限制烤烟发展的土壤指标,为制定有效的土壤管理策略提供有力支持。

(一)黔南州植烟土壤特性概况

1.采样区域与测定指标

贵州省黔南布依族苗族自治州位于贵州省的中南部,总面积为2.62万平方千米,平均海拔997 m,年均气温16.6 ℃,年均降雨量1355.6 mm,属典型亚热带温暖湿润季风气候。该地区地貌以山地和丘陵为主,岩溶分布区面积占总面积的80%左右。该研究区包含12个县(市),其中都匀市、福泉市、贵定县、瓮安县、平塘县、长顺县、龙里县和惠水县是黔南州8个主要植烟县(市)。2021年,在黔南州烤烟种植区域的8个主要县(市)确定了177块烟田(取样点),具体取样点见表4-28。

表 4-28　黔南州植烟土壤采集点分布

地区	取样数	取样点所在镇（街道、乡）
贵定县	20	德新、云雾
长顺县	21	广顺、白云山、长寨街道、摆所
都匀市	10	匀东
龙里县	10	洗马
福泉市	21	道坪、牛场、龙昌、金山街道、陆坪
瓮安县	51	天文、猴场、中坪、玉山、珠藏、江界河、岚关、建中、平定营
惠水县	20	濛江街道、摆金、岗度
平塘县	24	通州、克度、平舟、牙舟、甲茶、掌布

　　土壤物理指标包括土壤粒径、土壤质地（黏粒、粉粒和砂粒）、土壤砾石含量。土壤化学指标包括土壤 pH、碱解氮（AN）、速效钾（AK）、全氮（TN）、全碳（TC）、有机质（SOM）、有效磷（AP）、有效锰、有效铁、有效镍、有效铜、有效锌、有效钴和有效铅，以及土壤化学元素 P、K、Fe、Mn、Mo、Co、B、Mg 和 Ca 总量。土壤生物指标包括土壤蛋白、土壤活性有机碳（labile organic carbon，LOC）、土壤酸性磷酸酶（soil acid phosphatase，S-ACP）、土壤过氧化氢酶（soil catalase，S-CAT）、土壤蔗糖酶（soil invertase，S-SC）、土壤脲酶（soil urease，S-UE）。土壤指标测定方法参考陈丽燕（2017）和 Teng 等（2024）。

　　2. 土壤物理特性

　　黔南植烟地区的土壤粒径分布表明，黏粒、粉粒和砂粒占比分别为 19.92％、57.07％和 23.01％，其中砂粒的范围为 1.64％～48.19％，变异系数为 35.23％（表 4-29）。此地区砾石含量平均数为 51.71％，变异系数为 35.83％。根据砾石含量的多少，可以将土壤分为砾石土和砾质土两类。其中，砾石含量大于 30％的属于砾石土（gravelly soil），而小于或等于 30％的则属于砾质土（chisley soil）。砾质土按砾石含量又可以分为少砾质土（1％～5％）、中砾质土（5％～10％）和多砾质土（10％～30％）。砾石土可分为轻砾石土（30％～50％）、中砾石土（50％～70％）和重砾石土（＞70％）。研究结果显示，黔南地区大部分土壤为砾石土，共有 152 份样本，而其中轻砾石土占 59 份，中砾石土占 62 份，重砾石土占 31 份；而砾质土则有 25 份，全部为多砾质土，没有少砾质土和中砾质土的样本（图 4-26）。

表 4-29　黔南州物理指标的统计分析/（％）

类型	平均值	中位数	标准差	变异系数	范围	2.5％分位值	97.5％分位值
黏粒	19.92	19.89	4.52	22.70	9.64～37.53	11.90	30.59
粉粒	57.07	58.02	4.78	8.38	38.95～70.28	44.31	64.97
砂粒	23.01	21.69	8.11	35.23	1.64～48.19	11.24	44.74
砾石含量	51.71	50.86	18.52	35.83	14.37～94.57	21.23	86.47

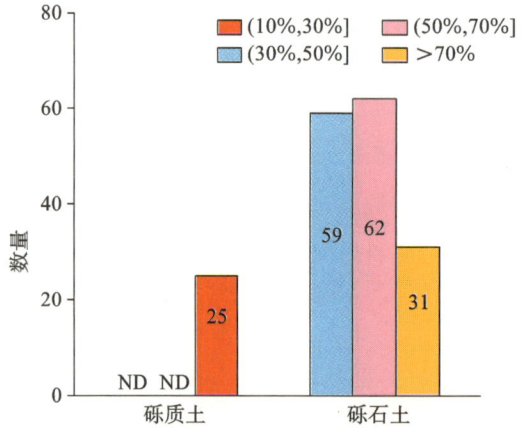

图 4-26　黔南州砾石含量不同分类统计

　　根据国际制土壤质地分类标准(表 4-30),通过对 3 种不同粒径的比例进行分析,对黔南州植烟地区土壤的质地进行分类。在采集的 177 份样品中,土壤主要被归类为壤土、黏壤土和黏土 3 种类型。其中,黏壤土共有 129 份,占所采集样品总数的 72.88%;壤土 27 份,占比为 15.25%;黏土 21 份,占比为 11.87%(图 4-27)。

表 4-30　国际制土壤质地分类

质地分类		所含各级土粒/重量(%)		
类别	名称	黏粒(<0.002 mm)	粉粒(0.002~0.02 mm)	砂粒(0.02~2.0 mm)
砂土	砂土及砂质壤土	0~15	0~15	85~100
	砂质壤土	0~15	0~45	55~85
壤土	壤土	0~15	30~45	40~55
	粉砂质壤土	0~15	45~100	0~55
黏壤土	砂质黏壤土	15~25	0~30	55~85
	黏壤土	15~25	20~45	30~55
	粉砂质黏壤土	15~25	45~85	0~40
黏土	砂质黏土	25~45	0~20	55~75
	壤质黏土	25~45	0~45	10~55
	粉砂质黏土	25~45	45~75	0~30
	黏土	45~65	0~35	0~55
	重黏土	65~100	0~35	0~35

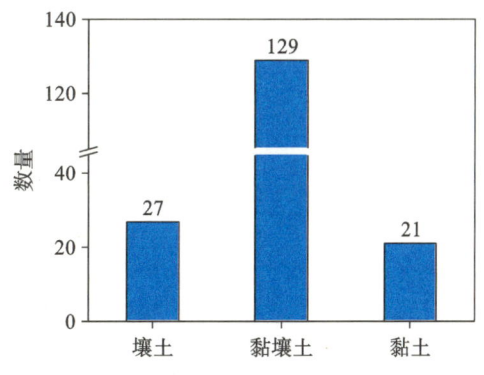

图 4-27　黔南州不同土壤质地统计

3.土壤化学特性

　　表 4-31 数据显示,贵州黔南植烟土壤 pH 平均值为 6.05,范围为 4.32~7.90,表明多数土壤偏酸性,其中酸性土壤占比 81.92%。碱解氮(AN)平均含量为 137.44 mg/kg,范围为 83.2~216 mg/kg;速效钾(AK)平均含量为 472.12 mg/kg,范围为 52.44~5508.87 mg/kg;全氮(TN)、全碳(TC)和有机质(SOM)的平均含量分别为 1.95 g/kg、17.80 g/kg 和 30.68 g/kg。有效磷(AP)和速效钾(AK)在不同样品间的含量差异较大,其变异系数分别为 80.80% 和 120.47%。

　　此外,我们还对该地区土壤中的化学元素 P、K、Fe、Mn、Mo、Co、B、Mg 和 Ca 总量进行了测定(表 4-31)。P、K、Fe、Mn、Mo、Co、B、Mg 和 Ca 的平均含量分别为 544.55 mg/kg、7.45 g/kg、29.61 g/kg、1016.89 mg/kg、2.37 mg/kg、15.2 mg/kg、80.1 mg/kg、360.42 mg/kg 和 1287.69 mg/kg。这些元素变异系数从大到小排列分别为 Mg>Ca>Mn>Mo>K>Co>Fe>P>B。同时,我们还测定了土壤中的有效态元素含量,AP 平均含量为 17.18 mg/kg,范围为 1.4~67.8 mg/kg;AMn、AFe、ANi、ACu、AZn、ACo 和 APb 的平均含量分别为 69.75 mg/kg、37.26 mg/kg、0.28 mg/kg、1.07 mg/kg、1.63 mg/kg、0.22 mg/kg 和 3.84 mg/kg。其中,APb的变异系数为 237.43%,其余有效态元素的变异系数大多在 80% 左右。

　　根据变异系数划分的标准,当变异系数在 20% 以下时,可被视为弱变异,在 20%~50% 为中等变异,在

50％～100％为高度变异,而超过 100％则可被认定为极高变异(Mohammadi 等,2022;Xiao 等,2015)。因此,该地区大部分化学指标表现出高度变异,而一些化学指标如 Ca 和 Mg 则属于极高变异,说明黔南州不同取样点的化学特性存在较大差异。

表 4-31　黔南土壤化学特性统计分析

类型	平均值	中位数	标准差	变异系数	范围	2.5% 分位值	97.5% 分位值
pH	6.05	5.90	0.92	15.18%	4.32～7.90	4.54	7.78
C/N	9.07	8.73	1.94	21.41%	5.86～26.80	7.05	13.97
SOM/ (g·kg⁻¹)	30.68	28.71	10.49	34.19%	12.35～111.51	14.16	51.57
TN/ (g·kg⁻¹)	1.95	1.94	0.43	21.94%	0.89～3.08	1.06	2.81
TC/ (g·kg⁻¹)	17.8	16.65	6.08	34.19%	7.16～64.68	8.21	29.91
P/ (mg·kg⁻¹)	544.55	530.19	193.58	35.55%	107.24～1233.60	165.11	1056.07
K/(g·kg⁻¹)	7.45	6.18	4.60	61.84%	1.13～26.76	1.81	20.56
Fe/ (g·kg⁻¹)	29.61	28.97	11.62	39.23%	6.27～70.04	9.45	51.81
Mn/ (mg·kg⁻¹)	1016.89	942.96	711.43	69.96%	40.38～3403.62	60.50	2785.15
Mo/ (mg·kg⁻¹)	2.37	1.94	1.62	68.35%	0.33～12.10	0.60	6.44
Co/ (mg·kg⁻¹)	15.20	15.54	6.43	42.31%	0.88～36.62	2.45	27.22
B/ (mg·kg⁻¹)	80.10	78.06	19.08	23.82%	37.14～150.75	45.6	121.92
Mg/ (mg·kg⁻¹)	360.42	95.47	1787.07	495.83%	4.13～22817.46	7.32	2633.56
Ca/ (mg·kg⁻¹)	1287.69	441.12	4402.17	341.87%	38.47～52677.47	73.99	9390.15
AN/ (mg·kg⁻¹)	137.44	132.00	29.07	21.15%	83.20～216.00	86.88	202.10
AK/ (mg·kg⁻¹)	472.12	351.12	568.77	120.47%	52.44～5508.87	72.00	1664.52
AP/ (mg·kg⁻¹)	17.18	14.00	13.88	80.80%	1.40～67.80	1.95	56.20
AMn/ (mg·kg⁻¹)	69.75	52.46	62.67	89.85%	2.73～431.97	3.64	222.93
AFe/ (mg·kg⁻¹)	37.26	25.55	34.03	91.32%	2.06～199.16	5.63	140.89
ANi/ (mg·kg⁻¹)	0.28	0.25	0.19	68.38%	0.00～0.98	0.05	0.90
ACu/ (mg·kg⁻¹)	1.07	0.81	0.94	87.28%	0.00～5.88	0.10	4.11
AZn/ (mg·kg⁻¹)	1.63	1.34	1.24	75.74%	0.16～11.54	0.30	5.01
ACo/ (mg·kg⁻¹)	0.22	0.18	0.20	89.33%	0.03～1.94	0.03	0.65

续表

类型	平均值	中位数	标准差	变异系数	范围	2.5% 分位值	97.5% 分位值
APb/ (mg·kg⁻¹)	3.84	2.34	9.11	237.43%	0.59~112.81	0.76	12.09

注:SOM 代表有机质,单位为 g/kg;TN 表示全氮,单位为 g/kg;TC 表示全碳,单位为 g/kg;K 与 Fe 的单位为 g/kg,其余全量化学元素单位为 mg/kg。HN 代表水解性氮,单位为 mg/kg;AK 代表速效钾,单位为 mg/kg;AP 代表有效磷,单位为 mg/kg;AMn、AFe、ANi、ACu、AZn、ACo、APb 分别代表有效锰、有效铁、有效镍、有效铜、有效锌、有效钴和有效铅,其单位都为 mg/kg。

根据陈丽燕(2017)和包玲凤等(2023)所提到的植烟土壤指标丰缺性的标准,对黔南植烟地区的情况做出细微调整。烟草最适宜生长的土壤 pH 范围为 5.5~6.5,由图 4-28 发现在这一范围内的土壤样品占比为 36.72%,而如果 pH 小于 5.5 或大于 6.5,则有可能不适宜烟草生长。在有效磷方面,土壤样品中有效磷(AP)含量不大于 10 mg/kg 的占比为 37.29%,属于养分极度缺乏;而 AP 含量为 10~20 mg/kg 的占比为 34.46%,养分级别定义为缺;AP 含量在 20~40 mg/kg 养分级别适中,占比为 20.90%;超过 80 mg/kg 养分级别定义为很丰,在此地区尚未发现 AP 含量达到此范围的样品。水解性氮含量不大于 100 mg/kg 认为此指标养分级别为缺少,占比 9.60%;超过 100 mg/kg 的土壤样品占 90.40%。有机质含量在 25~40 g/kg 占比较多,养分级别定义为丰富,占 58.76%;而有机质含量小于等于 15 g/kg 土壤养分级别为较低,占比为 2.82%。速效钾含量不大于 150 mg/kg 的土壤养分定义为缺,占样本总数的 19.21%,含量为 150~300 mg/kg 的占 24.29%,含量大于 600 mg/kg 的样品占 23.16%。

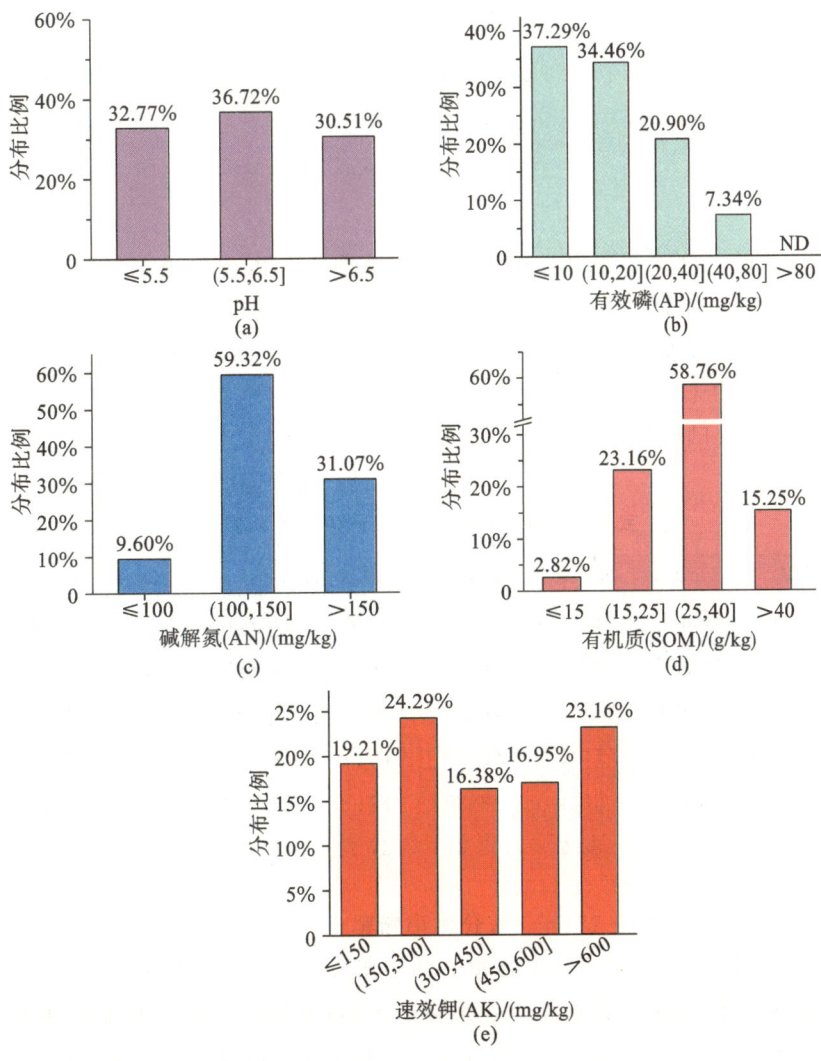

图 4-28 黔南植烟土壤 pH 和养分含量的分布比例

4.土壤生物特性

对活性有机碳、土壤蛋白、土壤过氧化氢酶、土壤酸性磷酸酶、土壤脲酶和土壤蔗糖酶活性进行测定，结果如表4-32所示。活性有机碳的平均含量为1649.16 mg/kg，范围为1184.43～2279.98 mg/kg；土壤蛋白的平均含量为0.32 mg/g，范围为0.1～0.83 mg/g；土壤过氧化氢酶、土壤酸性磷酸酶、土壤脲酶和土壤蔗糖酶的平均含量分别为28.97 U/g、97.74 nmol/(h·g)、545.33 U/g和29.05 U/g。活性有机碳的变异系数在20%以下，为弱变异；土壤蛋白与土壤过氧化氢酶的变异系数在20%～50%，为中等变异；土壤酸性磷酸酶、土壤脲酶、土壤蔗糖酶的变异系数在50%～100%，为高度变异。

表4-32　黔南生物特性的统计分析

类型	平均值	中位数	标准差	变异系数	范围	2.5%分位值	97.5%分位值
LOC/(mg·kg⁻¹)	1649.16	1569.23	251.20	15.23%	1184.43～2279.98	1280.08	2202.97
SP/(mg·g⁻¹)	0.32	0.30	0.12	36.09%	0.10～0.83	0.14	0.60
S-CAT/(U·g⁻¹)	28.97	28.30	9.38	32.37%	4.87～51.10	8.25	46.99
S-ACP/(nmol·h⁻¹·g⁻¹)	97.74	90.32	55.24	56.51%	1.21～360.06	4.07	238.71
S-UE/(U·g⁻¹)	545.33	474.23	325.19	59.63%	56.06～2154.23	116.33	1527.53
S-SC/(U·g⁻¹)	29.05	29.21	19.65	67.66%	5.80～92.97	5.86	72.29

注：LOC代表活性有机碳；SP代表土壤蛋白；S-CAT代表土壤过氧化氢酶；S-ACP代表土壤酸性磷酸酶；S-UE代表土壤脲酶；S-SC代表土壤蔗糖酶。

（二）不同植烟县（市）土壤特性分析

1.土壤物理特性

对不同植烟县（市）的土壤物理特性进行分析，由表4-33可知，在8个植烟县（市）中平均黏粒含量最高的为福泉，为24.46%；贵定平均黏粒水平最低，为15.82%。福泉的平均黏粒水平显著高于都匀、龙里、平塘、长顺、惠水和贵定；平塘、长顺、惠水和贵定的平均黏粒含量没有显著性的差异。龙里平均粉粒水平最高，为61.09%，龙里平均粉粒水平显著高于贵定、长顺、都匀、惠水、平塘；最低的贵定为53.10%，其与长顺、都匀、惠水之间没有显著差异。对于平均砂粒含量来说，贵定最高，福泉最低，两者之间存在显著差异。福泉平均砾石含量最高，并且其砾石含量显著高于其他7个植烟县（市）；而其他7个植烟县（市）平均砾石含量没有显著差异。以上结果表明，不同县（市）的土壤粒度不同，可能会影响土壤通气度、养分循环等，从而造成不同植烟区烤烟产量的差异。

表4-33　不同植烟县（市）土壤物理特性

县（市）	贵定（GD）	长顺（CS）	都匀（DY）	龙里（LL）	福泉（FQ）	瓮安（WA）	惠水（HS）	平塘（PT）
黏粒/(%)	15.82e	17.72de	20.65bc	20.06bcd	24.46a	22.21ab	17.42de	18.18cde
粉粒/(%)	53.10d	55.07cd	55.23cd	61.09a	59.02ab	58.61ab	56.23bcd	56.95bc
砂粒/(%)	31.07a	27.21ab	24.13b	18.85c	16.52c	19.18c	26.35ab	24.87b
砾石含量/(%)	44.86b	50.38b	53.34b	54.74b	76.03a	46.00b	49.20b	49.56b

2.土壤化学特性

对不同植烟县（市）间土壤化学特性进行了分析，结果如表4-34所示。瓮安的土壤pH最高，达到6.44，而贵定的最低，为5.56。8个县（市）SOM含量都高于20 g/kg，说明8个县（市）SOM含量处于相对适宜以上的水平;龙里的 SOM 含量显著低于其他 7 个县(市),而其他 7 个县(市)SOM 含量没有显著差异。瓮安的 P 和 K 在 8 个县(市)中含量最高。8 个县(市)土壤碱解氮(AN)含量并没有显著性差异。瓮安有效磷(AP)含量最高,平塘 AP 含量最低;都匀、龙里、平塘 AP 含量低于 10 mg/kg,养分级别处于极缺状态。都匀速效钾(AK)含量最高,惠水 AK 含量最低;AK 含量在 150~220 mg/kg 养分状态定义为适中,惠水速效钾水平处于适中级别。平塘有效锰(AMn)含量最高,为 99.23 mg/kg,而惠水 AMn 含量最低,为 32.37 mg/kg。都匀有效铁含量最高,福泉有效铁含量最低。上述结果表明,瓮安 P、K、SOM、AP 含量都处于较高水平;龙里 SOM、AP 含量处于较低水平;惠水 AP、AK 含量处于较低水平。

表 4-34　不同植烟县(市)土壤化学特性

县(市)	贵定	长顺	都匀	龙里	福泉	瓮安	惠水	平塘
pH	5.56d	5.69cd	6.30abc	5.66cd	6.36ab	6.44a	5.78bcd	5.95abcd
SOM/(g·kg^{-1})	30.84a	28.81a	35.56a	21.56b	29.21a	32.41a	33.01a	29.62a
TC/(g·kg^{-1})	17.89a	16.71a	20.63a	12.50b	16.94a	18.80a	19.15a	17.18a
TN/(g·kg^{-1})	1.91b	1.92b	2.27a	1.59c	1.98ab	1.99ab	1.96b	1.90b
P/(mg·kg^{-1})	536.03abc	526.39abc	519.65abc	405.22c	556.16bc	629.24a	437.12bc	535.37abc
K/(g·kg^{-1})	6.00b	5.74b	5.47b	6.47b	9.28a	10.28a	6.07b	4.90b
Ca/(mg·kg^{-1})	674.26a	634.47a	1746.76a	641.72a	2040.60a	2051.45a	1037.03a	375.43a
Mg/(mg·kg^{-1})	105.35a	142.68a	234.65a	174.56a	568.78a	728.12a	211.54a	53.75a
Fe/(g·kg^{-1})	22.33c	23.92c	31.80ab	24.07c	38.37a	35.13ab	22.54c	28.52bc
Mn/(mg·kg^{-1})	730.21bc	1025.49b	1022.71b	1037.85b	1166.70b	952.80b	385.84c	1768.13a
Cu/(mg·kg^{-1})	23.50abcd	19.23cd	26.71abc	24.93abcd	31.72a	29.65ab	16.58d	21.40bcd
Zn/(mg·kg^{-1})	68.20c	81.01bc	265.24a	74.16c	143.03b	93.62bc	62.77c	112.92bc
Mo/(mg·kg^{-1})	2.37a	2.13a	2.96a	2.81a	2.85a	2.28a	2.15a	2.13a
Co/(mg·kg^{-1})	12.06b	12.36b	15.01ab	16.74a	18.72a	18.45a	7.89c	15.84ab
B/(mg·kg^{-1})	73.81b	78.05ab	77.78ab	76.12ab	81.68ab	82.51ab	73.39b	88.84a
Pb/(mg·kg^{-1})	23.82b	30.03b	154.22a	31.93b	58.29b	43.98b	21.42b	39.29b

续表

县(市)	贵定	长顺	都匀	龙里	福泉	瓮安	惠水	平塘
Cr/(mg·kg⁻¹)	68.91a	71.74a	74.49a	73.17a	71.78a	69.78a	66.20a	83.36a
AN/(mg·kg⁻¹)	144.43a	134.96a	137.01a	125.72a	136.86a	134.88a	137.70a	144.57a
AP/(mg·kg⁻¹)	20.87a	18.62ab	9.24bc	9.52bc	17.83abc	23.13a	14.64abc	8.25c
AK/(mg·kg⁻¹)	599.00bc	907.58b	1262.22a	267.77cd	312.14cd	405.33cd	182.58d	264.50cd
AMn/(mg·kg⁻¹)	72.68abc	90.67ab	50.07bc	85.32ab	64.01abc	63.93abc	32.37c	99.23a
AFe/(mg·kg⁻¹)	56.56a	50.55ab	67.01a	27.52cd	18.97d	27.05cd	48.34abc	29.68bcd
ANi/(mg·kg⁻¹)	0.35a	0.35a	0.20bc	0.33ab	0.17c	0.27abc	0.25abc	0.30abc
ACu/(mg·kg⁻¹)	1.26ab	1.10ab	1.76a	0.91b	0.70b	1.26ab	0.90b	0.75b
AZn/(mg·kg⁻¹)	1.78b	1.63b	3.28a	1.16b	1.38b	1.65b	1.23b	1.55b
ACo/(mg·kg⁻¹)	0.33a	0.24ab	0.19ab	0.32a	0.18b	0.25ab	0.13b	0.14b

3. 土壤生物特性

对不同植烟县(市)土壤生物特性进行分析,结果如表 4-35 所示。龙里活性有机碳(LOC)的平均含量显著高于其他 7 个县(市),为 2086.74 mg/kg。都匀、福泉和长顺 LOC 含量没有显著差异,这 3 个县(市)的 LOC 含量显著高于瓮安、平塘、惠水。平塘、都匀和贵定土壤蛋白的含量都为 0.37 mg/g,其含量显著高于福泉、龙里、瓮安。平塘 S-CAT 的活性最高,其活性与瓮安没有显著差异,活性显著高于其他 6 个县(市)。平塘 S-ACP 的活性最高,贵定 S-ACP 活性最低。瓮安 S-UE 的活性最高,龙里 S-UE 活性最低,两者之间存在显著差异。而 S-SC 的活性瓮安也最高,其显著高于其他 7 个县(市)。由以上结果可以看出,平塘在土壤蛋白含量、S-CAT 活性、S-ACP 活性这几个方面高于其他县(市),而瓮安 S-SC 活性最高,且 S-CAT、S-UE、S-ACP 也具有较高的活性。

表 4-35　不同植烟县(市)土壤生物特性

县(市)	贵定	长顺	都匀	龙里	福泉	瓮安	惠水	平塘
LOC/(mg·kg⁻¹)	1525.76c	1949.10b	1857.20b	2086.74a	1861.95b	1475.19c	1517.97c	1513.32c
SP/(mg·g⁻¹)	0.37a	0.34ab	0.37a	0.28bc	0.24c	0.28bc	0.35ab	0.37a
S-CAT/(U·g⁻¹)	26.29b	26.17b	28.28b	27.04b	29.06b	30.43ab	23.78b	35.90a

县(市)	贵定	长顺	都匀	龙里	福泉	瓮安	惠水	平塘
S-ACP/ (nmol · h^{-1} · g^{-1})	80.81b	82.30b	95.97ab	88.69b	88.72b	102.99ab	104.52ab	129.29a
S-UE/ (U · g^{-1})	390.95c	457.81bc	444.58bc	307.80c	508.69abca	686.60a	664.51ab	524.08abc
S-SC/ (U · g^{-1})	18.79bc	20.94bc	30.41b	10.19c	26.97b	42.92a	27.28b	25.77b

二、黔南州土壤健康评价最小数据集构建

通常情况下,对于土壤健康评价,通过统计学方法从 TDS 中筛选出的 MDS 具有更高的准确性(Rinot 等,2019)。Zhu 等(2024)对江苏丘陵地区水土流失重点治理区进行土壤健康评估时,选取了 13 个物理与化学指标组成 TDS,通过 PCA 结合 Norm 值选取了 6 个指标组成 MDS,明确了影响水土流失的关键土壤指标,期望为生态恢复提供科学依据。Zhang 等(2023a)对西北引黄灌溉区盐渍化农田土壤进行质量评价时,选取了 24 个物理化学指标,通过 PCA 以及 Norm 值方法选取了 7 个指标进入 MDS,最终发现此区域中,低质量土壤占总样本的比例超过 90%。Choudhury 等(2021)在评估印度东北部山间谷地的土壤健康时,采集了 20 个土壤指标组成 TDS,也通过 PCA 以及 Norm 值方法在土壤表面和剖面各自建立了 MDS。Samaei 等(2022)在评估伊朗西北部山迪兹县牧场和农业用地的土壤健康时,选用了 18 个物理、化学和生物指标组成 TDS,通过 PCA 在此地区选取了 10 个指标组成 MDS,并最终选用 MDS 代替 TDS 去评估土壤健康。

本研究旨在通过统计分析方法建立 MDS,筛选出对黔南植烟地区最为重要的指标,以帮助制定更加具有针对性的土壤管理策略,保护土壤生态系统的稳定性和可持续性。通过收集全面而有效的土壤指标数据,我们可以更准确地了解黔南植烟地区土壤的健康状况,识别存在的问题和潜在的风险,从而采取相应的措施加以解决。此外,MDS 的建立还可以为相关研究和监测工作提供基础和指导,促进土壤健康领域的进一步研究和实践。

(一)研究方法

1. TDS 指标选取

上述测定的土壤指标组合成总数据集(TDS),在此 TDS 的构建要包含土壤物理、化学和生物指标(Karlen 等,2003)。考虑到植物从土壤中吸收的主要是有效态元素,所以全量 Fe、Mn、Cu、Zn、Mo、B 并未入选 TDS。根据已有的报道,很少有人把重金属含量选入 TDS(Karaca 等,2021;Vasu 等,2016),所以在此重金属元素并未入选 TDS。结合前人的已有报道以及生物指标在土壤健康评价体系中的重要性(Liu 等,2014;Qi 等,2009),最终确定 24 种土壤指标构成 TDS,分别是黏粒、粉粒、砂粒、pH、全氮(TN)、全磷(TP)、全钾(TK)、Ca、Mg、有效锰(AMn)、有效铁(AFe)、有效镍(ANi)、有效铜(ACu)、有效锌(AZn)、碱解氮(AN)、有效磷(AP)、速效钾(AK)、SOM、LOC、土壤蛋白、S-ACP、S-CAT、S-SC、S-UE。

2. Pearson 相关性分析

Pearson 相关性分析是一种常用的统计分析方法,用于确定土壤指标之间是否存在冗余问题(张世文等,2013)。如果发现指标之间存在显著的相关关系,即相关系数较高,那么可能存在冗余信息,这可能会影响后续的数据分析和解释。在这种情况下,可以考虑对 PCA 进行降维处理。PCA 能够将高维的数据转换为低维的数据,保留了大部分原始数据的变异性,从而更好地理解和解释土壤指标的变异性,减少了冗余信息的影响。

在此使用 SPSS 27.0 软件(IBM,Chicago,USA)对 TDS 中的土壤指标进行 Pearson 相关性分析。

3.主成分分析(PCA)

PCA 是一种常见的多元统计分析方法,它基于正交变换将原始的 n 维数据矩阵变换到新的数据集中,生成的新变量即称为主成分(PC)。PC 的选择是根据各主成分在相互正交的条件下对方差解释比例逐渐减小的原则,这意味着前几个 PC 能够最好地保留原始数据的信息。因此,PCA 实质上是通过较少的新变量来反映原始变量信息的过程,是一种常见的降维方法。在此使用 SPSS 27.0 软件(IBM,Chicago,USA)对 TDS 中的指标进行后续步骤分析。

在进行 PCA 之前,需要进行 KMO 检验和 Bartlett 球形检验来验证数据的适用性。一般认为 KMO 值大于 0.6,Bartlett 球形检验的 $P<0.05$ 就可以进行 PCA(Valsalan 等,2020)。在执行 PCA 时,仅选择特征值(Eigenvalues)$\geqslant 1$ 的 PC,因为它们能较好地代表系统的性质(Rezaei 等,2006;Yu 等,2018)。此外,在每个符合条件的 PC 中,因子载荷 $\geqslant 0.5$ 的土壤指标视为一组(Li 等,2007;Zhang 等,2016);若有一个指标在不同的 PC 中具有高载荷($\geqslant 0.5$),将其分配给具有更高载荷的组,以确保数据的合理归类和解释的准确性(Shao 等,2020;Yemefack 等,2006)。这种方法可以帮助研究者更好地理解土壤指标之间的关系,并确定哪些指标在主成分中起着重要作用。

4.计算矢量常模(Norm)值

在 PCA 分析中,一般只考虑某个变量在一个 PC 上的负荷,而其他 PC 上的信息则被忽略了。这样做的一个缺陷是,忽略了变量在其他 PC 上的贡献,可能导致数据解释的不完整性。为了避免这种缺陷,可以通过计算变量的 Norm 值来综合考虑其在所有 PC 上的影响。

Norm 值的几何意义是该变量在由 PC 组成的多维空间中的矢量长度,这个长度表示了该变量在所有主成分方向上的综合负荷。也就是说,Norm 值越大,说明该变量对所有主成分的贡献越大,其在整个多维空间中的影响力越大,能够更好地解释数据的变异性。Norm 的计算公式见式(4-1),通过计算 Norm 值,可以更全面地评估变量在整个主成分空间中的重要性,从而更准确地理解数据的结构和特征。

5.排序分组

在每个组中至少达到最大 Norm 值的 90% 的土壤指标被视为进入 MDS 的预选指标。如果存在一个组中有多个指标入选,那么分析土壤指标的相关性。如果任意两个预选指标之间的相关值超过 0.5,则选择具有较高 Norm 值的指标进入 MDS(Shao 等,2020);如果任意两个预选指标之间的相关值不超过 0.5,则所有指标均入选 MDS。

(二)结果与分析

1.指标相关性分析

对选定的 24 个土壤指标进行了 Pearson 相关性分析,结果见表 4-36。结果发现土壤指标之间存在显著相关性,说明数据冗余。例如,土壤 Clay 与 Silt 存在显著的正相关($R=0.518$),Clay 与 Sand 存在显著负相关($R=-0.863$),Silt 与 Sand 存在显著负相关($R=-0.879$),SOM 分别与 TN、Ca、Mg 存在显著正相关($R=0.721$、0.671、0.616),Ca 和 Mg 的 R 值达到了 0.957,存在显著正相关。因此,有必要按照综合相关系数、因子载荷量大小等因素对同一成分相关性较强的指标进行取舍,适合用主成分分析进行数据的降维。

2.PCA 结果

在进行 PCA 之前,我们首先对数据进行了 KMO 检验,KMO 值为 0.649>0.6,显著性 $P<0.001$,表明数据适合进行 PCA,结果如表 4-37 所示。选取特征值不小于 1 的主成分,共有 7 个主成分被提取出来,一共解释了 72.76% 的变异,主成分 1(PC1)解释了总方差的 20.35%,主要因子载荷包括 pH、TN、TP、SOM、LOC、S-CAT、S-SC、S-UE;PC2 解释了总方差的 17.04%,PC2 主要因子载荷为 Clay、Sand、TN、AFe、SOM、SP;PC3 解释了 11.23% 的总方差,主要因子载荷为 Silt、Ca、Mg;PC4 解释了 7.59%,主要因子载荷为 S-ACP;PC5 解释了 6.67%,主要因子载荷为 AMn、AP、S-CAT;PC6 解释了 5.20%,主要因子载荷为 AK;PC7 解释了 4.68%。

选取载荷因子不小于 0.5 的指标,并根据指标在不同 PC 中都有较高的载荷,选取载荷因子较大所在的 PC 的原则,进行分组:pH、TN、TP、SOM、LOC、S-CAT、S-SC、S-UE 为第 1 组,其中 TN 在 PC2 中也有较高的载荷,但是在 PC1 中的载荷比 PC2 要高,所以入选第 1 组,同理 SOM、S-CAT 也被分到第 1 组;Clay、Sand、AFe、SP 为第 2 组;Silt、Ca、Mg 为第 3 组;S-ACP 为第 4 组;AMn 为第 5 组;AK 为第 6 组。

表 4-36 土壤指标之间的 Pearson 相关系数

属性	Clay	Silt	Sand	pH	TN	TP	TK	Ca	Mg	AMn	AFe	ANi
Clay	1											
Silt	0.518**	1										
Sand	-0.863**	-0.879**	1									
pH	0.437**	0.197**	-0.360**	1								
TN	0.045	0.154*	-0.116	0.091	1							
TP	0.222**	0.182*	-0.231**	0.154*	0.541**	1						
TK	0.336**	0.355**	-0.397**	0.215**	0.180*	0.267**	1					
Ca	-0.063	-0.136	0.116	0.292**	0.123	0.259**	0.118	1				
Mg	-0.132	-0.145	0.159*	0.189*	0.095	0.260**	0.147	0.957**	1			
AMn	-0.102	0.172*	-0.044	-0.395**	-0.039	0.149*	0.028	-0.148*	-0.116	1		
AFe	-0.418**	-0.244**	0.377**	-0.451**	0.272**	-0.079	-0.220**	-0.087	-0.042	-0.123	1	
ANi	-0.270**	0.148*	0.063	-0.286**	0.265**	0.207**	0.006	-0.027	0.005	0.501**	0.296**	1
ACu	-0.023	0.156*	-0.080	-0.001	0.572**	0.404**	0.185*	-0.011	0.016	0.026	0.413**	0.517**
AZn	-0.021	-0.061	0.047	-0.001	0.343**	0.315**	-0.098	0.147	0.083	0.168*	0.198**	0.298**
AN	-0.093	0.031	0.033	-0.044	0.429**	0.146	-0.090	0.005	-0.037	0.023	0.045	0.140
AP	0.042	-0.014	-0.015	-0.101	0.280**	0.657**	0.095	0.170*	0.198**	-0.074	0.251**	0.098
AK	-0.009	-0.158*	0.098	-0.135	0.070	0.063	-0.052	-0.058	-0.057	0.090	0.151*	-0.043
SOM	-0.075	-0.083	0.091	0.180*	0.721**	0.501**	0.076	0.671**	0.616**	-0.171*	0.210**	0.143
LOC	-0.018	-0.068	0.050	-0.225**	-0.348**	-0.311**	-0.168*	-0.048	-0.055	0.148*	-0.002	-0.066
SP	-0.345**	-0.164*	0.289**	-0.409**	0.196*	0.087	-0.151*	-0.008	0.032	0.117	0.483**	0.186*
S-ACP	-0.017	0.066	-0.030	0.018	0.443**	0.137	0.072	-0.080	-0.080	-0.054	0.153*	0.182*
S-CAT	0.326**	0.271**	-0.342**	0.534**	0.115	0.278**	0.149*	0.170*	0.102	0.204**	-0.528**	0.028
S-SC	0.384**	0.127	-0.289**	0.745**	0.249**	0.316**	0.234**	0.203**	0.138	-0.255**	-0.347**	-0.134
S-UE	0.261**	0.132	-0.223**	0.331**	0.288**	0.354**	0.113	0.358**	0.271**	-0.030	-0.231**	-0.076

续表

属性	Clay	Silt	Sand	pH	TN	TP	TK	Ca	Mg	AMn	AFe	ANi
ACu	1											
AZn	0.346**	1										
HN	0.146	0.094	1									
AP	0.276**	0.255**	0.019	1								
AK	0.042	0.058	−0.039	0.138	1							
SOM	0.326**	0.357**	0.325**	0.332**	0.030	1						
LOC	−0.190*	−0.032	−0.254**	−0.197**	0.193**	−0.386**	1					
SP	0.157*	0.171*	0.211**	0.268**	0.111	0.248**	−0.133	1				
S-ACP	0.292**	0.083	0.269**	−0.033	−0.129	0.319**	−0.350**	0.198**	1			
S-CAT	0.015	0.072	0.125	−0.223**	−0.101	0.171*	−0.256**	−0.213**	0.109	1		
S-SC	0.165*	0.152*	0.097	0.080	−0.096	0.281**	−0.467**	−0.236**	0.190*	0.504**	1	
S-UE	−0.012	0.174*	0.090	0.154*	−0.039	0.459**	−0.319**	0.020	0.095	0.360**	0.457**	1

注：TN 为全氮；TP 为全磷；TK 为全钾；AMn 为有效锰；AFe 为有效铁；ANi 为有效镍；ACu 为有效铜；AZn 为有效锌；AN 为碱解氮；AP 为有效磷；AK 为速效钾；SOM 为土壤有机质；LOC 为土壤活性有机碳；SP 为土壤蛋白；S-ACP 为土壤酸性磷酸酶；S-CAT 为土壤过氧化氢酶；S-SC 为土壤蔗糖酶；S-UE 为土壤脲酶。* 代表 $P<0.05$；** 代表 $P<0.01$。

表 4-37　土壤指标及其常模值和组的主成分分析结果

Property	PC1	PC2	PC3	PC4	PC5	PC6	PC7	组别	Norm
Clay	0.468	−0.619	0.254	0.137	−0.302	0.100	−0.052	2	1.73
Silt	0.387	−0.409	0.573	0.197	−0.014	−0.283	−0.161	3	1.58
Sand	−0.489	0.587	−0.480	−0.193	0.177	0.111	0.124	2	1.83
pH	0.606	−0.480	−0.298	−0.210	−0.054	0.054	0.323	1	1.78
TN	0.614	0.505	0.264	−0.170	−0.093	−0.004	0.021	1	1.77
TP	0.688	0.282	0.154	0.321	−0.104	0.195	−0.101	1	1.72
TK	0.420	−0.220	0.171	0.226	−0.161	−0.412	−0.062		1.22
Ca	0.454	0.210	−0.701	0.346	0.147	−0.245	−0.013	3	1.69
Mg	0.388	0.253	−0.675	0.382	0.128	−0.323	−0.041	3	1.63
AMn	−0.110	0.085	0.446	0.448	0.636	0.162	−0.135	5	1.30
AFe	−0.261	0.723	0.148	−0.089	−0.331	−0.151	0.147	2	1.67
ANi	0.072	0.472	0.474	0.212	0.436	−0.191	0.255		1.43
ACu	0.374	0.478	0.435	0.008	−0.125	−0.174	0.457		1.56
AZn	0.291	0.416	0.118	0.181	0.110	0.354	0.391		1.25
HN	0.241	0.301	0.155	−0.399	0.234	0.097	−0.328		1.11
AP	0.312	0.432	0.039	0.350	−0.500	0.177	−0.174		1.39
AK	−0.115	0.162	0.029	0.258	−0.248	0.540	0.036	6	0.87
SOM	0.670	0.568	−0.300	−0.017	0.019	−0.064	−0.075	1	1.94
LOC	−0.519	−0.166	−0.030	0.468	−0.007	0.026	0.206	1	1.37
SP	−0.094	0.632	0.108	−0.057	−0.031	0.078	−0.414	2	1.38
S-ACP	0.306	0.276	0.266	−0.533	0.085	−0.193	−0.052	4	1.24
S-CAT	0.565	−0.354	0.010	−0.068	0.524	0.208	0.057	1	1.60
S-SC	0.719	−0.250	−0.149	−0.297	−0.028	0.202	0.247	1	1.77
S-UE	0.625	−0.026	−0.205	0.017	0.101	0.256	−0.258	1	1.48
特征值	4.884	4.089	2.695	1.821	1.601	1.248	1.124		
方差/(%)	20.35	17.04	11.23	7.59	6.67	5.20	4.68		
累计方差/(%)	20.35	37.38	48.62	56.203	62.87	68.07	72.76		

注：TN 为全氮；TP 为全磷；TK 为全钾；AMn 为有效锰；AFe 为有效铁；ANi 为有效镍；ACu 为有效铜；AZn 为有效锌；HN 为水解性氮；AP 为有效磷；AK 为速效钾；SOM 为土壤有机质；LOC 为土壤活性有机碳；SP 为土壤蛋白；S-ACP 为土壤酸性磷酸酶；S-CAT 为土壤过氧化氢酶；S-SC 为土壤蔗糖酶；S-UE 为土壤脲酶。

3. MDS 构建

随后进行 Norm 值计算，并结合排序分组的方法，结果如表 4-38 所示。在第 1 组中，SOM 的 Norm 最高(1.940)，而 TP、LOC、S-CAT、S-UE 不在 Norm 最高值 10% 以内，所以这些指标不能进入 MDS；而 pH、TN、S-SC 均在最高值 10% 以内。接下来，进行了 R 值的比较，TN 与 SOM 具有显著正相关($R=0.721$)，TN 被排除在 MDS 之外。而 pH 和 S-SC 与 SOM 相关性分别为 0.180、0.281，低于 0.3。因此，SOM、pH 和 S-SC 被选入 MDS。同样，Sand 在第 2 组中具有最高 Norm 值(1.829)，SP 未在 Sand 的 Norm 值 10% 范围内，所以 SP 不能进入 MDS；Clay 和 AFe 在最高值 10% 范围内，由于 Sand 和 Clay 之间存在很强的负相关性($R=-0.863$)，Clay 被排除在 MDS 之外。然而，Sand 和 AFe 没有表现出显著的相关性，所以 Sand 和 AFe 被选入 MDS。Ca 在第 3 组中表现出最高 Norm 值(1.685)，Mg 和 Silt 均在最高值的 10% 范围内。由于 Ca 和 Mg 之间存在很强的正相关性($R=0.957$)，因此 Mg 被排除在 MDS 之外。此外，Ca 和 Silt 之

间的相关性小于 0.3，因此，Ca 与 Silt 被选入 MDS。S-ACP、AMn 和 AK 在各自组中是唯一指标，所以被选入 MDS。综上所述，进入 MDS 的一共有 10 个土壤指标，分别是有机质、pH、土壤蔗糖酶、砂粒、有效铁、Ca、粉粒、土壤酸性磷酸酶、有效锰和速效钾（表 4-38）。

表 4-38　结合 Norm 值的最终 MDS 结果

属性	组别	Norm	区间内	包含
SOM	1	1.940	是	是
pH	1	1.784	是	是
S-SC	1	1.766	是	是
TN	1	1.762	是	否
TP	1	1.723	否	否
S-CAT	1	1.605	否	否
S-UE	1	1.483	否	否
LOC	1	1.370	否	否
Sand	2	1.829	是	是
Clay	2	1.734	是	否
AFe	2	1.665	是	是
SP	2	1.383	否	否
Ca	3	1.685	是	是
Mg	3	1.628	是	否
Silt	3	1.581	是	是
S-ACP	4	1.240	是	是
AMn	5	1.301	是	是
AK	6	0.871	是	是

三、黔南州土壤健康评价体系构建及应用

上一节已经建立了黔南植烟地区的 MDS，因为 TDS 和 MDS 中土壤指标的实测数值具有不同的量纲和取值范围，甚至包括不可度量的分类或分级数据，所以需要对原始实测数据进行处理，以便将其转化为相对一致的评价指数。这样做有助于减少重复计算的情况，并确保评价结果的可比性和准确性。通常情况下需要把每个指标转换成 0~1 的值。大多数研究采用的转换评分方法通常包含三种，即线性、非线性以及 CASH 评分方法（Askari 等，2015；Mahajan 等，2020；Moebius-Clune 等，2016）。每一种评分方法又包含三种评分函数："越少越好""越多越好"和"最适值"。"越多越好"函数表示该土壤指标越高，对土壤健康越好；"越少越多"函数意味着土壤中该指标越低，土壤功能越好；"最适值"表示土壤指标在某一段范围内，该对土壤健康功能最好（Teng 等，2024）。然而，不同的地区适用的评分方法可能不同，这就要求我们选取最适合本地区的评分方法，以更好地满足本地区土壤健康评估的需求。例如，Askari 等（2015）在爱尔兰的一个温带耕地管理系统中使用了线性和非线性的评分方法，并进行了指标得分的转换，发现在此地区线性评分方法更适用于耕地管理健康评价。Zhang 等（2023b）采用三种评分方法对小麦-玉米种植制度下的河北省曲周县进行土壤健康评价，结果显示使用 CASH 要优于其他两种评分方法。

需要根据土壤健康指数进行土壤健康得分的计算。目前大多数采用三种 SHI（分别为 SHI_a、SHI_w 和 SHI_n）去进行得分的计算（Saleh 等，2021；Ye 等，2022）。Ye 等（2022）在中国南京溧水林场研究站的研究中发现，在评估间伐对杉木林土壤健康的影响时，使用 SHI_w 要优于其他两种 SHI。Zeraatpisheh 等（2022）在伊朗北部马赞德兰省萨里地区评估森林砍伐和集约化农业对土壤健康的影响时，使用了三种 SHI 去计算土壤健康，结果表明与 SHI_a、SHI_w 相比，SHI_n 对土壤健康的评估效果更好。由此可见，不同地区最适宜

的 SHI 可能有所不同,所以要尽可能地综合选用 SHI,以选取最适合此地区的 SHI。

在本节的研究中,我们不仅采用了两个不同的数据集(TDS 和 MDS),还结合了三种评分方法和三种土壤健康指数,以综合评价土壤健康状况(Teng 等,2024)。这种综合评价方法的采用可以克服单一评估方法的局限性,减少评估结果的偏差,从而更全面地了解土壤的健康状况。通过利用线性回归分析,确定出最适合研究区域的土壤健康模型,并利用该模型对土壤健康进行分类评级,以更加精准地评估土壤健康状况,并将根据不同的土壤健康分级制定相应的改进措施,以提高烤烟的产量和品质,为农业管理政策的制定提供科学依据,促进农业生产的可持续发展。

(一)研究方法

1. 评分方法

在本研究中,除了砂粒、粉粒和 pH,其他指标采用"越多越好"函数。砂粒和粉粒采用"越少越好"函数。pH 适用于"最适值",最适范围为 5.5～6.5,在此范围之内 pH 得分为 1,其在未达到最适值时采用"越多越好"函数,在超过最适范围以后采用"越少越好"函数。

(1)线性评分方法。

采用线性函数时,当土壤指标适用"越多越好"时,采用式(4-8)。当土壤指标为"越少越好"时,采用式(4-9)。当土壤指标为"最适值"时,在未达到最适值时为"越多越好",采用式(4-8);超过最适范围以后为"越少越好",使用式(4-9)。

$$S_L = x / x_{max} \tag{4-8}$$

$$S_L = x_{min} / x \tag{4-9}$$

式中,S_L 为土壤指标的线性得分,x 为土壤健康指标的测量值;x_{max} 和 x_{min} 分别为土壤指标的最大值和最小值。

(2)非线性评分方法。

采用非线性函数时,采用式(4-10)。当指标为"越多越好"时,公式中 $b = -2.5$;当指标为"越少越好"时,公式中 $b = 2.5$。

$$S_{NL} = \frac{a}{1 + (x / x_\mu)^b} \tag{4-10}$$

式中,S_{NL} 为土壤参数的非线性得分;a 为最高分,本研究中等于 1;x_μ 为 TDS 和 MDS 的每个属性的平均值;b 为斜率,值为 -2.5 表示"越多越好",2.5 表示"越少越好"。

(3)CASH 评分方法。

采用 CASH 方法时,采用式(4-11)进行计算。

$$p = f(x, \mu, \sigma) = \frac{1}{\sigma \sqrt{2\pi}} \int_{-\infty}^{+\infty} \exp\left[\frac{-(x - \mu)^2}{2\sigma^2}\right] dx \tag{4-11}$$

式中,p、x、μ、σ 分别为各指标的概率、指标实际值、均值和标准差。

2. 土壤健康指数(SHI)

指标转换成无单位的 0～1 的数据以后,需要进行土壤健康的计算,大多数研究采用土壤健康指数去进行土壤健康的评估。在本项研究中采用三种计算指标的方法,分别是综合健康指数(weighted soil health index,SHI_w)、内梅罗指数(Nemoro soil health index,SHI_n)、附加性指数(additive soil health index,SHI_a)。

(1)综合健康指数(SHI_w)。

SHI_w 进行计算时,需要先计算指标的权重,权重的计算方法见式(4-12),计算土壤健康得分使用式(4-13)。

$$W_i = \frac{C_i}{\sum_{i=1}^{n} C_i} \tag{4-12}$$

式中,W_i 为各指标的权重,C_i 为指标的共性值,n 为指标的数量。

$$SHI_w = \sum_{i=1}^{n} (W_i \cdot N_i) \tag{4-13}$$

式中,W_i 为各指标权重,N_i 为指标得分,n 为变量个数。

(2)内梅罗指数(SHI_n)。

SHI_n 计算方法见式(4-14)。

$$SHI_n = \sqrt{\frac{P_{ave}^2 + P_{min}^2}{2} \cdot \frac{n-1}{n}} \tag{4-14}$$

式中,P_{ave} 和 P_{min} 分别为各样本点指标得分的平均值和最小值。

(3)附加性指数(SHI_a)。

SHI_a 计算公式见式(4-15)。

$$SHI_a = \sum_{i=1}^{n} N_i / n \tag{4-15}$$

式中,N_i 为指标得分,n 为变量个数。

最终结合两个数据集、三种评分方法和三种 SHI,一共生成了 18 个土壤健康评价模型(表 4-39)。

表 4-39　使用 TDS 和 MDS 结合三种评分方法以及三种不同 SHI 得出的土壤健康模型(Teng 等,2024)

数据集	评分方法	SQI	模型
TDS	线性	综合健康指数	SHI_w-TDS-L
		附加性指数	SHI_a-TDS-L
		内梅罗指数	SHI_n-TDS-L
	非线性	综合健康指数	SHI_w-TDS-NL
		附加性指数	SHI_a-TDS-NL
		内梅罗指数	SHI_n-TDS-NL
	CASH	综合健康指数	SHI_w-TDS-CASH
		附加性指数	SHI_a-TDS-CASH
		内梅罗指数	SHI_n-TDS-CASH
MDS	线性	综合健康指数	SHI_w-MDS-L
		附加性指数	SHI_a-MDS-L
		内梅罗指数	SHI_n-MDS-L
	非线性	综合健康指数	SHI_w-MDS-NL
		附加性指数	SHI_a-MDS-NL
		内梅罗指数	SHI_n-MDS-NL
	CASH	综合健康指数	SHI_w-MDS-CASH
		附加性指数	SHI_a-MDS-CASH
		内梅罗指数	SHI_n-MDS-CASH

3.土壤健康分级

利用上述所选出的最优土壤健康评价模型,进行土壤健康得分的等级评定。我们对土壤健康进行了分级,分为 5 个等级:Ⅰ级(<0.3,最低),Ⅱ级(0.3~0.4,低),Ⅲ级(0.4~0.5,中等),Ⅳ级(0.5~0.6,高),Ⅴ级(>0.6,最高)。

4.烤烟产量调查

在 2021 年对取样点采集完毕后,进行烟草种植,2022 年农民烤烟,由当地烟草局进行收购,将产量数据录入系统,并对烟草种植亩数进行确认。一共收集到 140 个取样点的种植亩数与烤烟产量数据。2022 年烟草收获完毕后,选择了 6 个新的取样点,对其测定土壤指标后,种植烟草,记录种植亩数,2023 年对这 6 个取样点进行烤烟产量统计。

5.反距离权重插值法

反距离权重(inverse distance weighted,IDW)插值法,是一种被广泛运用的空间插值方法,因其简单、快速和使用方便而备受青睐。该方法通过计算预测点与采样点之间的距离,并以距离的倒数作为权重,进行加权平均估计。简而言之,它是基于距离与幂的反比关系,即越接近的点在估计中具有越大的权重。这种权重计算方法可以确保在空间上对近点进行更加精确的估计,而对远点的影响则逐渐减小。IDW 具体计算公式为:

$$Z_{x,y} = \frac{\sum_{i=1}^{n}(Z_i d_{x,y,i}^{-r})}{\sum_{i=1}^{n} d_{x,y,i}^{-r}} \tag{4-16}$$

式中,$Z_{x,y}$ 为空间估计点,Z_i 为第 i 个采样点,$d_{x,y,i}$ 为 $Z_{x,y}$ 和 Z_i 之间的距离,r 为规定的指数(Kravchenko 等,1999)。反距离权重插值法基于距离与幂的反比关系,使得在空间上的近点比远点具有更大的权重。通过合理选择相邻点的数量 n 和幂值 r,可以有效地提高插值的准确性。

在本研究中,采用 ArcGIS 10.2 (ESRI,Redlands,CA,USA)中 IDW 插值法对黔南植烟土壤健康进行空间分布制图。

(二)结果与分析

1.土壤健康得分

在计算土壤健康得分时,采用 SHI$_w$ 方法时,首先需要对指标进行权重的计算。对 TDS 和 MDS 两个数据集的计算结果如表 4-40 所示,在 MDS 中 SOM 的权重最高,为 0.125;而 AK 的权重最低,为 0.03。其他指标的权重排序为 Silt>Sand>pH>Ca>S-ACP>S-SC>AFe>AMn。而对于 TDS 中的各个土壤指标,权重差异几乎不大。

表 4-40　TDS 和 MDS 中各指标的共性(COM)及权重值

特性	TDS		MDS		特性	TDS		MDS	
	COM	权重	COM	权重		COM	权重	COM	权重
Clay	0.790	0.045	NA	NA	ACu	0.812	0.047	NA	NA
Silt	0.790	0.045	0.879	0.120	AZn	0.595	0.034	NA	NA
Sand	0.910	0.052	0.870	0.119	HN	0.503	0.029	NA	NA
pH	0.841	0.048	0.858	0.117	AP	0.719	0.041	NA	NA
TN	0.740	0.042	NA	NA	AK	0.461	0.026	0.222	0.030
TP	0.739	0.042	NA	NA	SOM	0.871	0.050	0.915	0.125
TK	0.505	0.029	NA	NA	LOC	0.559	0.032	NA	NA
Ca	0.943	0.054	0.839	0.114	SP	0.601	0.034	NA	NA
Mg	0.938	0.054	NA	NA	S-ACP	0.572	0.033	0.751	0.103
AMn	0.868	0.050	0.630	0.086	S-CAT	0.770	0.044	NA	NA
AFe	0.775	0.044	0.654	0.089	S-SC	0.792	0.045	0.707	0.097
ANi	0.790	0.045	NA	NA	S-UE	0.577	0.033	NA	NA

注:COM 代表各个指标的共性。术语"NA"用于表示某些土壤指标未包含在 MDS 中。

使用 TDS 和 MDS 方法,结合线性、非线性和 CASH 评分方法,采用三种 SHI 去计算各自土壤健康模型的得分(表 4-41)。结果显示,SHI$_w$-CASH-MDS 和 SHI$_a$-CASH-MDS 模型的土壤健康得分平均值在这18 种模型中最高;当采用线性方法时,使用 TDS 计算的土壤健康得分的平均值高于相应的 MDS 得分平均值。而当采用非线性方法时,除了使用 SHI$_n$,其他采用 MDS 计算的土壤健康得分的平均值高于相应的 TDS 得分平均值。此外,当采用相同的评分方法和数据集时,SHI$_n$ 计算的土壤健康得分的平均值低于使用 SHI$_a$ 和 SHI$_w$ 得出的平均值。

表 4-41　不同土壤健康模型的统计描述

模型	平均值	SD	最小值	最大值
SHI_w-L-TDS	0.34	0.05	0.22	0.57
SHI_w-L-MDS	0.33	0.04	0.25	0.55
SHI_a-L-TDS	0.35	0.05	0.23	0.55
SHI_a-L-MDS	0.30	0.04	0.21	0.48
SHI_n-L-TDS	0.24	0.03	0.15	0.37
SHI_n-L-MDS	0.19	0.03	0.14	0.31
SHI_w-NL-TDS	0.43	0.09	0.19	0.66
SHI_w-NL-MDS	0.45	0.08	0.21	0.68
SHI_a-NL-TDS	0.43	0.08	0.20	0.65
SHI_a-NL-MDS	0.44	0.09	0.19	0.69
SHI_n-NL-TDS	0.30	0.06	0.14	0.45
SHI_n-NL-MDS	0.28	0.06	0.12	0.46
SHI_w-CASH-TDS	0.49	0.09	0.27	0.75
SHI_w-CASH-MDS	0.50	0.08	0.29	0.70
SHI_a-CASH-TDS	0.49	0.08	0.27	0.76
SHI_a-CASH-MDS	0.50	0.08	0.28	0.70
SHI_n-CASH-TDS	0.34	0.06	0.18	0.51
SHI_n-CASH-MDS	0.34	0.06	0.18	0.48

注:L、NL 和 CASH 分别代表线性、非线性和 CASH 评分方法。

2. 最佳模型的选择

采用线性回归的方法,建立了 TDS 和 MDS 之间的线性关系。根据图 4-29,MDS 和 TDS 之间的线性分析 R^2 值范围为 $0.617\sim0.762$。当采用线性方法计算土壤健康得分时,SHI_w-L-TDS 与 SHI_w-L-MDS 的 R^2 值为 0.621,SHI_a-L-TDS 与 SHI_a-L-MDS 的 R^2 值为 0.617,SHI_n-L-TDS 与 SHI_n-L-MDS 的 R^2 值为 0.618;当采用非线性方法计算土壤健康得分时,SHI_w-NL-TDS 与 SHI_w-NL-MDS 的 R^2 值为 0.762,SHI_a-NL-TDS 与 SHI_a-NL-MDS 的 R^2 值为 0.742,SHI_n-NL-TDS 与 SHI_n-NL-MDS 的 R^2 值为 0.749;当采用 CASH 评分方法计算土壤健康得分时,SHI_w-CASH-TDS 与 SHI_w-CASH-MDS 的 R^2 值为 0.673,SHI_a-CASH-TDS 与 SHI_a-CASH-MDS 的 R^2 值为 0.670,SHI_n-CASH-TDS 与 SHI_n-CASH-MDS 的 R^2 值为 0.673。根据以上结果可以得出,TDS 和 MDS 之间具有较好的拟合效果,表明 MDS 可以替代 TDS,用于进行黔南植烟地区土壤健康的评价。同时,比较以上三种评分方法可以发现,非线性评分比其他两种评分方法具有更高的 R^2 值,表明非线性评分方法更适合此地区的土壤健康评价,其中最适合的方法是非线性评分方法与 SHI_w 指标结合进行计算,其公式为:

$$y = 0.868x + 0.078 (R^2 = 0.762, P < 0.001) \tag{4-17}$$

因此,MDS 可以通过减少指标数量来有效地评价土壤健康。在本研究中 SHI_w-NL-MDS 模型是评估黔南植烟地区土壤健康最有效的模型,我们选取此模型进行后续土壤健康的分级。

3. 目标取样点土壤健康的分级

基于上述结果,我们选择 SHI_w-NL-MDS 对 177 个植烟土壤进行土壤健康分级。通过对目标取样点进行分析,得出我们选取的目标取样点土壤健康得分范围为 $0.21\sim0.68$[图 4-30(a)]。在这 177 个采样点中,有 77 个土壤健康等级为Ⅲ,表明其土壤健康水平为中等。另外,有 42 个采样点处于土壤健康等级Ⅱ,为低的土壤健康水平;而有 46 个采样点处于土壤健康等级Ⅳ,表示其土壤健康水平为高。然而,还有 6 个

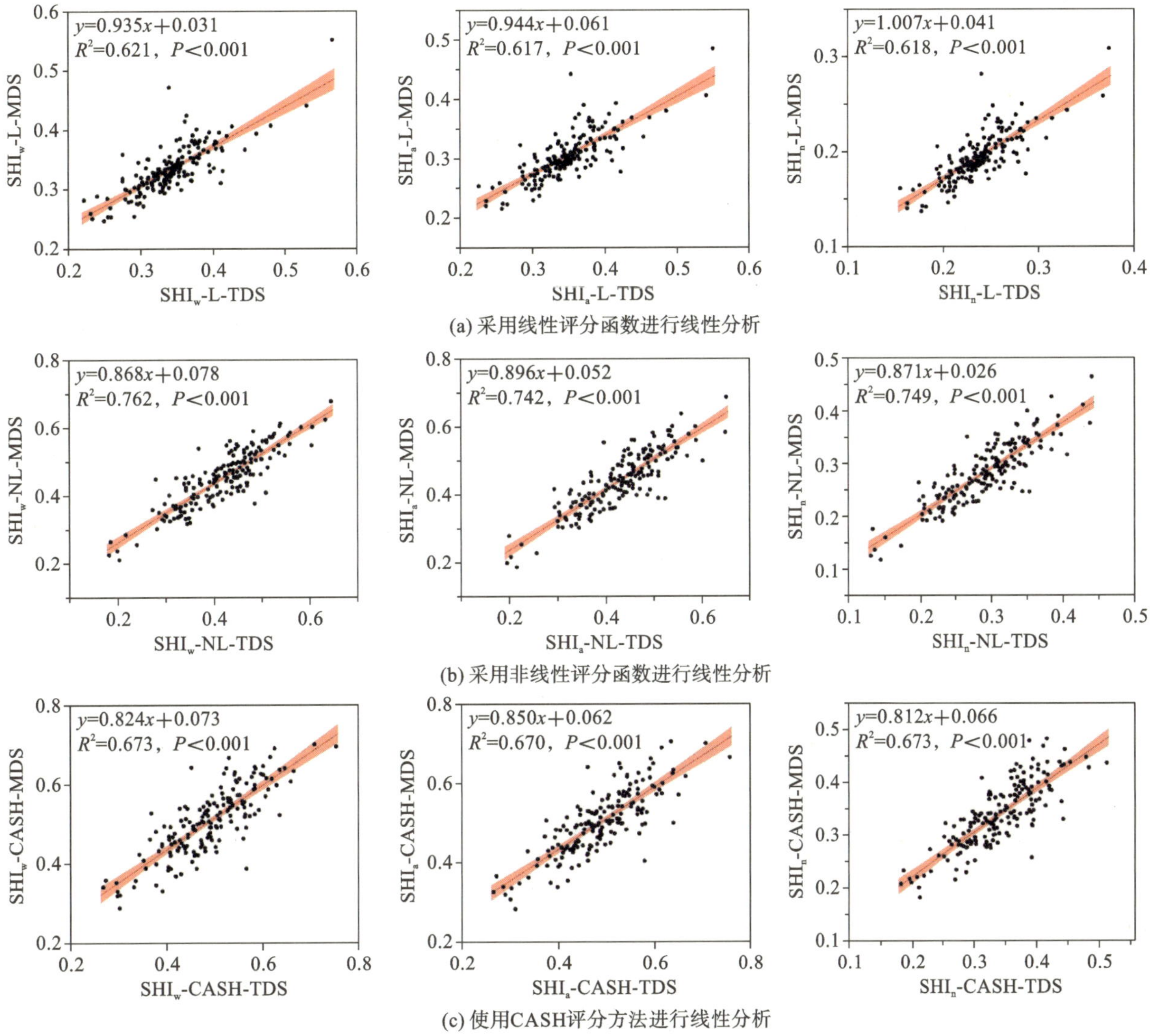

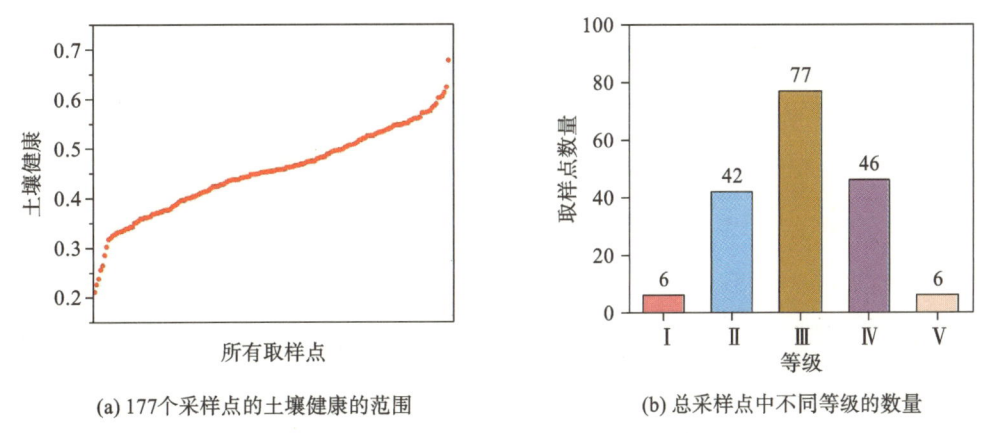

图 4-29 通过各种模型进行 MDS 和 TDS 之间的线性分析（Teng 等，2024）
注：阴影区域代表 95% 的置信度。

采样点被归类为等级Ⅰ，表明其土壤健康水平为最低；同时，还有 6 个采样点被归类为等级Ⅴ，表明其土壤健康水平为最高［图 4-30（b）］。

(a) 177个采样点的土壤健康的范围

(b) 总采样点中不同等级的数量

图 4-30 各采样点土壤健康分布情况（Teng 等，2024）
注：Ⅰ、Ⅱ、Ⅲ、Ⅳ、Ⅴ级分别代表土壤健康等级为相对最低、低、中、高、最高。

对土壤健康等级最低和等级最高的地块进行分析，选择 MDS 中的指标进行比较。由表 4-42 可知，

表 4-42 基于 SHI_w-NL-MDS 的最高和最低土壤质量的具体指标信息

采样点编号	县(市)	Silt/(%)	Sand/(%)	pH	AK/(mg·kg⁻¹)	SOM/(g·kg⁻¹)	S-ACP/(nmol·h⁻¹·g⁻¹)	S-SC/(U·g⁻¹)	Ca/(mg·kg⁻¹)	AMn/(mg·kg⁻¹)	AFe/(mg·kg⁻¹)	SH	等级
18	GD	42.38	47.92	5.12	456.84	14.69	6.44	5.87	184.85	2.73	65.88	0.264	I
58	LL	54.28	29.84	5.19	121.46	15.28	19.93	6.12	271.63	38.26	10.40	0.211	I
144	HS	61.89	13.15	5.01	105.58	16.20	48.58	14.60	153.06	10.05	25.20	0.285	I
145	HS	55.76	28.45	4.50	129.35	26.47	49.12	5.96	83.66	44.42	15.06	0.256	I
146	HS	38.95	46.42	5.19	119.41	18.43	41.07	5.92	87.83	21.89	19.68	0.226	I
166	PT	55.11	26.84	5.32	73.38	12.39	12.61	5.96	145.47	67.46	14.42	0.237	I
3	GD	49.97	35.72	6.39	788.36	47.63	95.28	54.11	2372.03	128.95	39.85	0.677	V
27	CS	52.31	30.59	5.68	1161.94	39.61	173.32	38.16	758.05	129.44	33.07	0.612	V
39	CS	60.04	20.07	5.85	544.78	41.28	125.68	25.49	816.05	59.74	139.47	0.601	V
87	WA	63.38	11.29	5.90	218.00	25.43	168.49	34.71	855.14	85.09	47.07	0.604	V
88	WA	55.97	29.92	5.65	116.30	36.13	73.54	45.26	2504.66	53.71	71.14	0.602	V
128	WA	61.72	15.49	6.39	222.67	45.40	272.56	68.34	550.83	30.51	57.16	0.623	V
				**		**	**	**	*	*	**	**	

注：SH 为土壤健康状况。GD(贵定)、LL(龙里)、HS(惠水)、PT(平塘)、CS(长顺)、WA(瓮安)分别为 I 级和 V 级，分别代表最低和最高土壤健康。AK 为速效钾；SOM 为土壤有机质；S-ACP 为土壤酸性磷酸酶；S-SC 为土壤蔗糖酶；AFe 为有效铁；AMn 为有效锰。双尾 t 检验确定显著差异。* 代表 $P < 0.05$；** 代表 $P < 0.01$。

等级 V 的土壤中有机质(SOM)含量显著高于等级 I 的土壤。此外,在土壤酶活性方面,等级 V 的土壤中土壤酸性磷酸酶(S-ACP)和土壤蔗糖酶(S-SC)含量显著高于等级 I 的土壤。而在 Ca 和有效锰含量方面,等级 I 的土壤显著低于等级 V 的土壤。这些结果表明,在生物化学特性方面,等级 V 的土壤要优于等级 I 的土壤,并且验证了模型分级的准确性。

4.模型的应用

在 2021 年采集完土壤样本以后,为了验证土壤健康与产量的关系,收集黔南烟草局各县(市)的统计信息,并获取 140 个采样点的 2022 年产量数据。将 SHI$_w$-NL-MDS 模型计算的土壤得分与产量数据进行线性回归分析,结果显示,土壤健康指数与烤烟产量显著正相关($P < 0.001$)(图 4-31),这表明土壤健康的变化会对烤烟产量产生影响。

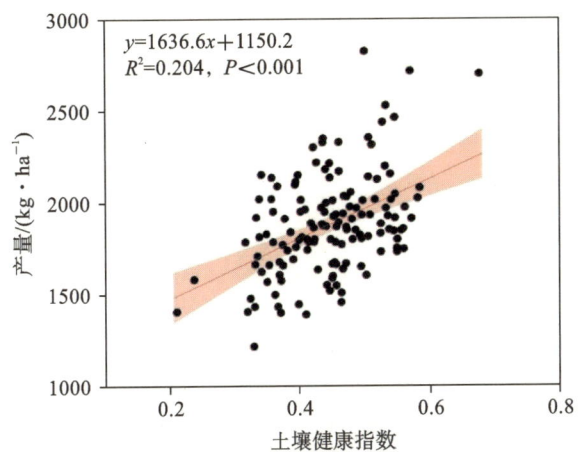

图 4-31　基于 SHI$_w$-NL-MDS 模型的产量与土壤健康指数线性回归分析(Teng 等,2024)

注:阴影区域代表 95% 的置信度。烟草产量来源于 2022 年,包括 2021 年调查的 177 个采样点中 140 个的产量数据。

为了验证模型的准确性,在 2022 年烟草收获后,我们另外选取了 6 个不在上述采集点的田块,对 MDS 中的 10 个指标进行了测定。利用上述 SHI$_w$-NL-MDS 模型对采样点进行土壤健康的评定。具体来说,将测定的指标代入利用 177 个采样点所构建的非线性评分方法进行量化,随后利用计算的权重与各自指标的量化得分计算出土壤健康,其有 3 个采样点土壤健康等级为低,有 3 个处于中等土壤健康水平(表 4-43)。对这 6 个采样点 2023 年的烟草产量进行调查,与土壤健康得分进行线性回归分析,显示 R^2 值为 0.866,具有很强的拟合性,初步验证了模型的准确性(图 4-32)。

表 4-43　补充采样点 MDS 中指标的测定

编号	Silt	Sand	pH	AK	SOM	S-ACP	S-SC	Ca	AMn	AFe	SQ
1	57.35	38.50	6.51	338.54	36.94	77.08	5.12	1145.08	77.18	20.58	0.389
2	52.90	42.10	5.90	395.30	24.86	44.06	2.51	565.74	68.36	31.99	0.366
3	66.81	26.30	6.77	386.60	32.84	55.64	7.21	388.41	76.66	18.42	0.330
4	64.72	30.60	5.87	744.61	42.34	68.42	5.05	505.97	105.41	27.64	0.449
5	64.42	29.60	5.87	608.82	39.74	63.81	4.87	580.58	124.55	26.03	0.448
6	65.05	30.00	5.78	322.06	44.72	73.20	2.98	278.55	116.98	34.47	0.450

随后,利用 SHI$_w$-NL-MDS 模型计算的土壤健康得分,结合 177 个采样点的经纬度信息,使用 ArcGIS 软件中的 IDW 空间插值方法对黔南主要植烟地区的土壤健康情况进行了预测(图 4-33)。黔南州大部分植烟地区的土壤健康等级为中等,即等级 III;而土壤健康等级为 I 和 V 的区域所占比例很小;瓮安、福泉、都匀、长顺等地区的部分地区和龙里的大部分地区土壤健康等级较低,表明这些地区的土壤健康水平需要改善;而瓮安、长顺部分地区的土壤健康等级较高,可能需要注意化肥施用量是否过高,以避免资源浪费。

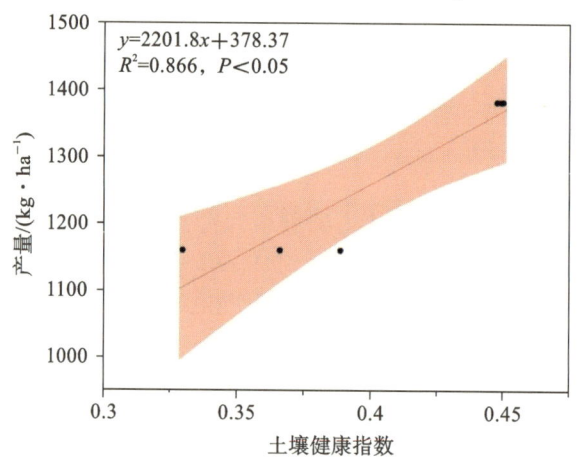

图 4-32　基于 SHI_w-NL-MDS 模型对补充采样点的产量与土壤健康指数的线性回归分析

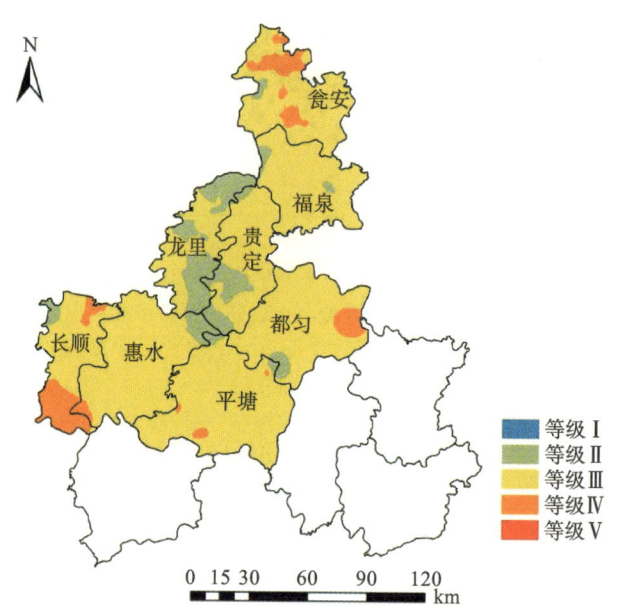

图 4-33　基于 SHI_w-NL-MDS 模型的黔南地区土壤质量等级空间分布图
（Teng 等，2024）

（三）讨论

　　过去的研究已经使用了 MDS 和 TDS 去选择土壤指标，并运用两个数据集来评估土壤健康（Biswas 等，2017；Choudhury 等，2021；Nabiollahi 等，2018a）。例如，Nabiollahi 等（2018a）使用 MDS 和 TDS 数据集评估了坡度梯度和土壤退化对土壤健康的影响。在本研究中，我们也采用了 MDS 和 TDS 数据集进行土壤健康的评估。MDS 方法简化了数据收集和分析过程，从而节约了时间和成本。线性回归分析显示，TDS 和 MDS 方法具有较高的 R^2 值（图 4-29），表明 MDS 方法的有效性及其可能取代 TDS 方法的潜力。

　　不同地区可能采用不同的评分方法和 SHI（Choudhury 等，2021；Shao 等，2020；Zhang 等，2023b）。以往的研究通常依赖于一种或两种评分方法来评估土壤健康（Dengiz，2020；Guo 等，2017；Vasu 等，2016），这往往导致了研究的局限性。因此，本研究采取了综合的方法，将三种不同的评分方法与三种 SHI 相结合，以更全面地评估该地区的土壤健康。在 TDS 和 MDS 的线性回归中，相较于使用线性和 CASH 评分方法与其他 SHI 结合，采用非线性评分方法结合 SHI_w 的方法具有更高的 R^2 值（图 4-29）。我们的研究结果与之前的研究结果保持一致（Nabiollahi 等，2018a；Nabiollahi 等，2018b；Raiesi 等，2016）。例如，Nabiollahi 等（2018b）在伊朗库尔德斯坦省的森林和农业区域开展了土壤健康的评测，得出非线性方法在评估土壤质量方面优于线性方法。在我国,科研人员使用非线性方法并结合 SHI_w 计算的土壤健康在不同的种植模式和土地利用处理中显示出最佳的区分性(Li 等,2022;Yu 等,2018)。对于不同种植系统的几项研究也表明,基于非线性评分结合 SHI_w 在评估土壤健康方面更具有效性(Bel-Lahbib 等,2023;Rezaee 等,2020)。因此,将非线性评分方法与 SHI_w 相结合,并使用 MDS 数据集(SHI_w-NL-MDS)是黔南烟草种植区评估土壤健康最有效和最合适的模型。

应用 SHI_w-NL-MDS 发现大部分取样点土壤健康水平属于中等,预测 8 个植烟地区的土壤健康也为中等。该地区土壤健康等级最低(Ⅰ级)和最高(Ⅴ级)的区域较为稀少(图 4-33)。并且我们通过补充采集 6 个土壤样品,并结合其 2023 年的产量数据,进行线性回归分析,结果显示两者之间的 R^2 值很高,所以初步验证了模型的准确性。后续需要通过采集更多未被纳入的采样点来进行模型的验证。本项研究中,6 个土壤健康最高的取样点的特征是 Ca、有效铁和速效钾等化学元素含量较高(表 4-42)。然而,化肥的过量投入会导致资源的浪费,并且可能造成重金属的富集,从而造成土壤污染,影响人类的可持续发展(Zheng 等,2020b)。为了解决这个问题,建议在土壤健康最高的地区采用有针对性的化肥施用策略,这一策略可以帮助避免资源浪费和相关的环境影响。

该研究还确定了 6 个土壤健康水平最低的样本点,土壤健康水平非常低,主要是由于 SOM 含量明显较低(表 4-42)。以往的研究表明,施用有机肥可以极大地提高作物产量和品质(Liu 等,2022;Zheng 等,2020a),推测可能是土壤酶活性降低或有机肥施用不当导致有机质的缺乏。长期施用有机肥有可能增强土壤酶活性并增加微生物多样性(Jiang 等,2022)。因此,长期施用有机肥料可以成为这些地区提高土壤健康的有效策略。此外,根据测得的数据可知,这些地区某些化学元素(例如速效钾)的含量明显较低。先前的研究探索了使用土壤微生物增钾剂来提高土壤钾的利用率和整体生产力(Etesami 等,2017;Olaniyan 等,2022),因此使用微生物肥料有望改善这些地区的土壤健康水平。

四、小结

(一)明确了黔南州主要植烟县(市)土壤性状基本状况

黔南州基本烟田土壤质地以黏壤土为主,占比 72.88%。黔南州有 63.28% 的区域土壤 pH 范围不在 5.5~6.5。该地区有机质水平较高,大部分地区有机质含量高于 15 g/kg,占比 97.18%;AP 含量大部分处于偏低水平,71.75% 的样本土壤有效磷含量低于 20 mg/kg,需要有针对性地施用磷肥;AK 含量低于 150 mg/kg 的取样点占总数的 19.21%,对于这些地区可以通过增施钾肥、有机肥等方式,改善土壤钾含量。此外,活性有机质、中微量元素含量、土壤蛋白含量、土壤酶活性等在不同取样点均呈现出显著差异。大多数测定指标的变异系数为 50%~100%,表明该地区不同取样点间土壤指标存在显著差异,揭示了对该地区进行土壤健康全面评价的必要性。

(二)筛选了适宜黔南州植烟土壤健康评价体系的总数据集(TDS)和最小数据集(MDS)

考虑测量指标的成本与试验的简便性,选取了土壤质地(黏粒、粉粒、砂粒)、pH、全钙、有机质、速效钾、活性有机碳、土壤蛋白、土壤酸性磷酸酶等 24 个指标组成 TDS。经 Pearson 相关性分析后发现数据集存在冗余指标。因此,通过主成分分析(PCA)提取特征值不小于 1 的主成分(PC),共提取了 7 个主成分,解释了总变异的 72.76%。在此基础上,选取载荷因子不小于 0.5,并结合取载荷因子较大所在的主成分的原则进行分组,最终将指标划分为 6 组。采用计算矢量常模值进行排序分组,并最终确定了包括有机质、pH、土壤蔗糖酶、砂粒、有效铁、钙、粉粒、土壤酸性磷酸酶、有效锰和速效钾在内的 10 个指标进入最小数据集(MDS)。

(三)构建了适宜评估黔南植烟地区土壤健康的最佳模型 SHI_w-NL-MDS

利用上述提到的 TDS 和 MDS,结合线性、非线性和 CASH 评分方法,以及三种不同的 SHI(SHI_a、

SHI_w 和 SHI_n)计算土壤的健康得分,一共生成了 18 种不同的土壤健康模型。通过采用线性回归分析,我们发现 TDS 和 MDS 之间存在着显著的相关性,表明 MDS 可以很好地替代 TDS 进行土壤健康评价。使用 MDS、非线性方法(NL)和 SHI_w 的组合模型(SHI_w-NL-MDS)与使用 TDS、非线性方法和 SHI_w 的组合模型(SHI_w-NL-TDS)两者之间的 R^2 值最高,为 0.762。因此,SHI_w-NL-MDS 模型被确定为评估黔南植烟地区土壤健康的最有效模型。

(四)构建了黔南州植烟土壤健康评价体系,揭示了黔南州植烟土壤的主要障碍因子

应用 SHI_w-NL-MDS 模型将该地区植烟土壤分为 5 个健康等级,结果显示多数采样点的土壤健康等级分布在中等水平,有 6 个采样点的土壤健康等级最低(Ⅰ),另有 6 个采样点的土壤健康等级处于最高水平(Ⅴ)。进一步比较了这两类极端土壤健康等级的特征发现,处于最高等级的土壤在有机质含量、土壤酸性磷酸酶与土壤蔗糖酶活性、Ca 和有效锰的含量等方面均显著高于处于最低等级的土壤。提出了有针对性的措施用以改良等级最低的地点的土壤健康。

综上,本研究对黔南州的土壤特性进行了分析,建立了一个 MDS。采用 MDS 中的指标评估该地区的土壤健康状况可以避免测量大量指标的花费,节省人力投入,并且可以获得准确的评估结果,为贵州其他植烟地区土壤健康评价提供参考。同时,采用多种评分方法和 SHI,选出了最适合此地区进行土壤健康评估的模型 SHI_w-NL-MDS。应用此模型对黔南州植烟土壤进行了分级,提出了相应的改良措施。使用 IDW 插值法预测了黔南州植烟地区的土壤健康状况。研究结果为黔南州植烟地区土壤管理提供了技术支持。

第三节 四川植烟土壤健康评价体系构建

土壤是烟草赖以生存的基础(张江周等,2022),是直接影响烟叶产量和质量的重要生态因子(郝葳等,1996)。土壤质量是土壤多种功能的综合体现,可结合土壤物理、化学和生物特性,通过科学合理的土壤质量评价方法对土壤质量进行综合评价。通常用于土壤质量评价的物理、化学和生物指标越多,越能准确地反映土壤质量状况,但土壤质量评价指标过多可能导致检测费时耗力、操作复杂以及成本高等问题(李鑫等,2021)。因此,根据研究目的、研究对象以及研究区域的实际情况选择与土壤质量密切相关且相对独立的指标是土壤质量评价的重要环节。目前常用的土壤质量评价指标筛选方法主要为最小数据集(MDS)法(张福平等,2019;Govaerts 等,2006),该方法主要通过主成分分析、相关分析和 Norm 值计算从总数据集(TDS)中确定评价土壤质量的最小数据集。采用最小数据集法对我国植烟土壤质量进行评价的研究已有报道。张明发等(2017)采用最小数据集法构建了湘西植烟土壤质量评价的最小数据集,并根据最小数据集计算的土壤质量指数将植烟土壤质量划分为 5 个等级;包玲凤等(2023)采用最小数据集法构建了评价保山市植烟土壤质量的最小数据集,以最小数据集计算的土壤质量指数对保山市各植烟县(市、区)土壤质量进行评价,并使用障碍因子诊断模型分析了保山市植烟土壤的主要障碍因子。

四川是我国重要的优质烟叶产区,近年来,四川烟区在烟田土壤保育方面开展了卓有成效的工作,深耕、绿肥翻压、秸秆还田、生物有机肥投入等多项技术措施在生产中得到应用,在提高土壤肥力、改善烟叶质量方面起到了良好效果。建立适宜四川烟区的土壤健康评价指标体系,将为产区土壤改良和效果评价提供参考依据。为此,郑州烟草研究院与四川省烟草公司合作,开展了四川植烟土壤健康评价体系构建研究:在摸清四川代表性土壤基本特性的基础上,通过主成分分析、相关分析和 Norm 值计算筛选评价指标构建植烟土壤质量评价最小数据集;分别采用土壤质量指数法与随机森林分类算法验证最小数据集的代表性和准确性,并通过障碍因子诊断模型明确植烟土壤质量提升的关键障碍因子,构建了四川烟区植烟土壤健康评价指标体系,形成了四川植烟土壤健康区划,研究结果为推进四川植烟土壤保育工作,促进烟叶

绿色可持续生产提供了数据和理论支撑。

一、采样区域及植烟土壤健康评价体系构建方法

(一)采样区域与测定指标

2021年在四川省选取代表性烟田274块[凉山州10个县(市)182块烟田、泸州市2个县27块烟田、宜宾市3个县16块烟田、攀枝花市3个县(区)49块烟田]采集植烟土壤样品(表4-44)。烟叶收获结束后,在每块烟田使用土钻采用5点取样法采集烟田0~20 cm耕层土壤样品,四分法保留2 kg,带回实验室去除杂物并自然风干。一部分土壤样品经研磨过2 mm筛后用于测定土壤化学和生物指标,另一部分用于测定土壤水稳性团聚体总量。此外,在每块烟田使用100 cm³的环刀采集土壤样品,土壤样品收集到自封袋中,带回实验室用于测定土壤容重和总孔隙度。同时,现场利用环刀法采集各样点土壤样品,用于测定土壤物理指标。

表 4-44　四川省植烟土壤采集点分布

地区	取样数	取样点所在县
凉山州	182	会理、会东、冕宁、盐源、宁南、越西、普格、西昌、喜德、德昌
宜宾市	49	兴文、珙县、筠连
攀枝花市	27	米易、仁和、盐边
泸州市	16	古蔺、叙永

(二)评价指标选取与测定

根据李鑫等(2021)和林卡等(2017)的土壤质量评价指标选取频率,选取23项指标(13项土壤化学指标、7项土壤生物指标和3项土壤物理指标)作为植烟土壤质量评价总数据集的指标。土壤物理指标包括土壤容重、总孔隙度、水稳性团聚体含量。土壤化学指标包括土壤pH值及土壤碱解氮、全氮、速效钾、有效磷、有机质、可溶性钙、可溶性镁、可溶性氯、有效铁、有效锰、有效锌、有效铜含量(质量分数)。土壤生物指标包括土壤蛋白含量、活性有机碳、溶解性有机碳、脲酶活性、蔗糖酶活性、酸性磷酸酶活性、过氧化氢酶活性。土壤指标测定方法参考戴华鑫等(2017;2018)。

(三)植烟土壤健康评价体系构建方法

1.最小数据集的构建

使用SPSS 26.0软件对植烟土壤质量评价指标进行主成分分析,提取主成分特征值≥1的主成分,按照主成分载荷大小将植烟土壤质量评价指标进行分组并分别计算每组所有指标的Norm值。Norm值为该评价指标在主成分组成的多维空间中矢量常模的长度,可表示该评价指标在主成分的综合载荷,且Norm值越大,解释综合信息的能力就越强(金慧芳等,2018)。Norm值计算公式见式(4-1)。

选取每组中Norm值大于90%该组最大Norm值的评价指标,分析这些评价指标与该组最大Norm值指标之间的相关性,若相关系数大于0.5,则将Norm值最大的评价指标选入最小数据集,反之则该评价指标与最大Norm值指标均选入最小数据集。

2.评价指标评分函数的确定

根据烟草生长发育过程与植烟土壤质量评价指标的关系并参考文献(肖钰,2021;李强等,2011),确定速效钾、可溶性钙、脲酶、活性有机碳、有效磷、可溶性镁、有效铜、有效锌、有效铁、有效锰、土壤蛋白、溶解性有机碳、蔗糖酶、水稳性团聚体、过氧化氢酶和酸性磷酸酶16项评价指标符合递增型评分函数,确定总孔隙度、容重和可溶性氯符合递减型评分函数,确定有机质、碱解氮、pH值和全氮符合抛物线型评分函数。

根据累计正态分布(cumulative normal distribution,CND)法(Moebius-Clune等,2016)将符合递增型评分函数和递减型评分函数的评价指标实测值换算为转换值(CND)。CND计算公式:

$$CND = \theta\left(\frac{x_i - \mu_i}{\sigma_i}\right) = \frac{1}{2}\left[1 + \text{erf}\left(\frac{x_i - \mu_i}{\sigma_i \cdot \sqrt{2}}\right)\right] \tag{4-18}$$

式中,CND 为 i 指标的转换值,μ_i 为 i 指标测定值的平均值,σ_i 为 i 指标测定值的标准差,x_i 为 i 指标实际测定值。

递增型评分函数和递减型评分函数计算公式:

$$S_1 = 100 \cdot CND \tag{4-19}$$

$$S_2 = 100 \cdot (1 - CND) \tag{4-20}$$

式中,S_1 为符合递增型评分函数 i 指标的得分值,S_2 为符合递减型评分函数 i 指标的得分值。

抛物线型评分函数计算公式:

$$f(x_i) = \begin{cases} 0, & x_i \leqslant x_1, x_i \geqslant x_4 \\ \dfrac{100 \cdot (x_i - x_1)}{(x_2 - x_1)}, & x_1 < x_i < x_2 \\ 100, & x_2 \leqslant x_i \leqslant x_3 \\ 100 - \dfrac{100 \cdot (x_i - x_3)}{x_4 - x_3}, & x_3 < x_i < x_4 \end{cases} \tag{4-21}$$

式中,$f(x_i)$ 为 i 指标的得分值,x_1 和 x_4 为 i 指标的下限临界值和上限临界值,x_2 和 x_3 为 i 指标的最优值下限临界值和上限临界值。

3. 土壤质量指数的计算

基于总数据集和最小数据集的评价指标分别计算两个数据集的公因子方差并计算各指标的权重(金慧芳等,2018)。权重计算公式:

$$W_i = \frac{C_i}{\sum\limits_{i=1}^{n} C_i} \tag{4-22}$$

式中,W_i 为 i 指标的权重,C_i 为 i 指标公因子方差,n 为评价指标数量。

根据不同数据集中指标的权重及评分函数计算的指标得分值,计算不同数据集土壤质量指数(SQI),计算公式:

$$SQI = \sum_{i=1}^{n}(S_{ji} \cdot W_i) \tag{4-23}$$

式中,S_{ji} 为第 j 个土壤样品第 i 个指标得分值。

通过 TDS 评价指标计算的土壤质量指数表示为 SQI_{TDS},以最小数据集评价指标计算得到的土壤质量指数表示为 SQI_{MDS}。

4. 最小数据集的验证

为保证最小数据集中评价指标可代替总数据集评价指标对植烟土壤质量进行评价,使用土壤质量指数比较法(包玲凤等,2023)和随机森林分类算法(Raschka,2015)验证最小数据集。其中随机森林分类算法中因变量采用赋值法将划分的档次进行赋值。

(四)障碍因子诊断

为明确四川省植烟土壤物理和化学指标障碍因子,使用障碍因子诊断模型筛选影响植烟土壤质量的障碍因子,障碍因子诊断模型计算公式(金慧芳等,2019;匡丽花等,2018):

$$M_{ji} = \frac{P_{ji} \cdot W_i}{\sum\limits_{i=1}^{n}(P_{ji} \cdot W_i)} \tag{4-24}$$

$$M_i = \frac{\sum\limits_{j=1}^{m} M_{ji}}{m} \tag{4-25}$$

式中,M_{ji} 为第 j 个土壤样品第 i 个指标的障碍度,$P_{ji} = 100 - S_{ji}$,M_i 为 i 指标在 m 个取样点的平均障碍度。

(五)数据处理

使用 Excel 2016 软件进行数据统计和散点图绘制,使用 SPSS 26.0 软件进行 Pearson 相关性分析和主成分分析,使用 Python 3.9 软件进行随机森林分类算法构建,使用 Origin 2021 软件进行热图绘制。

二、四川烟区植烟土壤特性分析

(一)土壤物理特性

1. 土壤硬度特征

对四川植烟土壤 0~45 cm 土层的硬度进行了统计分析(图 4-34)。0~20 cm 土层的硬度范围为 133~1500 Pa,均值 547.12 Pa,中值 470.19 Pa;20~40 cm 土层的硬度范围为 172~4000 Pa,均值 1491.12 Pa,中值 1341.32 Pa。总体上看,0~20 cm 土层的土壤较疏松,适宜烟草生长,20~40 cm 土层部分土壤较紧密。

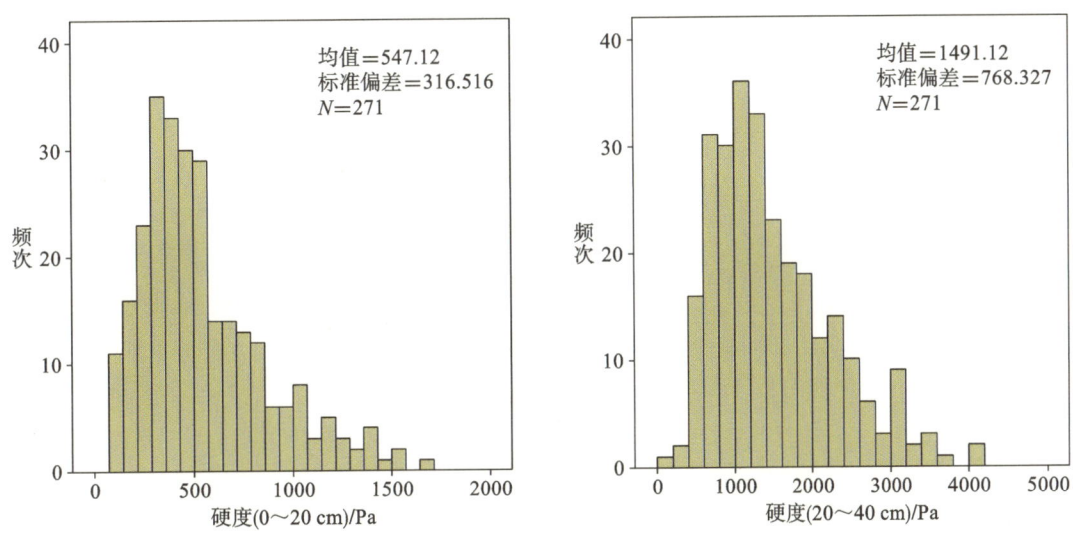

图 4-34 四川产区土壤硬度分布特征

不同产区土壤硬度均值比较(图 4-35),在 0~25 cm 范围内,随土层深度增加,土壤硬度呈逐渐增加趋势;产区间比较,以泸州最低,宜宾和攀枝花次之,凉山最高。土层深度超过 25 cm 后,宜宾产区的土壤硬度增加较小,凉山和攀枝花次之,泸州增幅最高。说明泸州产区土壤耕层硬度较小,而深层土壤硬度较高;凉山烟区表层土壤的硬度明显高于其他产区,宜宾深层土壤的硬度显著低于其他产区。不同产区土壤硬度的差异与成土母质、土壤质地和持水量均有密切关系。

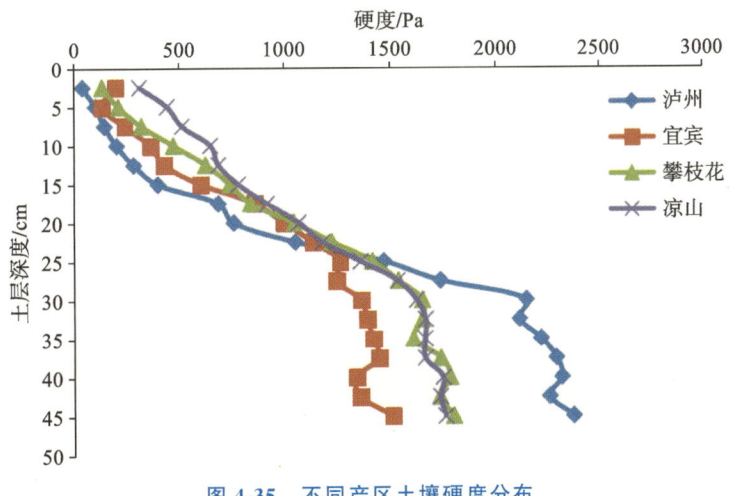

图 4-35 不同产区土壤硬度分布

不同植烟县(市、区)土壤硬度均值比较(图 4-36),在 0～20 cm 土层,泸州的叙永、古蔺和宜宾珙县的硬度值较低;凉山的喜德、德昌、西昌、盐源的硬度值较高。在 20～45 cm 区间,宁南和普格的土壤硬度明显小于其他产区;西昌、古蔺、冕宁、喜德的土壤硬度明显高于其他产区。

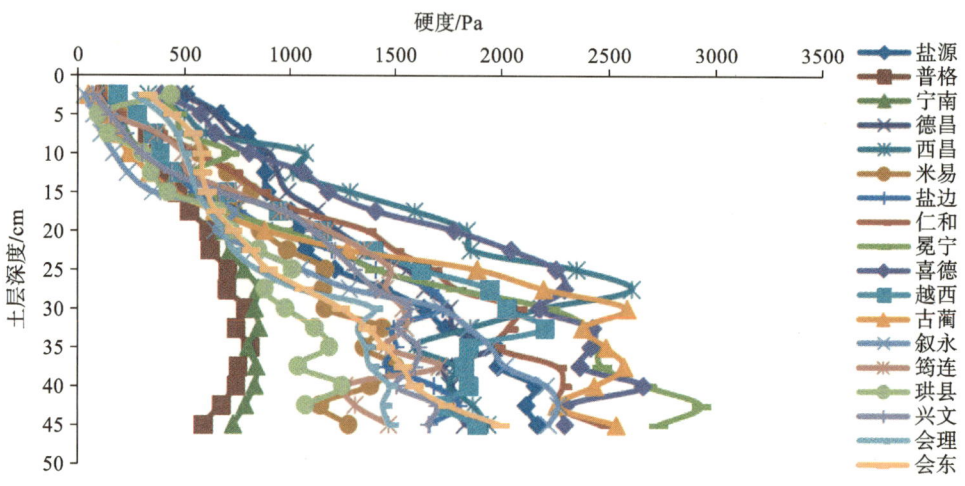

图 4-36　不同植烟县(市、区)土壤硬度分布

2. 土壤容重

图 4-37 表明,所采集 274 个样品的容重为 0.860～1.604 g/cm³,均值为 1.137 g/cm³,中值为 1.138 g/cm³。研究表明,当土壤容重低于 1.27 g/cm³ 时,烟草根系能良好地向下生长。当容重超过 1.51 g/cm³ 时,根系的向下生长能力迅速受到限制。该烟区 96.8% 的土壤样品容重小于 1.51 g/cm³,显示大部分植烟土壤容重适宜烟草生长。

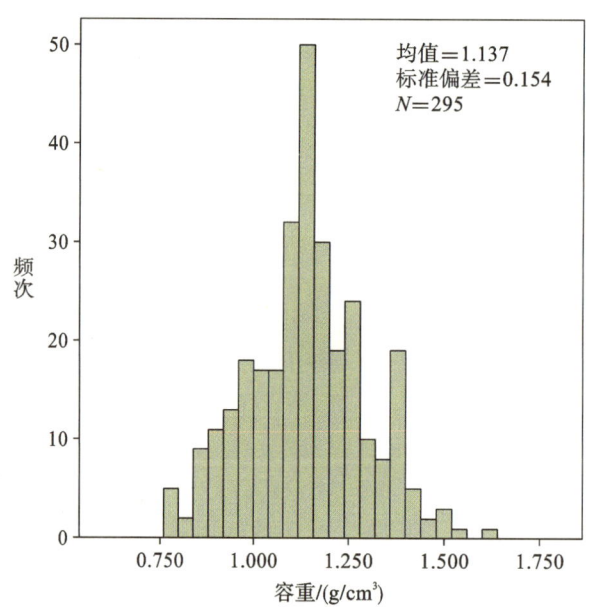

图 4-37　四川烟叶产区土壤容重分布

不同产区间比较(图 4-38),凉山和攀枝花土壤样品的容重相对较高,分别为 1.167 g/cm³ 和 1.161 g/cm³;泸州次之,均值 1.043 g/cm³;宜宾最低,均值 0.940 g/cm³。

不同植烟县(市、区)比较(图 4-39),宜宾的珙县、筠连和兴文容重较低,均在 1.0 g/cm³ 以下;凉山的喜德、越西和攀枝花的仁和土壤容重相对较高,均值在 1.2 g/cm³ 以上。

3. 土壤质地

从表 4-45 可以看出,四川植烟土壤黏粒含量均值 39.08%,粉粒含量均值 39.08%,砂粒含量均值 40.09%。土壤总孔隙度均值 57.11%,水稳性团聚体总量均值 45.80%。

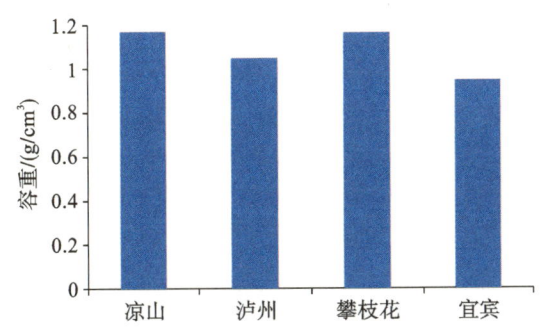

图 4-38　四川不同产区的土壤容重差异

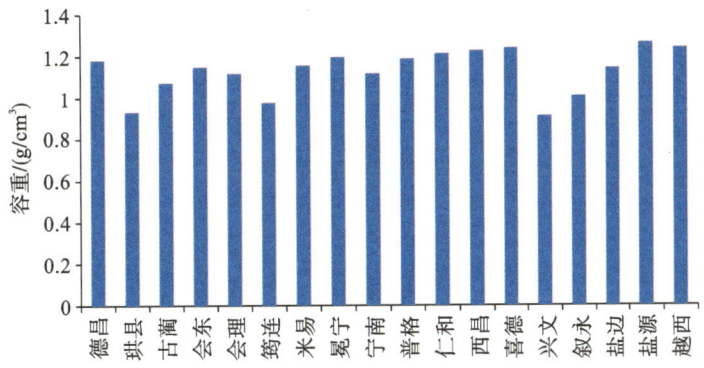

图 4-39　四川不同植烟县(市、区)土壤容重

表 4-45　不同植烟县(市、区)土壤物理指标统计/(％)

指标	最小值	最大值	平均值	标准差	变异系数
黏粒含量	3.23	53.72	39.08	20.83	53.30
粉粒含量	12.04	63.16	39.08	10.30	26.36
砂粒含量	13.25	83.5	40.09	15.78	39.36
总孔隙度	39.46	71.21	57.11	5.79	10.14
水稳性团聚体总量	9.50	76.68	45.80	15.00	32.75

　　一般认为,最适宜的植烟土壤质地是砂壤土或轻壤土,砂壤土黏粒含量为 15％～20％。四川植烟土壤有 49.66％的土壤黏粒含量小于 20％,适宜烟草生长,但有 31.08％的土壤黏粒含量高于 25％,不利于烟草生长[图 4-40(a)]。康奈尔土壤健康评价体系认为,土壤水稳性团聚体总量小于 25％会影响土壤质量。由图 4-40(b)和图 4-41 可以看出,四川植烟土壤水稳性团聚体总量为 25％～50％的占 53.72％,大于 50％的占 37.16％,仅有 9.12％的土壤水稳性团聚体总量小于 25％。

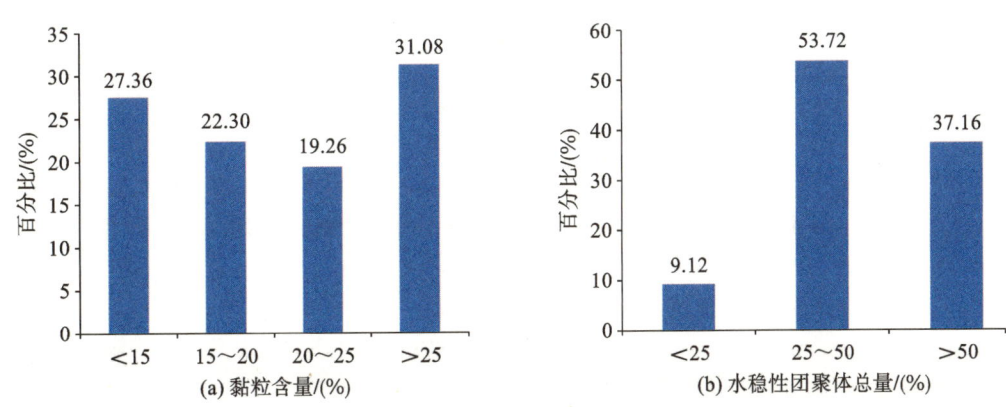

图 4-40　四川植烟土壤黏粒含量和水稳性团聚体总量分布

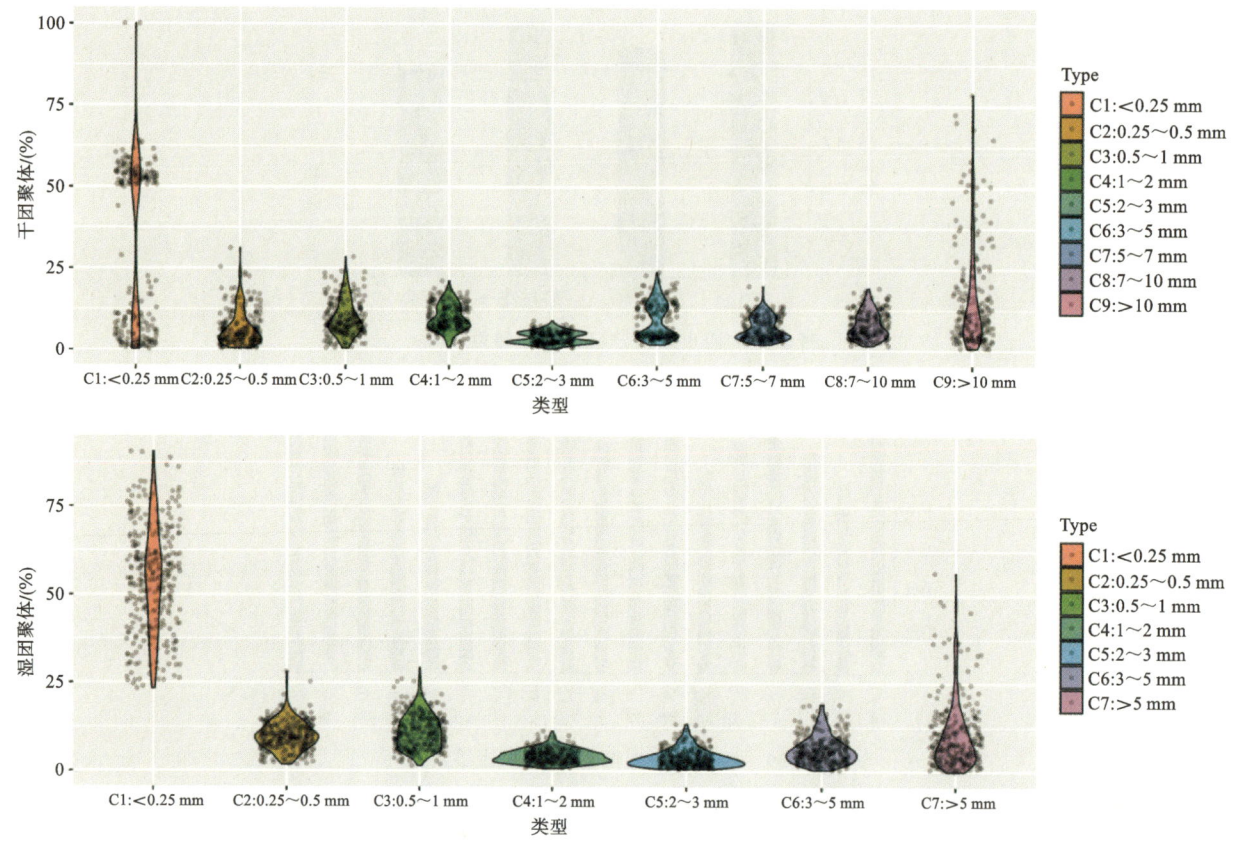

图 4-41　四川植烟土壤干、湿团聚体大小分布

(二)土壤化学特性

1.大量元素总体概况

从表 4-46 可以看出,四川植烟区土壤有机质含量平均为 28.29 g/kg,pH 为 6.41,全氮为 1.43 g/kg,碱解氮为 104.85 mg/kg,有效磷为 55.68 mg/kg,速效钾为 345.62 mg/kg。不同采样点以有效磷和速效钾的差异最大,变异系数分别达到 79.88% 和 68.08%。

表 4-46　四川植烟区土壤化学特性

指标	最小值	最大值	平均值	标准差	变异系数/(%)
有机质/(g·kg⁻¹)	6.97	68.82	28.29	13.56	47.94
pH	4.33	8.08	6.41	1.23	19.19
全氮/(g·kg⁻¹)	0.34	3.04	1.43	0.62	43.83
碱解氮/(mg·kg⁻¹)	17.29	253.55	104.85	51.61	49.22
有效磷/(mg·kg⁻¹)	2.2	236.00	55.68	44.47	79.88
速效钾/(mg·kg⁻¹)	62	1090	345.62	235.30	68.08

图 4-42 表明,所采集四川植烟土壤 pH 为 5.5~7.0 的占 33.78%,适宜烟草生长;有 15.20% 的土壤样品 pH<5,19.93% 的土壤样品 pH>7.5。四川植烟土壤有机质含量相对较高,约 60% 的样品为 15~35 g/kg,但仍有 13.85% 的样品小于 15 g/kg。绝大多数土壤样品的全氮含量为 0.5~2.0 g/kg,有 15.54% 的样品大于 2.0 g/kg。土壤碱解氮含量总体中等偏丰,仅有 9.46% 的样品小于 50 mg/kg。土壤有效磷含量丰富,仅有 21.96% 的样品小于 20 mg/kg,有 23.99% 的样品超过 80 mg/kg。土壤速效钾含量丰富,绝大多数样品高于 80 mg/kg,甚至有 34.46% 的样品超过 350 mg/kg。

2.中微量元素总体概况

四川植烟土壤可溶性钙含量均值 77.63 mg/kg,可溶性镁含量均值 21.30 mg/kg,可溶性氯含量均值

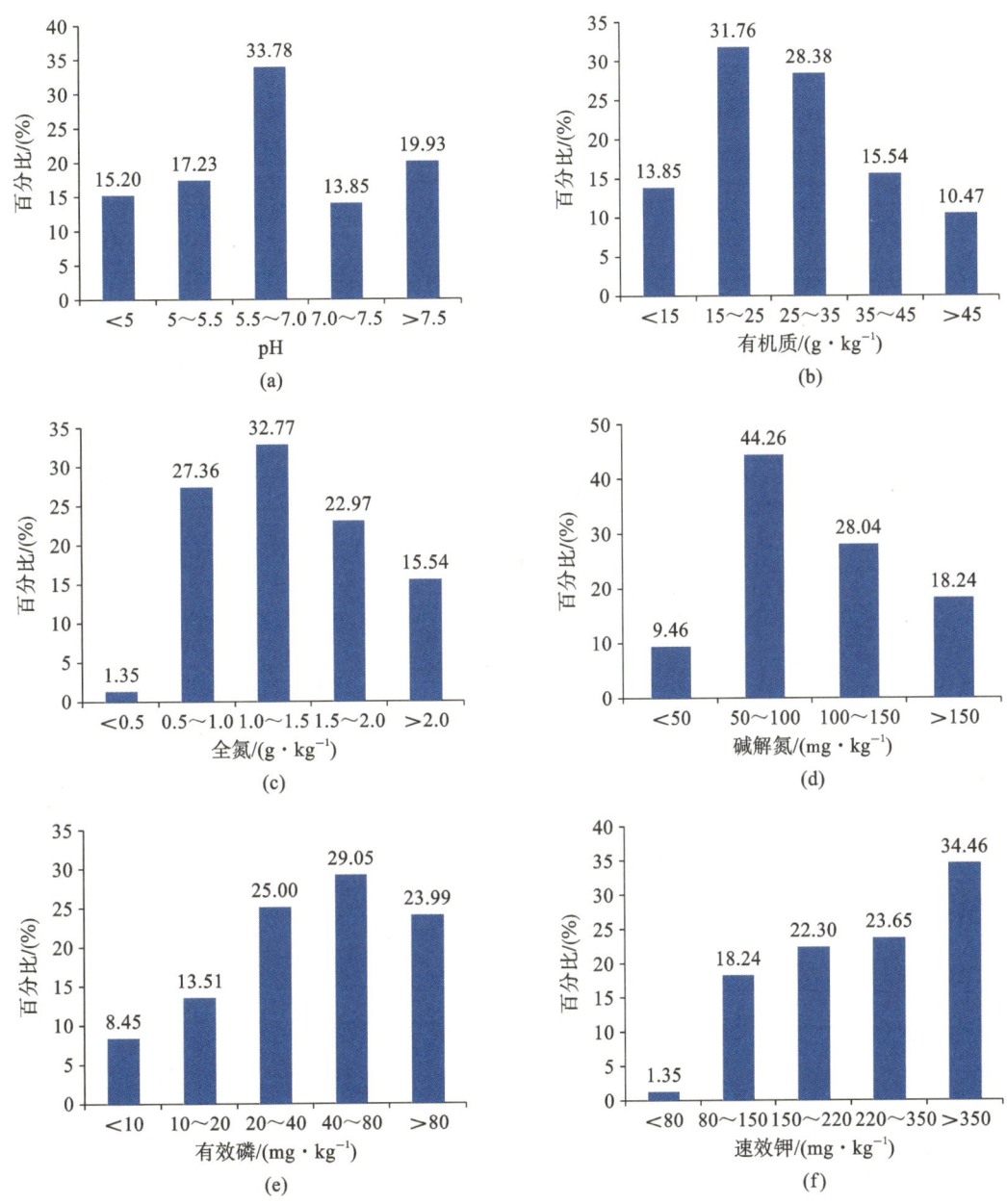

图 4-42　四川植烟土壤化学指标分布

50.82 mg/kg,有效铜含量均值 1.99 mg/kg,有效锌含量均值 2.77 mg/kg,有效铁含量均值 42.95 mg/kg,有效锰含量均值 47.85 mg/kg,土壤中微量元素的变异系数均较大(表 4-47)。

表 4-47　四川植烟区土壤中微量元素含量特征

指标	最小值	最大值	平均值	标准差	变异系数/(%)
可溶性钙/(mg · kg^{-1})	4.83	351.13	77.63	61.51	79.23
可溶性镁/(mg · kg^{-1})	2.93	93.3	21.30	13.91	65.34
可溶性氯/(mg · kg^{-1})	12.08	167.35	50.82	34.63	68.15
有效铜/(mg · kg^{-1})	0.1	11.04	1.99	1.74	87.49
有效锌/(mg · kg^{-1})	0.26	23.6	2.77	2.83	102.13
有效铁/(mg · kg^{-1})	3.14	413.63	42.95	47.93	111.60
有效锰/(mg · kg^{-1})	5.14	246.1	47.85	39.51	82.57

3.不同植烟县(市、区)土壤化学特性差异

不同植烟县(市、区)土壤可溶性钙、镁、氯含量存在明显差异。可溶性钙含量以越西、兴文、仁和较高,超过 100 mg/kg,其中越西达到 147.11 mg/kg,其次为叙永、会东、宁南、珙县、盐源、喜德、筠连、会理,为 70～100 mg/kg,其他产区相对较低,其中西昌均值仅为 18.07 mg/kg。可溶性镁含量以越西最高,达到 44.55 mg/kg,其次为宁南,均值 35.50 mg/kg,以筠连最低,均值 7.43 mg/kg,其他产区间差异较小。可溶性氯含量处于相对较高的水平,会东、筠连、叙永、越西、喜德、冕宁、仁和、米易等植烟县(市、区)均超过 50 mg/kg,其中,越西达到 98.48 mg/kg,仅有德昌和盐源均值低于 30 mg/kg(表 4-48)。

表 4-48　不同植烟县(市、区)土壤中微量元素含量差异

植烟县(市、区)	可溶性钙/(mg·kg⁻¹)	可溶性镁/(mg·kg⁻¹)	可溶性氯/(mg·kg⁻¹)
会东	97.61±58.89abcde	24.34±11.17bcd	53.23±24.40cd
会理	76.53±57.10bcdef	21.43±12.59cde	47.06±24.50cde
兴文	128.04±122.64ab	21.09±7.50cde	49.82±12.36cde
珙县	88.19±71.85bcdef	22.59±11.27cde	36.23±9.34cde
筠连	76.66±45.79bcdef	7.43±1.17f	55.21±10.87cd
叙永	99.21±63.65abcd	24.42±11.83bcd	66.83±23.14bc
古蔺	57.65±33.84cdefg	13.30±7.29def	47.80±27.82cde
越西	147.11±108.19a	44.55±29.48a	98.48±112.49a
喜德	83.01±71.44bcdef	18.02±13.25cdef	58.09±10.33c
冕宁	41.20±38.04efg	12.58±8.26def	55.55±25.80cd
仁和	104.01±43.77abc	26.83±13.64bc	87.61±38.15ab
盐边	47.53±23.02cdefg	19.40±9.00cdef	37.67±19.72cde
米易	37.65±30.87fg	16.04±11.76cdef	54.31±15.91cd
西昌	18.07±47.20g	10.34±2.26ef	35.08±11.00cde
德昌	45.17±9.27defg	14.51±6.98cdef	23.29±13.83de
宁南	90.38±34.77bcdef	35.50±10.47ab	44.51±10.81cde
普格	50.50±32.52cdefg	24.06±13.91bcd	43.31±12.10cde
盐源	88.07±45.29bcdef	17.19±9.44cdef	19.44±5.07e

不同植烟县(市、区)均值比较,土壤有效铜含量珙县最高,达到 3.37 mg/kg;会理、兴文、筠连、叙永、喜德、冕宁、米易、德昌超过 2.0 mg/kg;其他产区均在 2.0 mg/kg 以下,会东最低,1.17 mg/kg。有效锌含量越西最高,6.22 mg/kg;兴文、珙县、冕宁次之,在 5.0～6.0 mg/kg;会东、仁和、盐边、普格、盐源均在 2.0 mg/kg 以下。有效铁含量以德昌最高,84.51 mg/kg;兴文和盐源较低,为 20～30 mg/kg。有效锰含量以珙县最高,79.89 mg/kg;普格最低,25.55 mg/kg(表 4-49)。

表 4-49　不同植烟县(市、区)土壤微量元素含量差异

植烟县(市、区)	有效铜/(mg·kg⁻¹)	有效锌/(mg·kg⁻¹)	有效铁/(mg·kg⁻¹)	有效锰/(mg·kg⁻¹)
会东	1.17±0.95c	1.90±1.33cd	36.46±56.93abc	39.80±32.63ab
会理	2.86±2.47abc	2.93±2.28cd	46.85±67.40abc	45.65±29.32ab
兴文	2.60±1.36abc	5.39±5.65ab	23.73±13.29c	61.50±55.42ab
珙县	3.37±1.80a	5.47±2.70ab	47.28±33.56ab	79.89±80.66a
筠连	2.16±0.94abc	3.71±2.11bcd	31.46±8.16bc	39.41±28.08ab
叙永	2.45±2.14abc	2.03±0.95cd	31.99±31.51bc	45.53±42.00ab

续表

植烟县(市、区)	有效铜/(mg·kg⁻¹)	有效锌/(mg·kg⁻¹)	有效铁/(mg·kg⁻¹)	有效锰/(mg·kg⁻¹)
古蔺	1.64±0.82bc	2.91±1.37cd	33.70±26.14bc	53.74±41.47ab
越西	1.93±1.02abc	6.22±6.06a	61.76±34.17abc	55.20±54.12ab
喜德	2.19±2.14abc	4.58±2.88abc	50.23±38.06abc	56.17±67.30ab
冕宁	2.58±2.25abc	5.75±5.70ab	56.12±25.96abc	40.67±24.13ab
仁和	1.90±2.12abc	1.63±0.98d	59.31±85.81abc	37.39±33.24b
盐边	1.62±0.94bc	1.71±1.11d	38.42±24.54ac	60.51±56.89ab
米易	2.14±1.88abc	2.03±1.62cd	43.35±25.50abc	59.03±53.68ab
西昌	1.26±0.31bc	2.48±1.21cd	75.88±21.25ab	44.72±28.17ab
德昌	2.97±2.50ab	2.54±1.30cd	84.51±75.27a	54.04±34.00ab
宁南	1.26±0.59bc	2.87±2.89cd	31.58±25.68bc	60.45±37.09ab
普格	1.62±1.23bc	1.56±1.11d	38.47±20.74abc	25.55±17.25b
盐源	1.57±0.84bc	1.10±0.47d	20.13±10.86c	45.52±23.47ab

4. 土壤化学指标间的相关分析

相关分析(表4-50)表明,除 pH 与全氮含量和活性有机碳含量无显著相关关系外,其余土壤化学指标间均存在显著或极显著相关关系。其中有机碳含量与全氮、碱解氮、有效磷、速效钾和活性有机碳含量均呈极显著正相关关系,与 pH 和活性有机碳占比均呈极显著负相关关系;活性有机碳占比与 pH 值呈极显著正相关,与其余指标均呈极显著负相关;碱解氮、有效磷、速效钾均与 pH 值和活性有机碳占比呈极显著负相关,与剩余指标均呈极显著正相关;活性有机碳与除 pH 值外的所有指标均呈极显著正相关。

表 4-50　植烟土壤化学指标间的相关分析

土壤指标	pH	全氮	碱解氮	有效磷	速效钾	活性有机碳	活性有机碳占比
有机碳	−0.230**	0.927**	0.918**	0.357**	0.309**	0.802**	−0.815**
pH		−0.106	−0.293**	−0.235**	−0.133*	0.027	0.247**
全氮			0.922**	0.335**	0.318**	0.834**	−0.754**
碱解氮				0.381**	0.328**	0.786**	−0.752**
有效磷					0.558**	0.291**	−0.407**
速效钾						0.269**	−0.297**
活性有机碳							−0.598**

注:* 表示差异显著($P<0.05$),** 表示差异极显著($P<0.01$)。

5. 四川植烟土壤化学指标聚类分析

以四川植烟土壤指标测定值进行系统聚类分析,采用欧氏距离中最远邻元素法对各植烟县进行聚类,从而把 18 个植烟县(市、区)大致分为 4 类(图4-43)。第一类为兴文和叙永,该类别植烟土壤的有机碳、全氮、pH、碱解氮、有效磷、速效钾和活性有机碳含量相对较高,活性有机碳占比相对较低;第二类为普格、仁和、会理、盐源和会东,该类别植烟土壤有机碳、全氮、碱解氮、有效磷、速效钾和活性有机碳含量相对较低,活性有机碳占比和 pH 值相对较高;第三类为珙县、西昌、冕宁、米易和喜德,该类别植烟土壤 pH 值、全氮和活性有机碳含量均相对较低;第四类为筠连、盐边、古蔺、越西、宁南和德昌,该类别植烟土壤化学指标含量均处于中等偏上水平。

(三)土壤生物学特性

1. 土壤微生物量碳、氮

四川植烟土壤微生物量碳、氮的均值为 106.58 mg/kg 和 21.87 mg/kg。活性有机碳含量均值为

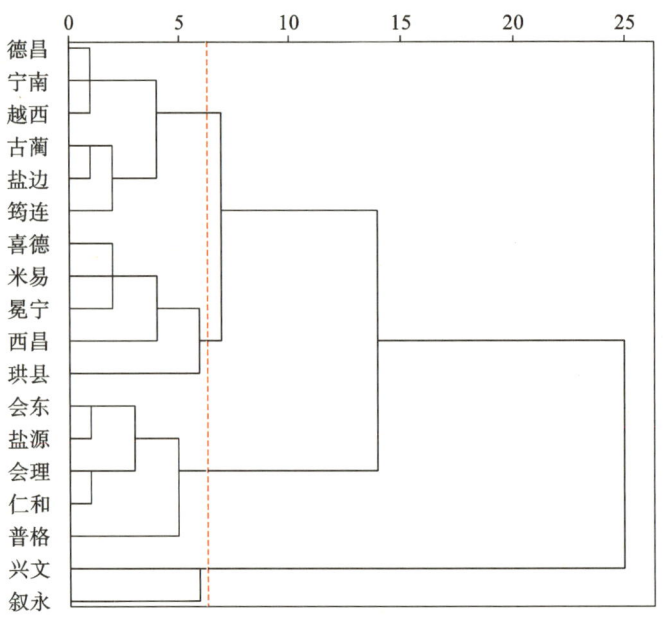

图 4-43　各植烟县(市、区)土壤指标聚类结果谱系图

876.15 mg/kg。土壤蛋白含量均值为 4.74 mg/g。微生物量碳和微生物量氮存在较大的变异性（表 4-51）。

表 4-51　四川植烟区土壤生物学特性

指标	最小值	最大值	平均值	标准差	变异系数/(%)
微生物量碳/(mg·kg⁻¹)	2.79	396.30	106.58	72.22	67.76
微生物量氮/(mg·kg⁻¹)	0.03	277.83	21.87	25.73	117.65
活性有机碳/(mg·kg⁻¹)	538.34	1341.08	876.15	156.91	17.91
土壤蛋白/(mg·g⁻¹)	1.64	16.20	4.74	1.99	41.98

2. 土壤细菌和真菌数量

不同产区的细菌数量和真菌数量均存在显著差异。会东、会理和德昌细菌数量显著高于其他产区，均值超过 6.0×10^8 cfu/g，冕宁和宜宾次之，西昌、宁南、盐源、攀枝花等产区较低。真菌数量以会理显著高于其他产区，西昌、普格、宁南、攀枝花等产区处于相对较低水平（表 4-52）。

表 4-52　不同产区土壤的细菌和真菌数量

地市	细菌数量/($\times 10^8$ cfu·g⁻¹)	真菌数量/($\times 10^7$ cfu·g⁻¹)
会东	6.06	1.24
会理	6.46	5.08
喜德	2.09	1.83
越西	3.29	1.00
冕宁	4.1	1.45
西昌	0.98	0.57
德昌	7.13	1.19
宁南	1.59	0.76
普格	2.2	0.57
盐源	1.63	0.76

续表

地市	细菌数量/($\times 10^8$ cfu·g^{-1})	真菌数量/($\times 10^7$ cfu·g^{-1})
宜宾	3.82	1.32
泸州	2.62	0.92
攀枝花	1.18	0.46

3. 土壤微生物多样性

(1)土壤细菌多样性。

土壤微生物群落覆盖率在 98%，表明该文库能有效地反映土壤微生物群落的多样性。四个典型地区的细菌多样性指数差异显著。α多样性指数(OTU、Chao、Ace)以冕宁、攀枝花、德昌、普格较高，其次为西昌、盐源、泸州、宜宾，以会理、会东相对较低。Shannon 指数以冕宁、盐源和攀枝花最高，会理和会东较低。Simpson 指数以宜宾最高，冕宁最低(表 4-53)。

表 4-53 不同产区土壤的细菌多样性指数

产区	Coverage	OTU	Chao	Ace	Shannon	Simpson
会东	0.98	3348	4298	4333	6.32	0.007
越西	0.98	3505	4487	4501	6.42	0.006
冕宁	0.98	4421	5632	5657	6.88	0.003
喜德	0.98	3502	4450	4482	6.37	0.006
西昌	0.98	3728	4737	4776	6.41	0.009
德昌	0.98	3970	5028	5059	6.67	0.004
宁南	0.98	3474	4343	4378	6.48	0.005
普格	0.98	3940	4925	4915	6.69	0.004
盐源	0.98	3736	4692	4717	6.71	0.004
会理	0.98	3129	4019	4025	6.25	0.007
宜宾	0.98	3763	4866	4901	6.43	0.012
泸州	0.98	3732	4703	4728	6.62	0.005
攀枝花	0.98	4060	5095	5126	6.73	0.004

(2)土壤真菌多样性。

不同产区土壤真菌多样性指数也存在显著差异。α多样性指数(OTU、Chao、Ace)以冕宁、攀枝花、泸州较高，以会理、普格和越西相对较低。Shannon 指数以普格和攀枝花最高，会理、喜德、越西和西昌较低。Simpson 指数以喜德、会理、越西较高，普格和攀枝花最低(表 4-54)。

表 4-54 不同产区土壤的真菌多样性指数

产区	Coverage	OTU	Chao	Ace	Shannon	Simpson
会东	1.00	963.3	1259.6	1255.0	4.28	0.050
越西	1.00	853.8	1137.4	1132.3	3.89	0.074
冕宁	1.00	1022.9	1321.8	1295.0	4.14	0.053
喜德	0.99	923.7	1240.9	1239.1	3.76	0.087
西昌	1.00	923.2	1225.8	1203.1	3.97	0.067
德昌	1.00	958.1	1231.1	1215.9	4.02	0.060

续表

产区	Coverage	OTU	Chao	Ace	Shannon	Simpson
宁南	1.00	937.3	1280.4	1276.6	4.17	0.056
普格	1.00	865.4	1142.0	1140.8	4.37	0.040
盐源	1.00	983.2	1308.8	1302.5	4.25	0.056
会理	1.00	730.7	936.0	926.5	3.83	0.078
宜宾	1.00	998.8	1269.6	1250.3	4.10	0.068
泸州	1.00	1057.0	1386.5	1357.5	4.17	0.068
攀枝花	0.99	1073.0	1440.6	1425.2	4.53	0.041

（3）土壤微生物在门水平上的群落组成。

图 4-44 显示了不同产区土壤样品中细菌的优势门。其中，变形菌 Proteobacteria 数量最多，占细菌总数的 26.29％～33.98％。放线菌 Actinobacteria 占细菌总数的 8.38％～18.45％，平均值 12.37％，其次是绿弯菌 Chloroflexi（4.00％～17.63％，平均值 10.27％）、酸杆菌 Acidobacteria（10.43％～18.43％，平均值 16.05％）、宝石单胞菌 Gemmatimonadetes（3.95％～7.52％，平均值 5.68％）、拟杆菌 Bacteroidetes（7.82％～17.13％，平均值 10.65％）、扁平菌 Planctomycetes（2.83％～5.27％，平均值 4.04％）、厚壁菌 Firmicutes（1.16％～4.92％，平均值 2.48％）。

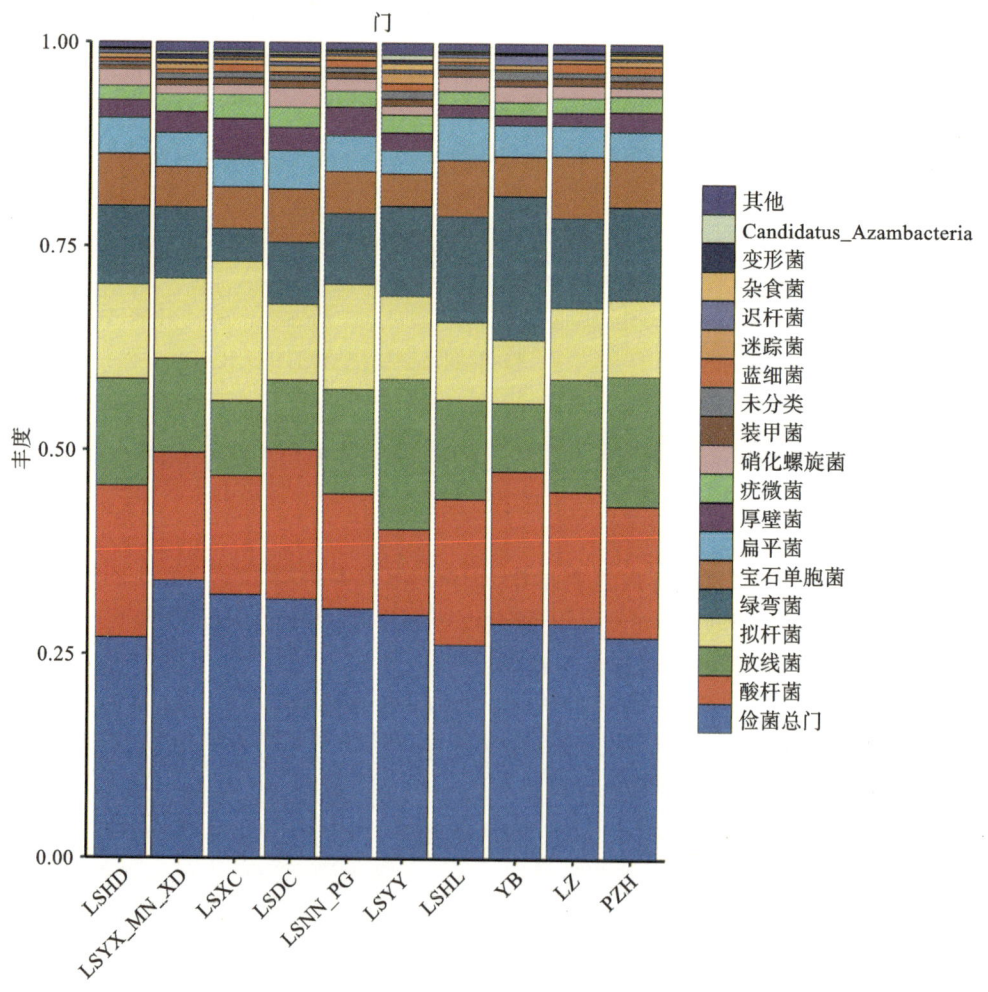

图 4-44　土壤细菌在门水平上的群落组成

子囊菌 Ascomycota 是土壤样品中最丰富的真菌,占真菌总数的 49.88%(宜宾)~75.60%(德昌)(图 4-45)。其次为担子菌 Basidiomycota,在不同产区的相对丰度在 9.50%(普格)~23.41%(盐源)。接合菌 Zygomycota 占真菌总数的 2.69%(会理)~9.15%(宜宾),未分类菌 Unclassified 占真菌总数的 5.90%(西昌)~14.63%(攀枝花)。此外还有球孢菌 Glomeromycota(0.41%~3.75%,平均 1.69%)和壶曲菌 Chytridiomycota(0.32%~1.90%,平均 0.86%)。土壤中芽生枝菌 Blastocladiomycota 和罗氏菌 Rozellomycota 的相对丰度均低于 0.02%。

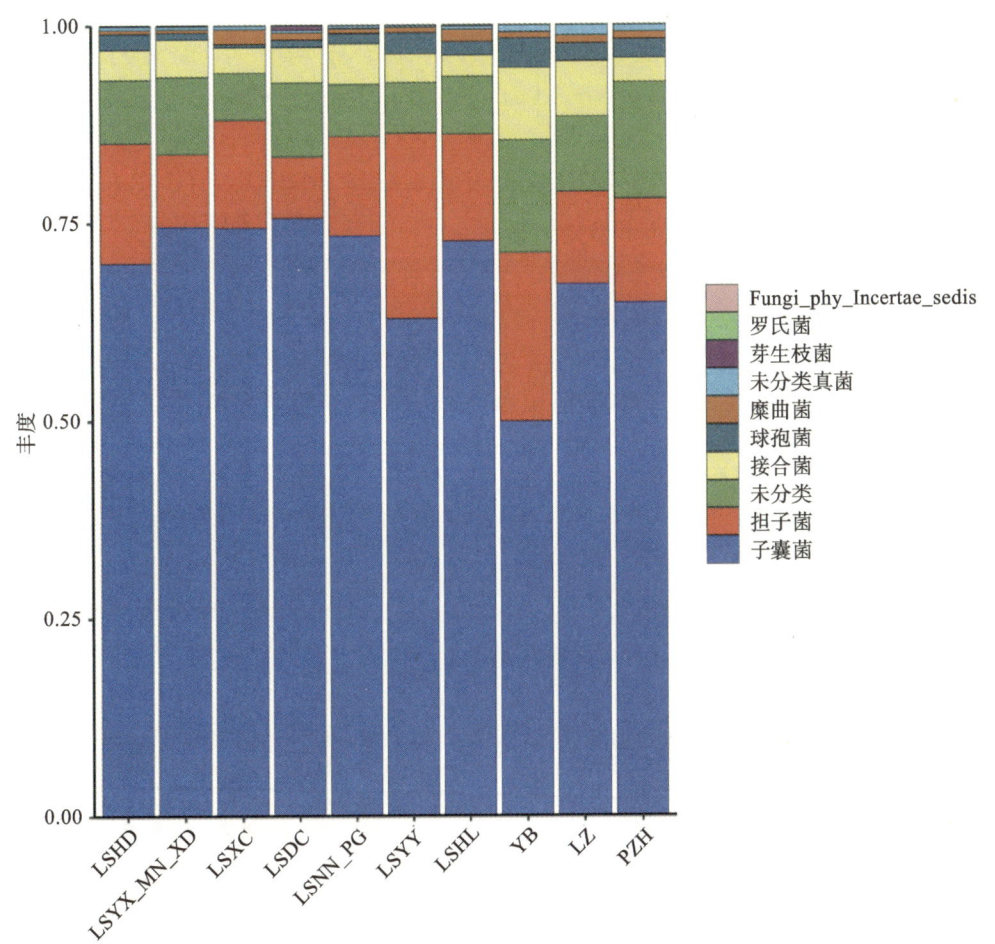

图 4-45　土壤真菌在门水平上的群落组成

(4)不同肥力土壤微生物多样性。

以土壤肥力综合指数将土壤样品进行分类,综合考虑肥力指数的取值范围,根据结果分布和前人研究,将低肥力指数(LF)定义为小于 0.55,中等肥力指数(MF)定义为 0.55~0.75,高肥力指数(HF)定义为大于 0.75。图 4-46 结果表明,不同肥力等级水平植烟土壤微生物群落多样性和组成存在差异,且差异主要表现在高肥力与低肥力烟田土壤之间。变形菌门、酸杆菌门和放线菌门是所有烟田土壤的主要优势物种门类,且变形菌门、酸杆菌门在高肥力和中肥力烟田中更具优势,而放线菌门在低肥力烟田中占比更高。

图 4-47 结果表明,植烟土壤微生物群落多样性和物种组成与土壤理化因子具有不同程度的显著关系,同时这种关系在不同综合肥力类型区表现不同,从 HF 到 LF 呈现出递减的趋势。微生物群落 Alpha 多样性以及物种组成受土壤 pH 影响较大,且在整体样品以及 HF 和 MF 中表现类似,而在 LF 中这种影响减弱。

图 4-48 结果表明,该区域植烟土壤微生物群落装配过程主要是随机性过程驱动的,无论是总体微生物群落还是不同综合肥力类型区,其中性模型解释度范围均高于 50%。综合肥力不同的植烟土壤微生物群落表现为随机组装过程,随着环境距离的增加,中等肥力与低肥力土壤微生物群落差异增大;不同土壤微生物群落间差异不显著。

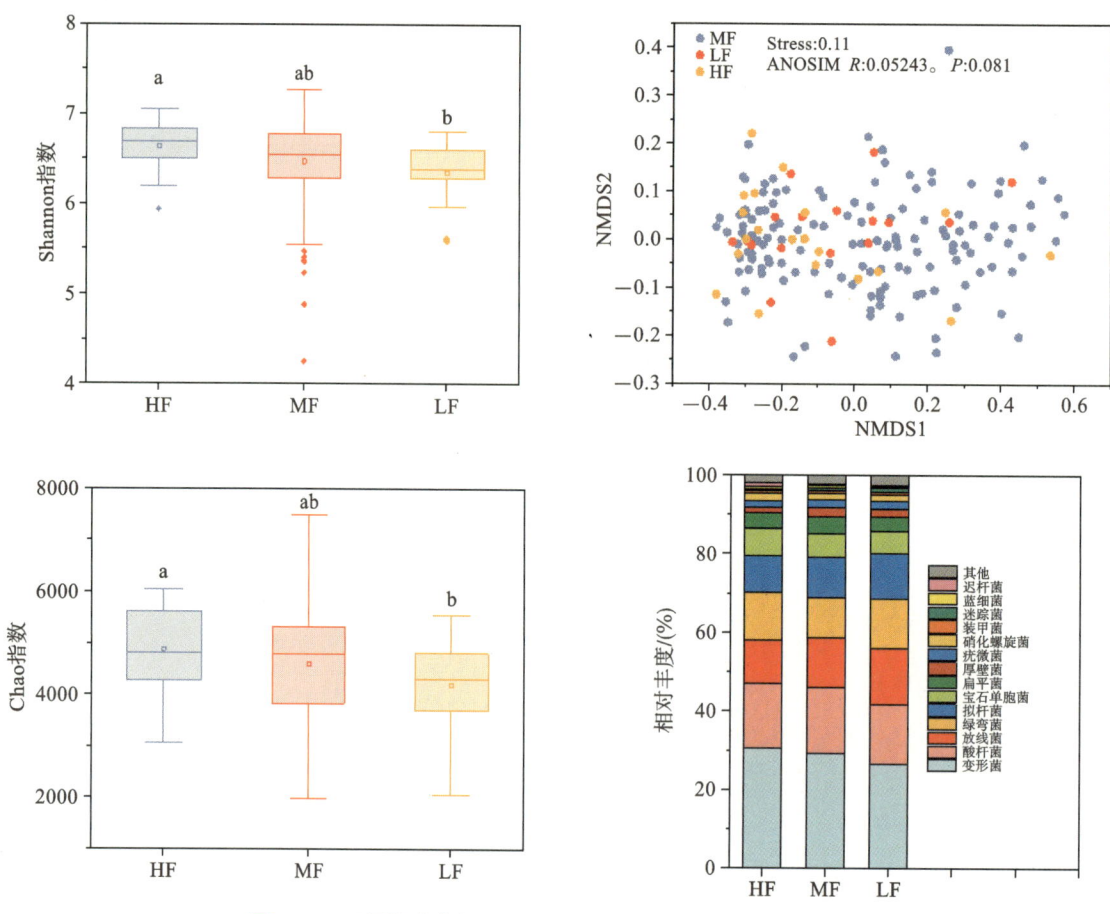

图 4-46　不同肥力等级植烟土壤微生物多样性和群落组成分析

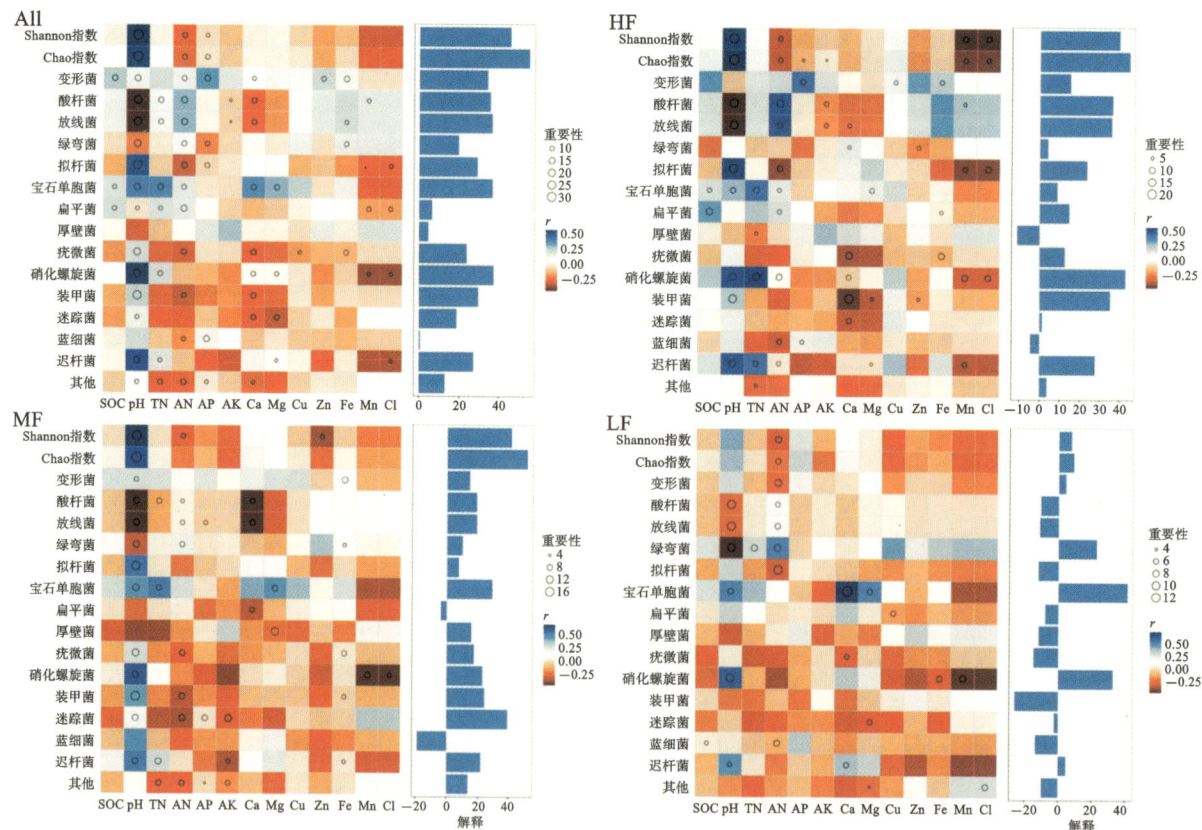

图 4-47　环境因子与物种因子相关性分析及其因子解释度

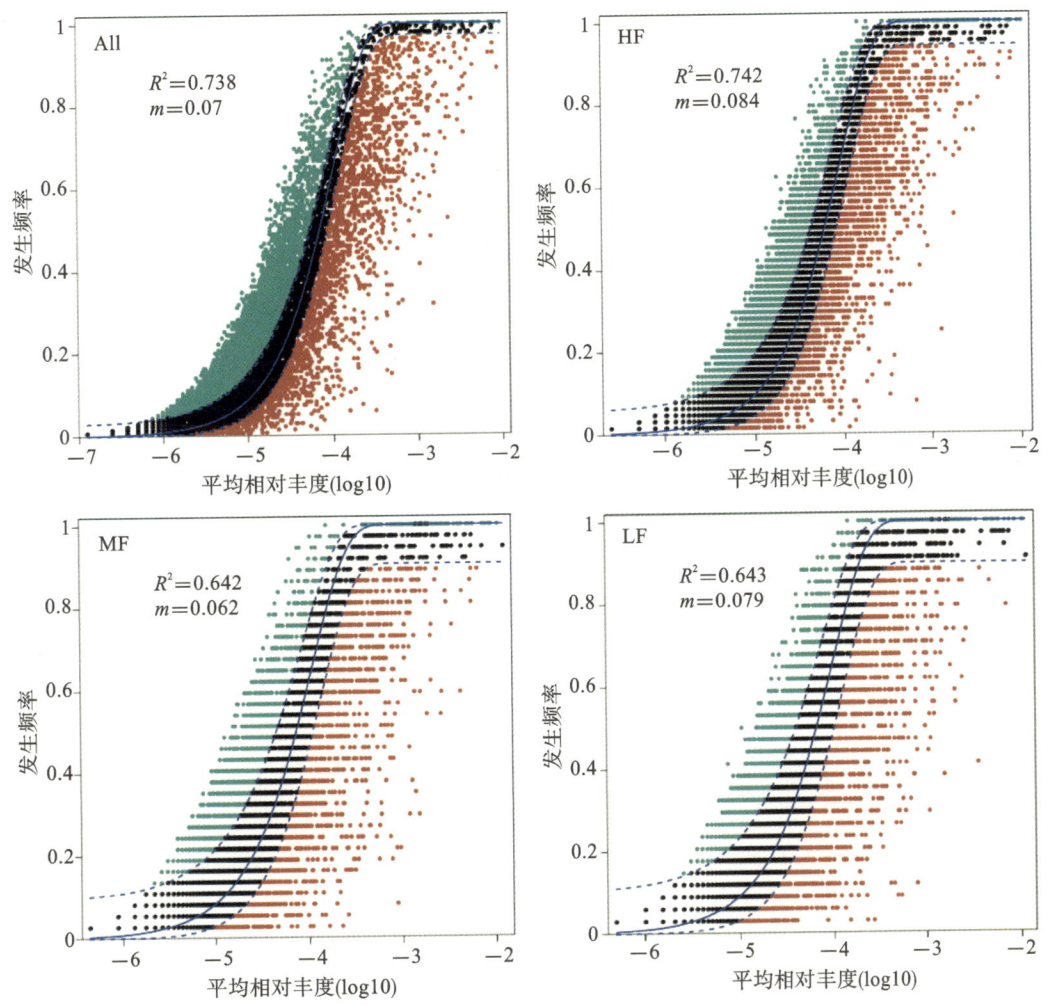

图 4-48　中性群落模型拟合的微生物群落装配过程

三、四川植烟土壤健康评价最小数据集构建

（一）土壤健康状况档次划分

通过产区实地调研,根据优质烟叶生产概率、烟叶产量产值、土壤肥力和发病率等历史数据,将 274 个取样点划分成 3 个档次类别,分别代表 3 种土壤健康状况(表 4-55)。划分依据为:高档烟田同时满足优质烟叶生产概率高、土壤肥力高、产量产值高、烟株发病率低 4 个条件,4 个条件有 1 项或 2 项不满足即为中档烟田,有 3 项或以上不满足即为低档烟田。判断方法:土壤肥力高即土壤综合肥力指数大于 0.75;产量产值高即烟叶产量为 150～220 kg 且亩产值大于 4500 元;优质烟叶生产概率高即优质烟叶生产概率大于 70%;烟株发病率低即烟株发病概率小于 5%。

表 4-55　原始土壤样品健康档次

档次	个数
低	48
中	175
高	51
合计	274

(二)不同档次土壤评价指标比较

三种不同档次的植烟土壤物理指标比较:低档土壤的容重显著高于中档和高档土壤;表层硬度、次表层硬度均随健康档次提高呈降低趋势;低档土壤的总孔隙度显著低于中档烟田,而水稳性团聚体含量相对较高;此外,低档土壤的砂粒含量相对较高,而粉粒含量和黏粒含量相对较低(表4-56)。最终确定容重、总孔隙度和水稳性团聚体作为备选指标。

表 4-56　不同档次土壤物理指标的差异分析

指标	低档	中档	高档
容重/(g·cm⁻³)	1.20a	1.13b	1.14b
表层硬度/Pa	439.83a	393.04a	320.93a
次表层硬度/Pa	773.52a	683.96a	723.54a
总孔隙度/(%)	54.66b	57.36a	56.97ab
水稳性团聚体含量/(%)	48.11a	44.74a	42.95a
砂粒含量/(%)	46.31a	39.39a	38.41a
粉粒含量/(%)	36.89a	39.36a	39.18a
黏粒含量/(%)	16.80a	21.25a	22.41a

三种不同档次的植烟土壤化学指标比较:低档烟田的土壤 pH 明显高于中档和高档烟田;而低档烟田的有机质、全氮和碱解氮含量均明显低于中档和高档烟田;有效磷和速效钾含量均随土壤健康档次提高呈增加趋势(表4-57)。综合来看,在四川烟区,高档烟田 pH 处于相对较低水平,而有机质含量和大量元素均处于相对较高水平,适当提升土壤地力水平有利于改善土壤健康档次。考虑到不同档次间指标的差异和大量元素的重要性,将 pH、有机质、全氮、碱解氮、有效磷、速效钾均作为备选指标。

表 4-57　不同档次土壤化学指标的差异分析

指标	低档	中档	高档
pH	6.78a	6.17a	6.39a
有机质/(g·kg⁻¹)	20.76a	29.26a	27.29a
全氮/(g·kg⁻¹)	1.17a	1.54a	1.43a
碱解氮/(mg·kg⁻¹)	74.65a	106.34a	95.42a
有效磷/(mg·kg⁻¹)	26.25b	43.91b	61.20a
速效钾/(mg·kg⁻¹)	201.90b	277.68b	348.31a

三种不同档次的植烟土壤中微量元素含量比较:可溶性钙和可溶性镁含量均随健康档次提高而增加;不同档次土壤的氯含量差异较小;有效铜、有效锌、有效铁和有效锰含量均以中档和高档烟田土壤相对高于低档烟田土壤(表4-58)。综合考虑,将可溶性钙、可溶性镁和有效铜作为备选指标。

表 4-58　不同档次土壤金属元素的差异分析

指标	低档	中档	高档
可溶性钙/(mg·kg⁻¹)	61.72b	68.18b	96.03a
可溶性镁/(mg·kg⁻¹)	15.49b	20.37b	29.00a
可溶性氯/(mg·kg⁻¹)	50.75a	49.86a	51.25a
有效铜/(mg·kg⁻¹)	1.56b	2.19a	1.74ab
有效锌/(mg·kg⁻¹)	1.76a	2.86a	2.80a

指标	低档	中档	高档
有效铁/(mg·kg⁻¹)	26.69a	48.71a	38.69a
有效锰/(mg·kg⁻¹)	32.20a	49.67a	47.53a

三种不同档次植烟土壤生物指标比较:低档烟田的土壤蛋白、活性有机碳、水溶性有机碳含量均低于中档和高档土壤;微生物量碳、氮含量均表现为低档最低,高档最高;脲酶活性在不同健康档次土壤中差异较小,而蔗糖酶、过氧化氢酶和酸性磷酸酶活性均随健康档次提高呈增加趋势(表4-59)。综合考虑,以土壤蛋白、活性有机碳、脲酶、蔗糖酶、过氧化氢酶、酸性磷酸酶作为备选指标。

表 4-59　不同档次土壤生物指标的差异分析

指标	低档	中档	高档
土壤蛋白/(mg·g⁻¹)	3.63a	4.90a	4.92a
活性有机碳/(mg·kg⁻¹)	755.94a	885.48a	885.66a
水溶性有机碳/(mg·kg⁻¹)	40.58a	55.46a	52.66a
微生物量碳/(mg·kg⁻¹)	83.30a	109.41a	114.17a
微生物量氮/(mg·kg⁻¹)	19.30a	21.88a	23.21a
脲酶/(μg·g⁻¹·d⁻¹)	409.57a	394.48a	393.40a
蔗糖酶/(mg·g⁻¹·d⁻¹)	22.479b	27.58ab	30.47a
过氧化氢酶/(mg·g⁻¹·d⁻¹)	14.50b	16.02b	18.426a
酸性磷酸酶/(mg·g⁻¹·d⁻¹)	6.36c	9.21b	11.44a

(三)最小数据集构建

通过对不同档次土壤的物理指标、化学指标和生物指标进行对比分析,发现不同健康档次植烟土壤部分物理、化学和生物指标存在明显差异,根据差异性通过上述分析筛选出19个作为后续分析的备选指标,分别为pH、有机质、全氮、碱解氮、有效磷、速效钾;钙、镁、氯、铁、锌、铜;容重、水稳性团聚体;土壤蛋白、活性有机碳、蔗糖酶、过氧化氢酶、酸性磷酸酶。进一步,利用备选指标构建最小数据集。主要步骤如下。

1. KMO(Kaiser-Meyer-Olkin)检验和 Bartlett 球形检验

用 SPSS 软件对筛选出的备选指标进行 KMO 检验和 Bartlett 球形检验(表4-60),结果显示 KMO 值大于 0.7 且 Bartlett 球形检验值 Sig.<0.05,因此继续进行后续步骤,确定最小数据集。

表 4-60　KMO 检验和 Bartlett 球形检验

Kaiser-Meyer-Olkin 度量		0.787
Bartlett 球形检验	近似卡方	3258.71
	自由度	171
	显著性	0.000

2. 主成分分析(PCA)

提取主成分特征值(Eigenvalues)≥1 的主成分,按照主成分载荷大小将土壤评价指标进行分组(表4-61)。

表 4-61　各备选指标的主成分分析结果及指标分组

	PC1	PC2	PC3	PC4	PC5	PC6	分组
有机质	0.916	0.130	−0.212	−0.063	0.020	−0.017	1
全氮	0.873	0.312	−0.222	0.046	−0.012	−0.010	1
碱解氮	0.923	0.104	−0.210	0.055	−0.034	−0.044	1

续表

	PC1	PC2	PC3	PC4	PC5	PC6	分组
有效铜	0.525	−0.045	−0.158	0.449	0.048	0.377	1
有效锌	0.603	−0.132	0.399	0.092	−0.007	0.152	1
土壤蛋白含量	0.686	−0.316	−0.005	−0.017	0.205	−0.258	1
AOC	0.783	0.360	−0.286	−0.034	0.126	−0.085	1
pH	−0.387	0.807	−0.155	−0.170	0.051	0.145	2
可溶性钙	−0.084	0.600	0.239	0.503	−0.058	−0.131	2
蔗糖酶	0.081	0.826	−0.049	−0.155	0.080	0.010	2
酸性磷酸酶	0.364	−0.393	0.352	−0.285	0.368	−0.187	2
有效磷	0.516	0.026	0.596	−0.174	0.092	−0.050	3
速效钾	0.423	0.191	0.508	−0.203	−0.277	−0.257	3
可溶性镁	−0.019	0.532	0.359	0.548	0.084	−0.327	4
有效铁	0.416	−0.304	−0.054	0.526	0.303	0.251	4
水稳性团聚体	0.416	0.135	−0.070	−0.462	−0.097	0.250	4
可溶性氯	0.133	−0.195	0.359	0.286	−0.499	0.310	5
容重	−0.531	0.097	0.183	0.059	0.626	0.137	5
过氧化氢酶	0.154	0.356	0.471	−0.272	0.143	0.532	6
主成分特征值	5.588	2.827	1.747	1.629	1.064	1.014	
主成分方差贡献率/(%)	29.413	14.877	9.194	8.574	5.597	5.336	
主成分累计贡献率/(%)	29.413	44.290	53.484	62.059	67.656	72.993	

3. 计算矢量常模(Norm)值

Norm 值为该评价指标主成分分析后在主成分组成的多维空间中矢量常模的长度,可以表示该评价指标在主成分的综合载荷,一般 Norm 值越大,解释综合信息的能力就越强。Norm 值具体计算公式见式(4-1)。

4. 排序选取参数

分组 1 中碱解氮的 Norm 值最大,有机质和全氮的 Norm 值在该组最大 Norm 值 10% 范围内,且碱解氮、有机质和全氮三者间的相关系数均大于 0.9,故选择全氮、有机质和碱解氮 3 个指标之一即可,故 1 组中选取有机质进入 MDS。2 组中 pH 的 Norm 值最高,而水溶性钙、酸性磷酸酶和蔗糖酶的 Norm 值均不在最大 Norm 值 10% 范围内,所以剔除,故 2 组中 pH 进入 MDS。3 组中有效磷的 Norm 值最高,速效钾的 Norm 值在最大 Norm 值 10% 范围内,且速效钾与有效磷的相关系数小于 0.5,故 3 组中有效磷和速效钾均进入 MDS。4 组中有效铁的 Norm 值最大,但有效铁对烤烟的影响不大,故剔除有效铁;可溶性镁的 Norm 值最大,而水稳性团聚体的 Norm 值在最大 Norm 值 10% 范围内,且可溶性镁和水稳性团聚体的相关系数小于 0.1,故 4 组中水稳性团聚体和可溶性镁均进入 MDS。5 组中容重的 Norm 值最大,可溶性氯的 Norm 值不在最大 Norm 值 10% 范围内,故 5 组中容重进入 MDS。由于 6 组中仅有一个指标,故过氧化氢酶直接进入 MDS(表 4-62)。

综上所述,最终 pH、有机质、有效磷、速效钾、可溶性镁、水稳性团聚体、容重、过氧化氢酶等 8 项评价指标进入 MDS。

表 4-62　各备选指标的 Norm 值

因子	矢量常模 Norm 值	分组	是否进入 MDS
有机质	2.19593	1	进入
全氮	2.15030	1	
碱解氮	2.20824	1	
有效铜	1.43684	1	
有效锌	1.54806	1	
土壤蛋白含量	1.73917	1	
AOC	1.99031	1	
pH	1.67067	2	进入
可溶性钙	1.26098	2	
蔗糖酶	1.41975	2	
酸性磷酸酶	1.30589	2	
有效磷	1.47349	3	进入
速效钾	1.33025	3	进入
可溶性镁	1.27766	4	进入
有效铁	1.35855	4	
水稳性团聚体	1.20341	4	进入
可溶性氯	0.96287	5	
容重	1.44995	5	进入
过氧化氢酶	1.14352	6	进入

对这 8 个指标的测定值进行 KMO 检验,可以看出,KMO 值为 0.591<0.6,若此时做因子分析会导致一部分信息丢失,不能准确、全面地评价植烟土壤健康状况。因此,筛选出的关键评价指标(pH、有机质、有效磷、速效钾、可溶性镁、水稳性团聚体、容重、过氧化氢酶)最终进入植烟土壤健康评价体系最小数据集(MDS)。

四、植烟土壤健康评价体系构建及应用

(一)最小数据集的评分函数确定

一般土壤健康评价指标与土壤功能的评分曲线类型有正相关、负相关和 Gaussian 方程,分别对应三种形式的评分函数:递增型、递减型和中间最优型。评分函数的最小值设定为 0,表示健康状况最差;评分函数的最大值设定为 100,表示该指标状况最优。

对于递增型和递减型评分函数,采用各评价指标测定值的平均值和标准偏差计算累计正态分布(CND),通过累计正态分布确定指标的评分函数。

1. 递增型评分函数

23 项评价指标中符合递增型评分函数的指标有速效钾、可溶性钙、脲酶、活性有机碳、有效磷、可溶性镁、有效铜、有效锌、有效铁、有效锰、土壤蛋白、溶解性有机碳、水稳性团聚体、过氧化氢酶、蔗糖酶和酸性磷酸酶,评分函数的分值由公式 Score=100×CND 计算得到(表 4-63)。

表 4-63　符合递增型评分函数的指标及评分函数

指标	函数
速效钾	$F(x)=100\times\{1+\mathrm{erf}[(x-299.912408759124)/214.23088072085]\}/2$
可溶性钙	$F(x)=100\times\{1+\mathrm{erf}[(x-73.39)/80.4523593681441]\}/2$
活性有机碳	$F(x)=100\times\{1+\mathrm{erf}[(x-866.310504901454)/218.662337024066]\}/2$
有效磷	$F(x)=100\times\{1+\mathrm{erf}[(x-44.3102870370371)/43.3899535580479]\}/2$
可溶性镁	$F(x)=100\times\{1+\mathrm{erf}[(x-20.9356751824817)/18.9265539957626]\}/2$
有效铜	$F(x)=100\times\{1+\mathrm{erf}[(x-1.99654578754579)/2.54456207326303]\}/2$
有效铁	$F(x)=100\times\{1+\mathrm{erf}[(x-42.520298540146)/69.7445988526933]\}/2$
有效锌	$F(x)=100\times\{1+\mathrm{erf}[(x-2.64635401459854)/3.74604837623247]\}/2$
有效锰	$F(x)=100\times\{1+\mathrm{erf}[(x-46.3764781021898)/51.9997120264193]\}/2$
土壤蛋白	$F(x)=100\times\{1+\mathrm{erf}[(x-4.68396496350365)/2.5772848464344]\}/2$
溶解性有机碳	$F(x)=100\times\{1+\mathrm{erf}[(x-52.3321167883212)/36.5516204169959]\}/2$
脲酶	$F(x)=100\times\{1+\mathrm{erf}[(x-397.15)/258.871855508902]\}/2$
过氧化氢酶	$F(x)=100\times\{1+\mathrm{erf}[(x-16.209924740146)/12.6582296270199]\}/2$
蔗糖酶	$F(x)=100\times\{1+\mathrm{erf}[(x-27.2237204562044)/27.3847331044731]\}/2$
酸性磷酸酶	$F(x)=100\times\{1+\mathrm{erf}[(x-9.12394331955176)/6.94397931223061]\}/2$
水稳性团聚体	$F(x)=100\times\{1+\mathrm{erf}[(x-45.0005109489051)/20.9396614980228]\}/2$

2. 递减型评分函数

23 项评价指标中符合递减型评分函数的指标有总孔隙度、容重和氯离子,评分函数的分值由公式 Score$=100\times(1-\mathrm{CND})$计算得到(表 4-64)。

表 4-64　符合递减型评分函数的指标及评分函数

指标	函数
总孔隙度	$F(x)=100\times(1-\{1+\mathrm{erf}[(x-56.83)/7.87462134862383]\}/2)$
容重	$F(x)=100\times(1-\{1+\mathrm{erf}[(x-1.14)/0.217282088]\}/2)$
氯离子	$F(x)=100\times(1-\{1+\mathrm{erf}[(x-48.9383799270073)/35.3806536877804]\}/2)$

3. 中间最优型评分函数

23 项评价指标中符合中间最优型评分函数的指标主要包括有机质、pH、碱解氮和全氮(表 4-65)。

表 4-65　各指标最优型评分函数的拐点值

阈值	有机质/(g/kg)	pH	碱解氮/(mg/kg)	全氮/(g/kg)
下临界点(x_1)	15	4.5	30	1.0
下限最优值(x_2)	25	5.5	50	1.5
上限最优值(x_3)	40	7.0	100	2.5
上临界点(x_4)	55	8.0	150	3.5

根据各指标的阈值,确定了最优型指标的评分函数(表 4-66)。

表 4-66　符合最优型评分函数的指标及评分函数

指标	函数
碱解氮	$F(x)=2x,\quad x<50$ $F(x)=100,\quad 50\leqslant x\leqslant100$ $F(x)=-2x+300,\quad 100<x\leqslant150$ $F(x)=0,\quad x>150$
pH	$F(x)=200/11x,\quad x<5.5$ $F(x)=100,\quad 5.5\leqslant x\leqslant7$ $F(x)=-100x+800,\quad 7<x\leqslant8$ $F(x)=0,\quad x>8$
全氮	$F(x)=200/3x,\quad x<1.5$ $F(x)=100,\quad 1.5\leqslant x\leqslant2.5$ $F(x)=-100x+350,\quad 2.5<x\leqslant3.5$ $F(x)=0,\quad x>3.5$
有机质	$F(x)=4x,\quad x<25$ $F(x)=100,\quad 25\leqslant x\leqslant40$ $F(x)=-20/3x+1100/3,\quad 40<x\leqslant55$ $F(x)=0,\quad x>55$

（二）植烟土壤健康评价最小数据集的权重确定

对各指标的测定值进行主成分分析,根据公因子方差确定最小数据集中各指标的权重系数。pH 为 0.122;有机质为 0.119;有效磷为 0.116;速效钾为 0.124;可溶性镁为 0.139;水稳性团聚体为 0.140;容重为 0.115;过氧化氢酶为 0.126(表 4-67)。

表 4-67　不同方法下最小数据集的公因子方差和权重

指标	公因子方差	权重
pH	0.620	0.122
有机质	0.607	0.119
有效磷	0.594	0.116
速效钾	0.631	0.124
可溶性镁	0.708	0.139
过氧化氢酶	0.642	0.126
容重	0.584	0.115
水稳性团聚体	0.711	0.140

根据得到的评价指标权重以及指标得分,计算土壤健康总分,计算公式见式(4-7)。

（三）植烟土壤健康评价最小数据集的合理性验证

(1)相关性分析。

通过公式分别计算不同方法下,全部数据集土壤质量指数(TDS-SQI)和最小数据集土壤质量指数(MDS-SQI),计算得出的 TDS-SQI 和 MDS-SQI 呈极显著正相关关系,相关系数为 0.846(图 4-49),说明筛选出的最小数据集具有较好的准确性和代表性,可以较准确地对植烟土壤健康进行评价。

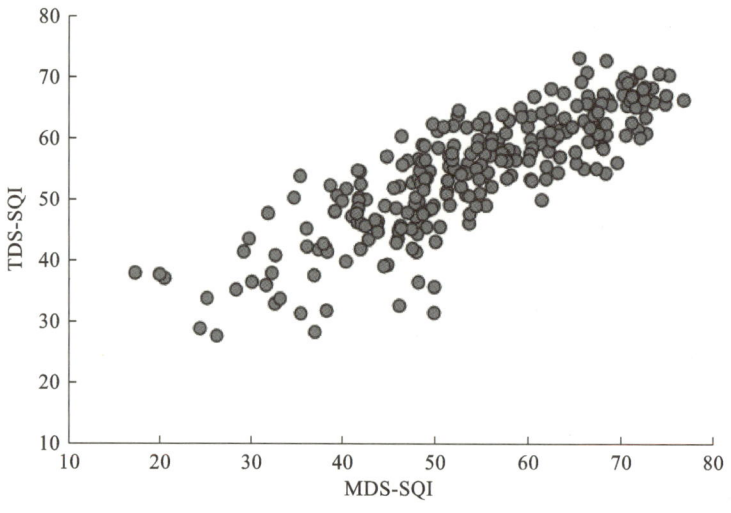

图 4-49　TDS-SQI 与 MDS-SQI 散点图分析

（2）方法验证。

为了更加准确地评估最小数据集的代表性和合理性，分别以筛选出的最小数据集评价指标得分值为自变量，以筛选法方法下 TDS-SQI 经最大最小归一化（MMS）后划分的低（0≤TDS-SQI-MMS＜0.4）、中（0.4≤TDS-SQI-MMS＜0.7）、高（0.7≤TDS-SQI-MMS≤1.0）三个类别（低档次 50 个土样、中档次 142 个土样、高档次 82 个土样）为因变量，运用随机森林分类算法验证 MDS 中评价指标对植烟土壤健康分类的准确性，并计算 MDS 每个评价指标的相对贡献率。结果表明，MDS 评价指标可以对质量高、中和低三个档次烟田土壤进行准确分类（99.5%），进一步说明 MDS 可以代替 TDS 对植烟土壤健康进行评价。

根据土壤健康总分计算公式以及筛选出的最小数据集，计算最小数据集健康总分（MDS-SQI）。将 MDS-SQI 经最大最小归一化（MMS）后，按照低（0≤MDS-SQI-MMS＜0.4）、中（0.4≤MDS-SQI-MMS＜0.7）、高（0.7≤MDS-SQI-MMS≤1.0）将植烟土壤划分为三个档次。将划分的档次与原始档次进行对比。结果有 218 个样品与最初划分档次相符，总体符合率 70.72%。利用植烟土壤健康评价体系，最终形成了四川植烟土壤健康评价区划图（图 4-50）。

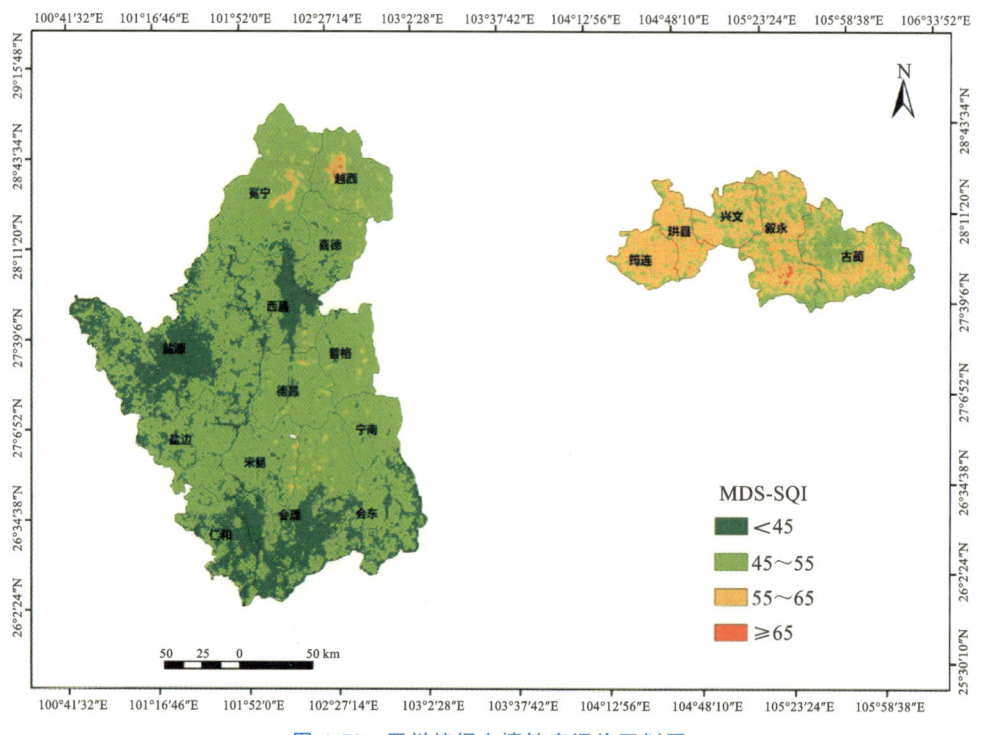

图 4-50　四川植烟土壤健康评价区划图

（四）植烟土壤障碍因子分析

利用障碍因子诊断模型计算了16项土壤理化指标的障碍度（图4-51和图4-52）。由图4-51可知，四川省植烟土壤理化指标的综合障碍度分布范围为3.2％～10.0％，总孔隙度障碍度最高（10.0％），其次为容重（9.8％）、可溶性钙（8.1％）、可溶性镁（7.7％）、有效铁（7.5％）、速效钾（7.1％），说明这些指标对四川植烟土壤的障碍较大。由图4-52可知，有效铁、可溶性钙和总孔隙度在4个地区植烟土壤中的障碍度均较高，同时不同地区的植烟土壤障碍因子也存在差异，容重和速效钾在凉山州植烟土壤中的障碍度较高，容重和可溶性镁在攀枝花市植烟土壤中的障碍度较高，可溶性镁和碱解氮在宜宾市和泸州市植烟土壤中的障碍度较高。

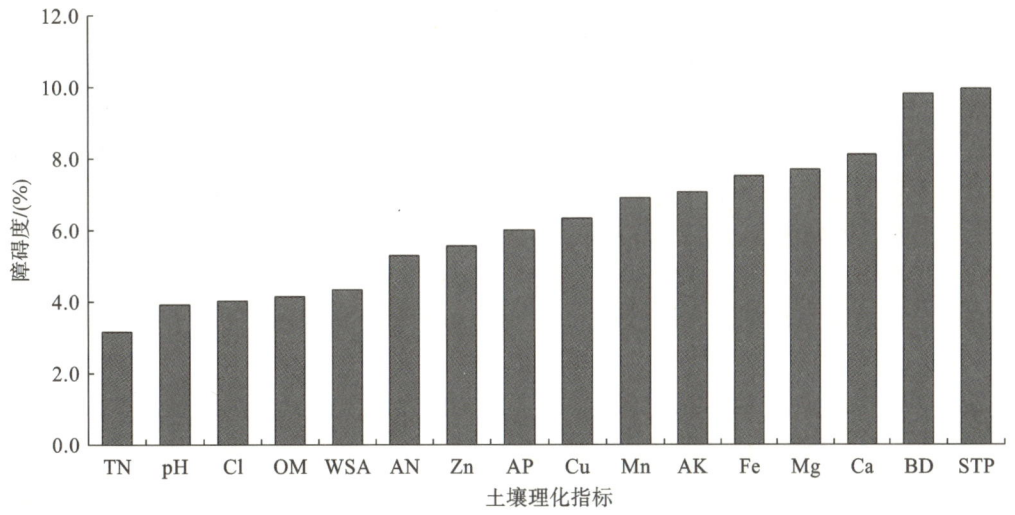

图 4-51　四川植烟土壤理化指标障碍度

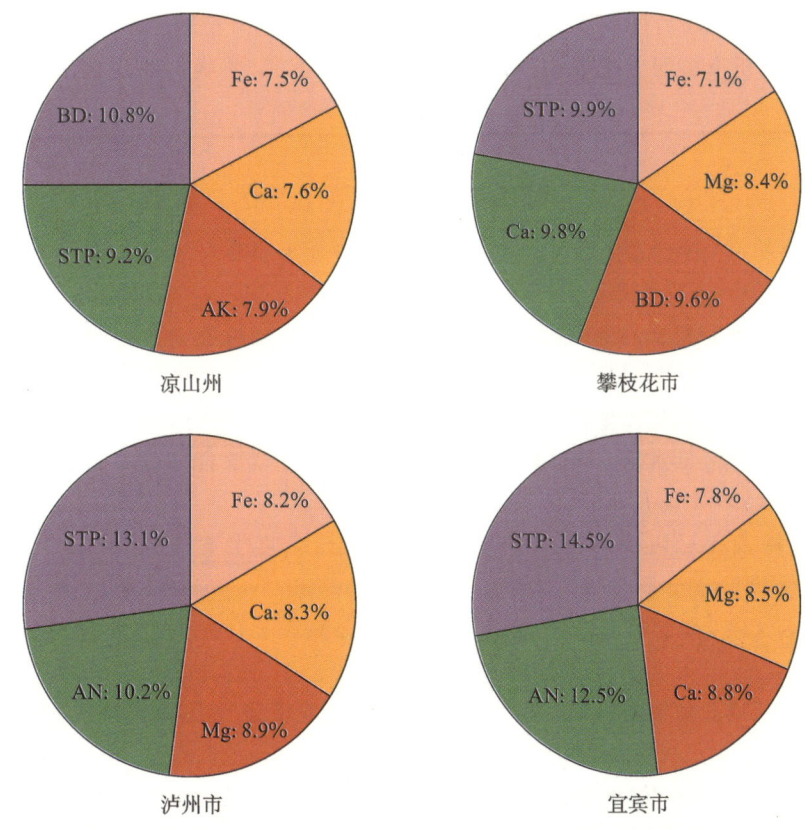

图 4-52　不同地区植烟土壤理化指标障碍度

五、小结

(一)四川植烟土壤健康指标的统计特征

四川植烟土壤化学指标在不同植烟地区的空间差异明显。根据土壤化学指标通过聚类分析将四川省各植烟县(市、区)大致归为4类。第一类是兴文和叙永,第二类为普格、仁和、会理、盐源和会东,第三类为珙县、西昌、冕宁、米易和喜德,第四类为筠连、盐边、古蔺、越西、宁南和德昌。第一类别植烟土壤pH值、有机碳、全氮、碱解氮、有效磷、速效钾和活性有机碳含量均相对较高,活性有机碳占比较低;第二类别植烟土壤的有机碳、全氮、碱解氮、有效磷、速效钾和活性有机碳含量相对较低,活性有机碳占比和pH值相对较高;第三类别和第四类别植烟土壤化学指标含量均位于第一类和第二类之间。

(二)四川植烟土壤健康评价体系构建

参考康奈尔土壤健康评价方法,通过对不同档次土壤的物理指标、化学指标和生物指标进行对比分析,确定了土壤健康评价备选指标;进一步利用数学分析方法,最终筛选出8个关键评价指标进入最小数据集(pH、有机质、有效磷、速效钾、可溶性镁、水稳性团聚体、容重、过氧化氢酶),确定权重后,最终构建了适宜四川烟区的土壤健康评价体系。最小数据集指标是构建土壤健康评价指标体系的关键,研究过程中发现,单纯的数学分析方法在确定指标时可能存在片面性,需要以数学分析方法与常规认识相结合,综合考虑确定评价指标。

(三)四川植烟土壤障碍因子分析

在土壤健康评价基础上,利用障碍因子诊断模型计算了四川烟区各个土壤指标的障碍度。有效铁、可溶性钙和总孔隙度是四川植烟土壤的主要障碍因子。不同地区的植烟土壤障碍因子存在差异,容重和速效钾在凉山州植烟土壤中的障碍度较高,容重和可溶性镁在攀枝花市植烟土壤中的障碍度较高,可溶性镁和碱解氮在宜宾市和泸州市植烟土壤中的障碍度较高。通过研究,明确了四川烟区植烟土壤定向改良的主攻方向。

参考文献

[1] 包玲凤,杨明英,尹兴盛,等. 基于最小数据集的保山市植烟土壤质量评价与障碍诊断[J]. 西南农业学报,2023,36(3):612-622.

[2] 蔡红明,王士超,刘岩,等. 陕西日光温室养分平衡及土壤养分累积特征研究[J]. 西北农林科技大学学报(自然科学版),2016,44(9):83-91.

[3] 蔡小溪,吴金卓. 森林土壤健康评价研究进展[J]. 森林工程,2015,31(2):37-41.

[4] 曹启民,刘志崴,王永鹏,等. 基于主成分分析的海南植胶区砖红壤亚类土壤质量评价[J]. 安徽农业科学,2017,45(8):121-123,173.

[5] 曾婕,海梅荣,王晓会,等. 木醋液对植烟土壤微生物多样性的影响[J]. 土壤通报,2015,46(1):93-98.

[6] 曾宪礼,苏文会,范少辉,等. 带状采伐毛竹林土壤质量评价[J]. 生态学杂志,2019,38(10):3015-3023.

[7] 陈丹梅,段玉琪,杨宇虹,等. 轮作模式对植烟土壤酶活性及真菌群落的影响[J]. 生态学报,2016,36(8):2373-2381.

[8] 陈丹梅,段玉琪,杨宇虹,等. 长期施肥对植烟土壤养分及微生物群落结构的影响[J]. 中国农业科学,2014,47(17):3424-3433.

[9] 陈冬梅,吴文祥,王海斌,等. 植烟土壤提取物质对烟株生长及根际土壤细菌多样性的影响[J]. 中国生态农业学报(中英文),2012,20(12):1614-1620.

[10] 陈江华，刘建利，李志宏，等. 中国植烟土壤及烟草养分综合管理[M]. 北京：科学出版社，2008.

[11] 陈丽琼. 比重计法测定土壤颗粒组成的研究[J]. 环境科学导刊，2010，29(4)：97-99.

[12] 陈丽燕. 植烟土壤健康评价体系构建的研究——以豫中、南烟区为例[D]. 郑州：中国烟草总公司郑州烟草研究院，2017.

[13] 崔东，肖治国，孙国军，等. 伊犁河谷不同土地利用方式下土壤质量评价[J]. 西北师范大学学报(自然科学版)，2017，53(2)：112-117.

[14] 戴华鑫，陈丽燕，陈彦春，等. 豫中南烟区不同质地土壤理化性质、酶活性及微生物群落分析[J]. 烟草科技，2017，50(9)：7-14.

[15] 戴华鑫，牟文君，陈丽燕，等. 土壤硬度对烤烟生产的影响及原因分析[J]. 中国烟草学报，2018，24(2)：55-64.

[16] 邓阳春，黄建国. 长期连作对烤烟产量和土壤养分的影响[J]. 植物营养与肥料学报，2010，16(4)：840-845.

[17] 杜介方，张彬，解宏图，等. 不同施肥处理对球囊霉素土壤蛋白含量的影响[J]. 土壤通报，2011，42(3)：573-577.

[18] 段玉琪，晋艳，陈泽斌，等. 烤烟轮作与连作土壤细菌群落多样性比较[J]. 中国烟草学报，2012，18(6)：53-59.

[19] 房全孝. 土壤质量评价工具及其应用研究进展[J]. 土壤通报，2013，44(2)：496-504.

[20] 高张，张福平，马倩倩，等. 敦煌市不同土地利用类型土壤质量评价[J]. 山东农业科学，2017，49(3)：100-105.

[21] 耿坤，罗文富，杨艳丽. 烟草黑胫病菌的田间群体分布规律[J]. 云南农业大学学报(自然科学)，2002，17(4)：389-392.

[22] 贡璐，张雪妮，冉启洋. 基于最小数据集的塔里木河上游绿洲土壤质量评价[J]. 土壤学报，2015，52(3)：682-689.

[23] 郭亚利，刘锦华，王仕海. 植烟土壤保育及改良技术的研究进展[J]. 贵州农业科学，2016，44(4)：79-85.

[24] 郝葳，田孝华. 优质烟区土壤物理性状分析与研究[J]. 烟草科技，1996(5)：34-35.

[25] 何川，刘国顺，蒋士君. 连作对植烟土壤微生物群落多样性的影响[J]. 江西农业大学学报，2012，34(4)：658-663.

[26] 胡伟. 土壤容重对烟草生长及植烟土化学性质影响的研究[D]. 昆明：昆明理工大学，2013.

[27] 黄昌勇. 土壤学[M]. 北京：中国农业出版社，2000.

[28] 黄鸿翔. 我国土壤资源现状、问题及对策[J]. 中国土壤与肥料，2005(1)：3-6.

[29] 黄化刚，肖谋良，梁士楚，等. 喀斯特山区不同种植方式下烟田土壤微生物特征分析[J]. 烟草科技，2015，48(11)：16-21.

[30] 黄细喜. 土壤紧实度及层次对小麦生长的影响[J]. 土壤学报，1988，25(1)：59-65.

[31] 贾辉，赵亚鹏，符云鹏，等. 施用生物炭和秸秆对植烟土壤团聚体稳定性及有机碳分布的影响[J]. 烟草科技，2020，53(4)：11-19.

[32] 焦永吉，程功，马永健，等. 烟草连作对土壤微生物多样性及酶活性的影响[J]. 土壤与作物，2014，3(2)：56-62.

[33] 金慧芳，史东梅，陈正发，等. 基于聚类及PCA分析的红壤坡耕地耕层土壤质量评价指标[J]. 农业工程学报，2018，34(7)：155-164.

[34] 金慧芳，史东梅，钟义军，等. 红壤坡耕地耕层土壤质量退化特征及障碍因子诊断[J]. 农业工程学报，2019，35(20)：84-93.

[35] 匡丽花，叶英聪，赵小敏，等. 基于改进TOPSIS方法的耕地系统安全评价及障碍因子诊断[J]. 自然资源学报，2018，33(9)：1627-1641.

[36] 李桂林,陈杰,孙志英,等.基于土壤特征和土地利用变化的土壤质量评价最小数据集确定[J].生态学报,2007,27(7):2715-2724.

[37] 李桂林,陈杰,檀满枝,等.基于土地利用变化建立土壤质量评价最小数据集[J].土壤学报,2008,45(1):16-25.

[38] 李强,周冀衡,杨荣生,等.曲靖植烟土壤养分空间变异及土壤肥力适宜性评价[J].应用生态学报,2011,22(4):950-956.

[39] 李鑫,张文菊,邬磊,等.土壤质量评价指标体系的构建及评价方法[J].中国农业科学,2021,54(14):3043-3056.

[40] 林卡,李德成,张甘霖.土壤质量评价中文文献分析[J].土壤通报,2017,48(3):736-744.

[41] 刘国,王树林,沙富云,等.长期绿肥还田对烤烟产质量及土壤改良的影响[J].中国农学通报,2013,29(4):173-177.

[42] 刘国顺,李正,敬海霞,等.连年翻压绿肥对植烟土壤微生物量及酶活性的影响[J].植物营养与肥料学报,2010,16(6):1472-1478.

[43] 刘国顺.烟草栽培学[M].北京:中国农业出版社,2003.

[44] 鲁如坤.土壤农业化学分析方法[M].北京:中国农业科技出版社,2000.

[45] 罗付香,林超文,庞良玉,等.不同耕作和覆盖对烟草产值及土壤质量的影响[J].西南农业学报,2014,27(1):82-86.

[46] 聂军,杨曾平,郑圣先,等.长期施肥对双季稻区红壤性水稻土质量的影响及其评价[J].应用生态学报,2010,21(6):1453-1460.

[47] 中华人民共和国农业部.土壤有效态锌、锰、铁、铜含量的测定 二乙三胺五乙酸(DTPA)浸提法:NY/T 890—2004[S].北京:中国农业出版社,2005.

[48] 庞学勇,包维楷,吴宁.森林生态系统土壤可溶性有机质(碳)影响因素研究进展[J].应用与环境生物学报,2009,15(3):390-398.

[49] 任小利,王丽萍,徐大兵,等.菜粕堆肥与无机肥配施对烤烟产量和品质以及土壤微生物的影响[J].南京农业大学学报,2012,35(2):92-98.

[50] 盛丰.康奈尔土壤健康评价系统及其应用[J].土壤通报,2014,45(6):1289-1296.

[51] 苏婷婷,周鑫斌,张跃强,等.生物有机肥和磷肥配施对新整理黄壤烟田细菌群落组成的影响[J].烟草科技,2016,49(5):8-15.

[52] 王恒东.我国烟叶生产现状及问题分析[J].科技创新与应用,2015(29):118.

[53] 王晶,解宏图,朱平,等.土壤活性有机质(碳)的内涵和现代分析方法概述[J].生态学杂志,2003,22(6):109-112.

[54] 王军,丁效东,张士荣,等.不同碳氮比有机肥对沙泥田烤烟根际土壤碳氮转化及酶活性的影响[J].生态环境学报,2015,24(8):1280-1286.

[55] 王瑞,邓建强,谭军.连作条件下植烟土壤保育与修复[J].中国烟草科学,2016,37(2):83-88.

[56] 王志愿,姜清治,霍沁建.烟草黑胫病的研究进展[J].中国农学通报,2010,26(21):250-255.

[57] 肖钰.四川植烟土壤特征分析及健康评价[D].北京:中国农业科学院,2021.

[58] 徐建明,张甘霖,谢正苗,等.土壤质量指标与评价[M].北京:科学出版社,2010.

[59] 杨宁,邹冬生,杨满元,等.衡阳紫色土丘陵坡地不同植被恢复阶段土壤酶活性特征研究[J].植物营养与肥料学报,2013,19(6):1516-1524.

[60] 杨启航,刘永来,李淮源,等.水肥一体化减量施肥对坡地烤烟肥料利用率及土壤养分平衡的影响[J].西南农业学报,2020,33(9):2027-2036.

[61] 杨宇虹,晋艳,黄建国,等.长期施肥对植烟土壤微生物的影响[J].植物营养与肥料学报,2014,20(5):1186-1193.

[62] 袁晓霞. 浅析我国烟叶生产面临的主要问题[J]. 中国烟草科学, 2009, 30(5): 77-80.

[63] 张福平, 高张, 李肖娟, 等. 基于最小数据集的周至县猕猴桃园地土壤质量评价[J]. 生态与农村环境学报, 2019, 35(1): 69-75.

[64] 张江周, 李奕赞, 李颖, 等. 土壤健康指标体系与评价方法研究进展[J]. 土壤学报, 2022, 59(3): 603-616.

[65] 张连金, 赖光辉, 孔颖, 等. 基于因子分析法的北京九龙山土壤质量评价[J]. 西北林学院学报, 2016, 31(3): 7-14.

[66] 张明发, 田峰, 李孝刚, 等. 基于烤烟生产的湘西植烟土壤质量综合评价[J]. 中国烟草学报, 2017, 23(3): 87-97.

[67] 张世文, 叶回春, 胡友彪, 等. 多时空尺度的土壤质量评价最小数据集的建立[J]. 安徽农业科学, 2013, 41(17): 7487-7492.

[68] 张翔, 黄元炯, 范艺宽. 河南植烟土壤与烤烟营养[M]. 北京: 中国农业科学技术出版社, 2009.

[69] 张忠民, 刘虎, 丁延芹, 等. 多抗菌剂对植烟土壤细菌群落多样性的影响[J]. 山东农业大学学报(自然科学版), 2015, 46(4): 528-532.

[70] 赵贺, 王绪奎, 刘绍贵, 等. 基于水稻产量的江苏省稻麦轮作区土壤质量评价[J]. 土壤, 2020, 52(6): 1230-1238.

[71] 郑存德. 土壤物理性质对玉米生长影响及高产农田土壤物理特征研究[D]. 沈阳: 沈阳农业大学, 2012.

[72] 邹青云. 新型杀菌剂 AF-12946 对烟草黑胫病菌的化学防治及其作用机理研究[D]. 长沙: 湖南农业大学, 2005.

[73] ANDREWS S, KARLEN D, CAMBARDELLA C. The soil management assessment framework: A quantitative soil quality evaluation method[J]. Soil Science Society of America Journal, 2004, 68(6): 1945-1962.

[74] ASKARI M S, HOLDEN N M. Quantitative soil quality indexing of temperate arable management systems [J]. Soil and Tillage Research, 2015, 150: 57-67.

[75] BEL-LAHBIB S, IBNO N K, RERHOU B, et al. Assessment of soil quality by modeling soil quality index and mapping soil parameters using IDW interpolation in Moroccan semi-arid[J]. Modeling Earth Systems and Environment, 2023: 4135-4153.

[76] BISWAS S, HAZRA G, PURAKAYASTHA T, et al. Establishment of critical limits of indicators and indices of soil quality in rice-rice cropping systems under different soil orders[J]. Geoderma, 2017, 292: 34-48.

[77] BLAIR G J A, LEFROY R D B, LISLE L. Soil carbon fractions based on their degree of oxidation, and the development of a carbon management index for agricultural systems[J]. Australian Journal of Agricultural Research, 1995, 46: 1459-1466.

[78] BORIE F, RUBIO R, ROUANET J L, et al. Effects of tillage systems on soil characteristics, glomalin and mycorrhizal propagules in a Chilean Ultisol[J]. Soil and Tillage Research, 2006, 88: 253-261.

[79] CHOUDHURY B U, MANDAL S. Indexing soil properties through constructing minimum datasets for soil quality assessment of surface and profile soils of intermontane valley (Barak, North East India)[J]. Ecological Indicators, 2021, 123: 107369.

[80] DAI X Y, PING C L, CANDLER R, et al. Characterization of soil organic matter fractions of tundra soils in Arctic Alaska by carbon-13 nuclear magnetic resonance spectroscopy[J]. Soil Science Society of America Journal, 2001, 65: 87-93.

[81] DENGIZ O. Soil quality index for paddy fields based on standard scoring functions and weight

allocation method [J]. Archives of Agronomy and Soil Science，2020，66(3)：301-315.

［82］ DRIVER J D，HOLBEN W E，RILLIG M C. Characterization of glomalin as a hyphal wall component of arbuscular mycorrhizal fungi[J]. Soil Biology and Biochemistry，2005，37(1)：101-106.

［83］ ETESAMI H，EMAMI S，ALIKHANI H A. Potassium solubilizing bacteria（KSB）：Mechanisms，promotion of plant growth，and future prospects—A review [J]. Journal of Soil Science and Plant Nutrition，2017，17(4)：897-911.

［84］ FIERER N，BREITBART M，NULTON J，et al. Metagenomic and small-subunit rRNA analyses reveal the genetic diversity of bacteria，archaea，fungi，and viruses in soil[J]. Applied and Environmental Microbiology，2007，73(21)：7059-7066.

［85］ GOVAERTS B，SAYRE K D，DECKERS J. A minimum data set for soil quality assessment of wheat and maize cropping in the highlands of Mexico[J]. Soil and Tillage Research，2006，87(2)：163-174.

［86］ GUO L，SUN Z，ZHOU O，et al. A comparison of soil quality evaluation methods for fluvisol along the lower Yellow River [J]. Catena，2017，152：135-143.

［87］ HALVORSON J J，GONZALEZ J M. Bradford reactive soil protein in Appalachian soils：Distribution and response to incubation，extraction reagent and tannins[J]. Plant and Soil，2006，286：339-356.

［88］ JIANG Y，ZHANG R，ZHANG C，et al. Long-term organic fertilizer additions elevate soil extracellular enzyme activities and tobacco quality in a tobacco-maize rotation [J]. Frontiers in Plant Science，2022，13：973639.

［89］ JOHNS M M，SKOGLEY E O. Soil organic matter testing and labile carbon identification by carbonaceous resin capsules[J]. Soil Science Society of America Journal，1994，58：751-758.

［90］ JONES D，WILLETT V. Experimental evaluation of methods to quantify dissolved organic nitrogen（DON）and dissolved organic carbon（DOC）in soil [J]. Soil Biology and Biochemistry，2006，38(5)：991-999.

［91］ KARLEN D L，DITZLER C A，ANDREWS S S. Soil quality：Why and how？ [J]. Geoderma，2003，114：145-156.

［92］ KAISER H F. An index of factorial simplicity[J]. Psychometrika，1974，39(1)：31-36.

［93］ KALBITZ K，SOLINGER S，PARK J H，et al. Controls on the dynamics of dissolved organic matter in soils：A review[J]. Soil Science，2000，165 (4)：277-304.

［94］ KARACA S，DENGIZ O，DEMIRAǦ T İ，et al. An assessment of pasture soils quality based on multi-indicator weighting approaches in semi-arid ecosystem [J]. Ecological Indicators，2021，121：107001.

［95］ KARLEN D L，ANDREWS S S，WIENHOLD B J，et al. Soil quality assessment：Past，present，and future[J]. Electronic Journal of Integrative Biosciences，2008，6(1)：3-14.

［96］ KRAVCHENKO A，BULLOCK D G. A comparative study of interpolation methods for mapping soil properties [J]. Agronomy Journal，1999，91(3)：393-400.

［97］ LARSON W E，PIERCE F J. Conservation and enhancement of soil quality[C]//Evaluation for Sustainable Land Management in the Developing World. Bangkok：IBSRAM，1991，2：1-32.

［98］ LI G，CHEN J，SUN Z，et al. Establishing a minimum dataset for soil quality assessment based on soil properties and land-use changes [J]. Acta Ecologica Sinica，2007，27(7)：2715-2724.

［99］ LI K，WANG C，ZHANG H，et al. Evaluating the effects of agricultural inputs on the soil quality of smallholdings using improved indices [J]. Catena，2022，209：105838.

［100］ LIU H，DU X，LI Y，et al. Organic substitutions improve soil quality and maize yield through increasing soil microbial diversity [J]. Journal of Cleaner Production，2022，347：131323.

［101］ LIU Z，ZHOU W，SHEN J，et al. Soil quality assessment of Albic soils with different productivities for eastern China [J]. Soil and Tillage Research, 2014, 140: 74-81.

[102]　MAHAJAN G, DAS B, MORAJKAR S, et al. Soil quality assessment of coastal salt-affected acid soils of India [J]. Environmental Science and Pollution Research, 2020, 27 (21): 26221-26238.

[103]　MOEBIUS-CLUNE B N, MOEBIUS-CLUNE D J, GUGINO B K, et al. Comprehensive Assessment of Soil Health: the Cornell Framework Manual [M]. 3rd ed. New York: Cornell University, 2016.

[104]　MOHAMMADI A, MANSOUR S N, NAJAFI M L, et al. Probabilistic risk assessment of soil contamination related to agricultural and industrial activities [J]. Environmental Research, 2022, 203: 111837.

[105]　NABIOLLAHI K, GOLMOHAMADI F, TAGHIZADEH-MEHRJARDI R, et al. Assessing the effects of slope gradient and land use change on soil quality degradation through digital mapping of soil quality indices and soil loss rate [J]. Geoderma, 2018a, 318: 16-28.

[106]　NABIOLLAHI K, TAGHIZADEH-MEHRJARDI R, ESKANDARI S. Assessing and monitoring the soil quality of forested and agricultural areas using soil-quality indices and digital soil-mapping in a semi-arid environment [J]. Archives of Agronomy and Soil Science, 2018b, 64 (5): 696-707.

[107]　NADIAN H, SMITH S E, ALSTON A M, et al. Effects of soil compaction on plant growth, phosphorus uptake and morphological characteristics of vesicular—arbuscular mycorrhizal colonization of Trifolium subterraneum[J]. New Phytologist, 1997, 135: 303-311.

[108]　NICHOLS K A, WRIGHT S F. Carbon and nitrogen in operationally defined soil organic matter pools[J]. Biology and Fertility of Soils, 2006, 43: 215-220.

[109]　OLANIYAN F T, ALORI E T, ADEKIYA A O, et al. The use of soil microbial potassium solubilizers in potassium nutrient availability in soil and its dynamics [J]. Annals of Microbiology, 2022, 72(1): 45.

[110]　QI Y, DARILEK J L, HUANG B, et al. Evaluating soil quality indices in an agricultural region of Jiangsu Province, China [J]. Geoderma, 2009, 149(3-4): 325-334.

[111]　XIAO Q, ZONG Y, LU S. Assessment of heavy metal pollution and human health risk in urban soils of steel industrial city (Anshan), Liaoning, Northeast China [J]. Ecotoxicology and Environmental Safety, 2015, 120: 377-385.

[112]　RAIESI F, KABIRI V. Identification of soil quality indicators for assessing the effect of different tillage practices through a soil quality index in a semi-arid environment [J]. Ecological Indicators, 2016, 71: 198-207.

[113]　RASCHKA S. Python Machine Learning[M]. Birmingham: Packt Publishing, 2015.

[114]　REZAEE L, MOOSAVI A A, DAVATGAR N, et al. Soil quality indices of paddy soils in Guilan province of northern Iran: Spatial variability and their influential parameters [J]. Ecological Indicators, 2020, 117: 106566.

[115]　REZAEI S A, GILKES R J, ANDREWS S S. A minimum data set for assessing soil quality in rangelands [J]. Geoderma, 2006, 136(1-2): 229-234.

[116]　RILLIG M C, CALDWELL B A, WOSTEN H A B, et al. Role of proteins in soil carbon and nitrogen storage: Controls on persistence[J]. Biogeochemistry, 2007, 85: 25-44.

[117]　RILLIG M C, MUMMEY D L. Mycorrhizas and soil structure[J]. New Phytologist, 2006, 171: 41-53.

[118]　RILLIG M C, WRIGHT S F, NICHOLS K A, et al. Large contribution of arbuscular mycorrhizal fungi to soil carbon pools in tropical forest soils[J]. Plant and Soil, 2001, 233: 167-177.

[119] RINOT O, LEVY G J, STEINBERGER Y, et al. Soil health assessment: A critical review of current methodologies and a proposed new approach [J]. Science of the Total Environment, 2019, 648: 1484-1491.

[120] SALEH A M, ELSHARKAWY M M, ABDELRAHMAN M A, et al. Evaluation of soil quality in arid western fringes of the Nile Delta for sustainable agriculture [J]. Applied and Environmental Soil Science, 2021, 2021: 1-17.

[121] SAMAEI F, EMAMI H, LAKZIAN A. Assessing soil quality of pasture and agriculture land uses in Shandiz county, Northwestern Iran [J]. Ecological Indicators, 2022, 139: 108974.

[122] SHAO G, AI J, SUN Q, et al. Soil quality assessment under different forest types in the Mount Tai, central Eastern China [J]. Ecological Indicators, 2020, 115: 106439.

[123] SMITH J L, HALVORSON J J, ROBERT I P. Using multiple-variable indicator kriging for evaluating soil quality[J]. Soil Science Society of America Journal, 1993, 57: 743-749.

[124] TENG L, JIANG G, DING Z, et al. Evaluation of tobacco-planting soil quality using multiple distinct scoring methods and soil quality indices [J]. Journal of Cleaner Production, 2024, 441: 140883.

[125] TENG L, ZHANG X, WANG R, et al. miRNA transcriptome reveals key miRNAs and their targets contributing to the difference in Cd tolerance of two contrasting maize genotypes [J]. Ecotoxicology and Environmental Safety, 2023, 256: 114881.

[126] TOMASZ G. Effect of soil compaction and N fertilization on soil pore characteristics and physical quality of sandy loam soil under red clover/grass sward[J]. Soil & Tillage Research, 2014, 144: 8-19.

[127] VALSALAN J, SADAN T, VENKETACHALAPATHY T. Multivariate principal component analysis to evaluate growth performances in Malabari goats of India [J]. Tropical Animal Health and Production, 2020, 52(5): 2451-2460.

[128] VASU D, SINGH S K, RAY S K, et al. Soil quality index (SQI) as a tool to evaluate crop productivity in semi-arid Deccan plateau, India [J]. Geoderma, 2016, 282: 70-79.

[129] WHITBREAD A M, LEFROY R D B, BLAIR G J. A survey of the impact of cropping on soil physical and chemical properties in north-western New South Wales[J]. Australian Journal of Soil Research, 1998, 36: 669-681.

[130] WRIGHT S F, FRANKE-SNYDER M, MORTON J B, et al. Time-course study and partial characterization of a protein on hyphae of arbuscular mycorrhizal fungi during active colonization of roots [J]. Plant and Soil, 1996, 181: 193-203.

[131] WRIGHT S F, GREEN V S, CAVIGELLI M A. Glomalin in aggregate size classes from three different farming systems[J]. Soil and Tillage Research, 2007, 94: 546-549.

[132] WRIGHT S F, UPADHYAYA A. Extraction of an abundant and unusual protein from soil and comparison with hyphal protein of arbuscular mycorrhizal fungi[J]. Soil Science, 1996, 161(9): 575-586.

[133] YAO R, YANG J, GAO P, et al. Determining minimum data set for soil quality assessment of typical salt-affected farmland in the coastal reclamation area [J]. Soil and Tillage Research, 2013, 128: 137-148.

[134] YE Y, SUN X, ZHAO J, et al. Establishing a soil quality index to assess the effect of thinning on soil quality in a Chinese fir plantation [J]. European Journal of Forest Research, 2022, 141(6): 999-1009.

[135] YEMEFACK M, JETTEN V G, ROSSITER D G. Developing a minimum data set for characterizing soil dynamics in shifting cultivation systems [J]. Soil and Tillage Research, 2006, 86(1):

84-98.

[136] YU P, LIU S, ZHANG L, et al. Selecting the minimum data set and quantitative soil quality indexing of alkaline soils under different land uses in Northeastern China [J]. Science of the Total Environment, 2018, 616-617: 564-571.

[137] ZERAATPISHEH M, BOTTEGA E L, BAKHSHANDEH E, et al. Spatial variability of soil quality within management zones: Homogeneity and purity of delineated zones [J]. Catena, 2022, 209: 105835.

[138] ZHAI X, ZHANG L, WU R, et al. Molecular composition of soil organic matter (SOM) regulate qualities of tobacco leaves [J]. Scientific Reports, 2022, 12(1): 15317.

[139] ZHANG G, BAI J, XI M, et al. Soil quality assessment of coastal wetlands in the Yellow River Delta of China based on the minimum data set [J]. Ecological Indicators, 2016, 66: 458-466.

[140] ZHANG J, DING Q, WANG Y, et al. Soil quality assessment and constraint diagnosis of salinized farmland in the Yellow River irrigation area in Northwestern China [J]. Geoderma Regional, 2023a, 34: e00684.

[141] ZHANG J, LI Y, JIA J, et al. Applicability of soil health assessment for wheat-maize cropping systems in smallholders' farmlands [J]. Agriculture, Ecosystems & Environment, 2023b, 353: 108558.

[142] ZHENG L, CHEN H, WANG Y, et al. Responses of soil microbial resource limitation to multiple fertilization strategies [J]. Soil and Tillage Research, 2020a, 196: 104474.

[143] ZHENG W, LUO B, HU X. The determinants of farmers' fertilizers and pesticides use behavior in China: An explanation based on label effect [J]. Journal of Cleaner Production, 2020b, 272: 123054.

[144] ZHU Z, CHEN J, HU H, et al. Soil quality evaluation of different land use modes in small watersheds in the hilly region of Southern Jiangsu [J]. Ecological Indicators, 2024, 160: 111895.

第五章

植烟土壤健康障碍因子消减方法

在 2000 年,有学者(Doran 等,2000)首次提出土壤健康的概念:土壤健康是指土壤维持植物、动物和人类的重要生命系统,以及履行生态系统服务功能的(Bünemann 等,2018)持续能力。土壤健康强调土壤在社会、生态系统和农业中的作用或功能(Lehmann 等,2020;Baveye 等,2016)。健康的土壤具备持续供给的能力,能在环境、经济与社会领域为人类源源不断地创造效益,诸如为人类提供健康的食品和宜人的环境等(朱永官等,2021)。然而在连年的耕作下,土壤健康(土壤质量)会受到不同程度的影响,严重影响到土壤的可持续性发展,制约了作物的生长发育,因此提出"土壤健康障碍因子"这一概念。

土壤健康障碍因子一般指限制或者阻碍土壤发挥正常功能、影响作物生长和正常发育的不利因素,通常从物理、化学、生物方面对土壤健康进行评估(朱永官等,2021)。土壤健康障碍因子可以分为三类:物理性障碍因子、化学性障碍因子以及生物性障碍因子。常见的物理性障碍因子有土壤板结、土壤紧实、不良的土壤结构等。土壤板结会限制根系生长、降低土壤的透气性和透水性,导致植物根系缺氧,影响水分和养分的吸收;土壤紧实会降低土壤孔隙度,增加土壤密度,使根系难以穿透,影响植物的正常生长;不良的土壤结构影响土壤的排水和保水能力,导致水分供应不均匀,影响作物生长。常见的化学性障碍因子有土壤酸化、土壤盐碱化、土壤养分失衡、有害物质积累等。土壤酸化会影响土壤中养分的可用性,导致铝、锰等有毒元素释放,损害植物根系。高盐分和碱性条件会抑制种子萌发和植物生长,导致土壤中的养分不易被植物吸收。某些养分(如氮、磷、钾)缺乏或过量会影响作物生长和产量,导致养分利用效率降低。重金属、农药残留等有害物质的积累会抑制植物生长,甚至导致植物死亡。常见的生物性障碍因子有病原微生物、有害生物等。病原微生物,如土壤中的病菌和真菌会导致植物病害,影响作物的健康和产量。有害生物,如土壤中的线虫、虫害等会直接损害植物根系,导致作物减产。还有一些其他的障碍因子,包括土壤干旱、过度灌溉以及土壤污染等。水分不足会限制植物的生长和发育,导致作物减产甚至绝收,但是土壤过湿,会导致根系缺氧,增加病害发生的风险。同时,工业污染、城市垃圾等会导致土壤质量下降,影响植物生长和食品安全。总的来说,土壤健康障碍因子具体如下:土壤 pH、土壤容重、总孔隙度、水稳性团聚体、有机质、全氮、碱解氮、有效磷、速效钾、氯离子、水溶性钙、水溶性镁、有效铜、有效锌、有效铁、有效锰、活性有机碳和溶解性有机碳含量等(薛豫宛等,2013;张恒等,2024)。

消减土壤健康障碍因子的方法有多种,具体选择取决于障碍因子的性质、土壤类型、作物需求以及环境条件,以下是几种常见的方法。

(1)改良土壤结构。

①深耕和旋耕:通过机械深耕和旋耕,可以打破土壤的板结层,提高土壤的透气性和排水性。

②增加有机质:添加有机肥料、堆肥或绿肥,可以改善土壤结构,增加土壤的团粒结构,提升土壤的保水和透气能力。

(2)调整土壤 pH 值。

①酸性土壤:添加石灰(碳酸钙)可以中和酸性,提高土壤的 pH 值。

②碱性土壤:添加硫黄或石膏可以降低土壤的 pH 值,使其中和。

（3）改善土壤养分。

①缺乏特定养分：根据土壤测试结果，施用相应的化肥（如氮、磷、钾等）或微量元素肥料（如铁、锌、铜等）。

②有机肥料：施用堆肥、腐殖质或厩肥，可以提供多种养分，改良土壤的肥力。

（4）改善土壤水分管理。

①排水系统：在排水不畅的地区，安装排水系统（如暗沟排水）可以防止积水，改善土壤透水性。

②覆盖物：使用覆盖物（如秸秆、草皮等）可以减少土壤水分蒸发，保持土壤湿度。

（5）控制有害生物。

①轮作和间作：通过轮作和间作，可以减少土壤中病害和虫害的积累。

②生物防治：使用天敌、寄生虫或生物制剂（如微生物菌剂）来控制有害生物。

（6）土壤修复技术。

①植物修复：种植特定的植物（如超积累植物）可以吸收和固定土壤中的有害物质（如重金属）。

②化学修复：添加化学试剂（如螯合剂）可以使土壤中的有害物质稳定化或去除。

③物理修复：通过换土、淋洗等方法，可以直接去除污染物或改善土壤物理性质。

（7）预防措施。

①合理施肥：避免过量施用化肥和农药，减少对土壤的污染。

②保护植被：保持地表植被，防止水土流失和土壤侵蚀。

　　土壤是地球上极其重要的自然资源，是农业生产的基础，提供了农作物生长所需的物理支持、养分供给、水分调节，同时也为土壤微生物提供栖息环境，对促进作物根系健康有重要意义。同时土壤对于全球生态平衡有着重要意义，是全球碳循环的重要组成部分，也是人类生活的基础。消减土壤健康障碍因子可以提高农业生产效率，改善农产品质量，促进可持续农业发展，同时还能增强农业系统抗逆能力。健康的土壤提供了良好的物理、化学和生物环境，有利于作物的根系发育和营养吸收，从而提高作物的生长速度和产量。同时，健康的土壤支持有益于微生物的活动，提高植物的抗病虫害能力，减少病虫害的发生。改良土壤可以改善养分的有效性，使植物能够更有效地吸收必需养分，减少养分浪费，提高肥料利用效率，还能够提供均衡的营养和水分，促进作物健康生长，进而提高农产品的品质，如口感、营养成分和外观。通过合理的土壤管理和改良措施，可以防止土壤退化，保持土壤的长期生产力，确保农业的可持续发展，还能减少土壤对化学肥料和农药的依赖，降低农业生产对环境的污染，更好地保护土壤资源，有助于实现生态友好的农业生产方式。此外，土壤健康障碍因子的消除还能维护生态平衡，保护生物多样性，调节气候，增加土壤有机碳的储量，帮助固定大气中的二氧化碳，缓解气候变化。

　　通过前人研究，我们总结了以下改善土壤物理、化学及生物障碍因子的方法，包括深旋耕、粉垄、轮作、休耕、施用生石灰、施用有机肥、秸秆还田、施用绿肥、施用炭基肥、施用水溶肥、施用牛羊粪、豆浆灌根、施用复合微生物肥以及微生物菌剂等。需要指出的是，这些土壤健康障碍因子消减方法的效果往往是综合性的，在改善某一指标的同时也往往提升了其他指标。本章为简化分析，将土壤健康障碍因子消减方法分为三类，以供相关研究人员和生产操作者参考。

第一节　土壤物理障碍因子消减方法

一、深旋耕

垂直深旋耕技术是通过粉垄机械螺旋钻头进行旋磨深垦，使土壤深松而不扰乱土层，并在一次性完成

耕作整地的基础上,促进土壤养分、水分、氧气的"三库"扩建,有效改善土壤盐碱化情况,促进土壤资源高效利用的一种科学耕作新技术(李思纯,2020),同时还可以疏松土壤、均匀粉碎土粒、有效改善农田微环境,提高土壤的保肥性,增加土壤中的速效养分含量(邓永晟等,2020)。无机和有机改良剂配合组成改土物料可实现酸性土壤改良与培肥(邓小华等,2019),将其和垂直深旋耕结合起来可实现表层与表下层土壤酸度改良同步、酸性土壤改良与培肥同步。

李思纯(2020)在湖南省长沙市进行研究,垂直深旋耕对消减植烟土壤障碍因子有一定作用,垂直深旋耕可增加0~30 cm耕层土壤团聚体的稳定性,0~10 cm、10~20 cm、20~30 cm耕层中,GMD值分别增加8.4%、4.1%和18.0%;MWD值分别增加39.4%、30.5%和60.0%(表5-1)。在0~40 cm土层深度范围内,土壤全氮含量随耕层加深减少幅度增大,同时减少10~20 cm耕层土壤碱解氮,但40~50 cm耕层碱解氮显著增加。垂直深旋耕能有效促进各耕层土壤磷素的转化,其中30~40 cm土层转化率最高,有效磷含量增加了8倍,全磷含量增加了4倍;40~50 cm耕层中有效磷含量增加了3倍,全磷含量增加了61.13%。有效促进了20~40 cm耕层钾素的转化,在20~30 cm耕层中全钾含量减少了10.29%;在30~40 cm耕层速效钾含量增加了4倍。总的来说,垂直深旋耕可调控土壤环境,有效改善土壤物理性质,调节土壤温度,增加土壤中大团聚体的数量,提高土壤中部分养分的含量,增加土壤丛枝菌根真菌群落的多样性。而且,垂直深旋耕更有利于促进烟株后期根系的生长,提高叶片光合特性,促进烤烟中后期干物质的积累,提高作物的产量和产值。因此,通过垂直深旋耕技术来改善湖南稻作烟区的烟田土壤质量有一定的可行性。

表5-1　不同处理各耕层深度土壤团聚体组成及稳定性(李思纯,2020)

处理	耕层深度/cm	>5 mm	2~5 mm	0.25~2 mm	0.05~0.25 m	0.01~0.05 m	GMD	MWD
CZ	0~10	9.26±3.19a	38.58±3.07a	37.10a±1.69	11.54±2.06a	0.32±0.04a	2.32	0.46
	10~20	9.75±1.5a	37.46±2.52a	42.71±1.85a	10.40±2.5a	0.19±0.04b	2.28	0.47
	20~30	11.09±1.62a	33.45±7.06a	35.69±6.86a	9.99±2.39a	0.51±0.1a	2.36	0.48
	30~40	8.42±0.96b	34.72±2.39a	35.94±3.17a	10.64±1.8a	0.22±0.08a	2.29	0.45
	40~50	9.45±0.71a	36.54±0.98a	41.16±2.54a	11.77±2.92a	0.25±0.06a	2.25	0.43
CG	0~10	7.67±2.22b	27.98±1.62b	34.61±1.13b	11.78±1.85a	0.55±0.08a	2.14	0.33
	10~20	6.75±1.13b	29.62±1.75b	31.51±2.68b	11.16±1.34a	0.53±0.15a	2.19	0.36
	20~30	7.22±2.01b	29.50±5.56b	47.97±1.26b	12.29±1.05a	0.54±0.06a	2.00	0.30
	30~40	9.96±2.43a	30.35±1.48b	35.86±3.46a	9.95±1.32a	0.29±0.03a	2.29	0.44
	40~50	8.71±0.48b	26.73±2.36b	32.63±0.8b	10.68±1.53a	0.58±0.4a	2.21	0.37

注:GMD为土壤团聚体几何平均直径,MWD为土壤团聚体平均质量直径。小写字母为处理间差异比较。CZ为垂直深旋耕处理,CG为常规处理。

邹炎(2022)在湖南省耒阳市烟田进行试验,研究稻草还田、耕作方式和减氮的互作效应,表明垂直深旋耕显著增加了土壤有机质、速效钾、有效磷和碱解氮含量。垂直深旋耕后,土壤>2 mm大团聚体含量显著增加了27.44%,>2 mm团聚体有机碳含量显著增加了26.56%,>2 mm团聚体有机碳贡献率显著增加了37.73%,土壤MWD和GMD显著增加了21.09%和51.19%(表5-2、表5-3、图5-1)。

表5-2　不同处理间土壤各粒级团聚体粒径分布/(%)(邹炎,2022)

处理	>2 mm	0.25~2 mm	0.053~0.25 mm	<0.053 mm
CK	46.79±1.36c	28.12±2.42a	19.21±1.49a	5.87±1.52a
T1	53.18±2.02b	28.92±1.71a	10.49±1.77b	7.41±1.16a
T2	59.63±1.60a	30.85±2.30a	7.02±0.90c	3.17±1.84b

注:CK为旋耕;T1为稻草还田+旋耕;T2为垂直深旋耕。下同。

表 5-3　不同处理土壤活性有机碳组分有效率及有机碳氧化稳定系数（邹炎，2022）

处理	EOC/TOC	POC/TOC	DOC/TOC	Kos
CK	28.07±0.37a	12.99±0.44c	0.30±0.01a	2.47±0.05c
T1	26.72±0.56b	16.63±0.32a	0.25±0.01b	2.74±0.03b
T2	26.77±0.71b	15.78±0.09b	0.22±0.01c	2.88±0.02a

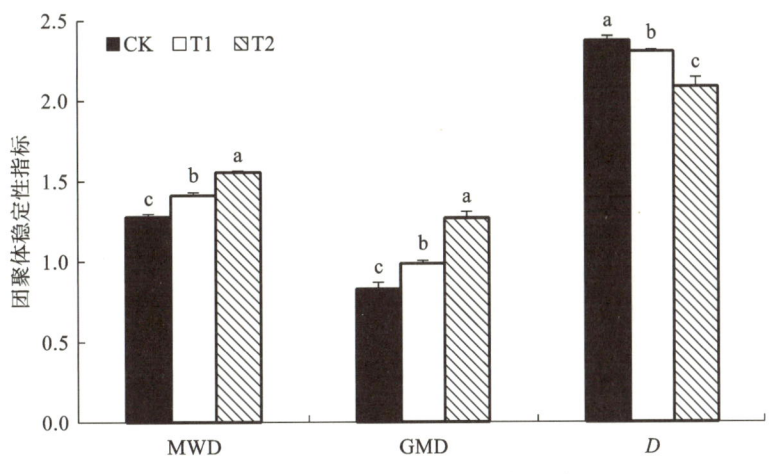

图 5-1　不同处理间土壤团聚体稳定性（邹炎，2022）

邓永晟等（2020）在湖南省花垣县烟田进行试验，研究深旋耕和起垄次数对植烟土壤理化性质的影响，研究表明垂直深旋耕方式通过深耕、深松、碎土打破了犁底层，有利于石灰改良酸性土壤提高全耕作层土壤 pH，可降低土壤容重，提高土壤孔隙度，增加土壤有机质。垂直深旋耕还可提高烟叶产量产值及烟叶钾含量，提高烤烟种植效益（表 5-4）。

表 5-4　不同处理土壤性状（邓永晟等，2020）

土壤指标	处理	移栽后时间/d			
		25	50	80	120
土壤容重/(g·cm⁻³)	T	1.17±0.03b	1.20±0.01b	1.21±0.02b	1.24±0.01b
	CK	1.28±0.04a	1.31±0.03a	1.32±0.06a	1.36±0.04a
土壤孔隙度/(%)	T	53.20±1.81a	52.41±2.11a	50.86±1.06a	50.02±1.22a
	CK	48.54±2.05b	46.23±2.54b	45.86±2.60b	43.21±2.35b
有机质/(g·kg⁻¹)	T	22.78±0.18a	22.38±0.16a	28.39±0.45a	19.71±1.06a
	CK	21.13±0.22b	20.88±0.16b	26.46±0.22b	21.92±0.91a
碱解氮/(mg·kg⁻¹)	T	189.03±2.54b	163.14±5.64a	186.94±5.05a	169.7±13.45a
	CK	219.15±3.67a	149.55±3.89b	151.23±5.26b	151.00±8.39a
有效磷/(mg·kg⁻¹)	T	23.93±0.56b	25.26±0.36b	20.20±0.48b	19.28±0.35b
	CK	46.67±0.42a	34.01±0.65a	27.88±0.50a	30.74±0.78a
速效钾/(mg·kg⁻¹)	T	134.23±2.05b	143.61±2.00b	151.87±0.16a	142.68±2.98a
	CK	144.71±5.71a	152.27±1.29a	131.68±2.76b	140.49±2.11a

注：T 为垂直深耕；CK 为旋耕。

邓小华等（2021）在湖南省慈利县进行试验，表明垂直深旋耕可降低土壤容重，提高土壤孔隙度和土壤碱解氮、有效磷、速效钾含量，提高改土物料调酸效果；石灰与绿肥、生物有机肥配施更有利于改善土壤物理特性、提高土壤 pH 和养分含量，施用碱性有机肥较酸性有机肥更有利于提高土壤 pH。同时烤烟根系和地上部生长及经济性状主要受耕作方式的影响，烟叶化学成分主要受改土物料的影响；垂直深旋耕结合石

灰、绿肥、生物有机肥改良酸性土壤,有利于烤烟根系生长,改善烤烟农艺性状,提高烤烟产量和产值,协调烟叶化学成分。因此,在山地烟区,采用垂直深旋耕结合无机、有机、生物等多物料综合协同改良酸性植烟土壤,可实现表层土壤酸度改良与肥力提升同步,还可实现表层与表下层酸性土壤改良同步,提高烤烟种植效益(图5-2)。

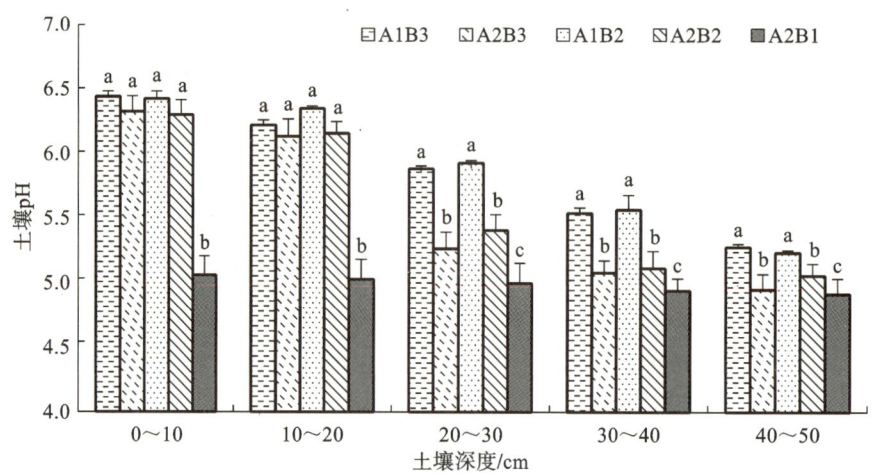

图5-2 不同处理间土壤pH垂直变化(邓小华等,2021)

注:A1B3为垂直深旋耕+石灰+绿肥;A2B3为传统耕作+石灰+绿肥;A1B2为垂直深旋耕+施用石灰;A2B2为传统耕作+施用石灰;A2B1为传统耕作+不施改土物料。

综上所述,深旋耕可以通过增加土壤团聚体稳定性及土壤全氮、碱解氮、有效磷、速效钾含量,降低土壤容重,提高土壤孔隙度来消减土壤健康障碍因子的影响。

二、粉垄

粉垄深耕方法是通过农艺与农机相互验证,研究提出的一种新的农耕方法,它是按照不同作物种植对耕层松土深浅程度的要求,在作物种植区(带)利用粉垄机械一个或多个螺旋形钻头(替代传统耕作犁等),一次性将土壤垂直旋磨粉碎并自然悬浮成垄(厢),在垄(厢)面上直接播种或种植作物的方法。粉垄栽培可以利用耕作层及其以下土壤资源,具有深耕深松而不扰乱土层,激活土壤速效养分,作物种植带下有U形松土槽可积聚雨水等传统耕作所不具备的优点。粉垄耕作能够在不扰动土层的情况下,打破犁底层、疏松土壤,优化土壤结构,使土壤蓄水能力增加,水肥利用效率提高,对作物的生长环境具有显著的改善作用,促进作物产量的增长(王仕新等,1996)。传统旋耕处理尽管也可以使表层土壤容重降低(周虎等,2007),但也会导致土壤犁底层变浅。粉垄深耕则可以打破犁底层,降低深层土壤容重(孔晓民等,2014;刘淑梅等,2013)。相关研究表明,在壤土地块上,深耕显著降低了土壤的穿透阻力与土壤容重(Ji等,2013;孙敬国等,2017),在土壤耕层相对浅、土壤较紧实的田地,深耕可以有效地改善土壤质量(张大伟等,2009;张军刚等,2017)。

郑卜凡(2020)在湖南省浏阳市永安镇烟田进行试验,试验地土壤类型为水稻土,土壤质地为壤质砂土,常年稻烟水旱轮作。研究不同粉垄深度对植烟土壤的影响,以传统旋耕(耕作深度为12 cm)为对照CK,设置3个不同深度粉垄深耕处理——粉垄深耕20 cm为T1、粉垄深耕30 cm为T2、粉垄深耕40 cm为T3,共4个处理。结果表明粉垄深耕处理较传统旋耕处理能显著降低土壤容重、提高土壤孔隙度以及降低土壤紧实度(图5-3~图5-5),在土壤耕层浅、土壤较紧实的田地,粉垄深耕可以有效地改善土壤质量。粉垄深耕能使植烟土壤pH显著降低,该试验中各处理在各自深度内土壤pH均有显著降低,粉垄深耕40 cm处理降低土壤pH效果最佳;植烟土壤有机质含量随着深耕深度的加深逐渐增加,各处理土壤有机质含量均高于对照处理,但在浅层土壤差异不大;各粉垄深耕的处理土壤全氮含量较对照均有显著提高,随着深度加深,各处理之间土壤全氮含量也有显著差异;在土壤全磷含量方面,粉垄深耕40 cm与对照在0~40 cm土层差异显著且土壤全磷含量最高;在土壤全钾含量方面,各处理较对照均有显著提高,粉垄深耕30 cm的土壤全钾含量提高效果最好;在土壤碱解氮含量方面,除粉垄深耕40 cm处理外,其他2个处理较对照总体有所提高但差异不大;在土壤有效磷含量方面,各深耕处理在 0～10 cm 土层较对照无显著差异,但在 10～40 cm 的 3 个土层均有显著提高,粉垄深耕 40 cm 处理土壤有效磷含量增幅最大;在土壤速效钾含量方面,粉垄深耕 40 cm 处理土壤速效钾含量增幅最大。

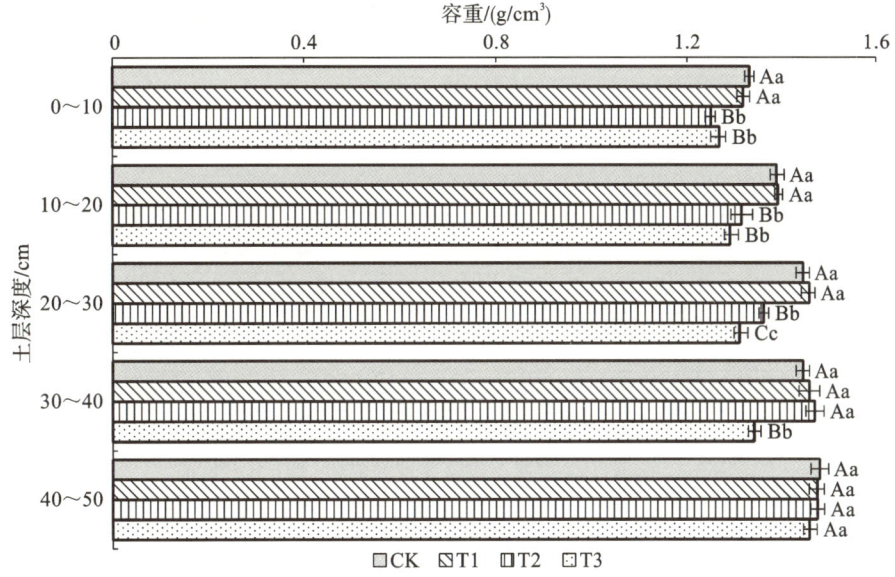

图 5-3　不同土层深度土壤容重的变化(郑卜凡,2020)

注:CK 为传统旋耕(耕作深度为 12 cm);T1 为粉垄深耕 20 cm;T2 为粉垄深耕 30 cm;T3 为粉垄深耕 40 cm,下同。

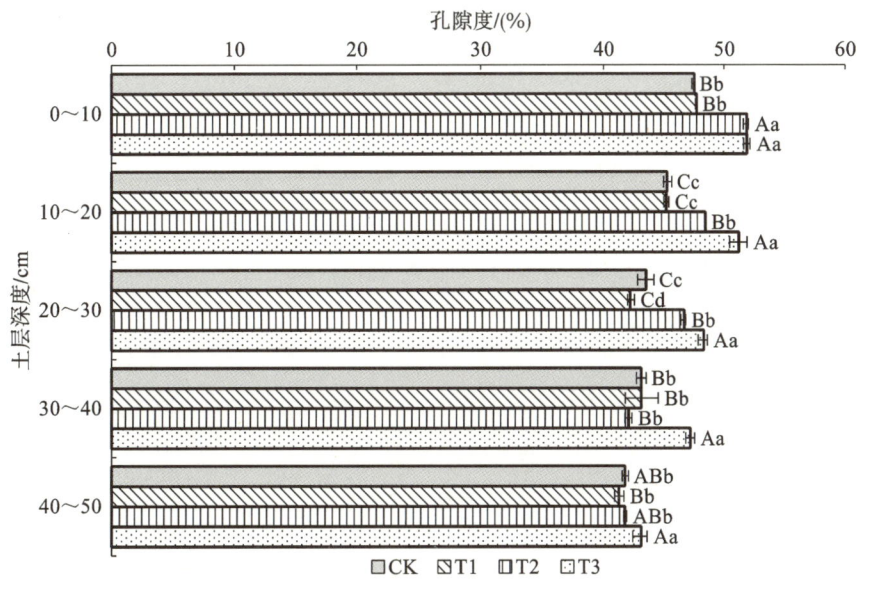

图 5-4　不同土层深度土壤孔隙度的变化(郑卜凡,2020)

粟戈璇(2021)在湖南省花垣县进行试验,设 4 个处理(T1 为粉垄 50 cm;T2 为粉垄 40 cm;T3 为粉垄 30 cm;CK 为常规耕作(水平旋耕),旋耕深度 16 cm),对山地植烟土壤进行研究。粉垄耕作配合施用石灰能提高土壤 pH,降低土壤容重,增加土壤孔隙度,提高有机质含量、碱解氮含量、有效磷含量、速效钾含量,以粉垄 40 cm 的效果最好(表 5-5)。粉垄较浅的处理有效磷含量高于粉垄较深的处理,这可能是因为磷易残留在土壤表面,深度粉垄将土层中下部含磷量较低的土壤翻出,将含磷量较高的表层土拌入,导致地表单位面积上磷平均含量降低,这有利于有效磷向烟株根部聚集(林德喜等,2006),增加植烟土壤磷素利用率(单保庆等,2001),对避免土壤磷养分的盈余化有一定积极作用(冀宏杰等,2015)。

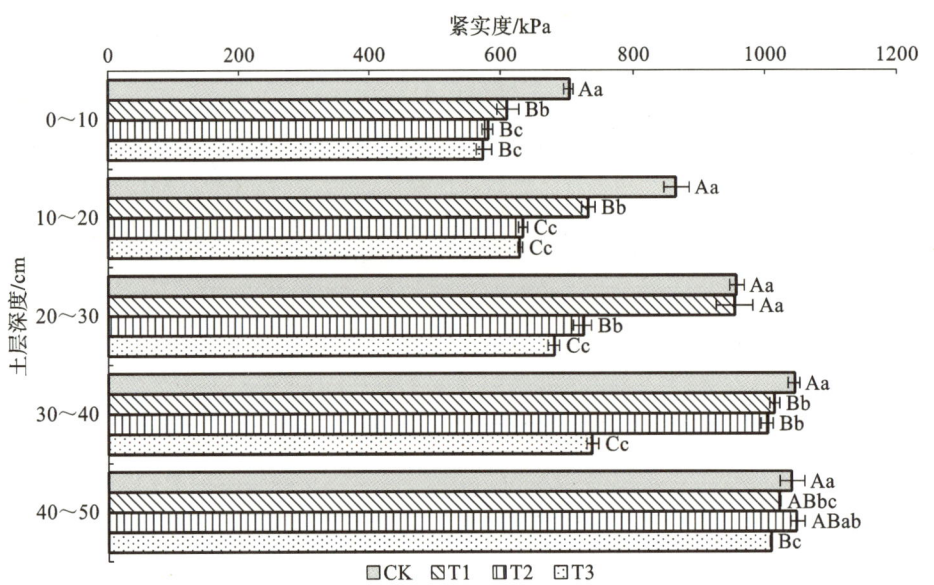

图 5-5　不同土层深度土壤紧实度的变化（郑卜凡，2020）

表 5-5　不同处理间土壤不同指标的变化（粟戈璇，2021）

项目	处理	移栽 30 d	移栽 60 d	移栽 90 d	移栽 120 d
土壤 pH 值	T1	6.91±0.06a	6.32±0.07a	5.46±0.07a	5.39±0.06a
	T2	6.70±0.12a	6.47±0.10a	5.59±0.07a	5.23±0.07a
	T3	6.74±0.08a	6.54±0.16a	5.52±0.07a	5.28±0.08a
	CK	6.84±0.06a	6.38±0.05a	5.55±0.23a	5.43±0.06a
土壤容重 /(g/cm³)	T1	1.20±0.02b	1.23±0.03b	1.26±0.02b	1.28±0.02b
	T2	1.19±0.02b	1.21±0.04b	1.25±0.04b	1.27±0.01b
	T3	1.17±0.03b	1.20±0.03b	1.24±0.03b	1.27±0.04b
	CK	1.30±0.04a	1.38±0.01a	1.40±0.02a	1.41±0.02a
土壤孔隙度 /(%)	T1	60.21±1.06b	58.56±1.07a	56.50±0.88a	55.01±0.91a
	T2	63.26±0.92a	59.00±1.51a	57.36±1.07a	54.93±1.07a
	T3	63.90±0.77a	59.45±1.16a	56.82±0.91a	55.14±2.08a
	CK	55.23±1.58c	52.89±2.05b	50.65±1.23b	48.10±1.71b
土壤有机质 /(g/kg)	T1	22.74±0.22a	23.50±0.22a	24.46±0.06a	21.07±0.33a
	T2	23.21±0.50a	24.46±0.27a	24.64±0.11a	23.93±0.27a
	T3	22.92±0.22a	23.67±0.16a	25.50±0.11a	22.46±0.22a
	CK	21.00±0.11b	21.71±0.16b	20.47±0.16b	18.57±0.06b
土壤碱解氮 /(mg/kg)	T1	211.93±4.69b	200.98±5.06a	169.6±5.35a	165.63±4.71a
	T2	227.35±2.83a	186.95±6.20a	161.30±9.82a	149.67±7.40a
	T3	229.89±6.33a	178.61±3.83a	163.37±8.10a	148.67±9.07a
	CK	209.82±6.05b	155.30±7.00b	141.34±3.87b	121.14±7.42b
土壤有效磷 /(mg/kg)	T1	18.49±0.56c	28.34±0.35b	19.26±0.63b	23.89±0.41b
	T2	19.92±0.21c	26.95±0.48b	24.11±0.64a	26.02±0.56a
	T3	23.68±0.83a	30.74±0.63a	23.60±1.09a	26.47±0.48a
	CK	22.13±0.49b	16.84±0.71c	18.96±0.50b	17.26±0.66c

续表

项目	处理	移栽 30 d	移栽 60 d	移栽 90 d	移栽 120 d
土壤速效钾 /(mg/kg)	T1	133.64±1.41c	140.89±2.91b	138.53±1.89b	137.79±2.01b
	T2	137.25±3.65b	146.23±3.40a	146.95±2.33a	143.29±2.77a
	T3	147.09±2.36a	146.47±2.65a	143.02±2.52a	142.96±2.68a
	CK	128.85±2.14d	136.69±2.65c	132.23±1.21c	130.19±5.09c

注:CK 为常规耕作(水平旋耕),旋耕深度 16 cm;T1 为粉垄 50 cm;T2 为粉垄 40 cm;T3 为粉垄 30 cm。

彭光爵等(2021)在湖南省浏阳市稻作烟区进行试验,采用单因素试验设计,设 3 个耕作方式,分别为粉垄深耕 T1(自走式粉垄深耕深松,耕作深度 30 cm)、当地常规耕作方式铧式犁翻耕 T2(先翻耕后旋耕起垄,15 cm)、直接旋耕起垄 T3(12 cm)。研究显示 2018 年 0～30 cm 耕层总体范围内,耕作深度 30 cm 较 12 cm 容重平均下降 8.80％,紧实度平均降低 29.70％,孔隙度平均增大 10.67％;2019 年耕作深度 30 cm 较 12 cm 容重平均下降 11.25％,紧实度平均降低 21.45％,孔隙度平均增大 12.8％。这主要是由于机械地搅动耕层,影响了土壤特性,加深了耕作深度,使得土壤通透性变强,从而增大了孔隙度,降低容重(图 5-6)。随着耕层深度的增加,团聚体稳定指数下降,耕作深度 30 cm 处理 0～10 cm 耕层内团聚体稳定指数 $R_{0.25}$、GMD、MWD 均高于常规耕作;10～30 cm 耕层内,$R_{0.25}$、GMD、MWD 均极显著高于常规处理。D 值在 0～30 cm 耕层内均极显著低于常规处理,在 30～40 cm 耕层内显著高于常规处理,在 40～50 cm 耕层

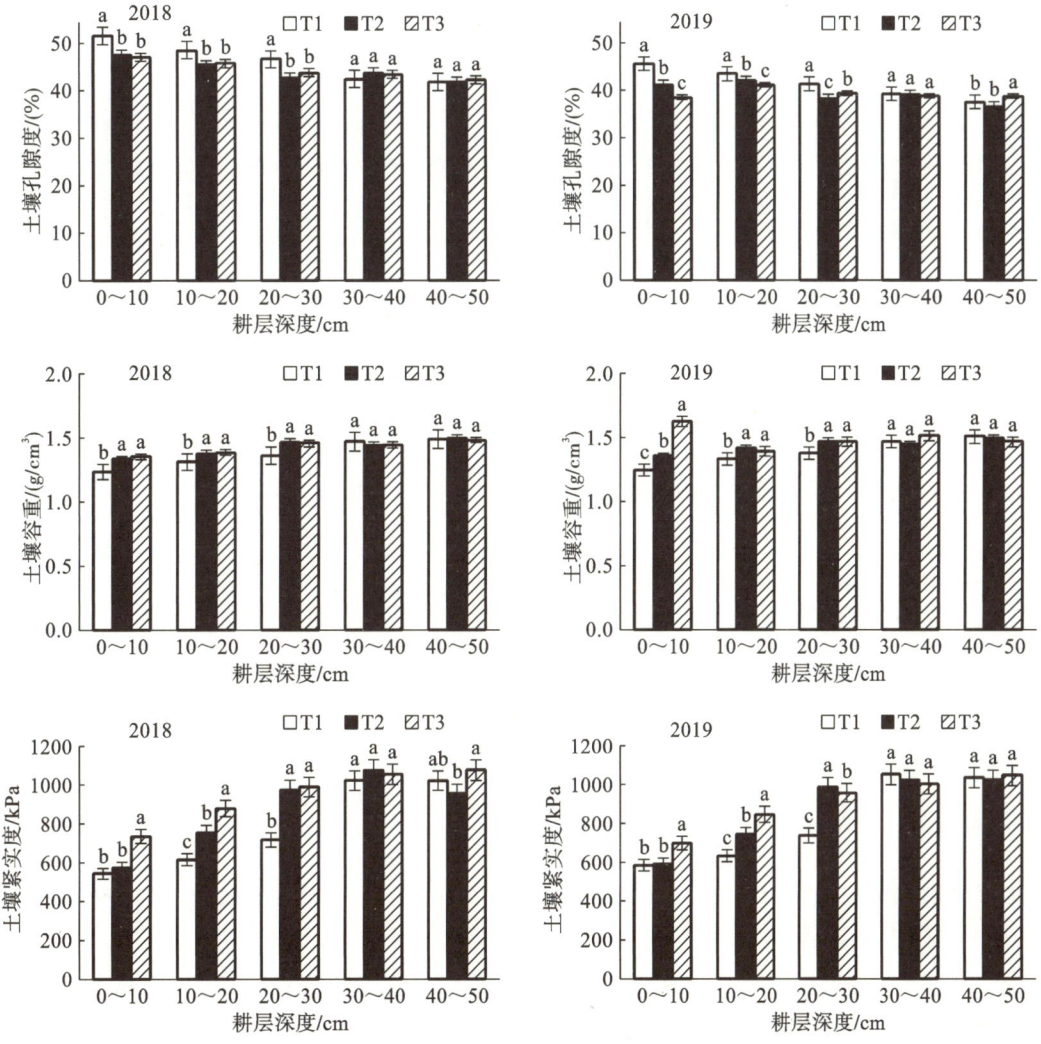

图 5-6　不同耕层深度土壤容重、土壤孔隙度和土壤紧实度的变化(彭光爵等,2021)

注:T1 为自走式粉垄深耕深松,耕作深度 30 cm;T2 为先翻耕后旋耕起垄,耕作深度 15 cm;T3 为直接旋耕起垄,耕作深度 12 cm。下同。

内无显著性差异。这说明粉垄深耕有助于提高土壤在 0～30 cm 耕层团聚体的稳定性，而 30～50 cm 耕层内稳定性降低可能是由于耕作机械的重量过大，犁底层的紧实度增大，从而导致孔隙度减小，团聚体稳定指数下降，最终影响了土壤稳定性（表 5-6）。

表 5-6　不同处理间土壤团聚体稳定指数变化（彭光爵等，2021）

耕层/cm	处理	团聚体稳定指数			
		MWD/mm	$R_{0.25}$/(%)	GMD/mm	D
0～10	T1	0.94±0.07Aa	98.21±1.09Aa	1.27±0.03Aa	1.61±0.25Bb
	T2	0.90±0.02Ab	93.14±1.32Bb	1.13±0.09Bb	2.20±0.17Aa
	T3	0.90±0.04Ab	92.33±1.24Bb	1.12±0.02Bb	2.30±0.04Aa
10～20	T1	0.93±0.01Aa	96.25±1.18Aa	1.23±0.05Aa	1.86±0.13Bc
	T2	0.91±0.01Aa	93.66±1.11Ab	1.15±0.04Bb	2.23±0.08Ab
	T3	0.87±0.01Bb	88.54±1.01Bc	0.98±0.04Bb	2.50±0.08Aa
20～30	T1	0.91±0.01Aa	97.17±1.22Aa	1.17±0.03Aa	1.68±0.17Bb
	T2	0.89±0.01ABb	93.25±1.03Bb	1.08±0.05ABb	2.20±0.09Aa
	T3	0.87±0.01Bb	90.16±1.01Bc	1.01±0.03Bb	2.36±0.06Aa
30～40	T1	0.88±0.03Aa	93.22±1.11Aa	1.07±0.01Aa	2.16±0.02Aa
	T2	0.87±0.01Aa	92.30±1.02Aa	1.02±0.04Ab	2.19±0.06Aa
	T3	0.87±0.02Aa	93.41±1.35Aa	1.07±0.01Aa	2.06±0.04Ab
40～50	T1	0.87±0.02Aa	90.54±1.17Aa	1.03±0.07Aa	2.28±0.10Aa
	T2	0.85±0.01Aab	89.32±1.09Aa	0.95±0.02Aa	2.33±0.02Aa
	T3	0.84±0.01Ab	89.34±1.26Aa	0.94±0.06Aa	2.36±0.01Aa

综上所述，不同粉垄耕作通过降低土壤容重、紧实度、土壤 pH，增加土壤有机质、全氮、全磷、有效磷、速效钾和全钾含量，增大土壤孔隙度和土壤团聚体稳定性来消减土壤健康障碍因子。

三、轮作

作物长期连作会引起土壤质量退化、土传病害增加等问题（李润根等，2022）。合理的轮作制度不仅能够提高土壤肥力，增加土壤有机质和均衡土壤酸碱度，还能减少土传病害的发生，为烤烟高质量生产提供有力保障（李林蓉等，2021）。

周旭东等（2023）采集分析了丽江金沙江流域 5 县（区）植烟区大麦-烤烟（Ⅰ）、大蒜-烤烟（Ⅱ）、油菜-烤烟（Ⅲ）和蚕豆-烤烟（Ⅳ）主要轮作模式土壤典型样品 111 个，利用主成分分析法结合聚类分析法分析了 19 个土壤养分指标。大麦-烤烟（Ⅰ）模式中土壤障碍因子有 4 个，pH、全氮和水解性氮均属土壤重度障碍因子，有机质属轻度障碍，障碍度为 8.29%。大蒜-烤烟（Ⅱ）模式中，有效磷和有效锌障碍度分别为 5.67% 和 9.98%，均属于轻度障碍；水解性氮、交换性镁和有效铁障碍度分别为 42.34%、28.41% 和 19.28%，属于重度障碍。油菜-烤烟（Ⅲ）模式中，有机质、全氮、水解性氮和交换性镁等土壤障碍因子均属重度障碍，障碍度从大到小依次排列为：有机质（45.95%）＞全氮（38.82%）＞水解性氮（34.23%）＞交换性镁（22.61%）。蚕豆-烤烟（Ⅳ）模式中，有机质和有效铁属轻度障碍，障碍度分别为 4.12% 和 8.33%；交换性镁属重度障碍，障碍度为 38.30%。不同轮作模式下土壤主要障碍因子存在差异（表 5-7）。

表 5-7　不同轮作模式下土壤主要障碍因子障碍度/(%)(周旭东等,2023)

养分指标	轮作模式			
	大麦-烤烟	大蒜-烤烟	油菜-烤烟	蚕豆-烤烟
pH	36.72	—	—	—
有机质	8.29	—	45.95	4.12
全氮	38.28	—	38.82	—
碱解氮	41.25	42.34	34.23	—
有效磷	—	5.67	—	—
交换性镁	—	28.41	22.61	38.30
有效锌	—	9.98	—	—
有效铁	—	19.28	—	8.33

该团队(周旭东等,2024)选择冬季空闲且连续种植烤烟 10 年以上的田块,以烤烟连作为对照(CK),设置 4 个轮作处理,分别为烤烟-蚕豆轮作(YCCD)、烤烟-大麦轮作(YCDM)、烤烟-大蒜轮作(YCDS)和烤烟-油菜轮作(YCYC),研究植烟土壤微生态。研究发现,轮作后的土壤容重较连作土壤明显降低,而土壤总孔隙度则明显升高,这可能是由于长期连作不重视养地,使得土壤耕层变浅、土壤板结,最终导致土壤容重增加、土壤总孔隙度下降,而不同的轮作作物因其根系生长发育特性不同,促使土壤物理性状发生变化。可见,轮作能够改善土壤松紧度,增加其通透性。轮作还能提升土壤酸碱度,4 种轮作模式下土壤 pH 较长期连作土壤明显升高。轮作后土壤的有机质、碱解氮、有效磷和速效钾含量均较连作土壤有不同程度的升高,烤烟-蚕豆轮作处理的效果最明显,其次是烤烟-大麦轮作。这是由于豆科植物具有固氮作用,可以优化土壤养分结构,有效改善土壤质量。在烤烟-大麦轮作中,大麦秸秆还田是一项增加土壤有机质、改良土壤结构的重要举措,显著提高了土壤有机质含量。烤烟-大麦、烤烟-大蒜和烤烟-油菜轮作模式土壤碱解氮含量较烤烟连作显著降低;烤烟-大蒜模式土壤有效磷含量较烤烟连作显著降低;烤烟-油菜模式土壤速效钾含量较烤烟连作显著降低(表 5-8)。这可能是由于在土壤养分含量相对一致的情况下,不同轮作作物的生长特性及需肥量不同,导致不同处理间土壤养分含量出现差异;也可能是由于轮作促进了烤烟根系根长,增加了土壤养分与根系的接触面积,提高了作物对土壤养分的摄入量,而不同轮作模式对烤烟根系发育的促进作用不同,从而导致处理间土壤养分含量不同(鲍士旦,2000)。

表 5-8　不同轮作模式下土壤的化学性质(周旭东等,2024)

土壤化学指标	YCDM	YCDS	YCYC	YCCD	CK
pH	5.29±0.74bc	6.02±0.13ab	5.69±0.59ab	6.25±0.26a	4.73±0.36c
有机质/(g/kg)	49.91±5.86a	35.44±5.64b	33.11±7.67b	40.50±21.41b	38.34±1.41b
总氮/(g/kg)	1.89±0.14a	1.87±0.26b	1.87±0.43b	1.87±0.14b	1.84±0.11c
碱解氮/(mg/kg)	194.03±6.29c	185.26±7.83c	193.95±4.55c	231.30±6.49a	205.71±8.26b
总磷/(g/kg)	1.55±0.24a	1.22±0.16ab	1.11±0.18b	1.31±0.30ab	1.22±0.15ab
有效磷/(mg/kg)	115.73±7.25a	84.02±4.79d	105.75±4.34b	121.50±1.74a	91.49±5.64c

土壤化学指标	YCDM	YCDS	YCYC	YCCD	CK
总钾/(g/kg)	15.94±2.33a	15.68±1.08a	15.32±0.71a	16.29±1.19a	15.66±1.03a
速效钾/(mg/kg)	313.04±5.21a	316.59±10.65a	128.11±7.14d	244.76±5.26b	158.12±10.28c

注：YCCD 为烤烟-蚕豆轮作；YCDM 为烤烟-大麦轮作；YCDS 为烤烟-大蒜轮作；YCYC 为烤烟-油菜轮作。

艾亥麦提·艾麦尔江等(2023)在湖南省湘西州花垣、永顺和龙山 3 县采集 2015—2020 年连续 6 年进行烤烟-水稻轮作(TRT)、烤烟-玉米轮作(TMT)2 种模式的烟田土样和云烟 87 上部叶样品,以烤烟连作(TT)作为对照。研究表明,轮作有利于改善植烟土壤的物理性状,烤烟-水稻轮作模式土壤大团聚体含量及 $R_{0.25}$、MWD 和 GMD 均显著高于烤烟-玉米轮作,而连作土壤则以微团聚体为主,$R_{0.25}$、MWD 和 GMD 均最低且 PSD 最高,表明烟稻轮作模式更有利于土壤团粒结构的形成和保持其稳定性,且轮作均优于连作(表 5-9)。可能是长期淹水或湿润状态使土壤微生物活跃度降低,减缓有机物质氧化分解,有机肥和动植物残体通过厌氧降解后以有机质的形式保留,促进有机碳的积累和固化,增加土壤有机胶结物质(贾倩等,2017);水旱交替改变土壤微环境,为好氧厌氧微生物提供更丰富的栖息场所而提高微生物丰富度,从而促进大团聚体的形成且提高其稳定性(陈丹梅等,2016)。

表 5-9　不同地区不同轮作模式下植烟土壤的团聚体稳定性指数(艾亥麦提·艾麦尔江等,2023)

地区	轮作模式	$R_{0.25}$	MWD	GMD	PSD
花垣	TRT	82.46Aab	1.21Aab	1.01Ab	2.02Ba
	TMT	80.47Aa	1.16ABa	0.97ABa	2.11ABa
	TT	78.43Aa	1.12Ba	0.92Ba	2.21Aa
永顺	TRT	87.17Aa	1.27Aa	1.10Aa	1.92Ba
	TMT	78.00Ba	1.13Ba	0.92Ba	2.01Ba
	TT	75.49Ba	1.09Ba	0.88Bab	2.36Aa
龙山	TRT	80.11Ab	1.16Ab	0.93Ac	1.90ABa
	TMT	81.02Aa	1.11Ba	0.94Aa	1.86Ba
	TT	74.76Ba	1.03Cb	0.83Ba	2.06Ab

注：TRT 为烤烟-水稻轮作；TMT 为烤烟-玉米轮作；TT 为烤烟连作。

牧草是畜牧养殖过程中的重要饲料来源,而且由于其根系生长迅速,植株繁殖能力强,覆盖地面快,因而具有防风固沙、保持水土的作用(毛吉贤等,2009)。此外,主要被种植利用的豆科及禾本科牧草,它们发达的根系在土壤中能不断集聚有机物质,并在土壤微生物的作用下发挥胶结和团聚的作用,提高土壤腐殖质的含量,改善土壤团粒结构(李会科等,2004)。

谭玉兰等(2019)在贵州省晴隆县烤烟基地进行牧草和烤烟轮作试验,轮作烤烟品种均为云烟 87,轮作的牧草品种为紫花苜蓿阿尔冈金、天水红三叶、贵州白三叶、紫云英乐平、一年生黑麦草邦德、黔草 4 号鸭茅、紫花苜蓿苜蓿王、哈密红三叶、紫云英闽紫 1 号、一年生黑麦草海湾、黔南扁穗雀麦、紫花苜蓿金皇后、紫云英常德、一年生黑麦草特高和箭舌豌豆苏箭 3 号。研究表明,选用的 15 个牧草品种轮作后都能明显提高土壤的有机质、全氮、速效氮、速效磷和速效钾的含量,并能提高酸性土壤的 pH 值,但是轮作不同牧草品种,对提高土壤有机质、速效氮、速效磷和速效钾含量的影响程度有所不同。土壤有机质含量轮作后的增量为 25.74～42.6 g/kg,全氮含量在轮作牧草以后增量为 0.05～0.65 g/kg。与轮作前相比,15 个牧草品种轮作后土壤中速效氮、速效磷、速效钾的含量都有着不同程度的增加。速效氮含量增量为 6.07～13.48 mg/kg,速效钾含量增量为 2.09～8.60 mg/kg。连续 3 年轮作 15 个牧草品种后,土壤孔隙度的增加幅度为1.85%～5.13%,土壤容重降低值和土壤孔隙度的增加值在不同轮作牧草品种间差异不明显。轮作是在农业生产实践过程中被总结出来的一项有效的技术措施,是提高作物产量、合理利用土地资源的重要途径之一。众多研究表明,与诸如烤烟-油菜、烤烟-小麦或烤烟-大蒜等轮作模式相比,牧草与烤烟轮作不但能明显增加土壤养分,提高肥效,减少病虫害,改善土壤理化性状(何丹等,2013),调节轮作地的小区气温和相对湿度,而且利用冬闲地轮作牧草能生产出供牛羊直接饲用的鲜草,为地方的牛羊养殖提供青草饲料,使种植与养殖有机结合起来,这对于促进农业与畜牧业的自然融合、优化区域农业经济结构,具有不可替代的桥梁和纽带作用。

综上所述,不同轮作体系的主要土壤健康障碍因子存在差异,轮作与连作相比,通过降低土壤容重,增加土壤孔隙度、团聚体稳定性,增加土壤有机质、碱解氮、有效磷、速效钾以及全氮含量,减少病虫害来消减土壤健康障碍因子,同时不同轮作体系对烤烟根系的生长发育也有一定的促进作用,有助于烤烟的生长发育。

四、休耕

休耕,亦称休闲,是指耕地在可种作物的季节只耕不种或不耕不种,可分为季休、年轮休、长休(张慧芳等,2013)。在农业生产上,耕地进行休闲,其目的主要是使耕地短暂休息、休养生息,以减少水分、养分的消耗,并集蓄雨水,消灭杂草,促进土壤潜在养分的转化,为以后作物生长创造良好的土壤环境和条件(黄国勤等,2017)。

邹静(2021)在贵州省安顺市开展季节休耕模式对植烟土壤主要理化特性影响的研究,设置冬紫云英-夏烤烟、冬黑麦草-夏烤烟、冬耕作不种植-夏烤烟、冬休闲-夏烤烟、冬白菜-夏烤烟5种季节性休耕模式。结果表明,季耕作是造成植烟土壤容重、团聚体稳定性及毛管孔度变化的主要原因:经过耕作的0～30 cm耕层土壤容重显著低于休闲处理的,而30～45 cm耕层土壤容重高于休闲处理,紫云英、黑麦草、白菜、只耕作不种植4个耕作处理间无显著差异。植烟土壤0～45 cm土层中土壤团聚体以大于2 mm的大团聚体为主,在15～30 cm耕层中比例最高,占比为65%～94%(图5-7～图5-9)。冬季减少耕作次数可以保护15～30 cm耕层中土壤大团聚体,休闲处理>0.25 mm土壤团聚体较多,为97%,MWD、GMD值分别为5.13 mm、4.29 mm;不休耕处理中较低的为95%,高强度的利用使团聚体被破坏,MWD、GMD值分别为5.09 mm、

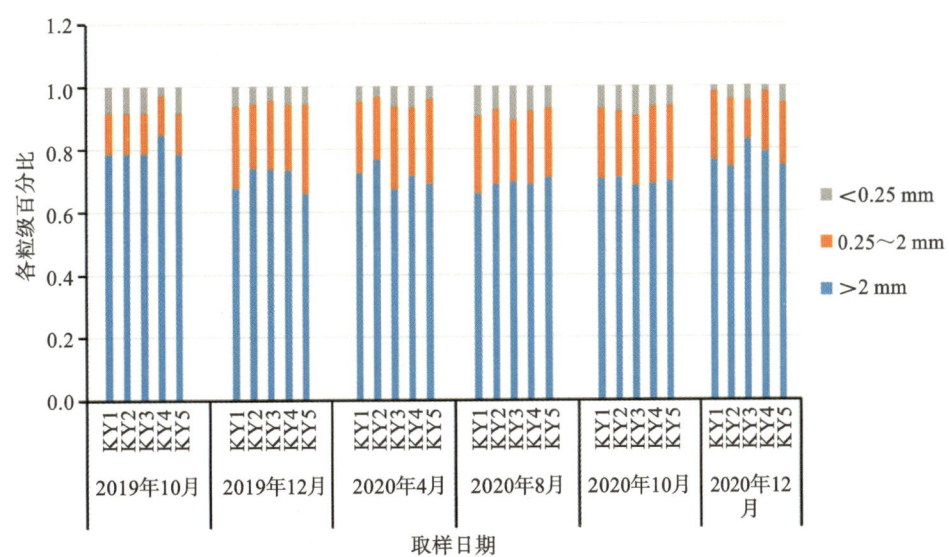

图 5-7　季节性休耕模式下植烟土壤 0～15 cm 耕层水稳性团聚体年际变化图(邹静,2021)

注:KY1为冬紫云英-夏烤烟-冬紫云英;KY2为冬黑麦草-夏烤烟-冬黑麦草;KY3为冬耕作不种植-夏烤烟-冬耕作不种植;KY4为冬休闲-夏烤烟-冬休闲;KY5(CK)为冬白菜-夏烤烟-冬白菜。下同。

4.42 mm。烤烟种植季毛管孔度先增加后降低,冬季休耕种植中只有黑麦草处理毛管孔度增加,0～15 cm 耕层冬黑麦草-夏烤烟处理增加了 5.14％,其余处理在各耕层中毛管孔度不变或下降,休闲处理最不利于毛管孔度的形成。而不同处理间土壤有效磷差异不显著,碱解氮、速效钾在烤烟种植季节烤烟旺长时(6月)达到最高,表现为紫云英＞黑麦草＞只耕作不种植＞休闲＞白菜,之后养分快速下降,其中黑麦草处理的碱解氮下降速率最慢,仅为 5.30％。

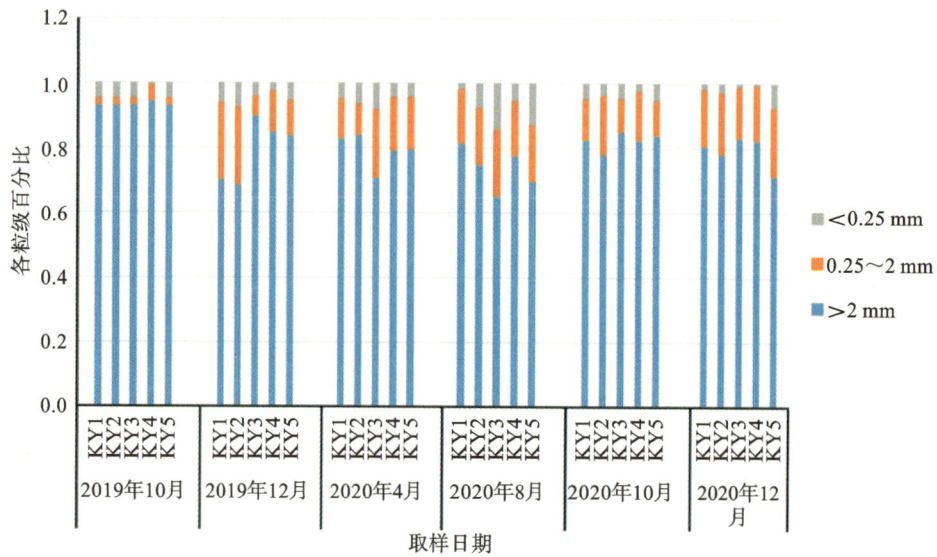

图 5-8　季节性休耕模式下植烟土壤 15～30 cm 耕层水稳性团聚体年际变化图(邹静,2021)

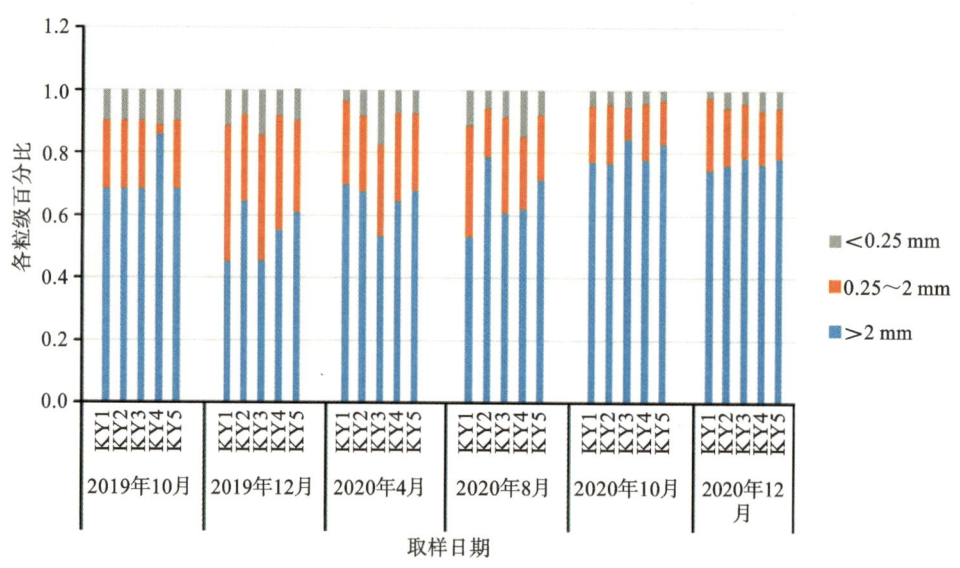

图 5-9　季节性休耕模式下植烟土壤 30～45 cm 耕层水稳性团聚体年际变化图(邹静,2021)

左梅等(2019)在湖北省恩施州宣恩县进行试验,常年连作烟田休耕能明显增加土壤有机质含量和提高土壤 pH,起到培肥土壤和缓解土壤酸化的作用,同时能极显著提高蔗糖酶和过氧化氢酶活性,且休耕两年的效果优于休耕一年。

综上所述,在常年连作地区实施休耕处理,能通过增加土壤团聚体稳定性,增加土壤有机质含量,提高蔗糖酶和过氧化氢酶活性,提高土壤 pH,起到培肥土壤和缓解土壤酸化的作用。

第二节　土壤化学障碍因子消减方法

一、生石灰

土壤酸性过大,会造成土壤板结、通透性差、氧气含量低、还原性强,多种阳离子、阴离子被还原吸附,形成一层影响作物吸收营养的障碍。缺氧环境还能刺激厌氧微生物繁殖,大多数厌氧微生物对作物有害,同时产生毒素和有毒气体,使根系不能生长,导致死苗。随着雨水冲刷,土壤板结,由于渗透性差,会造成有机质、营养元素被淋溶流失和随水土流失;由于毛细管未切断,作物在烈日下严重失水,抗旱能力差,加速土壤沙化。酸性土壤是造成肥料利用率低,影响烟叶生产的主要原因。施用石灰可以调节土壤的酸性(陈世军等,2012),是一种有效的酸性土壤改良措施(姜超强等,2015;张瑶等,2018;李源环等,2019),也常在烟草生产中使用。酸性土壤施适量生石灰有利于改善烟株根系生长的环境条件,促进烟株生长,增强烟株的抗病能力,提高烟叶叶绿素含量和光合速率,有利于烟叶干物质积累,提高烟叶产质量(刘琼峰等,2014)。

张一帆(2009)在福建三明研究不同生石灰用量与施用技术对酸性植烟土壤的改良效应,生石灰兑水后灌根对土壤水解氮、速效磷、速效钾、有机质含量以及土壤 pH 值都有显著影响。整畦前亩施生石灰对土壤影响大于生石灰兑水灌根,石灰用量大的对土壤总氮含量、水解氮含量、速效磷含量、有机质含量影响较大。这可能是因为土壤 pH 值相对于对照增大后有利于烟株对总氮、水解氮、速效磷、速效钾、有机质的吸收。在生石灰兑水灌根 1 周时,整畦前亩施生石灰对土壤 pH 值影响大于生石灰兑水灌根,生石灰用量大的土壤 pH 值更高。

李巧艳(2016)在湖南长沙湖南农业大学中南烟草试验站进行试验,探究不同用量烟草秸秆生物有机肥与生石灰配施后植烟土壤的变化。结果表明,在烤烟的生长发育过程中,土壤中碱解氮、速效磷、速效钾、有机质含量随着生石灰用量的增加而降低(图 5-10~图 5-13),随着烟草秸秆生物有机肥用量的增加呈现先升高后降低的趋势;土壤 pH 值随着生石灰用量的增加而增大,随着有机肥用量的增加呈现先增大后减小的趋势。这说明烟草秸秆生物有机肥与生石灰配施比例适宜能够改善土壤养分状况,缓解土壤酸化问题,有利于提高植烟土壤肥力。

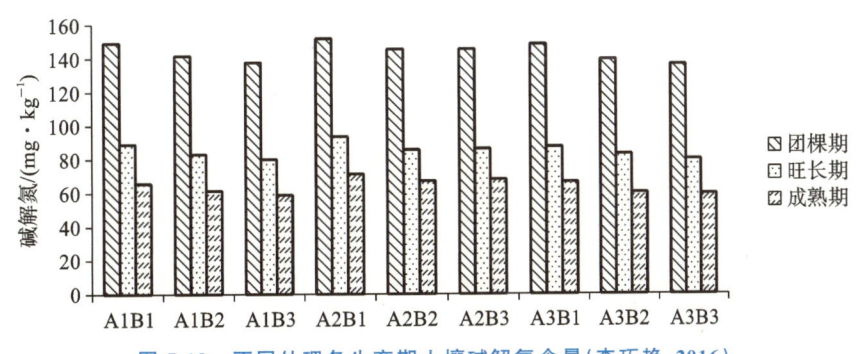

图 5-10　不同处理各生育期土壤碱解氮含量(李巧艳,2016)

注:A1 为 100%烟草专用基肥＋0%烟草秸秆生物有机肥;A2 为 80%烟草专用基肥＋20%烟草秸秆生物有机肥;A3 为 60%烟草专用基肥＋40%烟草秸秆生物有机肥。生石灰用量:B1 为 0 kg/667 m²;B2 为 25 kg/667 m²;B3 为 50 kg/667 m²。下同。

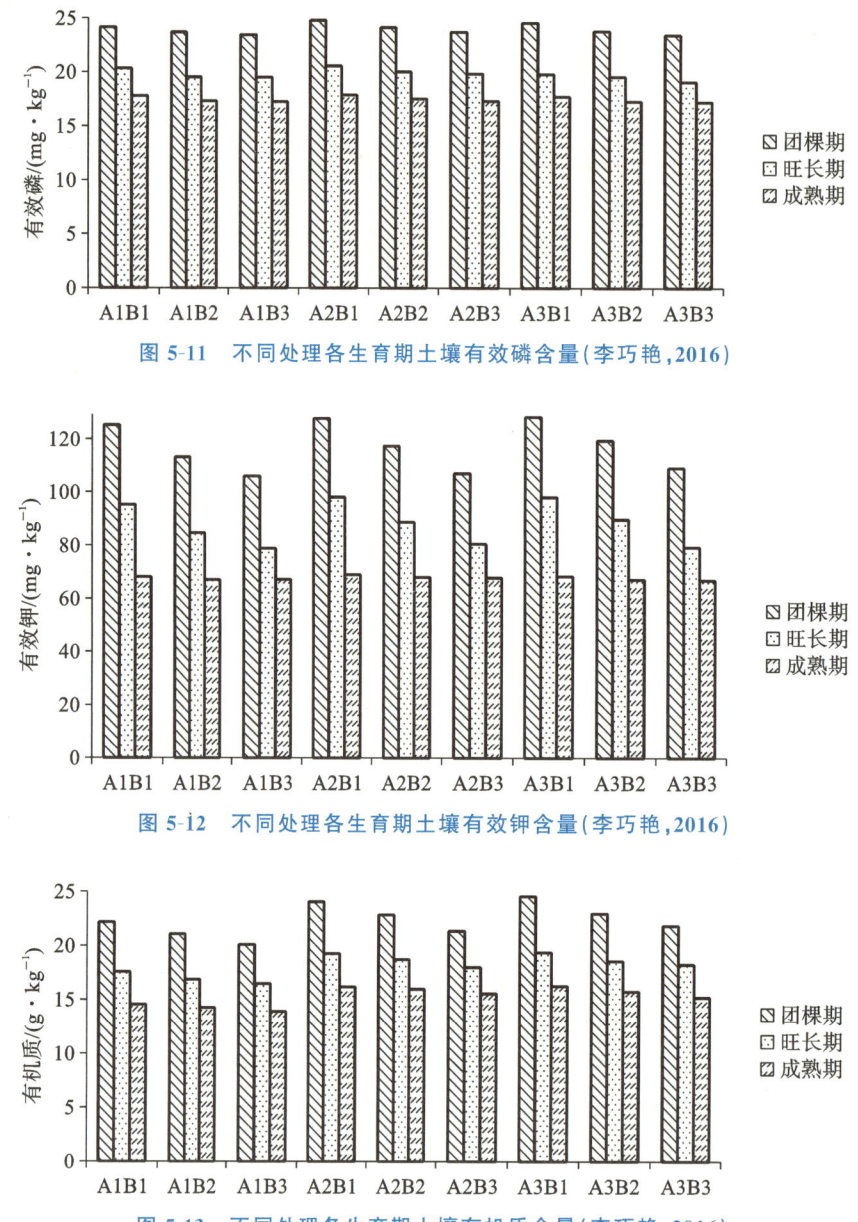

图 5-11　不同处理各生育期土壤有效磷含量(李巧艳,2016)

图 5-12　不同处理各生育期土壤有效钾含量(李巧艳,2016)

图 5-13　不同处理各生育期土壤有机质含量(李巧艳,2016)

施河丽等(2023)认为生石灰处理酸化土壤后,可提升酸化土壤 pH 至烟草生长的适宜范围(5.5～6.5),还可提高土壤交换性钙和交换性镁含量,且土壤交换性钙含量的提高幅度要远高于交换性镁,这可能是由于生石灰的主要成分是氧化钙,而氧化镁的含量较少。

梁军伟(2021)在皖南烟区研究生石灰施用量对酸性植烟土壤的影响,在一定范围内,生石灰量越多,pH 越高,但是会随培养时间的延长而逐渐下降(图 5-14)。当生石灰量为 0.75 g/kg、2.5 g/kg 时,土壤有效磷含量下降,在培养期间虽然有升高趋势,但始终低于对照组。当生石灰量为 4.5 g/kg 时,土壤有效磷含量在培养期间快速升高,且在 70 d 后显著高于对照组。生石灰降低土壤速效钾含量,当生石灰量为 0.75 g/kg、2.5 g/kg 时,对速效钾的降低效果二者无显著差异,但是当生石灰量为 4.5 g/kg 时,降低效果加剧。土壤铵态氮经生石灰处理后含量降低,且在一定范围内生石灰量越高,铵态氮含量越低。在培养过程中,其含量逐渐降低。生石灰促进硝态氮含量上升,且在一定范围内具有随生石灰量增加而升高的规律,在培养期间含量逐渐上升。

张宗锦等(2015)在四川攀枝花烟田进行试验,发现随着生石灰施用量的增加,土壤 pH 和土壤钙含量均逐渐增加;而施用生石灰的土壤中有效钾、有效磷含量均比未施用生石灰的土壤含量高,在生石灰施用量达到 1350 kg/hm² 时,土壤中有机质、有效钾、有效磷、有效氮(碱解氮)、全氮、全磷、全钾含量均显著高

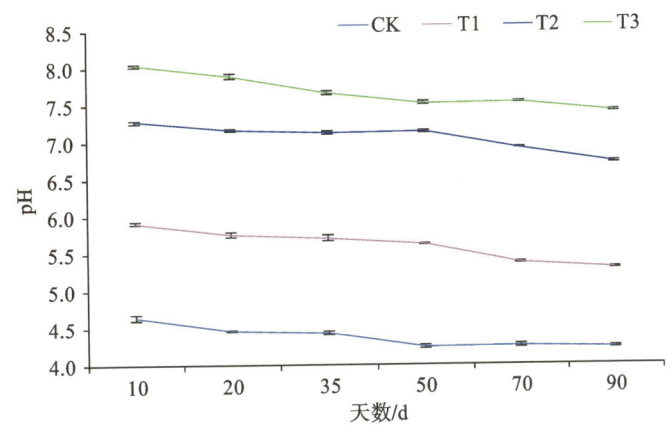

图 5-14　生石灰量对土壤 pH 的影响（梁军伟，2021）

注：结果表示为平均值±标准差。生石灰用量：CK 为 0 g/kg；T1 为 0.75 g/kg；
T2 为 2.5 g/kg；T3 为 4.5 g/kg。

于未施用生石灰的土壤；而镁含量、有效硼含量呈现减少现象（表 5-10）。土壤中镁含量减少的原因是，随着土壤酸碱度的增加，土壤对镁有固定作用，对镁的吸附能力增强，不仅如此，随着酸碱度升高，土壤对镁有固定作用会使镁产生专性吸附。

表 5-10　生石灰不同施用量对土壤养分的影响（张宗锦等，2015）

生石灰施用量/(kg/hm²)	pH	有效钾/(mg/kg)	有效磷/(mg/kg)	碱解氮/(mg/kg)	有效硼/(mg/kg)	钙/(mg/kg)	镁/(mg/kg)	有机质/(g/kg)	全氮/(g/kg)	全磷/(g/kg)	全钾/(g/kg)
0(CK)	4.82	483.95	64.18	137.18	0.19	2.00	0.52	33.70	1.68	1.00	16.05
450	5.92	767.60	73.71	131.80	0.26	2.14	0.46	33.27	1.63	1.05	17.14
900	5.87	543.15	65.18	139.11	0.26	2.16	0.43	32.06	1.56	0.91	17.54
1350	6.34	528.35	79.32	142.56	0.09	4.54	0.36	35.30	1.91	1.16	17.34
1800	7.15	560.41	90.03	131.80	0.15	6.71	0.42	34.76	1.79	1.04	16.13

邓小华等（2019）研究发现石灰除了能够中和土壤酸、降低铝毒害，还能显著提高酸化土壤碱解氮、有效磷、速效钾等养分含量；石灰虽然抑制烤烟前期的生长，但是会促进中期的生长；与对照相比，烟叶产值、产量、上等烟比例分别上升了 3.71%、0.59%、20.4%，对上部叶的物理特征指数、化学成分指数都有一定的提高。

综上所述，施用生石灰可以中和土壤，改良酸性土壤，有助于提高土壤 pH、交换性钙含量，降低铝毒，提高酸化土壤碱解氮、有效磷、速效钾等养分含量。

二、有机肥

有机肥是一类含碳有机物质的总称，除氮磷钾三要素之外，还含有丰富的中微量元素，养分全面、肥效长，在提升土壤肥力、促进微生物代谢、实现作物优质稳产方面已成为共识（虞轶俊等，2020）。有机肥在我国应用历史悠久，截至 20 世纪 70 年代，有机肥施用量约占总施肥量的 67%。随着农业生产方式的转变以及不合理的施肥习惯，有机肥施用量逐渐下降，到 20 世纪 90 年代用量甚至低于总施肥量的 25%（董元华等，2007）。有机肥用量的持续减少导致土壤有机质含量下降、理化性状变差，最终影响烟株生长和烟叶品质形成（刘国顺等，2010；张淑香等，2015）。

朱梦遥（2022）在湖北省恩施州对长期施用有机肥的植烟土壤进行研究，发现连续施用商品有机肥能显著提高土壤 pH 值,较化肥平均提高 0.4 个单位,随定位年限的增加,各施肥处理土壤 pH 值呈上升趋势,以商品有机肥处理增幅最大(图 5-15)。这与有机肥中碱性物质的输入以及有机肥在矿化过程中释放的盐基离子能有效中和土壤酸性物质有关,另外施入有机肥后也会加强微生物对矿质氮的生物固持作用,并且肥料腐熟程度越高(商品有机肥),固持作用越强(张勇等,2021)。商品有机肥显著降低土壤容重,较化肥处理降低 4.0%(图 5-16)。施有机肥可提高土壤速效钾的含量(8.8%~14.2%),商品有机肥和绿肥处理速效磷含量较常规化肥处理降低了 20.1% 和 14.6%,农家肥处理与常规化肥处理相当。同时有机肥均促进>5 mm 大团聚体形成,降低<2 mm 粒径团聚体含量,GMD 和 MWD 值显著高于单施化肥(图 5-16)。

各处理速效磷和速效钾含量随定位年限延长逐渐上升(图 5-17、图 5-18)。施用商品有机肥显著提高土壤全氮和酸解铵态氮含量(16.5% 和 12.6%),商品有机肥和农家肥处理显著提高氨基酸态氮含量(16.7% 和 18.0%),3 种有机肥均显著提高了氨基糖态氮的含量(44.0%~98.2%)。另外,商品有机肥和农家肥还提高了氨基酸态氮和氨基糖态氮占全氮的比值,酸解总氮占全氮比值的下降主要由于酸解未知态氮占比下降。

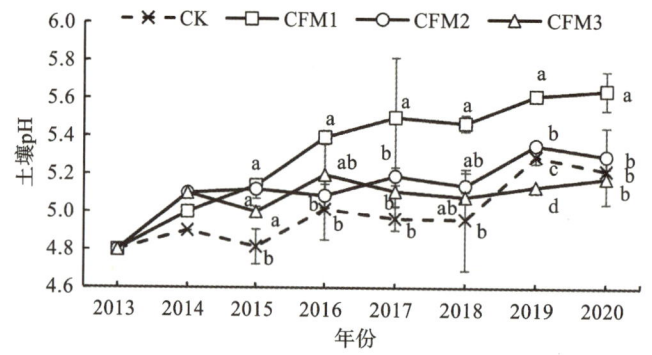

图 5-15　长期不同施肥土壤 pH 的变化(朱梦遥,2022)

注:CK 为单施化肥;CFM1 为化肥＋秸秆类商品有机肥;CFM2 为化肥＋牛圈类农家肥;CFM3 为化肥＋光叶紫花苕子绿肥。下同。

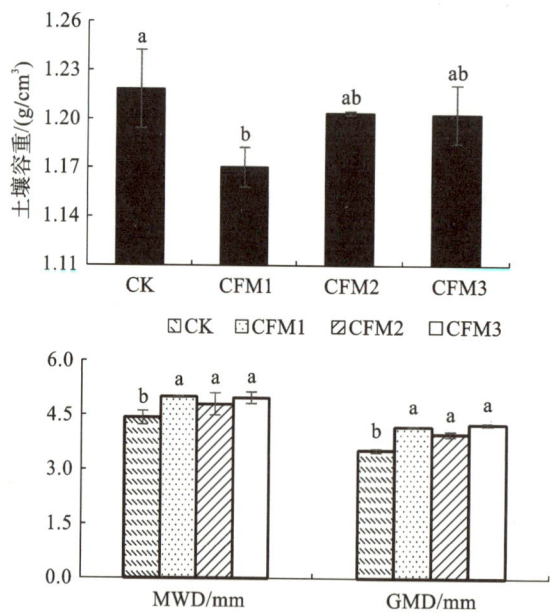

图 5-16　长期不同施肥土壤容重和团聚体稳定性的变化(朱梦遥,2022)

林先塔等(2023)在云南楚雄对植烟土壤施用不同腐熟秸秆肥,施用有机肥土壤有机质、全氮、全磷、全钾、碱解氮、有效磷、速效钾均显著高于常规施肥,说明在减施无机化肥的基础上,施用秸秆肥代替商品有机肥未对土壤肥力造成负面影响,且明显改善烟田的土壤肥力。施用蚕豆秸秆腐熟还田,烤烟采烤后土壤

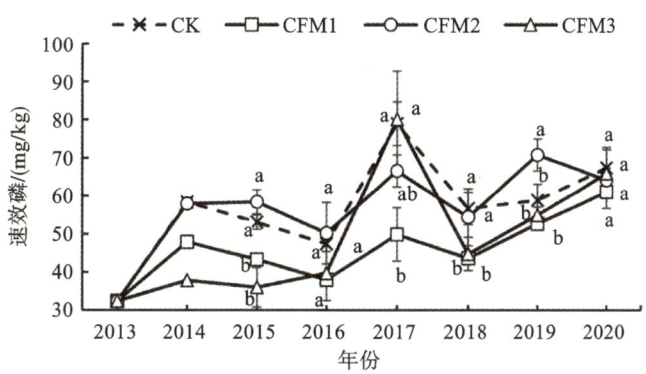

图 5-17　长期不同施肥土壤速效磷的变化 (朱梦遥,2022)

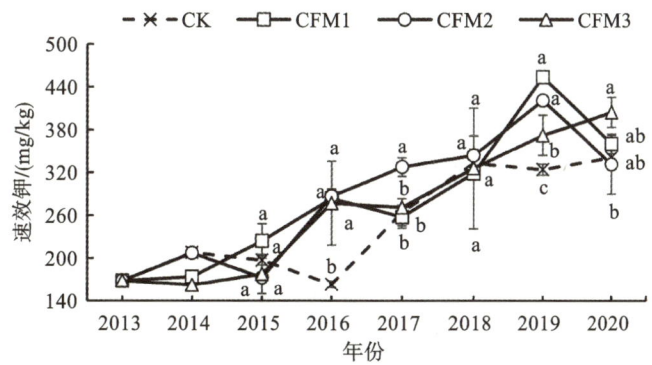

图 5-18　长期不同施肥土壤速效钾的变化 (朱梦遥,2022)

的碱解氮和速效钾含量均显著高于常规施肥,与其他学者(吴岳庭等,2021;朱经伟等,2016)的研究结果类似。主要原因可能是蚕豆秸秆的全氮、全钾含量虽低于商品有机肥,但还田总量大于商品有机肥,且施用秸秆肥的土壤转化酶活性更高,更利于速效养分的转化。

　　黄鹤鸣等(2023)在云南楚雄探究蚕豆秸秆添加腐熟剂还田对植烟土壤及烟叶品质的影响,筛选烟田前茬作物秸秆直接还田的适配腐熟剂,在辅助剂的作用下,蚕豆秸秆可以更好地分解还田,转化成有机肥。蚕豆秸秆添加不同腐熟剂还田对植烟土壤的影响存在差异,蚕豆秸秆+化肥处理土壤速效钾含量为184.10 mg/kg,显著高于普通商品有机肥+化肥处理(CK);蚕豆秸秆+化肥+3 号腐熟剂处理土壤速效氮和速效钾含量分别为 138.05 mg/kg 和 207.13 mg/kg,显著高于对照组,分别提高了 13.98 mg/kg 和95.28 mg/kg。

　　有机肥可有效改善土壤肥力环境,粉垄耕作则可以有效地提升土壤物理特性,降低土壤容重、紧实度,提高孔隙度,增加土壤中养分的迁移通道,使水、肥、气、热之间更加协调,有效提高土壤地力(梁伟等,2013;石屹等,2009),促进烤烟产质量的提高(韦忠等,2011)。刘佳琪等(2022)为探究湖南稻作烟区烟叶生产中秸秆腐熟有机肥+粉垄耕作的适宜用量和耕作效果,在湖南省长沙市浏阳永安镇烟田进行试验,设置了常规耕作和粉垄耕作配施不同量的秸秆腐熟肥。施用秸秆腐熟有机肥 4600 kg/hm² +粉垄耕作处理可显著提高土壤有效磷、速效钾、碱解氮和有机质等养分含量,分别增加了 13.24 mg/kg、36.66 mg/kg、29.77 mg/kg、10.36 g/kg。

　　大量研究表明,连作会降低土壤质量,尤其是 pH 值和养分指标(杜杏蓉等,2021)。随着连作时间的增加,土壤 pH 呈现逐年降低的趋势,这可能与化学肥料的施用、耕作强度的提高以及土壤有机酸的积累有很大关系(洪彪等,2021)。有研究报道,连作条件下显著降低了土壤有机质和速效氮、磷、钾等养分含量,这可能与连作土壤对碳和氮元素的矿化程度较高有关,限制了作物对相关养分的吸收利用(吴永玲等,2021)。根据以往的研究可以看出,长期连作影响了土壤理化性质,导致植物可利用的养分失衡。孙溢明(2022)在河南省临颍县研究不同物料对多年连作的植烟土壤的影响,施用壳聚糖(T1)、蚯蚓粪(T2)、高碳基有机肥(T3)和施用壳聚糖+蚯蚓粪+高碳基有机肥(T4)处理不同程度提高了植烟土壤有机质、碱解

氮、速效磷和速效钾含量。T2、T3 及 T4 处理均显著提高了植烟土壤有机质、碱解氮、速效磷及速效钾含量,其中土壤有机质含量增幅分别为 32.33％、44.38％和 58.10％,碱解氮含量增幅分别为 4.89％、7.39％和 17.09％,速效磷含量增幅分别为 10.74％、18.37％和 22.60％,速效钾含量增幅分别为 39.50％、51.23％和 63.37％(表 5-11)。壳聚糖、蚯蚓粪和高碳基有机肥配施处理下都显著提高了植烟土壤的有机质含量。壳聚糖可以诱导植物根系生长素吲哚乙酸(IAA)的合成,活化植物细胞,促进植物的快速生长和发育,而根系残留物在土壤中可进一步转化,可能是有机质增加的原因。

表 5-11　不同处理下植烟土壤化学性质(孙溢明,2022)

处理	pH	有机质/(g·kg⁻¹)	碱解氮/(mg·kg⁻¹)	速效磷/(mg·kg⁻¹)
CK	6.96±0.11a	14.94±0.32d	80.23±0.89c	27.65±0.63c
T1	6.91±0.13a	15.45±0.74d	81.39±1.65c	29.57±1.15bc
T2	7.08±0.12a	19.77±0.40c	84.15±1.03b	30.62±0.81b
T3	7.11±0.13a	21.57±0.48b	86.16±1.24b	32.73±1.16ab
T4	7.13±0.14a	23.62±0.88a	93.94±1.96a	33.90±1.96a

注:CK 为对照;T1 为壳聚糖;T2 为蚯蚓粪;T3 为高碳基有机肥;T4 为壳聚糖＋蚯蚓粪＋高碳基有机肥。

蚯蚓粪肥、蛴螬虫粪肥与黑水虻虫粪肥均为农业有机废弃物经虫体转化后所得,含有大量有益微生物、氨基酸、腐殖质等,可成为农业生产中的优质有机肥(龚小燕等,2021;纪佳雨等,2021;吴翔等,2019;单颖等,2017)。赵毅等(2024)在天津进行试验,以传统芝麻饼肥为对照,研究蚯蚓粪肥、蛴螬虫粪肥、黑水虻虫粪肥 3 种虫粪有机肥对植烟土壤的理化性质、养分含量及土壤酶活性的影响。结果表明,3 种虫粪均可以增加植烟土壤的 pH,其中蛴螬虫粪肥土壤 pH 值最高,较对照组升高了 4.31％;蚯蚓粪肥、蛴螬虫粪肥、黑水虻虫粪肥土壤碱解氮含量与对照组相比,均有显著差异,分别降低了 60.21％、24.99％、28.15％(表 5-12);黑水虻虫粪肥土壤有效磷、速效钾含量均最高,较 CK 分别提升 65.66％、23.36％。3 种虫粪有机肥有机质和氮含量均低于芝麻饼肥,但黑水虻虫粪肥磷、钾含量均高于芝麻饼肥和其他两种虫粪肥。因此,黑水虻虫粪肥施入土壤后,土壤中有效磷、速效钾含量显著升高,可为烟株生长提供更多的速效养分,促进烟叶中氮、钾含量的提高。

表 5-12　不同虫粪有机肥处理的植烟土壤理化指标(赵毅等,2024)

处理	pH	EC/(μS·cm⁻¹)	有机质/(g·kg⁻¹)	碱解氮/(mg·kg⁻¹)
CK	7.88±0.03d	504.50±13.00c	24.96±0.89a	152.57±6.73a
T1	8.05±0.03b	506.10±10.95c	19.02±1.09c	60.71±6.78c
T2	8.22±0.03a	555.47±11.77b	21.05±0.72b	114.44±6.32b
T3	7.98±0.03c	598.50±14.76a	22.73±0.94b	109.62±8.82b

注:CK 为芝麻饼肥;T1 为蚯蚓粪肥;T2 为蛴螬虫粪肥;T3 为黑水虻虫粪肥。

综上所述,有机肥的施用有助于改善土壤的特性,主要体现在改善土壤 pH 值,降低土壤容重、紧实度,提高孔隙度,同时显著改善土壤肥力,土壤有机质、全氮、全磷、全钾、碱解氮、有效磷、速效钾含量均显著提高。

三、秸秆还田

秸秆作为农业生产中重要的肥料资源,其含有的多种营养物质,是植物在生长发育过程中必需的。虽然我国秸秆产量大,但是利用率异常低下,秸秆还田比例不到一半,还有大部分经过焚烧,不仅浪费,还会造成环境污染(谭周进等,2006)。随着经济的高速发展和粮食产量的提升,秸秆数量在不断增加。秸秆的合理利用,在解决环境污染问题的同时,提高了可再生资源的循环使用,促进了农业的可持续发展和土壤生态系统物质的循环(杨玉爱,1996)。大部分专家普遍赞同作物秸秆是天然的有机物料,因为它含有大量的有机物质和营养物(邬莉等,2001;徐玉宏,2007)。秸秆还田是发展可持续农业的一项重要措施,具有培肥地力、固碳减排、改良土壤、增产提质和促进农田生态系统健康等多种作用(刘娣等,2008)。我国近年来重点研究的秸秆还田方式主要有原生秸秆覆盖还田、粉碎秸秆与土混合还田、腐熟秸秆还田、秸秆堆肥还田(牛文娟,2015)、直接还田(杨应粉等,2021)。在现代烟草农业发展中,轮作或间套作的作物秸秆作为一类宝贵的有机肥源,其还田技术在烟叶生产中得到了广泛研究和应用(谭慧等,2018;王育军等,2018)。

郑梅迎等(2019)在安徽省宣城市烟田(皖南烟稻轮作区)进行一个两年试验,试验共设置 4 个处理:CK,无秸秆;T1,水稻秸秆覆盖还田;T2,水稻秸秆粉碎后翻压还田;T3,水稻秸秆炭化为生物炭后还田。研究表明水稻秸秆粉碎还田与炭化还田均能显著提高植烟土壤 pH 和碱解氮、有效磷、速效钾含量($P \leqslant 0.05$),增加土壤肥力,其中炭化还田对土壤肥力提升效果更加显著。3 种还田方式均不同程度提高土壤的团粒结构及稳定性,其中以粉碎还田下土壤>0.25 mm 水稳性团聚体总量、团聚体平均重量直径及几何平均直径等稳定性指标最高,而分形维数最低,其次是秸秆炭化还田处理。秸秆炭化还田对改良酸化土壤、提高土壤有机质及氮磷钾含量的效果最好,其次是粉碎还田。这可能是由于秸秆炭化后含有大量的可溶态离子,并具有较大的孔隙率、表面积、阳离子交换量等,可与土壤更好地接触,提高土壤的盐基饱和度(袁晶晶等,2017)。

韩秋静(2019)在河南省洛阳市汝阳县烟田进行试验,在常规施肥基础上设置 4 个处理:CK(无秸秆还田)、T1(小麦秸秆还田 6000 kg/hm²)、T2(小麦秸秆还田 9000 kg/hm²)、T3(小麦秸秆还田 12000 kg/hm²)。研究表明,添加腐熟秸秆后加快了土壤矿化速率,植烟土壤速效磷、速效钾含量升高,pH 变化幅度较小,有助于保持土壤 pH 的稳定性,说明秸秆还田对烤烟生长以及土壤改良有良好的促进作用。

秸秆还田可以促进作物对氮、磷、钾的吸收,主要原因是秸秆还田可以增加土壤层中总氮、磷和钾及速效氮、磷和钾的含量。薄国栋等(2016)发现,秸秆可以根据自身释放的养分来增加土壤层中氮、磷、钾等微量元素的含量,土壤养分的指标与秸秆还田量成正比。

薄国栋(2014)在山东省诸城市烟田进行试验,使用小麦秸秆和玉米秸秆,分别设置不同秸秆还田量(0~7500 kg/ha),一共 7 种处理方法。研究表明,随着秸秆还田量增加,土壤有机质含量增加,两种秸秆均不同程度提高了土壤养分。施用玉米秸秆 4500 kg/ha 时,土壤养分较高;土壤养分随小麦秸秆还田量增加而增加。玉米秸秆提高土壤养分效果比等量小麦秸秆要好。玉米秸秆降低土壤容重效果要好于等量小麦秸秆。干湿筛法测得:随秸秆还田量增加,平均重量直径(MWD)及几何平均直径(GMD)增加,提高了土壤团聚体团聚性及稳定性。干筛测得分形维数随秸秆还田量增加而减小,湿筛测得高量玉米秸秆还田(4500~7500 kg/ha)分形维数较低量玉米秸秆还田(0~4500 kg/ha)有降低趋势,分形维数随小麦秸秆还田量增加而降低。玉米秸秆较等量小麦秸秆提高土壤有机质含量及团聚体特征效果好。土壤有机质与干筛测得 MWD 及 GMD 呈极显著正相关,与干筛测得分形维数呈极显著负相关,与湿筛测得 GMD 及>0.25 mm 团聚体含量呈显著正相关,表明通过秸秆还田增加土壤有机质可提高土壤团聚体稳定性。

田育天等(2019)在云南省玉溪市峨山县烟田进行试验,设置了常规处理(CK)和秸秆还田处理(SR),其中 CK 处理 2 个样点,SR 处理 12 个样点,分为耕作层(0~15 cm)和犁底层(15~25 cm)取样。秸秆还田处理能显著提升土壤物理性状和养分,研究结果显示秸秆还田样点的耕作层和犁底层土壤全氮、有机质、活性有机质等养分含量出现明显累积,土壤通气孔隙得到有效改善,土壤容重降低。犁底层的改良效果较耕作层更为明显,而且两个层次之间的均值差异不显著,这可能是由于犁底层的初始背景值相对较低,改良的上升空间更大,而且翻耕措施使得上下层土壤混合,下层土壤改善更明显。

谭慧等(2018)在湖北省恩施州烟区,研究炭化烟草秸秆对连作植烟土壤理化性状的影响,结果表明炭化烟草秸秆还田明显降低了土壤容重、连作植烟土壤的酸度,增加了孔隙度、连作植烟土壤的有机质含量,显著提高连作植烟土壤速效养分的含量,炭化烟草秸秆还田还增加了交换性盐,其中交换性钙、镁、钾和钠含量分别较常规施肥提高了 32.30%、13.95%、32.21%和 4.89%,而且使植烟土壤的阳离子交换量也显著提高,较常规施肥提高了 10%。

芦伟龙(2019)在江西省抚州市黎川县,研究不同耕作方式与秸秆还田量对植烟土壤的影响,深耕与秸秆还田显著改善土壤的物理性状。秸秆还田显著降低了 5~10 cm、20~25 cm 土层的土壤容重,增加了土壤总孔隙度与毛管孔隙度,增加了团聚体 MWD 值,但对 40~45 cm 土层的土壤无显著影响。深耕处理显著降低了 3 个土层的土壤容重,增加了土壤总孔隙度与毛管孔隙度,增加了团聚体 MWD 值(表 5-13、表 5-14)。与秸秆还田相比,耕作方式对土壤物理性状的影响更大,且影响的土层更深。耕作方式与秸秆还田提高了土壤养分有效性,单独进行深耕或秸秆还田处理时,显著提高了土壤中氮磷钾等速效养分的含量;

深耕结合秸秆还田处理较旋耕结合秸秆还田处理差异并不显著。比较耕作方式与秸秆还田两种处理发现,秸秆还田对土壤速效养分的影响更大。

表 5-13　耕作方式与秸秆还田量对土壤容重的影响/(g/cm³)(芦伟龙,2019)

处理		土层		
		5～10 cm	20～25 cm	40～45 cm
旋耕	CK	1.13±0.11a	1.29±0.03a	1.39±0.02a
	T1	0.92±0.03cd	1.04±0.06c	1.37±0.03a
	T2	0.89±0.01cde	0.98±0.03cde	1.29±0.01ab
	T3	1.01±0.01b	1.13±0.04b	1.34±0.02a
深耕	DCK	0.93±0.06c	1.04±0.04c	1.14±0.07bc
	DT1	0.82±0.02e	1.01±0.04cd	1.08±0.11c
	DT2	0.83±0.01de	0.94±0.05de	1.12±0.09c
	DT3	0.81±0.03e	0.92±0.01e	1.10±0.08c
耕作方式(T)		0.001	0.0002	<0.0001
秸秆还田(R)		0.0067	0.0005	0.3723
T×R		0.1623	0.0089	0.6813

表 5-14　耕作方式与秸秆还田量对 5～10 cm 土层土壤孔隙度的影响/(%)(芦伟龙,2019)

处理		总孔隙度	毛管孔隙	通气孔隙
旋耕	CK	57.39±4.29c	26.24±2.67c	30.67±7.88a
	T1	65.86±0.52ab	40.01±8.78ab	31.74±1.34a
	T2	66.23±0.30ab	40.10±2.79ab	28.25±8.33a
	T3	60.03±2.16c	34.65±6.39b	29.06±2.64a
深耕	DCK	64.98±2.08b	41.23±1.20ab	24.83±3.57a
	DT1	69.02±0.71ab	44.49±4.44a	25.00±5.46a
	DT2	68.51±0.13ab	43.27±0.42ab	28.19±5.02a
	DT3	69.32±1.10a	44.85±0.78a	24.47±1.86a

综上所述,秸秆还田可以有效地改善土壤性质,提高土壤的团粒结构及稳定性,降低土壤容重,增加土壤孔隙度和毛管孔隙度,同时还能改善土壤 pH,提高土壤肥力,提高碱解氮、有效磷和速效钾含量。

四、绿肥

绿肥是一种清洁、优质的有机肥源,其通过富集主要养分资源,改善土壤质量,是植烟土壤保育和绿色生产的重要举措之一。

(一)对植烟土壤理化性状的影响

研究表明,绿肥翻压后提高了土壤 pH 和有效磷、速效钾含量(田峰等,2015;张明发等,2017;代勇等,2020),提升了植烟土壤中有机质、碱解氮、有效磷和速效钾含量(李正等,2012;赵炳平等,2015;邓小华等,2015;张久权等,2017)。冯瑜等(2023)研究发现,第一年烤烟种植前的土壤速效养分含量与冬闲相比略有下降,其中油菜处理的碱解氮含量显著低于冬闲,而在第一年烤烟收获后至第二年整个试验阶段,绿肥处理显著提高了土壤有机质和速效养分的含量,其中豆科绿肥对提高植烟土壤养分含量具有更大的潜力(表 5-15)。王飞等(2019)研究发现,翻压绿肥植物还可以提高土壤有机质、全氮、速效养分含量,在旺长期表现明显。周孚美等(2015)研究发现,绿肥还田增加了植烟土壤有机质、全氮、全磷、有效磷和全钾含量。林叶春等(2018)对喀斯特地区植烟土壤进行绿肥压青,研究发现,冬种绿肥翻压提高了植烟土壤水解氮、速效钾和有机质含量,土壤有效磷含量降低。习向银等(2008)研究表明,绿肥处理后提高了植烟土壤速效养分(水解氮、有效磷、速效钾)和土壤有机质含量,降低了土壤容重,以黑麦草的效果最为显著。Zhou等(2023)研究发现,增施黑麦草还田能够增加土壤腐殖质层厚度,降低土壤容重;黑麦草翻耕还田使土壤有机质含量提高6.89%~7.92%,使根际土壤速效磷含量提高2.22%~17.96%,并将土壤非交换性钾转化为可供植物吸收利用的钾(表5-16)。李正等(2012)研究发现,绿肥翻压后提高了植烟土壤有机质、全氮、碱解氮含量,且随翻压年限的增加而增加,具有良好的生态效应。李集勤等(2020)研究表明,大部分绿肥种类翻压后能够降低植烟土壤pH,箭舌豌豆处理较冬闲处理土壤有机质、速效磷和速效钾含量有较大改善(表5-17)。扈强等(2015)研究发现,与对照相比,绿肥翻压可以提高烤烟土壤的速效钾含量,促进烤烟对钾的吸收。邓小华等(2015)通过3年翻压绿肥后发现,土壤容重降低了1.71%~23.87%,并且提高了土壤全氮、全磷、全钾含量,具有明显的土壤改良培肥效果(表5-18)。与无绿肥土壤相比,绿肥翻压还能有效改善土壤的物理结构。翻压绿肥显著提升了>0.25 mm机械稳定性团聚体含量(严红星等,2019)(表5-19),降低了土壤容重,改善了土壤的孔隙度(罗玲等,2010;李正等,2012)。张久权等(2017)通过土地整理后翻压绿肥发现,与对照相比,绿肥压青后土壤容重有所降低,土壤总孔隙度体积百分数、土壤通气度、田间持水量、土壤水稳性团聚体含量都有所提升,有利于提高土壤的通气保水性。

表5-15　不同绿肥处理烤烟栽培前和收获后土壤养分含量(冯瑜等,2023)

年份	取样时间	处理	有机质/ (g·kg⁻¹)	碱解氮/ (mg·kg⁻¹)	有效磷/ (mg·kg⁻¹)	速效钾/ (mg·kg⁻¹)
2020	栽烟前	CK	34.6±1.4ab	197.6±9.3a	111.3±4.5a	408.2±6.2a
		BC	32.2±1.1b	167.3±5.7b	82.3±0.5c	356.9±5.5c
		VS	35.5±1.8ab	183.7±8.1ab	85.3±0.9c	375.8±3.4b
		VVR	36.5±0.2a	180.1±8.6ab	96.4±2.3b	391.0±5.7ab
	收烟后	CK	32.6±0.4b	173.3±3.6b	84.5±1.7b	315.8±9.0c
		BC	34.8±1.4ab	168.2±3.1b	92.4±0.8a	362.6±10.8b
		VS	36.4±0.4a	185.4±2.9a	95.6±1.4a	416.1±8.1a
		VVR	36.3±0.9a	186.5±2.0a	95.7±0.7a	423.3±7.1a
2021	栽烟前	CK	29.7±0.6b	175.1±2.7c	85.0±0.8c	354.0±10.4c
		BC	40.5±0.6a	179.8±4.4c	89.2±0.8b	374.9±0.7b
		VS	38.0±1.2a	204.1±3.3b	99.0±1.9a	393.7±3.6ab
		VVR	38.6±1.8a	215.3±2.6a	96.4±0.8a	410.2±5.0a
	收烟后	CK	30.7±0.4c	164.9±2.2c	86.1±0.7b	334.2±12.0b
		BC	38.9±0.9a	172.0±3.0c	97.7±0.6a	394.9±7.0ab
		VS	36.0±0.7b	192.6±0.2b	94.2±1.3a	410.1±33.6a
		VVR	38.5±0.6a	210.7±6.7a	96.1±2.0a	421.5±10.8a

注:CK为冬闲对照;BC为翻压绿肥油菜;VS为翻压箭舌豌豆;VVR为翻压光叶紫花苕子。

表 5-16 不同处理下植烟土壤的理化性质(Zhou 等, 2023)

时期		处理	pH	AN/(mg/kg)	AP/(mg/kg)	AK/(mg/kg)	TN/(g/kg)	TP/(g/kg)	TK/(g/kg)	OM/(g/kg)
2020-45 d	根际外土壤	NPK	7.67±0.13 a	28.93±1.07 b	53.84±3.86 b	175.00±12.29 c	0.86±0.02 a	1.10±0.00 c	17.09±0.13 a	15.62±0.41 b
		NPKG	7.70±0.06 a	32.90±1.40 a	58.80±5.28 ab	230.33±8.15 ab	0.93±0.04 a	1.13±0.01 bc	17.09±0.03 a	16.66±0.36 a
	根际土壤	NPK	7.72±0.03 a	28.31±1.17 b	63.86±3.97 ab	210.33±16.04 b	0.87±0.03 a	1.18±0.03 ab	17.30±0.15 a	15.70±0.36 b
		NPKG	7.60±0.02 a	31.43±1.42 ab	65.28±3.56 a	249.33±1.53 a	0.93±0.04 a	1.19±0.02 a	17.28±0.19 a	17.06±0.27 a
2020-75 d	根际外土壤	NPK	7.89±0.09 a	27.88±1.99 a	46.08±0.77 c	194.00±24.27 b	0.84±0.03 a	1.12±0.03 b	16.73±0.17 a	15.89±0.48 a
		NPKG	7.88±0.05 a	30.68±1.65 a	50.76±2.48 bc	237.33±5.03 a	0.88±0.07 a	1.16±0.01 b	17.14±0.16 a	16.66±0.53 a
	根际土壤	NPK	7.74±0.07 ab	27.18±2.47 a	56.46±4.77 b	236.33±7.02 a	0.83±0.02 a	1.15±0.08 b	16.66±0.25 a	15.96±0.62 a
		NPKG	7.65±0.02 b	29.68±1.40 a	66.60±1.85 a	267.33±11.06 a	0.90±0.05 a	1.29±0.00 a	17.39±0.51 a	16.77±0.54 a
2021-45 d	根际外土壤	NPK	7.80±0.04 a	31.03±0.42 b	54.74±1.69 c	254.33±23.50 b	0.90±0.02 ab	1.05±0.04 a	18.08±0.12 a	15.48±0.48 ab
		NPKG	7.60±0.12 b	33.52±0.64 a	63.86±5.68 bc	380.80±24.12 a	0.98±0.06 a	1.05±0.13 a	18.41±0.22 a	16.09±0.77 a
	根际土壤	NPK	7.88±0.06 a	28.61±1.11 c	67.30±3.52 ab	267.60±11.66 b	0.86±0.02 b	1.06±0.05 a	18.15±0.20 b	14.65±0.23 b
		NPKG	7.70±0.05 ab	29.82±0.73 bc	74.90±2.02 a	350.40±15.95 a	0.93±0.06 ab	1.04±0.09 a	18.08±0.40 a	15.81±0.47 a
2021-75 d	根际外土壤	NPK	7.93±0.03 a	27.61±0.73 a	41.17±1.78 d	241.33±17.93 ab	0.85±0.02 a	1.22±0.12 a	17.74±0.10 a	15.30±0.42 b
		NPKG	7.86±0.03 a	29.82±1.92 a	47.85±2.02 c	299.33±11.37 a	0.88±0.03 a	1.10±0.09 a	17.85±0.21 a	16.58±0.24 a
	根际土壤	NPK	7.90±0.05 a	28.37±0.64 a	56.67±1.98 b	237.33±11.55 b	0.93±0.06 a	1.13±0.11 a	18.16±0.18 a	15.30±0.35 b
		NPKG	7.83±0.10 a	29.58±1.51 a	62.14±1.98 a	270.67±40.46 ab	0.90±0.04 a	1.09±0.07 a	17.85±0.22 a	16.19±0.86 ab

注:NPK处理为单施化肥;NPKG处理为常规化肥+黑麦草施肥。

表 5-17　不同绿肥处理土壤养分(李集勤等,2020)

处理	pH	有机质/(g/kg)	碱解氮/(mg/kg)	有效磷/(mg/kg)	有效钾/(mg/kg)
光叶紫花苕子	5.82a	21.64b	117.32b	48.51c	184.85cd
黑麦草	5.85a	21.24b	107.88c	49.78c	158.71e
紫花苜蓿	5.68a	22.44ab	130.44a	65.09ab	165.43de
箭舌豌豆	5.73a	23.78a	116.91b	65.64ab	248.63b
草木樨	5.67a	22.71ab	114.86b	66.55ab	235.86b
田菁	5.63a	23.24a	123.88ab	79.49a	311.41a
紫云英	5.76a	22.17ab	117.73b	55.62bc	178.26d
红花三叶草	6.28a	23.51a	121.42ab	59.63bc	193.69c
冬闲休耕	6.10a	22.71ab	116.91b	59.99bc	235.99b

表 5-18　不同绿肥品种翻压对植烟土壤性质的影响(邓小华等,2015)

处理	容重/(g·cm⁻³)	pH	有机质/(g·kg⁻¹)
翻压前	1.17a	6.23a	23.17a
光叶紫花苕子	1.15a	6.07a	24.83a
箭舌豌豆	1.13a	5.97a	24.07a
紫云英	1.11a	6.47a	24.03a
黑麦草	1.03b	5.93a	25.00a
冬牧 70	0.90b	6.23a	25.20a
满园花	1.12a	6.47a	24.97a

表 5-19　绿肥、稻草还田处理土壤的团聚体稳定性比较(严红星等,2019)

地点	处理	>0.250 mm 团聚体/(%)	MWD /mm	GMD /mm	D
湘南	CK	80.68±2.70bA	1.28±0.07bA	0.88±0.08bA	2.44±0.05bA
	稻草	84.56±0.83abA	1.41±0.01abA	1.02±0.01abA	2.36±0.01abA
	油菜	86.66±1.59aA	1.45±0.05aA	1.09±0.08aA	2.32±0.05aA
湘西	CK	33.02±2.03bB	0.49±0.02bB	0.21±0.01bB	2.84±0.01bB
	箭舌豌豆	33.91±0.86bA	0.51±0.02bA	0.23±0.01bAB	2.83±0.01bB
	黑麦草	37.17±1.66aA	0.56±0.02aA	0.25±0.01aA	2.81±0.01aA

注:MWD 为土壤团聚体的平均质量直径;GMD 为几何平均直径;D 为分形维数。

(二)对植烟土壤微生物生态的影响

土壤微生物是根际土壤中的主要分解者和调控者(樊晓刚等,2010),也是表征土壤质量的重要指标。土壤微生物数量多,表明植烟土壤微生态系统平衡,土壤的健康指数高,利于作物的生长。有研究表明,翻压绿肥能够提高烟株根际土壤细菌群落的丰富度(张超等,2016;王飞等,2019;祖韦军,2022),绿肥翻压后也能够提高植烟土壤细菌、真菌和放线菌数量(朱金峰等,2015;张黎明等,2016)。林叶春等(2018)对喀斯特地区植烟土壤进行绿肥压青后发现,放线菌门的丰度有所提高,而土壤细菌丰富度和多样性显著降低,这与上述研究结果不同,可能与不同地区的土壤类型和翻压绿肥的种类差异有关(表 5-20)。张久权等(2017)研究发现,在整理地块进行绿肥压青后,减少了土壤细菌数量,增加了真菌、放线菌数量和土壤微生物多样性指数。另有研究发现,施用绿肥压青能够显著增加植烟土壤细菌、放线菌数量,但真菌数量有所

减少,这可能是绿肥翻压后对土壤真菌数量具有抑制或调节作用,并且植烟土壤类型、绿肥种类等不同也可能造成差异(陈晓波等,2011;陈伟等,2024)。朱三荣等(2015)研究表明,翻压绿肥提高了土壤细菌数量,箭舌豌豆处理下细菌数量是对照的 8.1 倍;土壤放线菌的数量最高提高了 32.8%,硝化细菌的数量最高是对照的 29 倍。翻压绿肥后促进了硝化细菌的生长繁殖,利于土壤中氮肥的转化,保持植烟土壤养分的更新(表 5-21)。祖韦军等(2022)研究指出,翻压绿肥能有效增加烟株根际土壤特有菌群种类,变形菌门和酸杆菌门丰度增加,放线菌门和绿弯菌门丰度降低(图 5-19)。赵冬雪等(2019)研究发现,套作绿肥显著提高了土壤微生物对碳源代谢及利用的能力(图 5-20),土壤微生物群落多样性指数显著增加。绿肥翻压还能够提高植烟土壤微生物量碳、微生物量氮(李正等,2011)(表 5-22)。Feng 等(2024)研究发现,不同绿肥处理下植烟土壤中细菌和真菌群落分布存在差异,烟草根际土壤微生物群落组成发生显著变化(图 5-21),植烟土壤多功能性也得到明显增强(图 5-22)。

表 5-20　绿肥压青烟株根际土壤细菌群落丰富度和多样性指数(林叶春等,2018)

处理	Ace 指数	Chao 指数	Shannon 指数	覆盖率/(%)
无绿肥	1264.33±21.59a	1292.33±38.28a	5.99±0.02a	99.59
黑麦草	1154.00±27.62b	1172.00±42.32b	5.63±0.02d	99.55
光叶紫花苕子	1183.33±31.13b	1194.00±43.31b	5.87±0.02b	99.36
燕麦	1152.67±27.10b	1180.33±44.84b	5.87±0.02b	99.56
紫云英	1267.00±29.61a	1299.33±49.80a	5.79±0.02c	99.54

表 5-21　栽培不同绿肥后土壤的微生物数量(朱三荣等,2015)

绿肥品种	细菌/(×10⁵/g)	真菌/(×10³/g)	放线菌/(×10⁴/g)	硝化细菌/(×10⁴/g)	反硝化细菌/(×10⁴/g)
光叶紫花苕子	99.7	33.9	327.4	45.2	282.3
冬牧	154.0	25.9	249.6	85.6	171.5
黑麦草	76.5	26.1	274.2	113.1	107.9
箭舌豌豆	163.9	20.9	277.2	8.6	329.7
紫云英	56.8	33.3	280.5	150.8	107.2
对照	20.2	42.9	246.5	5.2	108.4

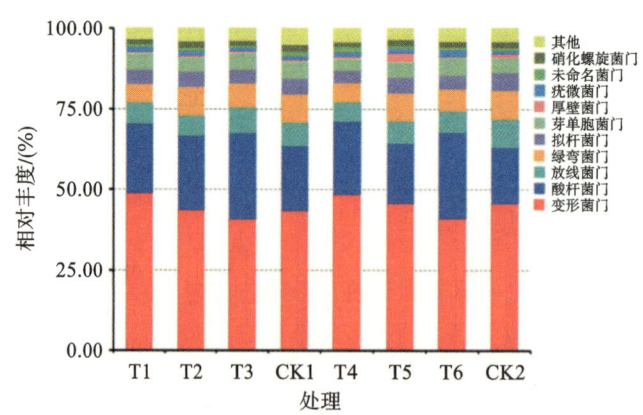

图 5-19　各样品中细菌相对丰度(门水平)(祖韦军等,2022)

注:T1 为浅耕模式下翻压油菜;T2 为浅耕模式下翻压光叶紫花苕子;T3 为浅耕模式下翻压黑麦草;CK1 为浅耕模式下无绿肥处理;T4 为深耕模式下翻压油菜;T5 为深耕模式下翻压光叶紫花苕子;T6 为深耕模式下翻压黑麦草;CK2 为深耕模式下无绿肥处理。浅耕模式耕作深度为 15 cm;深耕模式耕作深度为 30 cm。

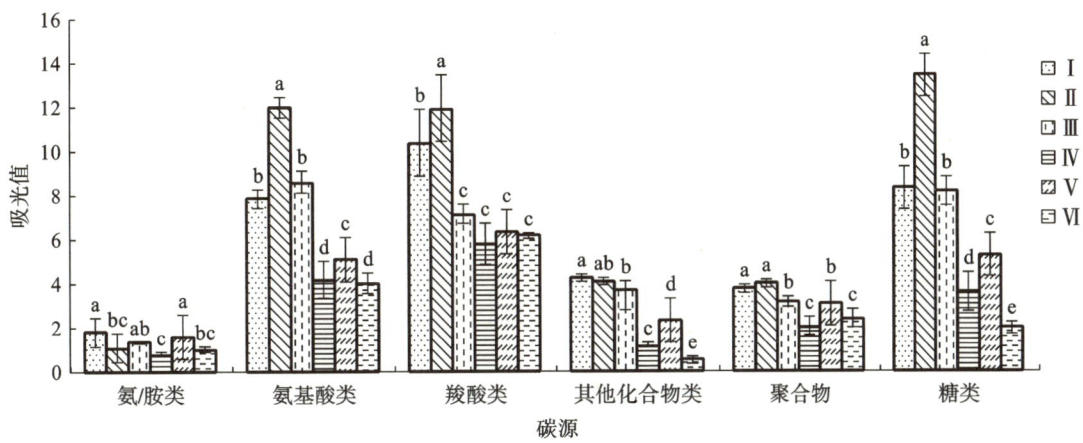

图 5-20 套作不同绿肥土壤微生物对不同碳源的利用水平(赵冬雪等,2019)

注:Ⅰ为团棵期黑麦草;Ⅱ为团棵期草木樨;Ⅲ为团棵期对照;Ⅳ为成熟期黑麦草;Ⅴ为成熟期草木樨;Ⅵ为成熟期对照。

表 5-22 绿肥翻压对植烟土壤微生物量碳、氮的影响/(mg/kg)(李正等,2011)

指标	处理	移栽后天数					
		10	30	45	60	75	90
碳	T4	173.68b	192.35b	159.57b	214.91b	157.49b	173.68b
	T3	207.15a	225.34a	184.28a	236.84a	186.68a	197.09a
	T2	159.72b	180.62b	154.48b	206.42c	150.75b	170.15b
	T1	157.89b	165.24c	123.37c	148.29d	118.28c	125.21c
	CK	102.11c	135.67d	70.53d	104.24e	86.32d	78.81d
氮	T4	56.10a	63.66b	17.80b	31.95b	71.95ab	43.17b
	T3	56.59a	70.10a	24.39a	38.78a	75.37a	46.59a
	T2	41.22b	59.02c	14.88c	29.02c	67.56bc	32.20c
	T1	23.66c	52.20d	8.05d	22.93d	64.88c	28.78d
	CK	22.93c	28.22e	6.83d	14.88e	27.07d	26.34e

注:设置绿肥翻压量为 T1(7500 kg/hm²)、T2(15000 kg/hm²)、T3(22500 kg/hm²)和 T4(30000 kg/hm²)。

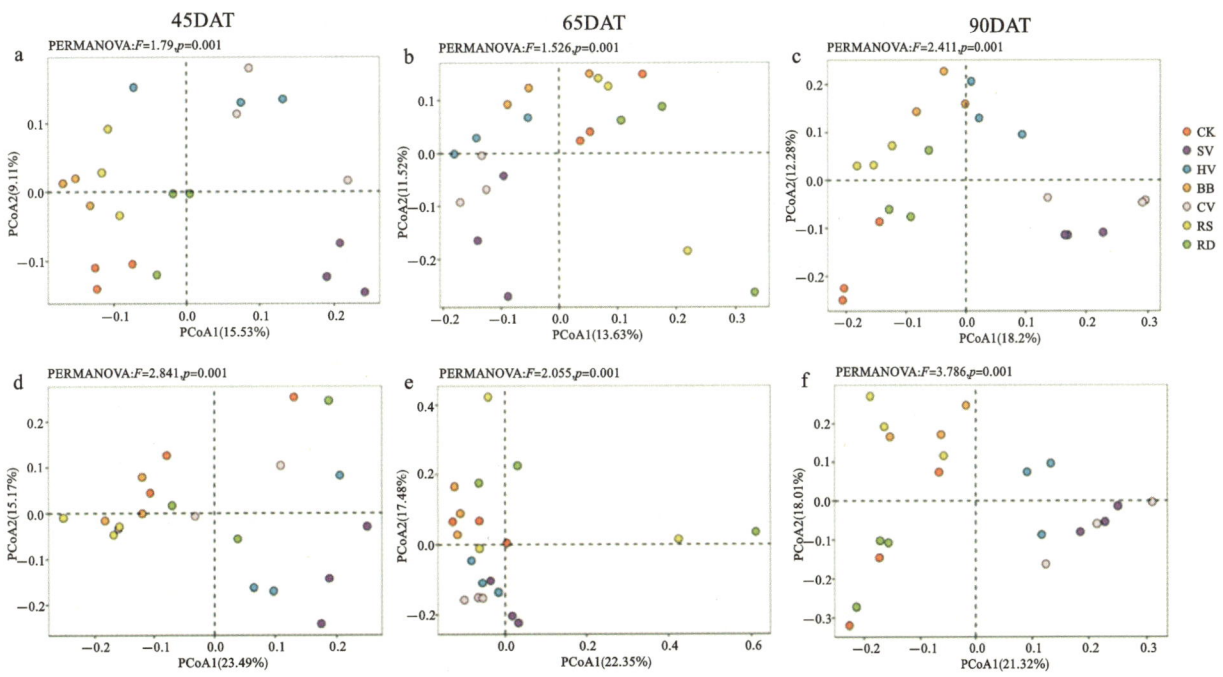

图 5-21 不同绿肥处理下根际土壤细菌(a~c)和真菌(d~f)群落的 PCoA 图(Feng 等,2024)

注:CK 为冬闲休耕;SV 为光叶紫花苕子;HV 为毛叶苕子;BB 为蚕豆;CV 为救荒野豌豆;RS 为紫菜薹;RD 为萝卜。

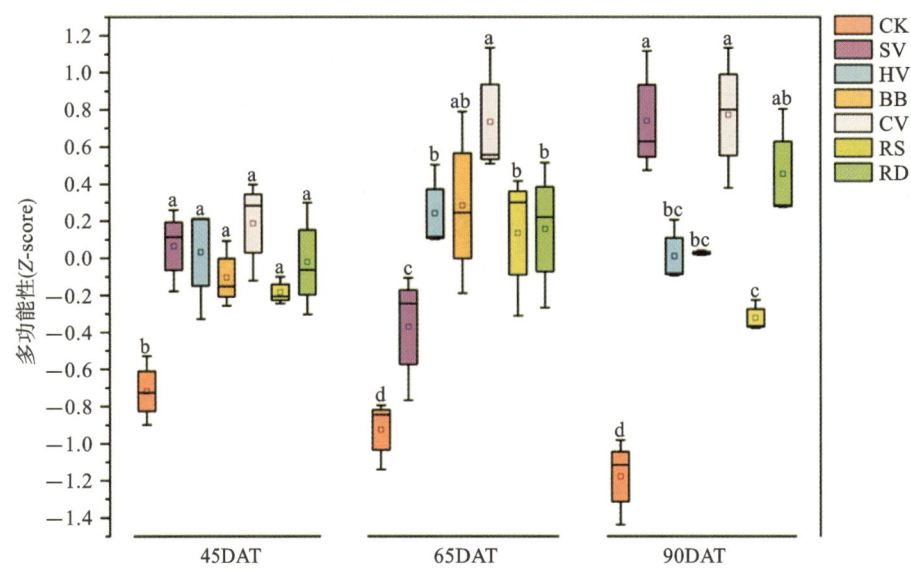

图 5-22　不同绿肥对土壤多功能性的影响（Feng 等，2024）

注：CK 为冬闲休耕；SV 为光叶紫花苕子；HV 为毛叶苕子；BB 为蚕豆；CV 为救荒野豌豆；RS 为紫菜薹；RD 为萝卜。

（三）对植烟土壤酶活性的影响

土壤酶是土壤生物活性的重要指标，在土壤养分循环中起到重要作用，能够反映土壤的养分转化效率（Jimenez 等，2002）。研究表明，绿肥翻压提高了植烟土壤酸性磷酸酶、脲酶、蔗糖酶、过氧化氢酶活性（刘国顺等，2010；李正等，2011；张黎明等，2016；张明发，2017）。陈晓波等（2011）、官会林等（2010）发现，绿肥翻压还提高了植烟土壤多酚氧化酶活性。陈伟等（2024）研究发现，与对照相比，施用绿肥压青后植烟土壤中过氧化氢酶、蔗糖酶、脲酶、磷酸酶活性均会有不同程度的增加（图 5-23）。李集勤等（2020）研究表明，

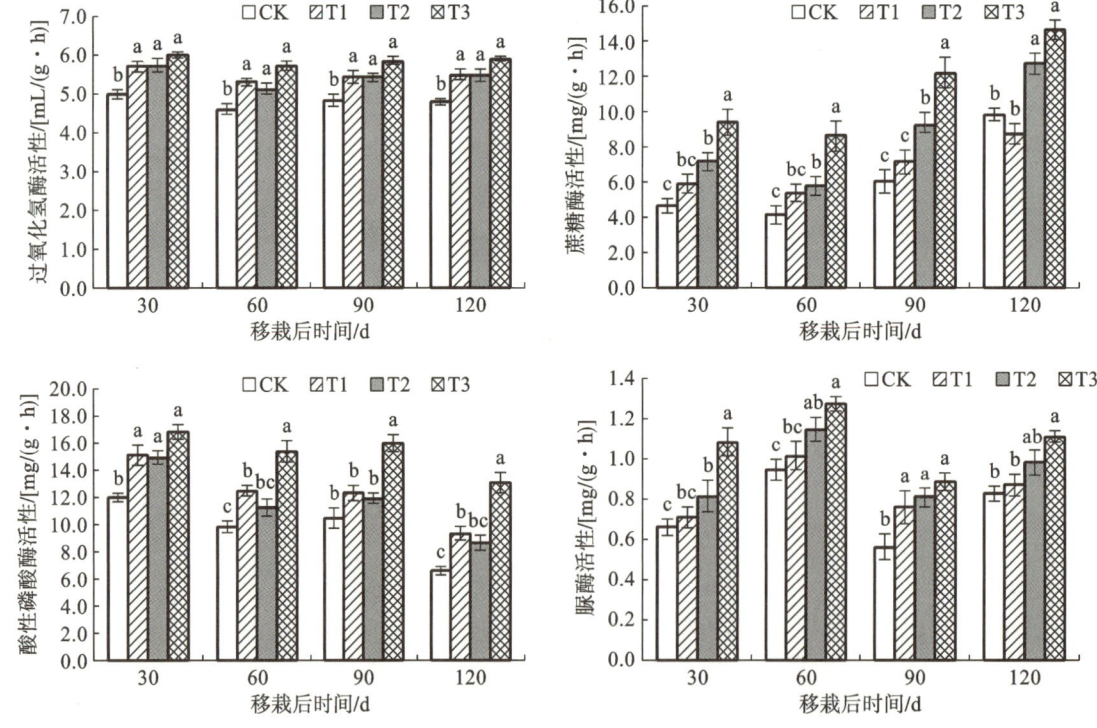

图 5-23　绿肥压青对植烟土壤酶活性的影响（陈伟等，2024）

注：CK 为不种植绿肥；T1 为单播黑麦草，播种量为 60 kg/hm²；T2 为单播光叶紫花苕子，播种量为 60 kg/hm²；T3 为混播黑麦草和光叶紫花苕子，播种量各 30 kg/hm²。

箭舌豌豆和紫云英翻压后植烟土壤的转化酶、脲酶和脱氢酶活性较冬闲处理显著提高(表5-23)。王飞等(2019)研究表明,绿肥翻压处理提高了植烟土壤过氧化氢酶、多酚氧化酶活性,在烟草旺长期达到最大值(图5-24)。

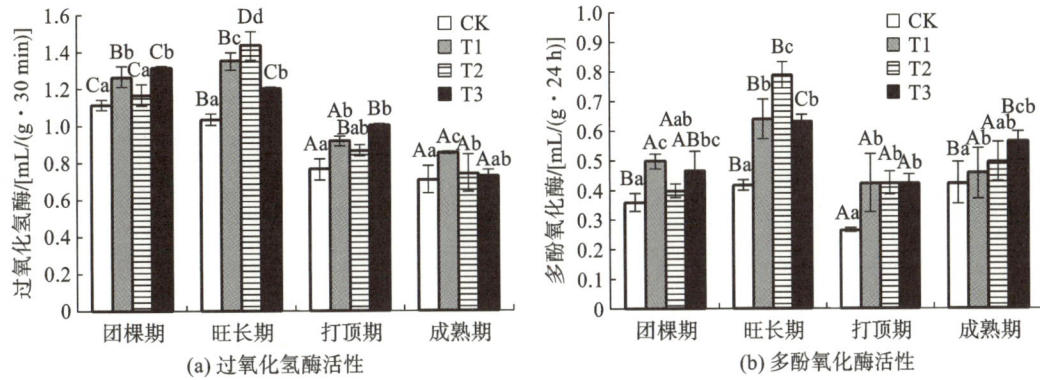

图 5-24　不同处理对土壤过氧化氢酶活性和多酚氧化酶活性的影响(王飞等,2019)

注:CK 为不翻压绿肥;T1 为翻压光叶苕子;T2 为翻压黑麦草;T3 为翻压紫云英。

表 5-23　不同绿肥处理土壤酶活性(李集勤等,2020)

处理	转化酶活性 /(mg/g)	磷酸酶活性 /(mg/100 g)	脲酶活性 /(mg/100 g)	脱氢酶活性 /[μg/(g·h)]
光叶紫花苕子	26.18b	198.68c	26.46ab	5.42bc
黑麦草	22.90bc	207.22bc	31.13a	7.62a
紫花苜蓿	25.56b	210.50ab	23.23bc	5.13bc
箭舌豌豆	41.12a	209.93ab	30.24a	5.47bc
草木樨	24.73b	216.99a	24.35bc	5.66bc
田菁	19.02c	220.85a	23.69bc	4.23d
紫云英	29.63b	216.71a	29.44a	6.20b
红花三叶草	21.78bc	224.84a	22.85c	1.57e
冬闲休耕	26.51b	218.10a	25.58bc	4.88cd

综上所述,绿肥处理对植烟土壤的理化性状、微生物生态环境及土壤微生物酶活性均有显著影响,主要表现在提高了土壤有机质、pH、有效磷、碱解氮、速效钾等的含量,有利于土壤中有机质的转化和物质循环,降低了土壤容重,提升了土壤总孔隙度体积百分数和土壤水稳性团聚体含量,有利于土壤的通气保水性;还提高了烟株根际土壤细菌群落的丰富度;增加了植烟土壤脲酶、酸性磷酸酶、蔗糖酶、过氧化氢酶活性,能够有效消减植烟土壤健康障碍因子。

五、炭基肥

(一)对植烟土壤生物化学特性的影响

炭基肥中的生物炭含有较高的碳,有利于为微生物提供充足的碳源,对植烟土壤的健康具有良好作用。增施炭基肥能够显著提高植烟土壤有机碳含量和微生物量碳、氮含量,改善土壤养分状况(常栋等,2018)。吴凤英等(2023)研究发现,施用烟秆和竹炭基肥均能显著提升土壤 pH 和土壤有机碳及碳、氮组分含量,改善了土壤的酸碱平衡(表5-24)。方远鹏等(2023)研究发现,施用玉米秸秆生物质炭基肥能够显著提高植烟土壤有机质、碱解氮、速效钾含量,但土壤有效磷含量显著降低。朱德伦等(2023)研究表明,施用烟秆生物质炭基肥可显著提升土壤 pH 和有机质、全氮、全钾、水解氮含量,改善土壤的理化性质(表5-25)。张凯等(2022)研究表明,炭基肥与化肥配施增加了烟田土壤主要养分,土壤有机碳、碱解氮、速效磷、微生

物量碳、微生物量氮和矿质氮的含量都有所提高。吴东等(2023)研究表明,与对照相比,减氮配施炭基肥显著提高了土壤 pH 和土壤有机质、碱解氮、速效磷、速效钾含量,降低了土壤容积质量,改善了植烟土壤的理化性质。樊鹏飞等(2020)研究发现,滴灌条件下添加生物炭基肥有利于提高土壤硝态氮、铵态氮、无机氮、全氮、碱解氮含量,且以 1200 kg/hm² 生物炭基肥施用量最为适宜。

表 5-24　烟秆和竹炭基肥处理对土壤碳氮组分的影响(吴凤英等,2023)

处理	SOC/ (g·kg⁻¹)	DOC/ (g·kg⁻¹)	LOC/ (g·kg⁻¹)	POC/ (g·kg⁻¹)	DON/ (mg·kg⁻¹)	PON/ (mg·kg⁻¹)	NH₄⁺-N/ (mg·kg⁻¹)	NO₃⁻-N/ (mg·kg⁻¹)
CK	14.41± 0.27c	0.47± 0.01b	2.38± 0.05d	2.86± 0.10d	19.43± 2.22b	169.87± 7.06d	6.32± 1.27c	1.14± 0.04c
F	14.62± 0.36c	0.50± 0.02b	2.87± 0.05c	3.10± 0.06c	25.75± 3.07b	208.26± 4.70c	9.17± 0.31c	4.97± 0.36a
YBF	15.38± 0.09b	0.61± 0.01a	3.80± 0.11a	3.66± 0.06a	38.83± 3.91a	266.56± 6.22a	29.38± 2.86a	2.63± 0.19b
ZBF	16.16± 0.33a	0.65± 0.03a	3.38± 0.25b	3.40± 0.13b	35.45± 4.89a	234.66± 7.55b	22.30± 1.48b	2.58± 0.18b

注:CK 为不施肥;F 为烟草专用肥;YBF 为烟秆炭基肥;ZBF 为竹炭基肥。SOC 为土壤有机碳;DOC 为土壤可溶性碳;LOC 为土壤易氧化有机碳;POC 为颗粒有机碳;DON 为土壤可溶性氮;PON 为颗粒有机氮。

表 5-25　烟秆生物质炭基肥用量对土壤理化性质的影响(朱德伦等,2023)

指标	T0(常规施肥)	T1(2700 kg/ha)	T2(3375 kg/ha)	T3(4050 kg/ha)
pH	7.96±0.34b	7.97±0.28b	8.24±0.42a	8.29±0.16a
有机质/(g/kg)	19.73±2.12c	20.72±1.89c	22.26±0.75b	26.32±1.83a
全氮/(g/kg)	1.33±0.02c	1.36±0.11b	1.38±0.13ba	1.40±0.04a
全磷/(g/kg)	0.58±0.01	0.68±0.03	0.68±0.01	0.69±0.02
全钾/(g/kg)	16.38±0.53d	16.78±0.43c	17.22±0.35b	17.73±0.28a
水解氮/(mg/kg)	89.65±5.24c	92.08±7.52b	95.21±9.46a	97.09±11.53a
有效磷/(mg/kg)	39.01±3.16c	48.00±3.21a	44.85±2.46b	39.19±3.97c
速效钾/(mg/kg)	348.07±19.14a	309.58±34.46c	295.05±28.79d	333.14±31.97b

(二)对植烟土壤微生态环境的影响

生物炭基肥的施用还可以通过影响微生物的生存条件,以改善植烟土壤的微生态环境。Shannon 指数反映微生物群落的多样性,能够表征生态环境系统的健康稳定性(吴凤英等,2023)。有研究表明,炭基肥的施用能够提高 Shannon 多样性指数,提高植烟土壤的细菌物种分配均匀度和微生物群落的多样性(朱德伦等,2023)(表 5-26)。吴凤英等(2023)研究发现,烟秆和竹炭基肥均能够提高植烟土壤微生物量碳、氮含量(图 5-25),增加土壤微生物群落丰富度,主要表现为厚壁菌门和拟杆菌门细菌丰度上升,变形菌门丰度下降(图 5-26)。苏梦迪(2022)研究发现,减氮配施高炭基肥能够提升植烟土壤变形菌门丰度。

表 5-26　烟秆生物质炭基肥用量对土壤细菌 α 多样性指数的影响(朱德伦等,2023)

处理	Chao 指数	Ace 指数	Shannon 指数	Simpson 指数
T0	1753.49±61.36	1732.26±52.2	6.83±0.21	0.96±0.01
T1	1679.52±44.72	1669.59±40.05	7.13±0.13	0.97±0.01
T2	1722.68±20.92	1700.54±16.94	6.96±0.22	0.96±0.01
T3	1706.65±17.62	1681.14±5.47	7.45±0.14	0.98±0.01

注:T0 为不施用烟秆生物质炭基肥的常规施肥;生物质炭基肥用量处理 T1 为 2700 kg/ha、T2 为 3375 kg/ha、T3 为 4050 kg/ha。

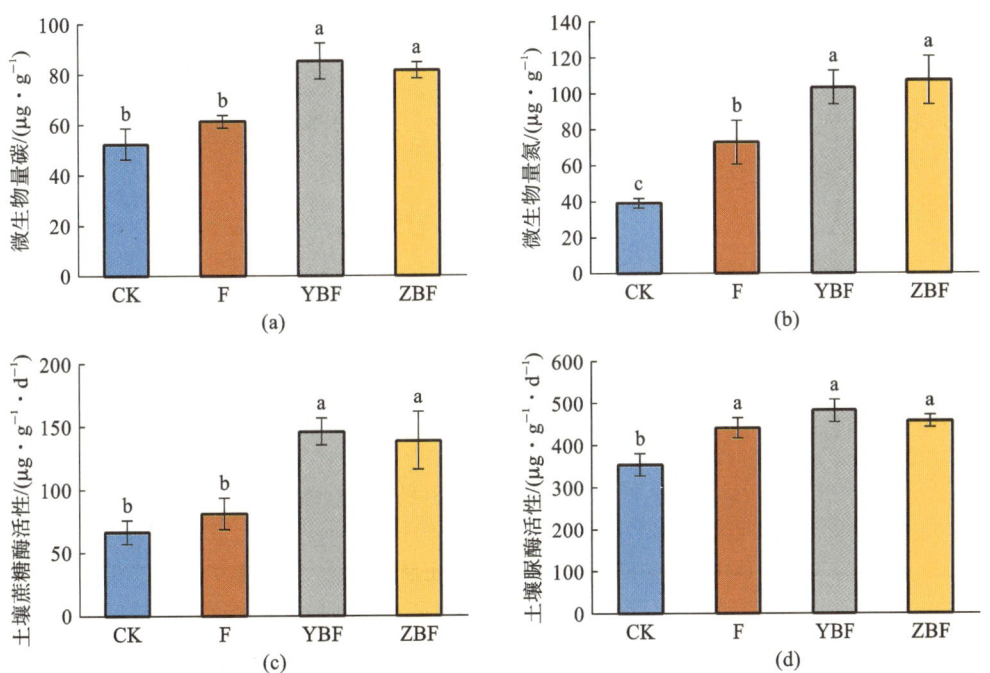

图 5-25　烟秆和竹炭基肥处理对土壤微生物量碳、氮和酶的影响(吴凤英等,2023)

注:CK 为不施肥;F 为烟草专用肥;YBF 为烟秆炭基肥;ZBF 为竹炭基肥。下同。

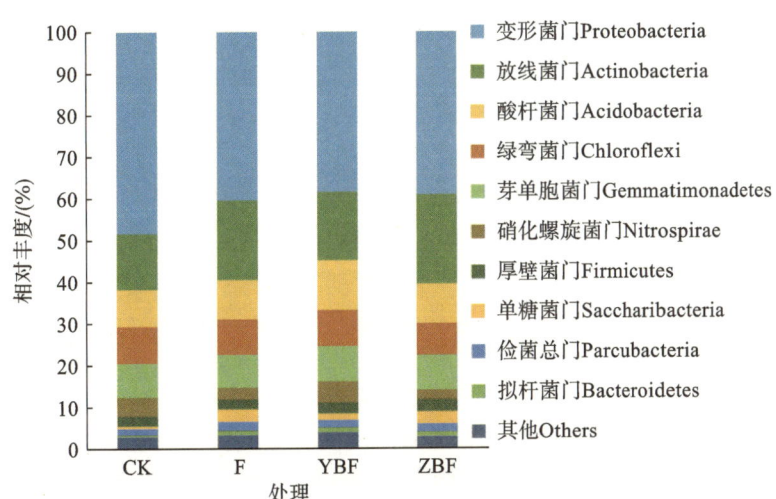

图 5-26　烟秆和竹炭基肥处理对土壤细菌门水平主要菌群相对丰度的影响(吴凤英等,2023)

（三）对植烟土壤酶活性的影响

土壤酶是土壤生物学活性的重要组成部分，酶活性是表征植烟土壤质量的重要指标。吴凤英等（2023）研究发现，与不施肥和施用烟草专用肥相比，烟秆炭基肥和竹炭基肥的施用均能够显著提高植烟土壤脲酶、蔗糖酶活性（图5-25）。张金峰等（2022）研究表明，化肥减量配施炭基肥可提高植烟土壤脲酶、蔗糖酶、酸性磷酸酶活性，降低过氧化氢酶活性（图5-27）。张凯等（2022）通过不同比例炭基肥与化肥配施研究对植烟土壤生物学特性的影响，发现配施处理显著提高了土壤脲酶活性，提高幅度为30.4%～58.7%，土壤转化酶和多酚氧化酶活性也有不同程度的提高，但差异并未达到显著水平。

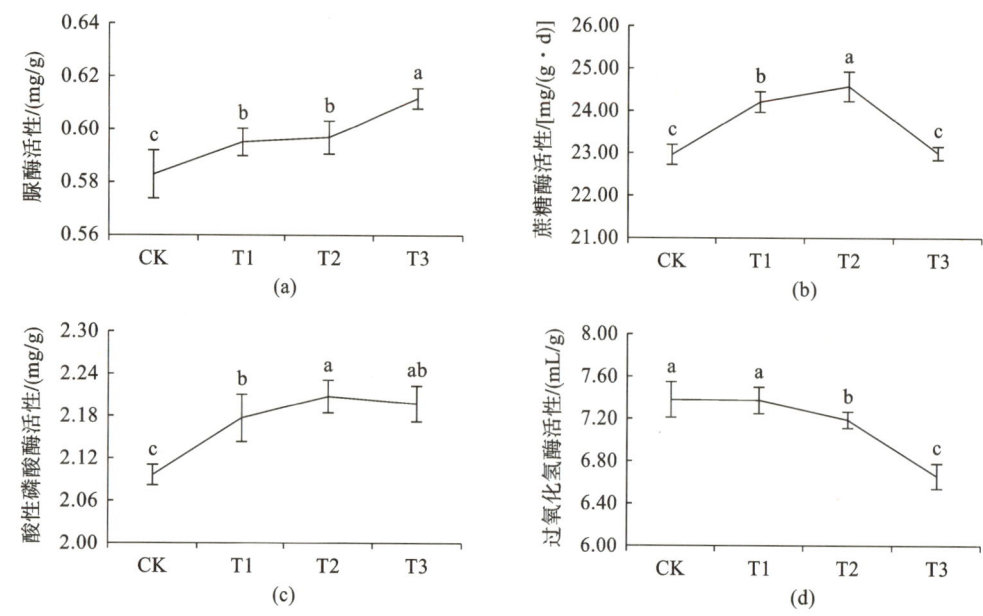

图 5-27　化肥减量配施炭基肥对土壤酶活性的影响（张金峰等，2022）
注：CK为100%化肥；T1为80%化肥＋20%生物质炭基肥；
T2为60%化肥＋40%生物质炭基肥；T3为40%化肥＋60%生物质炭基肥。

综上所述，炭基肥处理对植烟土壤生物化学特性、理化性状、微生物生态环境及土壤微生物酶活性均有显著影响，主要表现在提高了土壤有机碳、碱解氮、速效磷及微生物量碳、氮含量，改善了土壤的酸碱平衡；提高了土壤Shannon多样性指数和微生物群落的多样性，植烟土壤脲酶、蔗糖酶、酸性磷酸酶活性也得到显著提升。

六、水溶肥

水溶性肥料是指能够快速溶解于水中的大量元素单质水溶肥、水溶性复合肥料、农业农村部行业标准规定的水溶性复混肥和有机水溶肥等（陈清等，2014），水和肥料结合追肥能够为烤烟提供充足的养分，促进烤烟的生长（夏昊等，2018）。含氨基酸水溶性肥料是指以游离氨基酸为主，根据植物生长需求比例加入适量的微量元素所制成的液体或固体水溶性肥料（王学君等，2011），能够均衡土壤养分、改善土壤理化性质、提高植烟土壤微生物活性，进而提升土壤的健康质量。腐殖酸水溶肥是以腐殖酸为载体，螯合植物生长所需的氮、磷、钾和中微量元素，能被植物直接吸收利用（耿少武等，2023）。周芳芳等（2016）研究发现，氨基酸水溶肥和腐殖酸水溶肥均能改善植烟土壤理化性质，提高土壤中主要养分含量，氨基酸水溶肥更有利于增加土壤微生物数量，提升烟叶内在品质，而腐殖酸水溶肥在促进土壤养分、提高土壤肥力方面效果更为显著，这可能与两种液态有机肥所含主体营养物质不同有关（表5-27、表5-28）。

综上所述，水溶性肥料的施用能够促进土壤养分的提升，改善土壤理化性质，提高植烟土壤微生物活性，改善土壤的微生态环境以及健康状态。

表 5-27　不同试验点各处理土壤的养分含量(周芳芳等,2016)

试验点	处理	pH	养分含量			
			有机质/(g/kg)	碱解氮/(mg/kg)	有效磷/(mg/kg)	速效钾/(mg/kg)
石林	CK	7.39aA	21.99cB	66.40cCD	4.50dC	297.46bB
	根健	7.01cD	26.42bAB	112.11aA	12.19bF	368.69aA
	拜农圃田	6.73dE	30.88aA	96.13abAB	13.39bB	364.33aA
	氨基沃根钾宝	7.19bC	31.49aA	111.16aA	23.09aA	377.09aA
	根宜生	7.32aAB	24.17bcB	82.55bBC	6.40cdC	289.15bB
	速芭	7.23bBC	26.86bAB	112.16aA	8.70cBC	266.08bB
楚雄	CK	5.77aA	5.01dC	35.10eC	5.11cC	96.33eE
	根健	5.76aA	22.36aA	98.25dB	19.95bB	189.33cC
	拜农圃田	5.72aA	17.64bB	111.74bcB	34.55aA	157.25dD
	氨基沃根钾宝	5.25cC	16.96bcB	102.11cdB	36.80aA	226.09aA
	根宜生	5.06dD	22.75aA	128.79aA	33.75aA	205.68bB
	速芭	5.49bB	15.44cB	115.06bAB	36.08aA	183.21cC
景东	CK	5.33abA	27.06dD	128.10dD	96.65dD	234.50dD
	根健	5.58aA	42.48bB	183.05bB	182.42bB	261.74cC
	拜农圃田	5.35abA	83.35aA	182.23bB	229.40aA	402.27bB
	氨基沃根钾宝	4.98bB	39.90bcB	195.54aA	209.53bAB	586.34aA
	根宜生	4.76bB	31.8cC	151.06cC	120.24cC	289.16cC
	速芭	5.10bAB	30.64cdCD	131.54dD	77.23dD	444.06bB

表 5-28　不同试验点各处理土壤的微生物含量(周芳芳等,2016)

试验点	处理	微生物含量			
		细菌/(×10⁶)	真菌/(×10⁴)	放线菌/(×10⁶)	合计/(×10⁶)
石林	CK	26.0bB	11.3aA	2.8bB	28.9bB
	根健	15.0cD	7.8bAB	3.3bB	18.3dC
	拜农圃田	38.0aA	4.5bcBC	8.1aA	46.1aA
	氨基沃根钾宝	16.7cCD	2.9bcC	3.2bB	19.9dC
	根宜生	17.0cCD	11.3aA	4.1bAB	21.2cdC
	速芭	23.3bBC	5.9bBC	7.0aAB	30.4bB

续表

试验点	处理	微生物含量			
		细菌/($\times 10^6$)	真菌/($\times 10^4$)	放线菌/($\times 10^6$)	合计/($\times 10^6$)
楚雄	CK	12.0eD	9.6dD	0.3cC	12.3cC
	根健	55.0aA	28.0cC	0.8cBC	56.1aA
	拜农圃田	28.3bcBC	42.0bB	2.3abAB	31.1bB
	氨基沃根钾宝	34.3bB	31.5cC	1.2bcBC	35.8bB
	根宜生	16.7deCD	42.5bB	2.9aA	19.9cC
	速芭	22.0cdCD	104.5aA	3.1aA	26.1bcB
景东	CK	19.7abA	42.0bB	7.5aA	27.6aA
	根健	25.0abA	65.0aA	5.5abAB	31.1aA
	拜农圃田	25.5abA	39.3bB	2.5cdAB	28.5aA
	氨基沃根钾宝	30.5aA	22.0cBC	4.5bcAB	35.4aA
	根宜生	17.0bAB	22.0cBC	4.5bcAB	21.8aA
	速芭	2.8cB	3.2dC	0.9dB	3.7bB

七、农家肥

农家肥来源于禽畜粪便和农作物秸秆,具有营养丰富的特点,能够改善土壤肥力。叶协锋等(2018)施用由玉米秸秆、猪粪、牛粪和石灰按照50:25:20:5的比例组成的农家肥,探究其对烟田土壤团粒结构及有机碳库的影响,结果发现施用农家肥能够促进土壤团粒结构的形成(表5-29),土壤中大粒径团粒结构所占比例、水稳性团粒数量、腐殖酸总碳量、胡敏酸总碳量、土壤全碳和全氮含量显著增加,对植烟土壤有较好的培肥效果。范龙等(2023)通过将不同用量的牛粪农家肥与常规施肥结合发现,增施农家肥显著增加了土壤 pH,改善了土壤的酸碱平衡,有机质含量显著提升,氮磷钾等养分也得到明显改善,并随施肥量的增加改良效应不断增强(表5-30)。范文思等(2018)研究发现,施用玉米秸秆和牛粪混合而成的农家肥能够显著增加土壤碱解氮、速效钾、有效磷、全氮和全碳含量,土壤养分得到改善,胡敏酸和富里酸含量得到明显提高(表5-31、图5-28)。

综上所述,农家肥的施用能够改善土壤的团粒结构,大粒径团粒结构所占比例增加,改善了土壤结构;还增加了土壤的养分含量和 pH,改善了土壤的酸碱平衡。

表 5-29　施用有机肥对土壤团粒结构的影响(叶协锋等,2018)

时间	处理	粒径范围						$R_{0.25}$	MWD/nm	GMD/mm
		<0.25 mm	0.25~0.5 mm	0.5~1 mm	1~2 mm	2~5 mm	>5 mm			
2014(试验前)	CK	5.83% f	4.60% e	10.79% d	6.42% f	21.80% c	50.55% a	76.05% c	3.50 a	1.51 a
	T1	16.00% ab	6.98% d	14.38% a	8.14% e	28.07%	26.44% e	88.77% a	2.60 d	1.23 d
2015(第一年)	T2	13.42% c	7.22% cd	12.54% bc	6.66% f	25.10% b	35.06% d	83.97% b	2.89 c	1.30 c
	T3	7.95% e	7.17% cd	12.74% bc	6.96% f	23.17% bc	42.02% b	88.35% a	3.16 b	1.40 b
	CK	9.98% d	10.13% a	10.17% d	11.13% d	18.66% de	39.93% bc	79.87% c	2.96 c	1.33 c
	T1	17.23% a	7.27% cd	9.88% de	17.14% a	19.04% d	29.44% e	83.83% b	2.54 d	1.21 d
2016(第二年)	T2	15.39% b	8.70% b	9.31% de	16.91% ab	21.06% c	28.62% e	84.92% b	2.56 d	1.23 d
	T3	12.72% c	7.70% c	7.95% f	12.70% c	18.83% d	40.10% b	76.05%	2.97 c	1.33 c
		9.29% d	7.05% d	8.09% f	16.75% ab	17.25% e	41.56% b	80.53% bc	3.04 bc	1.37 bc

注:①CK为不施肥;T1为按照当地常规施肥进行;T2为在 T1 基础上撒施 7500 $kg \cdot hm^{-2}$ 的有机肥(由玉米秸秆,猪粪,牛粪和石灰按照 50:25:20:5 的比例组成);T3 为在 T1 基础上撒施 15000 kg/hm^2 的有机肥。②MWD 为土壤团聚体的平均质量直径;GMD 为几何平均直径。

表 5-30　农家肥施用对植烟土壤理化性质的影响(范龙等,2023)

处理	pH	有机质/(g/kg)	全氮/(g/kg)	有效磷/(mg/kg)	速效钾/(mg/kg)
CK	5.77c	29.35d	0.73c	23.28bc	148.50c
T1	5.80b	41.95c	1.02b	29.26ab	212.39b
T2	6.33ab	50.84b	1.21a	28.55b	206.51b
T3	6.50a	59.30a	1.17ab	34.49a	226.06ab
T4	6.59a	59.26a	1.30a	35.79a	272.18a

注:CK 为常规施肥;T1 为常规施肥+1500 kg/hm² 农家肥;T2 为常规施肥+3000 kg/hm² 农家肥;T3 为常规施肥+4500 kg/hm² 农家肥;T4 为常规施肥+6000 kg/hm² 农家肥。

表 5-31　腐熟农家肥用量对土壤全氮、全碳含量的影响(范文思等,2018)

时期	处理	全氮/(g/kg)	全碳/(g/kg)	C/N
移栽 0 d	CK	1.25b	12.55b	10.04a
	T1	1.26b	12.64b	10.03b
	T2	1.35a	13.58a	10.05a
	T3	1.36a	13.62a	10.01b
移栽 110 d	CK	1.14b	11.78b	10.33c
	T1	1.19b	12.04b	10.11c
	T2	1.31a	14.98a	11.44a
	T3	1.35a	14.74a	10.92b

注:CK 为常规施肥;T1 为常规施肥+1500 kg/hm² 农家肥;T2 为常规施肥+7500 kg/hm² 农家肥;T3 为常规施肥+15000 kg/hm² 农家肥。下同。

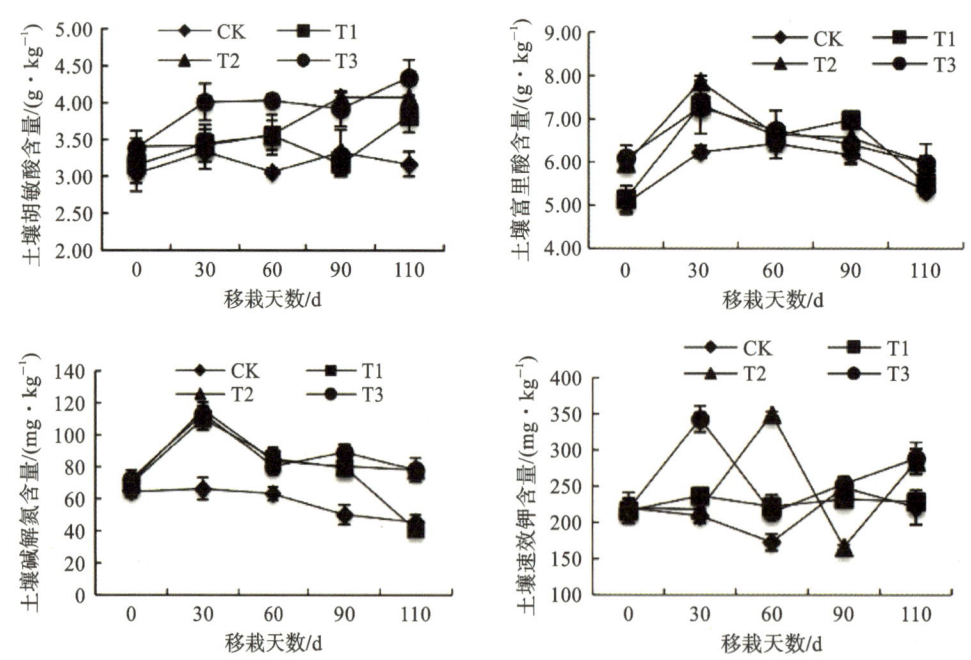

图 5-28　腐熟农家肥用量对土壤胡敏酸、富里酸、碱解氮、速效钾、有效磷含量的影响(范文思等,2018)

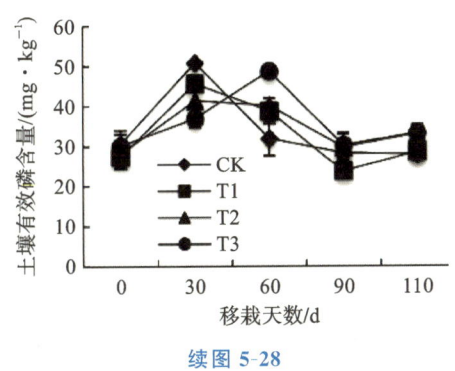

续图 5-28

八、豆浆灌根

豆浆灌根技术是一种有机肥追施技术,其通过将发酵豆浆溶液灌注在烟株根部,促进烤烟的生长发育。研究发现,豆浆灌根可以为烤烟提供充足的养分,促进植烟土壤微生物数量的增加,提高土壤质量(邱岭军等,2021)(表 5-32)。李致新等(2016)研究发现,在干旱条件下,团棵期进行豆浆灌根能够提高烟株根际土壤微生物数量和酶活性,有利于烟田的营养均衡。戴华鑫等(2020)通过大田和盆栽试验分析了豆浆灌根对植烟土壤细菌群落结构和土壤养分的影响,结果表明,豆浆灌根处理能够明显改善灌根中后期土壤养分含量,改变土壤的微生态环境,明显增加土壤功能细菌的丰度(表 5-33、表 5-34、图 5-29)。李亚飞等(2021)采用豆浆溶钾对烟草进行灌根,研究发现,豆浆溶钾灌根有利于植烟土壤有机碳、铵态氮和速效钾含量的增加,改善了烟田土壤养分,利于烟株的正常生长(表 5-35)。戴华鑫等(2018)研究发现,豆浆灌根处理能够提升植烟土壤活性有机碳和土壤蛋白含量,有利于植烟土壤微生态环境质量的改善,促进烟株的生长,但对土壤酶活性整体影响不大(表 5-36、表 5-37)。

综上所述,豆浆灌根处理可以有效改善植烟土壤养分(如土壤有机碳、铵态氮和速效钾等)含量,提升土壤活性有机碳和土壤蛋白含量,增加植烟土壤微生物数量,改善土壤微生物群落组成,有效提高土壤质量。

表 5-32　不同处理植烟土壤有机碳含量和微生物数量(邱岭军等,2021)

处理	细菌/(个/g)	真菌/(个/g)	放线菌/(个/g)	细菌/真菌	溶解性有机碳/(g/kg)
T1	$0.83×10^7$d	$2.10×10^5$a	$1.30×10^6$c	39.52c	0.06a
T2	$0.90×10^7$c	$2.20×10^5$a	$1.90×10^6$b	40.91c	0.11a
T3	$1.1×10^7$b	$2.40×10^5$a	$1.80×10^6$b	45.83b	0.09a
T4	$1.50×10^7$a	$2.50×10^5$a	$2.40×10^6$a	60.00a	0.13a

注:T1 为常规施肥(对照);T2 为常规施肥+生物炭;T3 为常规施肥+豆浆灌根;T4 为常规施肥+生物炭+豆浆灌根。

表 5-33　豆浆灌根对土壤养分含量的影响/(mg/kg)(戴华鑫等,2020)

灌根后时间/d	处理	速效氮	有效磷	速效钾	有机质/(g/kg)	有效铁	交换性钙	交换性镁	活性有机碳	土壤蛋白
	CK	286.3a	31.4a	256.6a	17.7a	21.2a	3103.2a	644.8a	357.1a	1.44a
0	T1	275.7a	29.4a	221.7a	16.8a	19.5a	2912.6a	653.6a	356.3a	1.30a
	T2	288.1a	30.8a	211.9a	17.2a	18.2a	2921.4a	632.4a	364.9a	1.39a

续表

灌根后时间/d	处理	速效氮	有效磷	速效钾	有机质/(g/kg)	有效铁	交换性钙	交换性镁	活性有机碳	土壤蛋白
	CK	280.6a	30.5a	241.9a	17.2a	20.7a	3058.7a	686.1a	365.2b	1.72b
5	T1	294.4a	26.8a	234.3a	18.4a	18.2a	2824.6a	661.1a	401.7a	2.56a
	T2	294.8a	31.1a	244.2a	17.6a	17.9a	2873.9a	602.6a	408.9a	2.60a
	CK	220.2b	17.7c	218.0b	16.7a	16.5a	2540.7b	514.2b	325.3a	1.64b
20	T1	268.2ab	24.4b	235.5b	17.9a	16.9a	2863.4a	677.5ab	366.0a	1.99a
	T2	300.3a	30.0a	307.2a	17.1a	19.0a	3154.4a	779.0a	358.7a	2.01a
	CK	245.6a	20.1b	289.4a	17.6a	21.2a	2743.7a	625.5b	304.0a	1.34b
35	T1	287.9a	26.1b	279.6a	17.4a	20.3a	2575.5a	644.4b	330.8a	1.68a
	T2	282.3a	32.7a	299.4a	18.2a	21.3a	3066.9a	740.0a	319.7a	1.54ab
	CK	127.0b	15.5b	209.0a	16.6a	18.6a	2902.0a	611.3a	287.4a	1.21a
55	T1	158.1a	22.6a	213.5a	17.9a	20.6a	2806.9a	662.5a	319.3a	1.24a
	T2	149.6a	27.1a	205.1a	17.5a	20.2a	2732.7a	612.0a	322.5a	1.20a
	CK	111.9b	10.8b	160.6b	15.7a	17.3a	2823.8a	552.6a	223.4a	1.05a
75	T1	163.3a	18.3a	191.7a	16.2a	18.8a	2714.9a	591.2a	211.9a	1.20a
	T2	168.9b	20.8a	187.9a	16.9a	20.4a	2847.7a	587.0a	230.6a	1.13a
	CK	112.9b	5.0b	146.8b	9.9a	18.6a	2747.0a	459.3a	340.5a	0.99a
95	T1	168.2a	16.4a	169.0a	10.3a	19.6a	2530.1a	402.4a	361.6a	1.21a
	T2	180.7a	14.1a	177.1a	10.7a	19.1a	2733.2a	401.1a	353.2a	1.23a

注:CK 为对照;T1 为传统豆浆;T2 为酵解豆粕。下同。

表 5-34 豆浆灌根初期土壤中功能细菌丰度变化/(%)(戴华鑫等,2020)

功能	细菌名	具体功能描述	CK	T1	T2
参与养分循环	链霉菌属(*Streptomyces*)	矿化复杂有机物	2.78	1.59	6.23
	产黄杆菌属(*Rhodanobacter*)	降解有机物	0.92	2.03	1.61
	水恒杆菌属(*Mizugakiibacter*)	缺氧条件硝酸盐还原亚硝酸盐	0.68	0.23	1.32
	硝化螺旋菌属(*Nitrospira*)	硝化细菌	1.05	0.57	0.12
	Massilia	降解纤维素	0.45	1.65	1.20
	芽单胞菌属(*Gemmatimonas*)	固氮	1.07	0.45	0.33
	鞘脂单胞菌属(*Sphingomonas*)	解钾	0.33	1.39	0.20
	鞘氨醇杆菌属(*Sphingobacterium*)	降解有机物	0.00	0.13	4.51
	噬几丁质菌属(*Chitinophaga*)	降解几丁质	0.10	1.30	0.92
	克雷白氏杆菌属(*Klebsiella*)	解磷	0.01	0.04	3.53
	Devosia	共生固氮	0.25	0.45	0.37
	Dongia	固氮	0.02	0.04	0.04

续表

功能	细菌名	具体功能描述	CK	T1	T2
参与养分循环	噬胞菌属（Rhodocytophaga）	降解纤维素	0.01	0.03	0.03
	纤维弧菌属（Cellvibrio）	降解纤维素	0.03	0.05	0.05
分泌植物生长调节剂	芽孢杆菌属（Bacillus）	植物根际促生菌（PGPR菌）	0.23	0.35	0.60
	假单胞菌属（Pseudomonas）	产生植物生长素，固氮解磷	0.11	5.97	3.05
	Pseudoduganella	健康土壤标志细菌之一	0.05	1.77	1.04
	藤黄色杆菌属（Luteibacter）	植物促生细菌	0.03	0.18	3.72
抑制病原菌	溶杆菌属（Lysobacter）	生防细菌，具溶菌作用	2.77	3.92	12.20
	假黄单胞菌属（Pseudoxanthomonas）	抗多种植物病害	0.05	1.29	0.69
	分枝杆菌属（Mycobacterium）	拮抗多种真菌病害	0.08	0.17	0.19
	蛭弧菌属（Bdellovibrio）	溶菌作用	0.01	0.03	0.05
致病	Aquicella	致病菌	0.10	0.05	0.05

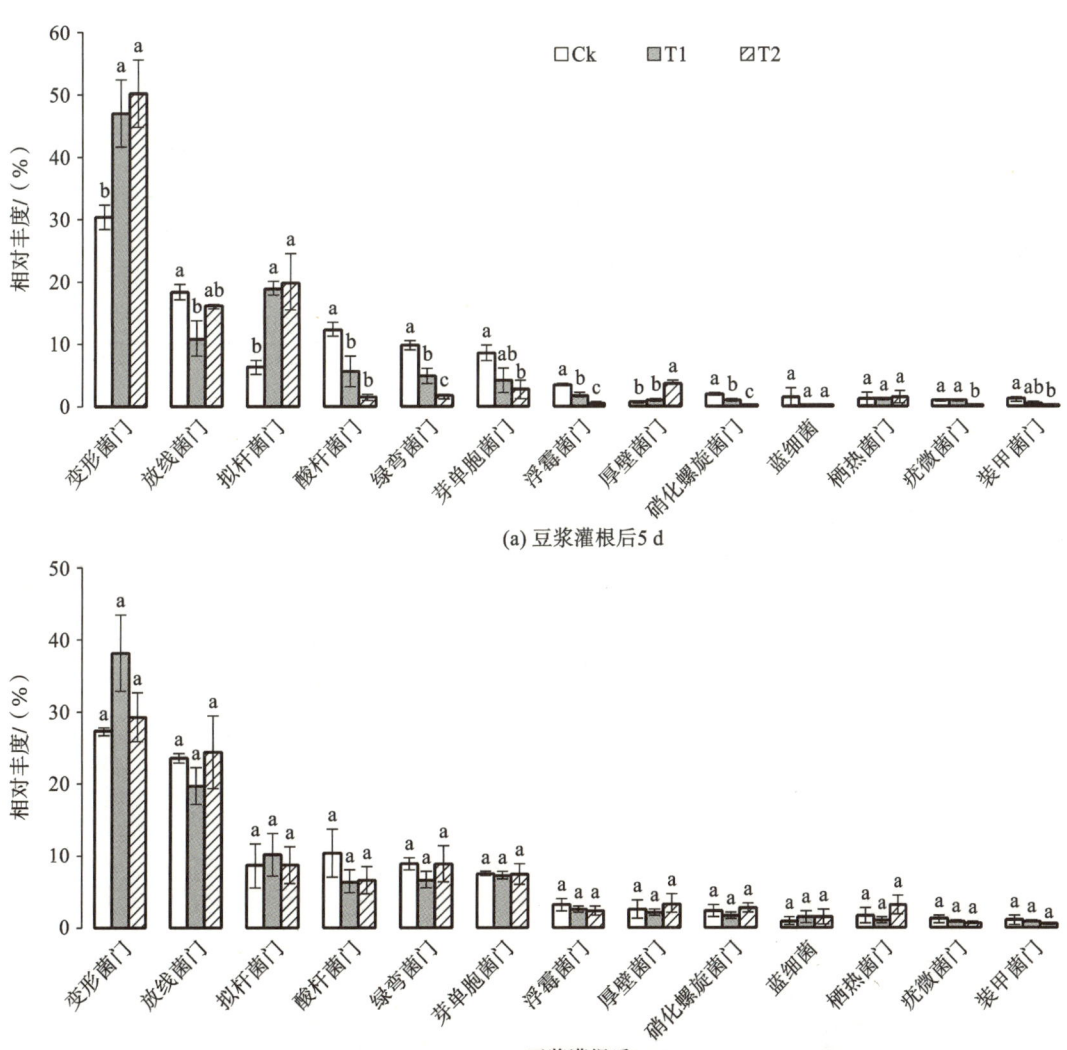

(a) 豆浆灌根后5 d

(b) 豆浆灌根后35 d

图 5-29　豆浆灌根后土壤细菌门水平群落分布相对丰度比较（戴华鑫等，2020）

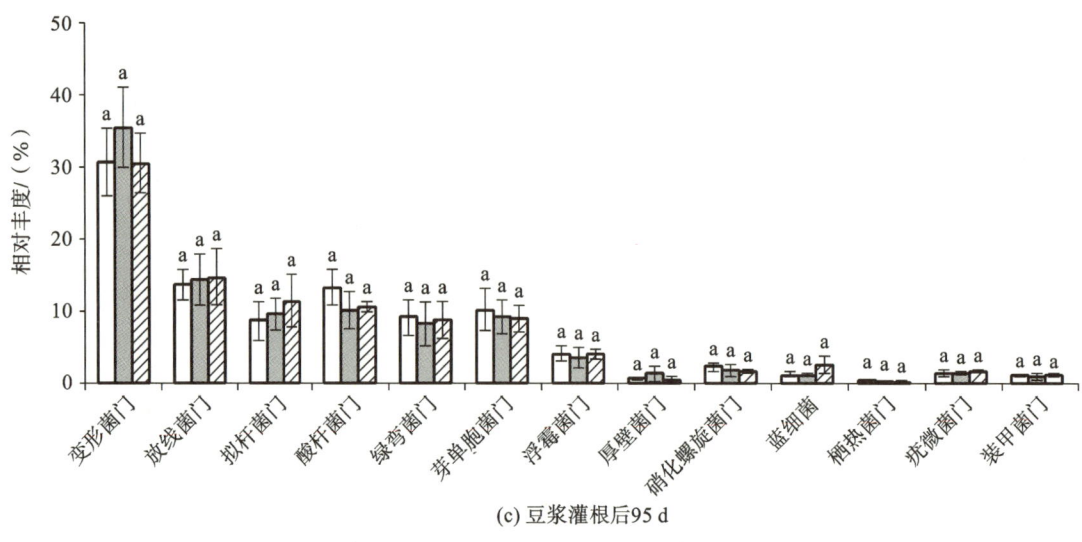

(c) 豆浆灌根后95 d

续图 5-29

表 5-35　不同处理对土壤养分含量的影响(李亚飞等,2021)

试验点	处理	溶解性有机碳/(g/kg)	全氮/(g/kg)	硝态氮/(mg/kg)	铵态氮/(mg/kg)	速效钾/(mg/kg)
卢氏	T1	9.70b	1.03b	0.57d	5.39c	186.00b
	T2	11.70a	1.20a	3.17a	7.57a	206.00ab
	T3	12.64a	1.33a	2.68b	6.54b	218.73a
	T4	10.30b	1.17a	1.05c	8.11a	193.00b
	T5	11.80a	1.23a	0.88d	6.01b	207.00ab
洛宁	T1	4.40b	0.85a	7.27a	2.11e	174.00a
	T2	5.97a	0.87a	0.01b	2.36d	189.63a
	T3	5.52a	0.90a	0.01b	2.97b	193.00a
	T4	6.01a	0.97a	0.01b	3.49a	180.60a
	T5	5.46a	0.87a	0.32b	2.67c	189.63a

注:T1 为对照(常规施肥);T2 为豆浆发酵后与硝酸钾混合,移栽时灌根;T3 为豆浆发酵后与硝酸钾混合,团棵期灌根;T4 为豆浆发酵后与黄腐酸钾混合,移栽时灌根;T5 为豆浆发酵后与黄腐酸钾混合,团棵期灌根。

表 5-36　豆浆灌根对土壤活性有机碳和土壤蛋白含量的影响(戴华鑫等,2018)

试验	项目	处理	豆浆灌根时间/d						
			0	5	10	15	20	25	30
盆栽	活性有机碳	CK	351.2a	326.2b	305.1b	212.4a	248.9a	311.5b	323.1b
		T1	369.1a	404.7a	357.0a	229.9a	288.2a	372.0a	388.3a
		T2	347.6a	380.9a	341.3a	217.7a	282.8a	350.3a	391.4a
	土壤蛋白	CK	1.98a	2.04b	1.91b	1.85b	1.68b	1.74b	1.70b
		T1	2.04a	2.55a	2.37a	2.24a	1.96a	2.01a	2.27a
		T2	2.02a	2.41a	2.20a	1.99ab	1.90a	1.98a	2.35a

续表

试验	项目	处理	豆浆灌根时间/d						
			0	5	10	15	20	25	30
大田	活性有机碳	CK	344.6a	331.8b	300.3b	274.0a	262.2a	221.2a	338.1a
		T1	362.7a	426.6a	356.4a	321.5a	304.9a	187.7a	354.8a
		T2	353.2a	414.1a	333.7ab	291.5a	317.7a	192.1a	362.4a
	土壤蛋白	CK	1.31a	1.52b	1.23b	1.04b	0.76a	0.87a	0.88a
		T1	1.24a	2.87a	1.62a	1.45a	1.04a	1.06a	1.25a
		T2	1.36a	2.57a	1.58a	1.51a	1.19a	1.05a	1.18a

注:CK 为对照;T1 为传统豆浆;T2 为酵解豆粕。

表 5-37　豆浆灌根对土壤酶活性的影响(戴华鑫等,2018)

项目	处理	豆浆灌根时间/d						
		0	5	10	15	20	25	30
蔗糖酶 (Glucose $\cdot$ mg $\cdot$ g^{-1} $\cdot$ d^{-1})	CK	10.55a	9.86b	12.78a	10.58a	12.04a	10.93a	10.01a
	T1	11.47a	12.51a	13.43a	14.07a	10.95a	10.20a	11.84a
	T2	10.99a	10.78ab	15.54a	11.01a	11.95a	11.06a	11.29a
过氧化氢酶 (1 μmol H_2O_2 $\cdot$ g^{-1} $\cdot$ d^{-1})	CK	1.21a	1.14a	1.09a	1.15a	1.11a	1.13a	1.15a
	T1	1.07a	1.15a	1.15a	1.16a	1.06a	1.18a	1.14a
	T2	1.52a	1.14a	1.12a	1.11a	1.13a	1.16a	1.15a
磷酸酶 (Phenol $\cdot$ mg $\cdot$ g^{-1} $\cdot$ d^{-1})	CK	0.27a	0.24b	0.21a	0.28a	0.20a	0.29a	0.19a
	T1	0.29a	0.32ab	0.23a	0.20a	0.19a	0.28a	0.25a
	T2	0.33a	0.44a	0.18a	0.17a	0.24a	0.30a	0.28a
脲酶 (NH_3-N $\cdot$ mg $\cdot$ g^{-1} $\cdot$ d^{-1})	CK	1.13a	1.09a	1.25a	1.08a	0.93a	1.02a	1.18a
	T1	1.04a	1.23a	1.14a	1.09a	1.16a	1.08a	1.09a
	T2	1.12a	1.15a	1.16a	0.99a	1.07a	1.07a	1.01a

注:CK 为对照;T1 为传统豆浆;T2 为酵解豆粕。

第三节　土壤生物障碍因子消减方法

一、复合微生物肥

复合微生物肥料包含无机营养元素、有机质、微生物菌,将无机肥料、有机肥料和有益微生物三者结合,不仅为作物提供其生长所需的营养元素,还能够提供有机质和有益活性菌(杨浩放,2023)。将复合微生物肥施用于近根处,能够发挥功能微生物的增效作用和稳定性,增加土壤酶活性,改善根际区微生物环境(周郑雄等,2022)。

杨浩放(2023)在烟草生产上施用复合微生物肥料,研究表明在常规施肥减量10%的基础上,底施复合微生物肥料能够降低土壤容重0.15 g/cm³,有效改善土壤结构(表5-38)。周郑雄等(2022)通过在白菜与烟草轮作土壤上施用复合微生物肥,发现复合微生物肥对植烟根际土壤团聚体稳定性改善作用不明显,但对土壤脲酶和蔗糖酶活性有明显的促进效应(图5-30)。张建国等(2004)研究发现,施用复合生物有机肥能够增加植烟土壤中各种微生物的数量,改善土壤微生物的群体结构,提高根系活力(表5-39)。刘清术等(2012)用自主研制的烟草"大三元"复合微生物肥料在植烟土壤上进行了田间试验,结果表明该肥料能够显著提高土壤中有机质、碱解氮、有效磷、速效钾的含量(表5-40),烤烟根际土壤的细菌和放线菌数量也显著提高,对培肥地力、防止土壤退化具有积极作用。而黄瑾等(2010)的研究结果表明,施用复合微生物肥可以增加土壤有机质和速效钾含量,但对土壤碱解氮、有效磷含量的影响不明显,这可能是由于植烟土壤类型和施用的复合微生物肥的类型差异(表5-41)。

综上所述,施用复合微生物肥能够降低土壤容重,改善土壤结构,增加土壤中有机质和速效钾等养分含量,还增加了植烟土壤中微生物的数量,明显促进了土壤脲酶和蔗糖酶活性,有效改善了植烟土壤的微生态环境。

表 5-38　各处理土壤容重比较(杨浩放,2023)

处理	试验前土壤容重/(g/cm³)	收获后土壤容重/(g/cm³)
1	1.31	1.19
2	1.31	1.33
3	1.31	1.30
4	1.31	1.34

注:处理1为常规施肥减量10%+烟草移栽前底施复合微生物肥料40 kg/667 m²;处理2为常规施肥减量10%+烟草移栽前底施等养分量的复合肥料40 kg/667 m²;处理3为常规施肥减量10%+烟草移栽前底施复合微生物肥料基质40 kg/667 m²;处理4为常规施肥,即每667 m²底施商品有机肥200 kg+硫酸钾型烟草专用肥50 kg+硫酸钾肥25 kg。

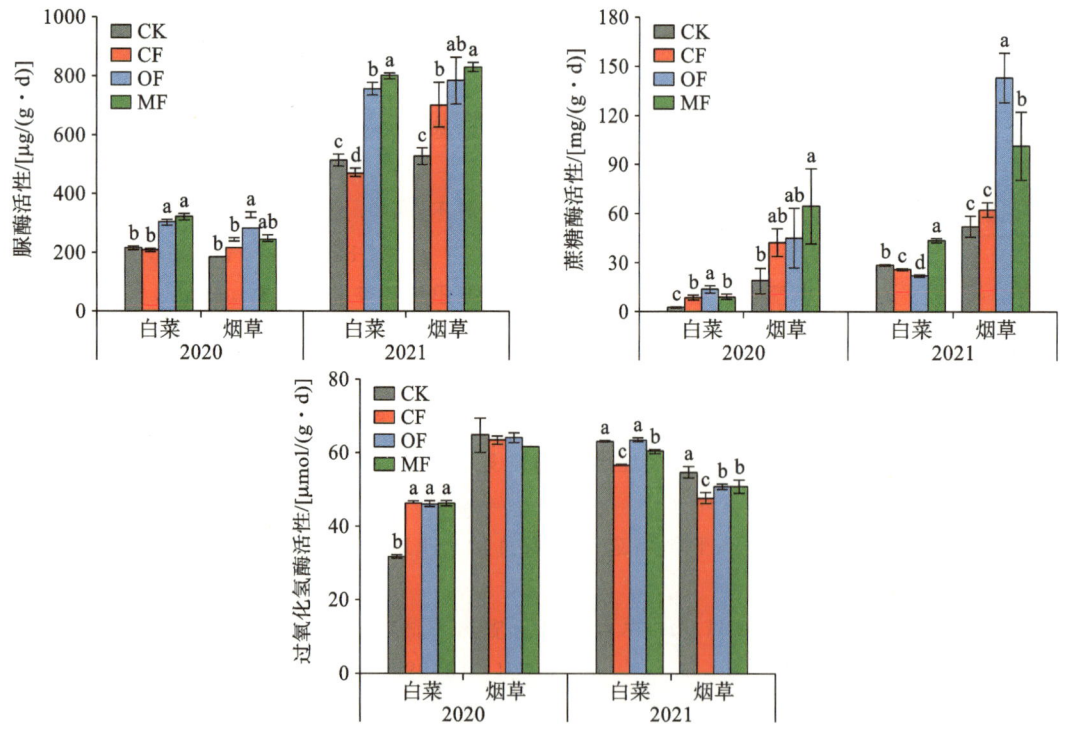

图 5-30　不同施肥处理下土壤脲酶、蔗糖酶、过氧化氢酶活性(周郑雄等,2022)

注:CK为不施肥;CF为无机复合肥;OF为生物有机肥;MF为复合微生物肥。

表 5-39　不同施肥处理土壤微生物数量变化(cfu/g,盆栽)(张建国等,2004)

处理	细菌	放线菌	亚硝化细菌	解磷菌	解钾菌
F	$2.11×10^7$ d	$5.44×10^5$ d	$2.32×10^5$ d	$0.85×10^6$ d	$1.02×10^6$ d
F+M25	$5.03×10^7$ c	$7.76×10^5$ c	$2.60×10^5$ cd	$2.06×10^6$ c	$2.83×10^6$ c
F+M50	$6.50×10^7$ b	$9.01×10^5$ b	$3.03×10^5$ bc	$3.20×10^6$ b	$4.18×10^6$ b
F+M75	$7.15×10^7$ b	$9.88×10^5$ b	$3.12×10^5$ b	$4.46×10^6$ a	$5.26×10^6$ a
M	$8.81×10^7$ a	$11.02×10^5$ a	$4.47×10^5$ a	$5.21×10^6$ a	$6.11×10^6$ a

注:F 为化肥;F+M25 为化肥+25％生物有机肥(生物有机肥的百分数含量指有机氮占总施氮量百分数,下同);F+M50 为化肥+50％生物有机肥;F+M75 为化肥+75％生物有机肥;M 为生物有机肥。

表 5-40　不同基肥对烤烟根际土壤养分含量的影响(刘清术等,2012)

处理	pH	有机质/(g/kg)	全氮/(g/kg)	全磷/(g/kg)	全钾/(g/kg)	碱解氮/(mg/kg)	有效磷/(mg/kg)	速效钾/(mg/kg)
CK	4.8	37.9b	2.16bc	0.76c	17.1a	176b	31.9c	453b
T1	4.9	33.9c	2.10c	0.67c	17.3a	174b	18.6d	372d
T2	4.7	36.7bc	2.32b	0.99b	17.8a	191b	89.3b	407c
T3	5.2	47.8a	3.03a	1.73a	17.3a	251a	241.6a	539a

注:CK 为常规专用基肥;T1 为有机肥;T2 为生物有机肥;T3 为"大三元"复合微生物肥。

表 5-41　生物钾肥对土壤养分含量的影响(黄瑾等,2010)

处理	有机质/(g/kg)	速效钾/(mg/kg)	有效磷/(mg/kg)	碱解氮/(mg/kg)
不施生物钾肥	48.16	79	38	236
施生物硫酸钾	48.67	81	31	225
施复合微生物肥	48.83	83	29	230
施巨微生物钾肥	49.11	70	31	229

二、微生物菌剂

微生物菌剂富含大量养分和高效微生物群,施用后能够增加土壤肥力,调节土壤的养分平衡,改善土壤健康状况,促进植株的生长。研究表明,微生物菌剂在促进烟株生长、改善土壤理化性质、提高土壤酶活性、提高土壤微生物多样性等方面有显著作用。

(一)对植烟土壤理化性质的影响

土壤有机质和土壤养分是衡量土壤肥力高低的重要标志。余佳斌等(2018)对修文烟区植烟土壤施用微生物菌剂,结果表明施用微生物菌剂后植烟土壤中碱解氮、有效磷、速效钾含量显著提高,烟株根际土壤的理化性质增强(图5-31)。杨莹月等(2022)对植烟土壤进行不同类型肥料的施用,研究发现施用微生物菌剂后显著提高了土壤碱解氮、有效磷和有机质含量。杨丽平等(2022)对马龙烟区植烟土壤增施功能微生物菌剂,研究发现含解淀粉芽孢杆菌复配而成的功能微生物菌剂能够提高土壤pH和有机质含量,缓解土壤酸化,有利于植烟土壤的保育。姜永雷等(2022)对不同连作年限植烟土壤添加微生物菌剂,发现微生物菌剂的施用能够提高植烟土壤有机碳、全氮、有效磷、硝态氮和铵态氮含量及土壤pH,土壤养分含量增加,一定程度上缓解了连作障碍(表5-42)。龚林等(2022)在昭通鲁甸典型的酸性土壤上施用不同微生物菌肥,研究表明施用微生物菌肥能够提高土壤pH,活化土壤养分,对酸性土壤的改良具有积极效果(表5-43、表5-44)。

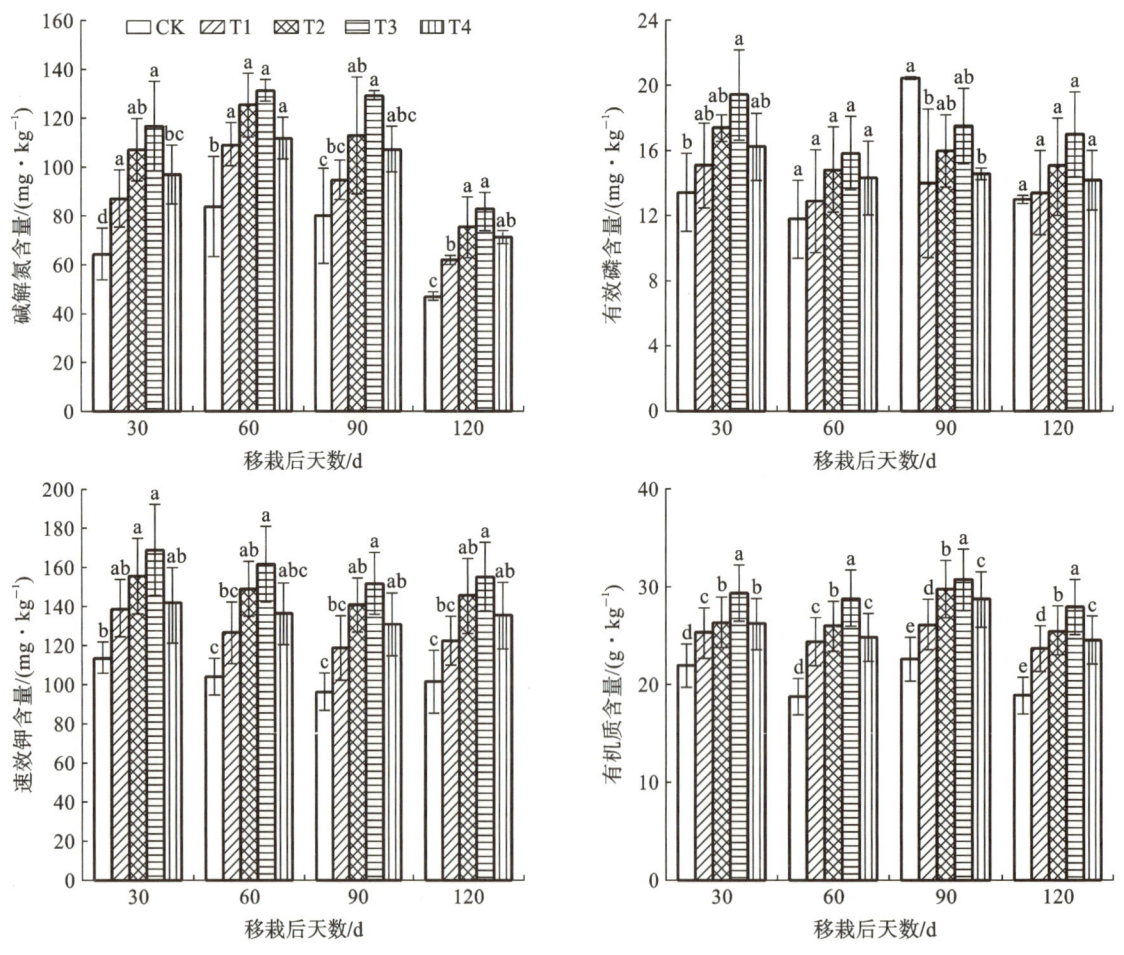

图 5-31 不同处理土壤的碱解氮、有效磷、速效钾和有机质含量(余佳斌等,2018)

注:CK为当地常规施肥方式;T1为施200 kg有机肥;T2为施300 kg生物有机肥;T3为施40 kg生物菌肥;T4为施60 kg益生源健康肥。

表 5-42　不同微生物菌剂对不同连作年限植烟土壤理化性质的影响（姜永雷等，2022）

连作年限	微生物菌剂	pH	有机碳/(g/kg)	全氮/(g/kg)	全磷/(g/kg)	有效磷/(mg/kg)	铵态氮/(mg/kg)	硝态氮/(mg/kg)
1 a	T	6.36±0.08 ccd	9.81±0.16 cde	0.81±0.03 d	0.82±0.06 cd	76.36±2.72 bcd	30.05±2.44 ab	22.07±0.07 bcde
	A	7.06±0.1 a	11.47±0.2 la	0.82+0.03 cd	1.13±0.1 bcd	86.52±4.85 bo	28.47±0.71 abc	25.95±1.16 abc
	B	6.93±0.12 ab	10.62±0.12 abc	0.83±0.04 cd	0.69±0.03 d	94.63±6.41 b	25.39±0.35 bcd	30.6±1.85 a
	C	6.87±0.09 abc	11.11±0.39 a	0.96±0.04 bcd	0.71±0 d	119.44±22.27 a	24.7±0.29 bcd	29.17±2.87 ab
3 a	T	5.65±0.1 cf	8.83±0.51 efg	0.61±0.04 e	0.95±0.09 bcd	48.75±3.69 efgh	19.31±2.56 de	17.03±0.87 def
	A	6.33±0.45 cd	11.22+0.19 ab	0.99±0.03 b	0.87±0.04 cd	65.64+3.29 ce	30.38+2.57 ab	27.99±3.05 ab
	B	6.74±0.19 abc	10.91±0.27 ab	0.95±0.03 bcd	0.87±0.09 cd	77.08±6.59 bcd	34.82+0.4 a	21.96±0.49 bcde
	C	6.85+0.01 abc	11.24+0.24 a	0.97+0.01 bc	0.76±0.09 d	87.45±3.74 bc2	26.03±5.58 bcd	22.03±1.88 bcde
5 a	T	5.44±0.07 fz	7.95±0.22 gh	0.54±0.04 e	0.78±0.04 d	33.91±1.61 hi	19.11±2.62 de	14.26±1.25 ef
	A	6.03±0.07 de	10±0.48 bcd	1.04±0.11 ab	0.98±0.02 bcd	47.15+4.13efgh	19.85±2.72 de	23.09±0.9 abcd
	B	6.01±0.09 de	9.87±0.21 bcde	1.03±0.07 ab	0.93±0.03 cd	60.87±3.01 def	25.53±1.38 bcd	23.13±5.11 abcd
	C	6.12±0.12 d	9.87±0.49 bcde	1.16±0.04 a	0.97±0.05 bcd	56.8±5.3 defg	24.13±0.18 bcd	19.1±3.32 cdef
8 a	T	5.08±0.22 g	7.42±0.32 h	0.49±0.03 e	0.66±0.05 d	20.47±2.6 i	14.35±0.4 e	11.94±0.39 f
	A	6.49±0.01 bcd	8.52±0.41 fg	0.92±0.05 bcd	1.34±0.16 abc	26.19±5.9 hi	18.96±3.5 de	15.65±1.73 def
	B	7.09±0.28 a	8.55±0.25 fg	0.93±0.05 bcd	1.81±0.58 a	39.5±2.85 fghi	20.93±4.12 cde	18.73±4.15 cdef
	C	7.11±0.07 a	9.48±0.3 def	0.93±0.05 bcd	1.47±0.12 ab	34.67±5.7 ghi	14.87±0.72 e	16.37±1.81 def

注：对照组 T 为不添加微生物菌剂；处理组 A 为添加纯微生物菌剂；处理组 B 为添加恩格兰菌剂；处理组 C 为添加中微所菌剂。

表 5-43　各处理土壤 pH 和有机质含量(龚林等,2022)

处理	pH 值(水:土=2.5:1)	有机质/(g/kg)
T1(CK)	5.23	36.17
T2	5.26	34.81
T3	5.40	37.33
T4	5.34	33.55

注:T1(常规施肥,CK)为在移栽时施用烟草专用复合肥 75 kg/hm²,在烟株团棵至旺长时打孔追施硫酸钾 450 kg/hm²;T2 为在常规施肥的基础上移栽时施用生物有机肥 750 kg/hm²;T3 为在常规施肥的基础上移栽时施用复合微生物菌剂 A 30 L/hm²;T4 为在常规施肥的基础上,烟株团棵期施用复合微生物菌剂 B 30 kg/hm²(兑水稀释 300 倍施用)。

表 5-44　各处理土壤水解性氮、有效磷和速效钾含量(龚林等,2022)

处理	水解性氮/(mg/kg)	有效磷/(mg/kg)	速效钾/(mg/kg)
T1(CK)	179.9	57.3	415.0
T2	180.3	56.9	520.7
T3	178.5	65.0	513.3
T4	177.5	51.1	249.4

注:T1(常规施肥,CK)为在移栽时施用烟草专用复合肥 75 kg/hm²,在烟株团棵至旺长时打孔追施硫酸钾 450 kg/hm²;T2 为在常规施肥的基础上移栽时施用生物有机肥 750 kg/hm²;T3 为在常规施肥的基础上移栽时施用复合微生物菌剂 A 30 L/hm²;T4 为在常规施肥的基础上,烟株团棵期施用复合微生物菌剂 B 30 kg/hm²(兑水稀释 300 倍施用)。

(二)对植烟土壤酶活性的影响

土壤酶参与土壤体系中一切生物化学反应过程,能够较好地反映土壤的生物活性,因此,土壤酶活性可以作为土壤健康状况的关键指标之一。艾童非等(2016)研究表明,施用微生物菌剂可以显著提高植烟土壤脲酶活性、土壤蔗糖酶活性和土壤过氧化氢酶活性;促进土壤微生物含量的增加,从而有利于土壤有机质的转化和烟株正常生长所需的营养平衡(图 5-32)。刘红杰等(2011)研究表明,微生物菌剂处理能不同程度地提高连作植烟土壤中蔗糖酶、脲酶、磷酸酶和过氧化氢酶等酶活性,改善土壤养分状况(表 5-45)。曾庆宾等(2016)、朱金峰等(2015)研究表明,微生物菌剂能显著提升植烟根际土壤酶活性,为优质烤烟的生产创造了良好的土壤生物化学环境(表 5-46、表 5-47)。

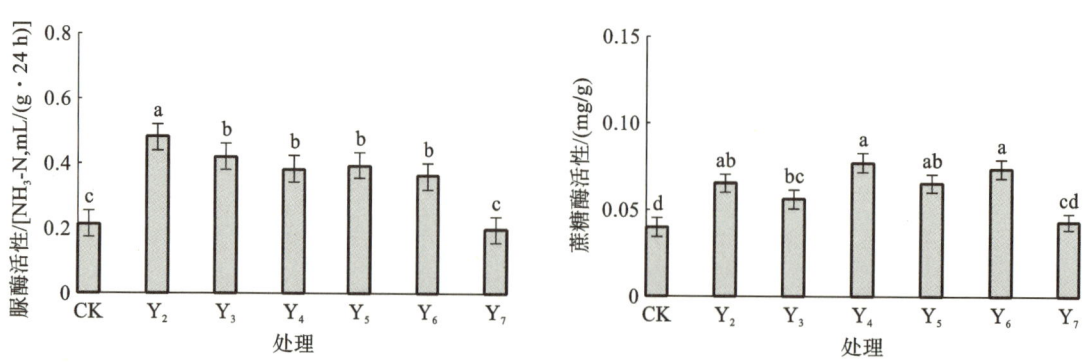

图 5-32　各处理植烟土壤脲酶、蔗糖酶、过氧化氢酶活性比较(艾童非等,2016)

注:Y₁(CK)为不施用肥料;Y₂ 为施用微生物菌剂 10 g/株;Y₃ 为施用微生物菌剂 25 g/株;Y₄ 为施用微生物菌剂 50 g/株;Y₅ 为施用微生物菌剂 100 g/株;Y₆ 为施用微生物菌剂 150 g/株;Y₇ 为施用常规烟草专业肥。

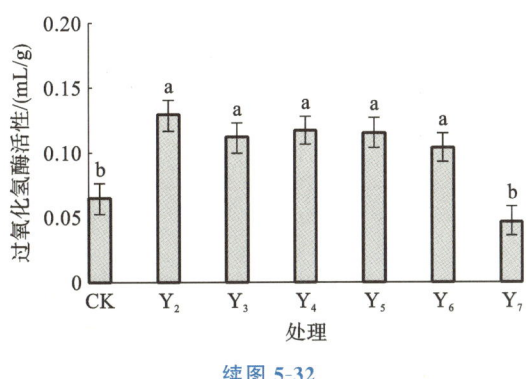

续图 5-32

表 5-45　不同处理脲酶、磷酸酶、蔗糖酶、过氧化氢酶活性的动态变化（刘红杰等，2011）

处理	脲酶活性[NH$_3$-N，mL/(g·24 h)]				
	移栽后 45 d	移栽后 65 d	移栽后 75 d	移栽后 98 d	移栽后 113 d
1	2.76b	3.03ab	2.41b	3.19a	2.55a
2	2.74b	3.07ab	2.24b	2.91b	2.33b
3	2.16c	2.91b	2.46b	2.67c	2.10c
4	3.03a	3.29a	2.79a	3.18a	2.56a
5	1.87d	2.06c	1.80c	2.15d	1.14d
处理	磷酸酶活性[酚，mL/(g·24 h)]				
	移栽后 45 d	移栽后 65 d	移栽后 75 d	移栽后 98 d	移栽后 113 d
1	5.26a	5.44a	5.02a	5.91a	4.74a
2	4.98ab	5.56a	4.88ab	5.59ab	4.93a
3	4.68bc	5.43a	4.49b	5.26b	4.66a
4	3.65c	3.78c	3.40c	4.66c	3.71b
5	3.29c	4.28b	4.39b	5.24b	3.09c
处理	蔗糖酶活性[葡萄糖，mL/(g·24 h)]				
	移栽后 45 d	移栽后 65 d	移栽后 75 d	移栽后 98 d	移栽后 113 d
1	7.09c	9.90a	7.76b	7.81c	7.21a
2	8.59b	8.65b	8.28a	11.28a	7.15a
3	9.2a	7.54c	6.37c	9.66b	6.86ab
4	5.43d	6.69d	5.79d	6.03d	6.62b
5	5.74d	6.33e	5.15e	6.30d	5.89c
处理	过氧化氢酶活性[0.01 mol K$_2$MnO$_4$，mL/(g·20 min)]				
	移栽后 45 d	移栽后 65 d	移栽后 75 d	移栽后 98 d	移栽后 113 d
1	8.88a	8.96b	8.95ab	9.25a	6.40a
2	8.19b	9.15a	9.06a	9.21ab	6.22b
3	7.88b	8.79c	8.88b	9.06c	6.19c
4	7.65c	8.59d	8.56c	9.11bc	6.02d
5	7.18d	8.17e	8.10d	8.42d	5.43e

注：处理 1 为微生物复合肥 50 g；处理 2 为摩西球囊霉 13 g；处理 3 为幼套球囊霉 13 g；处理 4 为根内球囊霉 13 g；处理 5 为不加微生物菌剂（CK）。

表 5-46　不同处理对"红花大金元"根际土壤脲酶活性的影响[NH^3-N，mg/(g·24 h)]（曾庆宾等，2016）

处理	团棵期	旺长期	成熟期
CK	0.11±0.01b	0.18±0.01b	0.17±0.01a

续表

处理	团棵期	旺长期	成熟期
EM10	0.13±0.01b	0.32±0.03a	0.22±0.03a
J10	0.19±0.10a	0.25±0.04b	0.22±0.00a
EM10＋J10	0.12±0.02b	0.23±0.02b	0.22±0.03a

注:CK 为不添加菌剂;EM10 为 10％EM 菌肥;J10 为 10％胶质芽孢杆菌;EM10＋J10 为 10％EM 菌肥＋10％胶质芽孢杆菌。下同。

表 5-47 不同处理对"云烟 85"根际土壤过氧化氢酶活性的影响[H_2O_2,mg/(g·20 min)](曾庆宾等,2016)

处理	团棵期	旺长期	成熟期
CK	0.96±0.03a	0.99±0.06a	0.79±0.01b
EM10	0.93±0.05a	1.14±0.11a	0.69±0.11b
J10	0.75±0.01b	0.81±0.03b	0.63±0.05b
EM10＋J10	0.79±0.03b	1.09±0.03a	1.19±0.09a

(三)对植烟土壤微生态环境的影响

土壤微生物生态环境对土壤健康也起着重要作用,施用微生物菌剂能够改良土壤微生物,调控土壤生态环境,进而改善土壤健康质量。钟宇等(2020)研究表明,施用微生物菌剂增加了根际土壤微生物的数量,显著降低了土壤中酚酸类物质含量,土壤微生物数量与酚酸含量呈显著负相关(表 5-48、表 5-49、图 5-33)。高峰等(2014)在连作 5 年的植烟土壤上施用微生物菌剂,结果发现增加了烤烟根际土壤微生物的数量、群落多样性以及酶活性,有效改善了烤烟连作植烟土壤根际微生态,在一定程度上克服了烤烟的连作障碍(表 5-50~表 5-52)。唐兴贵等(2020)在前期筛出高效防治烟草青枯病的生防菌株的基础上,在植烟土壤上施用生防菌剂,研究发现微生物菌剂的添加显著增加了植烟土壤的微生物菌群数量(表 5-53)。黄阔等(2019)研究表明,土壤中增施微生物菌剂能够提高根际土壤微生物群落代谢能力,促进土壤微生物群落对碳源的整体利用,增强代谢活性(图 5-34、图 5-35)。武春屹等(2023)通过减氮配施微生物菌剂发现,微生物菌剂处理增加了细菌和真菌丰富度,改善了土壤微生物群落组成。

综上所述,微生物菌剂处理对植烟土壤的理化性状、微生物生态环境及土壤微生物酶活性均有显著影响,主要表现在提高了土壤 pH 值和碱解氮、有效磷、速效钾、有机质等养分含量,缓解土壤酸化,增加烟株根际土壤微生物的数量和群落多样性,提高根际土壤微生物群落代谢能力,还提高了土壤脲酶活性、土壤蔗糖酶活性和土壤过氧化氢酶活性,是有效消减植烟土壤健康障碍因子的一种方法。

表 5-48 不同处理根际土壤微生物数量(钟宇等,2020)

处理	土壤微生物数量		
	细菌/($\times 10^2$/g)	真菌/($\times 10^5$/g)	放线菌/($\times 10^5$/g)
T4(CK)	4.10±0.51a	0.77±0.13a	1.03±0.13a
T1	7.19±0.50b	1.60±0.30b	2.67±0.21b
T2	7.30±0.16b	1.63±0.20b	3.33±0.13c
T3	5.90±2.62c	1.75±0.15b	2.65±0.30b

注:T1 为施用双藻菌露 200 微生物菌剂 6 kg/hm²;T2 为施用农用微生物菌剂 75 L/hm²;T3 为施用枯草芽孢杆菌、地衣芽孢杆菌、胶质芽孢杆菌复合粉剂 300 kg/hm²;CK 为空白对照,同期等量清水灌根。

表 5-49 根际土壤微生物数量和酚酸含量的相关性分析(钟宇等,2020)

项目	对羟基苯甲酸	香草酸	丁香酸	4-香豆酸	阿魏酸
细菌	−0.97*	−0.93	−0.95	−0.98*	−0.99*
真菌	−0.70	−0.94	−0.63	−0.81	−0.87
放线菌	−0.84	−0.99**	−0.78	−0.86	−0.90

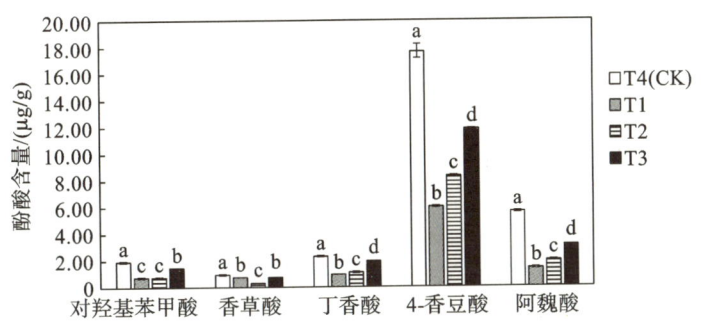

图 5-33 不同处理根际土壤酚酸类物质含量（钟宇等，2020）

注：T1 为施用双藻菌露 200 微生物菌剂 6 kg/hm²；T2 为施用农用微生物菌剂 75 L/hm²；T3 为施用枯草芽孢杆菌、地衣芽孢杆菌、胶质芽孢杆菌复合粉剂 300 kg/hm²；CK 为空白对照，同期等量清水灌根。

表 5-50 烤烟根际土壤可培养微生物数量变化（高峰等，2014）

处理	菌类		
	细菌/(×10⁷)	放线菌/(×10⁷)	真菌/(×10⁵)
CK	0.91±0.03Bb	0.70±0.03Bb	2.76±0.12Ab
微生物菌剂	1.17±0.01Aa	1.34±0.02Aa	2.97±0.02Aa

表 5-51 烤烟根际土壤微生物利用碳源的多样性指数（高峰等，2014）

处理	Simpson(J)	Shannon(H)	Shannon(H)均匀度	Brillouin	McIntosh(Dmc)
CK	0.9855±0.012Aa	2.4946±0.020Bb	0.9650±0.028Bb	1.4753±0.150Aa	0.9759±0.007Aa
微生物菌剂	0.9860±0.001Aa	2.5681±0.015Aa	0.9935±0.031Aa	1.6112±0.041Aa	0.9926±0.002Aa

表 5-52 烤烟根际土壤酶活性的变化（高峰等，2014）

处理	土壤酶活性						
	纤维素酶/(葡萄糖,mg·g⁻¹·d⁻¹)	多酚氧化酶/[紫色没食子素,mg·g⁻¹·(2h)⁻¹]	过氧化氢酶/(0.1 mol·L⁻¹高锰酸钾,mL·g⁻¹·h⁻¹)	过氧化物酶/[紫色没食子素,mg·g⁻¹·(2h)⁻¹]	脲酶/(NH₃-N,mg·g⁻¹·d⁻¹)	脱氢酶/[H⁺,μL·(20 g)⁻¹·d⁻¹]	蔗糖酶/(葡萄糖,mg·g⁻¹·d⁻¹)
CK	0.164±0.018Ab	0.259±0.069Bb	2.733±0.076Aa	3.762±0.300Aa	32.947±1.960Ab	0.082±0.026Bb	1.663±0.110Bb
微生物菌剂	0.250±0.030Aa	1.508±0.220Aa	1.700±0.250Bb	2.494±0.230Bb	38.311±2.340Aa	0.249±0.023Aa	2.601±0.110Aa

表 5-53 不同处理烟田土壤中各种微生物分离的数量/(个/g)（唐兴贵等，2020）

处理	细菌	放线菌	真菌	微生物总数
A	1.11×10⁷c	1.50×10⁶bcd	1.40×10⁶b	1.40×10⁷f
B	1.18×10⁷c	2.27×10⁶abc	2.27×10⁶ab	1.63×10⁷de
C	2.53×10⁷a	1.03×10⁶cd	1.50×10⁶b	2.78×10⁷a
D	1.13×10⁷c	1.77×10⁶bc	2.37×10⁶ab	1.54×10⁷e
E	1.33×10⁷c	3.27×10⁶a	2.03×10⁶ab	1.86×10⁷c
F	1.89×10⁷b	2.37×10⁶ab	1.27×10⁶b	2.25×10⁷b

续表

处理	细菌	放线菌	真菌	微生物总数
G	$1.08×10^7$c	$1.47×10^6$bcd	$3.77×10^6$a	$1.65×10^7$d
H	$1.02×10^7$c	$0.37×10^6$d	$1.43×10^6$ab	$1.20×10^7$h
CK	$0.97×10^7$c	$1.63×10^6$bcd	$1.10×10^6$b	$1.24×10^7$g

注：A 为烟草内生菌 LSN02 $0.5×10^8$ CFU/mL 灌根处理；B 为烟草内生菌 LSN02 $1.0×10^8$ CFU/mL 灌根处理；C 为烟草内生菌 LSN02 $2.0×10^8$ CFU/mL 灌根处理；D 为烟草拮抗菌 LLGJ04 $0.5×10^8$ CFU/mL 灌根处理；E 为烟草拮抗菌 LLGJ04 $1.0×10^8$ CFU/mL 灌根处理；F 为烟草拮抗菌 LLGJ04 $2.0×10^8$ CFU/mL 灌根处理；G 为 100 亿 CFU/g 多粘类芽孢杆菌细粒剂 2700 g/hm² 灌根处理；H 为 72% 农用链霉素可湿性粉剂 750 g/hm² 灌根处理；以清水灌根处理作对照（CK）。

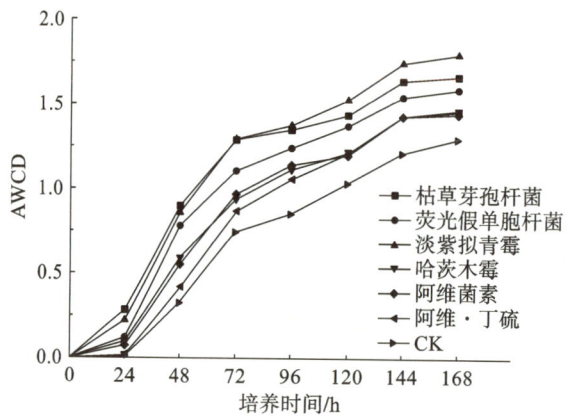

图 5-34　土壤微生物群落 AWCD 随着培养时间的变化（黄阔等，2019）

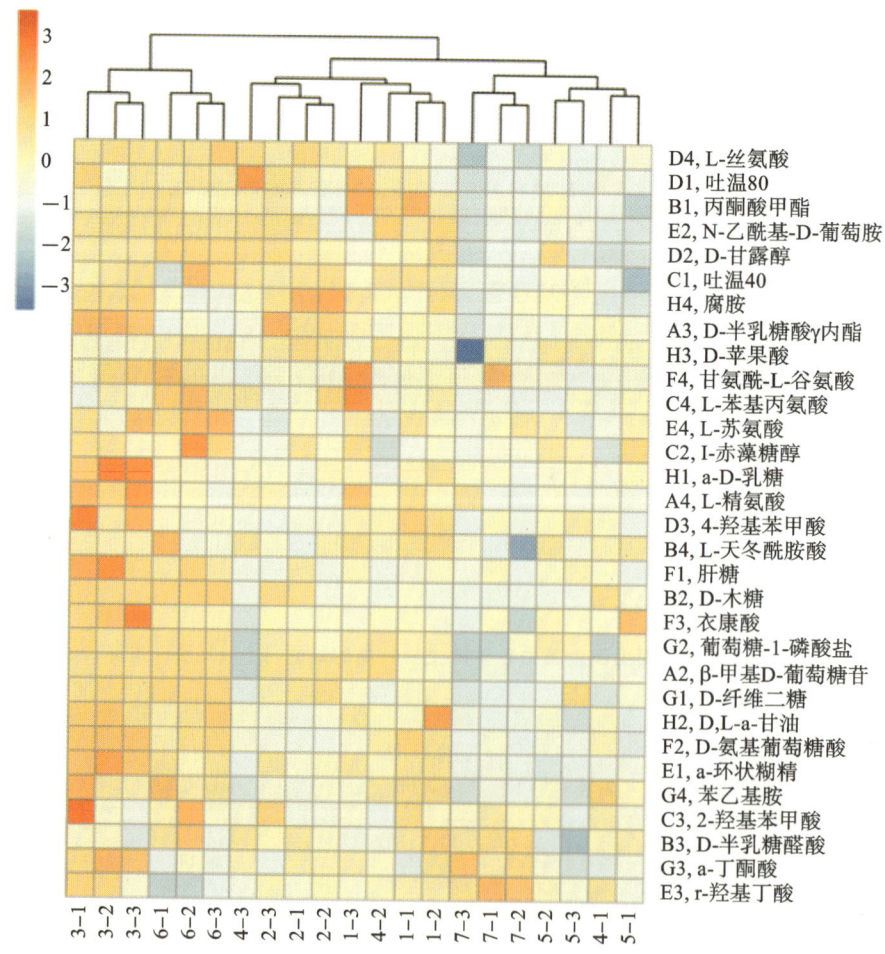

图 5-35　不同处理土壤微生物对 31 种碳源代谢利用情况（黄阔等，2019）

参考文献

[1] 艾亥麦提·艾麦尔江,黄佳,成志军,等.不同轮作模式对植烟土壤团聚体稳定性及烟叶品质的影响[J].湖南农业大学学报(自然科学版),2023,49(1):18-24,34.

[2] 艾童非,杨鹏九,费洪波,等.微生物菌剂有机肥对植烟土壤环境及烤烟产质量的影响[J].安徽农业科学,2016,44(18):99-102,119.

[3] 薄国栋.秸秆还田对植烟土壤理化性质及生物学特性影响研究[D].北京:中国农业科学院,2014.

[4] 薄国栋,申国明,张继光,等.秸秆还田对植烟土壤养分及真菌群落多样性的影响[J].土壤通报,2016,47(1):137-142.

[5] 鲍士旦.土壤农化分析[M].3版.北京:中国农业出版社,2000.

[6] 曾庆宾,李涛,王昌全,等.微生物菌剂对烤烟根际土壤脲酶和过氧化氢酶活性的影响[J].中国农学通报,2016,32(22):46-50.

[7] 常栋,马文辉,张凯,等.生物炭基肥对植烟土壤微生物功能多样性的影响[J].中国烟草学报,2018,24(6):58-66.

[8] 陈丹梅,段玉琪,杨宇虹,等.轮作模式对植烟土壤酶活性及真菌群落的影响[J].生态学报,2016,36(8):2373-2381.

[9] 陈明刚,向剑明,刘勇军,等.垂直深旋耕配施有机碳肥对植烟土壤pH和物理性状及养分的影响[J].作物研究,2020,34(4):349-353.

[10] 陈清,周爽.我国水溶性肥料产业发展的机遇与挑战[J].磷肥与复肥,2014,29(6):20-24.

[11] 陈世军,潘文杰,孟玉山,等.石灰和聚丙烯酰胺处理的酸性土壤对烤烟生长及生理特性的影响[J].植物营养与肥料学报,2012,18(5):1243-1251.

[12] 陈伟,陈懿,姜超英,等.混播绿肥压青下植烟土壤微生物量及酶活性特征[J].湖北农业科学,2024,63(2):88-93.

[13] 陈晓波,官会林,郭云周,等.绿肥翻压对烟地红壤微生物及土壤养分的影响[J].中国土壤与肥料,2011(4):74-78.

[14] 代勇,尹乐,代先强.绿肥翻压对植烟土壤养分状况的影响[J].南方农业,2020,14(17):191-192.

[15] 戴华鑫,杨军杰,刘文涛,等.豆浆灌根对土壤生物化学性状及烤烟质量的影响[J].中国烟草科学,2018,39(5):64-70.

[16] 戴华鑫,张艳玲,段卫东,等.豆浆灌根对烤烟生长及土壤细菌群落的影响[J].烟草科技,2020,53(4):1-10,19.

[17] 单保庆,尹澄清,于静,等.降雨-径流过程中土壤表层磷迁移过程的模拟研究[J].环境科学学报,2001,21(1):7-12.

[18] 单颖,赵凤亮,林艳,等.蚯蚓粪对土壤环境质量和作物生长影响的研究现状与展望[J].热带农业科学,2017,37(6):11-17.

[19] 邓小华,邓永晟,刘勇军,等.垂直深旋耕配施改土物料改良酸性土壤并提高烟草种植效益研究[J].中国烟草学报,2021,27(1):64-73.

[20] 邓小华,黄杰,杨丽丽,等.石灰、绿肥和生物有机肥协同改良酸性土壤并提高烟草生产效益[J].植物营养与肥料学报,2019,25(9):1577-1587.

[21] 邓小华,石楠,周米良,等.不同种类绿肥翻压对植烟土壤理化性状的影响[J].烟草科技,2015,48(2):7-10,20.

[22] 邓永晟,张敏,李伟,等.垂直深旋耕对植烟土壤理化性状和烤烟生长的影响[J].中国烟草科学,2020,41(6):30-36.

[23] 董元华,王辉.我国有机肥标准化管理问题的思考[C]//中国土壤学会.第四次全国土壤生物和生物化学学术研讨会论文集.广州:广东省科学技术协会,2007.

[24] 杜杏蓉,李运国,邓小鹏,等.连作对不同类型植烟土壤化学性状、酶活性及细菌群落的影响[J].中国烟草科学,2021,42(5):30-35.

[25] 樊鹏飞,刘文,任天宝,等.滴灌减氮下生物炭基肥对植烟土壤无机氮组分含量的影响[J].河南农业大学学报,2020,54(5):740-747,761.

[26] 樊晓刚,金轲,李兆君,等.不同施肥和耕作制度下土壤微生物多样性研究进展[J].植物营养与肥料学报,2010,16(3):744-751.

[27] 范龙,李磊磊,赵二卫,等.农家肥施用对土壤理化性质及烤烟生长发育的影响[J].中国农学通报,2023,39(20):40-45.

[28] 范文思,岳东林,凌爱芬,等.腐熟农家肥用量对土壤养分和烤烟品质的影响[J].中国烟草科学,2018,39(5):71-78.

[29] 方远鹏,谢晏芬,赵宇婷,等.不同生物质炭基肥施用量对土壤养分及烤烟产质量的影响[J].江西农业学报,2023,35(10):14-20,25.

[30] 冯瑜,陈华,付利波,等.利用绿肥提高云南抚仙湖径流区烟田土壤养分和烤烟品质[J].植物营养与肥料学报,2023,29(11):2083-2094.

[31] 高峰,尤垂淮,刘朝科,等.施用微生物菌剂对烤烟经济性状及其根际微生态变化的影响[J].福建农业学报,2014,29(12):1230-1235.

[32] 耿少武,陈岗,董继翠,等.不同种类腐殖酸水溶性肥对烤烟产质量的影响[J].安徽农业科学,2023,51(4):156-160.

[33] 龚林,李德文,石成广,等.微生物菌肥对植烟酸性土壤改良及烟叶品质的影响研究[J].云南农业科技,2022(2):28-31.

[34] 龚小燕,孙丽娜,韩梦琦,等.施用黑水虻虫粪对水稻秧苗质量的影响[J].天津农学院学报,2021,28(2):36-38,66.

[35] 官会林,郭云周,张云峰,等.绿肥轮作对植烟土壤酶活性与微生物量碳和有机碳的影响[J].生态环境学报,2010,19(10):2366-2371.

[36] 韩秋静.腐熟秸秆还田对洛阳烟区植烟土壤特性及烤烟生长发育的影响[D].郑州:河南农业大学,2019.

[37] 韩智强,陈月舞,李鹏飞,等.几种有机种植模式对烤烟生长发育、产量和产值的影响[J].云南农业大学学报(自然科学),2012,27(3):362-368.

[38] 何丹,陆引罡,周建云,等.不同轮作方式下烟土供肥规律的研究[J].广东农业科学,2013,40(22):82-85.

[39] 洪彪,李明,徐友阳,等.连作条件下施用竹炭对穿心莲品质及土壤细菌种群结构的影响[J].生态学杂志,2021,40(9):2812-2821.

[40] 扈强,石锦辉,王寒,等.不同绿肥翻压对陕南烤烟土壤和烟叶钾营养、农艺性状及经济性状的影响[J].安徽农学通报,2015,21(10):58-61.

[41] 黄国勤,赵其国.轮作休耕问题探讨[J].生态环境学报,2017,26(2):357-362.

[42] 黄鹤鸣,刘羿男,孙兴权,等.蚕豆秸秆添加腐熟剂还田对植烟土壤与烟叶品质的影响[J].贵州农业科学,2023,51(4):35-43.

[43] 黄瑾,高华军,刘春萍,等.生物钾肥对植烟土壤养分和烤烟产质量的影响[J].南方农业学报,2010,41(11):1198-1201.

[44] 黄阁,江其鹏,姚晓远,等.微生物菌剂对烟草根结线虫及根际微生物群落多样性的影响[J].中国烟草科学,2019,40(5):36-43.

[45] 纪佳雨,邓玲聪,李广东,等.黑水虻的资源价值化及其开发应用研究进展[J].经济动物学报,2021,25(1):42-50.

[46] 冀宏杰，张怀志，张维理，等. 我国农田磷养分平衡研究进展[J]. 中国生态农业学报（中英文），2015，23(1)：1-8.

[47] 贾倩，廖世鹏，卜容燕，等. 不同轮作模式下氮肥用量对土壤有机氮组分的影响[J]. 土壤学报，2017，54(6)：1547-1558.

[48] 姜超强，董建江，徐经年，等. 改良剂对土壤酸碱度和烤烟生长及烟叶中重金属含量的影响[J]. 土壤，2015，47(1)：171-176.

[49] 姜永雷，肖雨，邓小鹏，等. 微生物菌剂对烟草连作土壤理化性质及土壤胞外酶活性的影响[J]. 中国烟草学报，2022，28(4)：59-66.

[50] 孔晓民，韩成卫，曾苏明，等. 不同耕作方式对土壤物理性状及玉米产量的影响[J]. 玉米科学，2014，22(1)：108-113.

[51] 李会科，赵政阳，张广军. 种植不同牧草对渭北苹果园土壤肥力的影响[J]. 西北林学院学报，2004，19(2)：31-34.

[52] 李集勤，黄振瑞，杨少海，等. 八种绿肥对土壤营养和烤烟产质量的影响[J]. 中国烟草科学，2020，41(6)：24-29.

[53] 李林蓉，冯建路，刘苗苗，等. 作物种植模式对土壤微生物和农田有害生物的影响[J]. 中国农学通报，2021，37(29)：99-106.

[54] 李巧艳. 烟草有机肥与生石灰配施对植烟土壤肥力和烤烟产质量的影响[D]. 长沙：湖南农业大学，2016.

[55] 李润根，曾慧兰，李兴杰，等. 连作龙牙百合与铁炮百合根际土壤真菌群落结构的差异分析[J]. 生态科学，2022，41(4)：189-195.

[56] 李思纯. 垂直深旋耕对植烟土壤特性及烤烟生长发育的影响[D]. 长沙：湖南农业大学，2020.

[57] 李亚飞，张翔，常栋，等. 豆浆溶钾灌根对土壤养分及烟叶产质量的影响[J]. 河南农业科学，2021，50(6)：44-53.

[58] 李源环，邓小华，张仲文，等. 湘西典型植烟土壤酸碱缓冲特性及影响因素[J]. 中国生态农业学报（中英文），2019，27(1)：109-118.

[59] 李正. 绿肥对植烟土壤培肥改良效应及烤烟产质量的影响[D]. 郑州：河南农业大学，2010.

[60] 李正，敬海霞，解昌盛，等. 翻压绿肥对植烟土壤理化性状及烤烟常规化学成分的影响[J]. 华北农学报，2012，27(Z1)：275-280.

[61] 李正，刘国顺，敬海霞，等. 翻压绿肥对植烟土壤微生物量及酶活性的影响[J]. 草业学报，2011，20(3)：225-232.

[62] 李致新，王永，吉贵锋，等. 半干旱区烤烟豆浆灌根对烟叶品质的影响[J]. 农业科技与信息，2016(1)：104.

[63] 梁军伟. 生石灰施用量对酸性土壤和烟草生长前期的影响[D]. 北京：中国农业科学院，2021.

[64] 梁伟，田兆福，韦建玉，等. 有机肥对植烟土壤理化性状及烤烟产质量的影响[J]. 天津农业科学，2013，19(8)：68-71.

[65] 林德喜，胡锋，范晓晖，等. 长期施肥对太湖地区水稻土磷素转化的影响[J]. 应用与环境生物学报，2006，12(4)：453-456.

[66] 林先塔，许山河，刘宏，等. 施用不同腐熟秸秆肥对植烟土壤和烤烟品质的影响[J]. 贵州农业科学，2023，51(6)：48-58.

[67] 林叶春，李雨，陈伟，等. 绿肥压青对喀斯特地区植烟土壤细菌群落特征的影响[J]. 中国土壤与肥料，2018(3)：161-167.

[68] 刘娣，范丙全，龚明波. 秸秆还田技术在中国生态农业发展中的作用[J]. 中国农学通报，2008，24(6)：404-407.

[69] 刘国顺，李正，敬海霞，等. 连年翻压绿肥对植烟土壤微生物量及酶活性的影响[J]. 植物营养与肥料学报，2010，16(6)：1472-1478.

［70］ 刘国顺，刘韶松，贾新成，等. 烟田施用有机肥对土壤理化性状和烟叶香气成分含量的影响[J]. 中国烟草学报，2005,11(3)：29-33.

［71］ 刘红杰，习向银，刘朝科，等. 微生物菌剂对植烟连作土壤酶活性的影响[J]. 烟草科技，2011(5)：66-70.

［72］ 刘佳琪，彭光爵，郑重谊，等. 粉垄及秸秆腐熟有机肥对湖南稻作烟区土壤养分和烤烟产质量的影响[J]. 西南农业学报，2022,35(2)：397-404.

［73］ 刘清术，郭照辉，陈坤，等. 烟草"大三元"复合微生物肥料的田间应用研究[J]. 湖南农业科学，2012(5)：50-52.

［74］ 刘琼峰，蒋平，李志明，等. 湖南省水稻主产区酸性土壤施用石灰的改良效果[J]. 湖南农业科学，2014(13)：29-32.

［75］ 刘淑梅，曲晓燕，张洪生，等. 小麦、玉米轮作制度下耕作方式对夏玉米农田土壤物理性状的影响[J]. 华北农学报，2013,28(6)：226-232.

［76］ 芦伟龙. 耕作方式与秸秆还田量对植烟土壤理化性质及烤烟生长的影响[D]. 北京：中国农业科学院，2019.

［77］ 罗玲，余君山，秦铁伟，等. 绿肥不同翻压年限对植烟土壤理化性状及烤烟品质的影响[J]. 安徽农业科学，2010,38(24)：13217-13219.

［78］ 毛吉贤，石书兵，马林，等. 免耕春小麦套种牧草土壤养分动态研究[J]. 草业科学，2009,26(2)：86-90.

［79］ 牛文娟. 主要农作物秸秆组成成分和能源利用潜力[D]. 北京：中国农业大学，2015.

［80］ 彭光爵，王志勇，胡桐，等. 粉垄深耕对长沙稻作烟区土壤物理特性及烤烟根系发育的影响[J]. 华北农学报，2021,36(1)：134-142.

［81］ 邱岭军，张翔，徐敏，等. 生物炭与豆浆灌根对植烟土壤与烟叶产质量的影响[J]. 贵州农业科学，2021,49(6)：19-26.

［82］ 施河丽，向必坤，朱宗第，等. 施用生石灰对酸化植烟土壤细菌群落结构和代谢功能的影响[J]. 烟草科技，2023,56(5)：8-16.

［83］ 石屹，姜鹏超，赵兵，等. 有机肥料定位还田对烟叶品质及土壤性状的影响[J]. 中国烟草科学，2009,30(1)：5-9.

［84］ 苏梦迪. 高碳基肥减氮施用对丰都植烟土壤微生物多样性和烟叶品质的影响[D]. 郑州：河南农业大学，2022.

［85］ 粟戈璇. 粉垄深度对山地土壤理化性状和烤烟生长及烟叶质量的影响[D]. 长沙：湖南农业大学，2021.

［86］ 孙敬国，王昌军，陈振国，等. 不同耕作方式对土壤及烤烟的影响[J]. 湖北大学学报(自然科学版)，2017,39(3)：299-304.

［87］ 孙溢明. 不同物料处理对连作植烟土壤环境及烟叶产质量的影响[D]. 郑州：河南农业大学，2022.

［88］ 谭慧，彭五星，向必坤，等. 炭化烟草秸秆还田对连作植烟土壤及烤烟生长发育的影响[J]. 土壤，2018,50(4)：726-731.

［89］ 谭玉兰，曾庆飞，韦兴迪，等. 不同牧草品种与烤烟轮作对植烟土壤养分及物理性状的影响[J]. 江苏农业科学，2019,47(19)：275-279.

［90］ 谭周进，李倩，李建国，等. 稻草还田量对晚稻土微生物数量及活度的动态影响[J]. 农业环境科学学报，2006,25(3)：670-673.

［91］ 唐兴贵，陆新莉，雷庭，等. 微生物菌剂施用对烟田根际土壤菌群数量的影响[J]. 现代农业科技，2020(22)：86-88.

［92］ 田峰，陆中山，邓小华，等. 湘西烟区翻压不同绿肥品种的生态和烤烟效应[J]. 中国烟草学报，2015,21(4)：56-62.

[93] 田育天，李湘伟，谢新乔，等．秸秆还田对云南典型烟区土壤物理性状的影响[J]．土壤，2019，51(5)：964-969.

[94] 王飞．翻压不同冬闲绿肥对植烟土壤特性及烤烟产质量的影响[D]．福州：福建农林大学，2019.

[95] 王飞，徐茜，陈志厚，等．翻压不同绿肥对植烟土壤细菌类群的影响[J]．江苏农业科学，2019，47(11)：317-321.

[96] 王飞，徐茜，陈志厚，等．翻压绿肥对植烟土壤抗氧化酶活性及烤烟的影响[J]．江苏农业科学，2019，47(13)：304-308.

[97] 王仕新，崔剑波，庄季屏．辽西半干旱地区深松中耕对作物产量的影响及其作用机理研究[J]．应用生态学报，1996，7(3)：267-272.

[98] 王学君，韩广津，董晓霞，等．含氨基酸水溶肥料对黄瓜产量和经济效益的影响[J]．山东农业科学，2011(5)：64-65.

[99] 王育军，江子勤，李强，等．油菜秸秆还田减氮对烤烟经济性状及烟叶品质的影响[J]．湖南文理学院学报(自然科学版)，2018，30(4)：78-83.

[100] 韦忠，尹永强，钟启德，等．施用生物有机肥对烤烟生长及其产量和品质的影响[J]．中国农学通报，2011，27(3)：135-138.

[101] 邬莉，陈静，朱晓东，等．农村秸秆焚烧的原因及对策研究[J]．中国人口·资源与环境，2001(S1)：111-113.

[102] 吴东，李茂森，李帅兵，等．减氮条件下生物炭基肥对土壤养分及细菌群落结构的影响[J]．河南农业大学学报，2023，57(4)：657-666.

[103] 吴凤英，童晨晓，张伟婷，等．烟秆与竹炭基肥对植烟土壤碳氮组分及微生物的影响[J]．福建农业学报，2023，38(1)：109-115.

[104] 吴翔，胡从勇，蔡瑞婕，等．虫粪有机肥对番茄生长及品质的影响[J]．北方园艺，2019(3)：60-64.

[105] 吴永玲，魏信平，李筱玲，等．牡丹籽粕提取液对连作土壤特性及小麦全蚀病防治研究[J]．中国农学通报，2021，37(26)：133-139.

[106] 吴岳庭，李海平，丁梦娇，等．玉米秸秆还田方式对酸性植烟土壤肥力及烟叶产值的影响[J]．西南农业学报，2021，34(2)：320-325.

[107] 武春屹，罗莎莎，杨婷，等．氮减量配施微生物菌剂对烤烟产量和土壤微生物多样性的影响[J]．广东农业科学，2023，50(8)：52-65.

[108] 习向银，刘国顺，陈亚，等．种植不同冬绿肥品种对植烟土壤理化性质和烤烟产质量的影响[C]//中国土壤学会.中国土壤学会第十一届全国会员代表大会暨第七届海峡两岸土壤肥料学术交流研讨会论文集.北京：[出版者不详]，2008.

[109] 夏昊，刘青丽，张云贵，等．水溶肥替代常规追肥对黔西南烤烟产量和质量的影响[J]．中国土壤与肥料，2018(1)：64-69.

[110] 徐玉宏．我国秸秆焚烧污染与防治对策[J]．环境与可持续发展，2007(3)：21-24.

[111] 薛豫宛，李太魁，张玉亭，等．砂姜黑土农田土壤障碍因子消减技术浅析[J]．河南农业科学，2013，42(10)：66-69.

[112] 严红星，田飞，刘建国，等．绿肥、稻草还田对植烟土壤团聚体组成及有机质分布的影响[J]．烟草科技，2019，52(4)：9-16.

[113] 杨浩放．复合微生物肥料在烟草上的应用[J]．河南农业，2023(12)：63-64.

[114] 杨丽平，徐赛，张锦韬，等．不同功能微生物菌剂对马龙烟区植烟土壤化学性质及烟叶品质的影响[J]．江西农业学报，2022，34(10)：64-70.

[115] 杨应粉，许山河，郑武，等．秸秆还田对植烟土壤改良及烤烟品质的影响探究[J]．南方农业，2021，15(11)：230-235.

[116] 杨菅月,刘慧,王龙飞,等. 不同肥料类型对植烟土壤及烤烟品质的影响研究[J]. 作物杂志, 2022(03):187-193.

[117] 杨玉爱. 我国有机肥料研究及展望[J]. 土壤学报,1996,33(4):414-422.

[118] 叶协锋,李志鹏,于晓娜,等. 培肥措施对烟田土壤团聚体及土壤碳库的影响[J]. 土壤通报, 2018,49(2):385-391.

[119] 余佳斌,张晓强,文锦涛,等. 微生物菌剂对修文烟区植烟土壤理化性状及烤烟产质量的影响[J]. 浙江农业科学,2018,59(3):382-387.

[120] 虞轶俊,马军伟,陆若辉,等. 有机肥对土壤特性及农产品产量和品质影响研究进展[J]. 中国农学通报,2020,36(35):64-71.

[121] 袁晶晶,同延安,卢绍辉,等. 生物炭与氮肥配施对土壤肥力及红枣产量、品质的影响[J]. 植物营养与肥料学报,2017,23(2):468-475.

[122] 张超,朱三荣,田峰,等. 不同绿肥对湘西烟田土壤细菌群落结构与多样性的影响[J]. 贵州农业科学,2016,44(5):43-46.

[123] 张大伟,刘建,王波,等. 连续两年秸秆还田与不同耕作方式对直播稻田土壤理化性质的影响[J]. 江西农业学报,2009,21(8):53-56.

[124] 张恒,张艳玲,许亚东,等. 基于最小数据集的植烟土壤质量评价及障碍因子诊断[J]. 烟草科技,2024,57(2):45-53.

[125] 张慧芳,吴宇哲,何良将. 我国推行休耕制度的探讨[J]. 浙江农业学报,2013,25(1):166-170.

[126] 张建国,聂俊华,杜振宇. 施用复合生物有机肥对烤烟产量和品质的效应[J]. 湖南农业大学学报(自然科学版),2004,30(2):115-119.

[127] 张金峰,谭小兵,吕世保,等. 化肥减量配施炭基肥对烤烟产质量及土壤酶活性的影响[J]. 南方农业学报,2022,53(11):3079-3087.

[128] 张久权,张瀛,张清明,等. 土地整理后绿肥压青对土壤改良和烤烟产质量的影响[J]. 烟草科技,2017,50(10):22-29.

[129] 张军刚,郭海斌,王文文,等. 深耕对土壤理化性质及生物性状的影响[J]. 农业科技通讯, 2017(11):184-185.

[130] 张凯,许跃奇,王晓强,等. 炭基肥与化肥配施对植烟土壤生物学特性的影响[J]. 江西农业学报,2022,34(4):95-99.

[131] 张黎明,邓小华,周米良,等. 不同种类绿肥翻压还田对植烟土壤微生物量及酶活性的影响[J]. 中国烟草科学,2016,37(4):13-18.

[132] 张明发,田峰,王兴祥,等. 翻压不同绿肥品种对植烟土壤肥力及酶活性的影响[J]. 土壤, 2017,49(5):903-908.

[133] 张淑香,张文菊,沈仁芳,等. 我国典型农田长期施肥土壤肥力变化与研究展望[J]. 植物营养与肥料学报,2015,21(6):1389-1393.

[134] 张瑶,邓小华,杨丽丽,等. 不同改良剂对酸性土壤的修复效应[J]. 水土保持学报,2018,32(5):330-334.

[135] 张一帆. 施用生石灰对酸性植烟土壤的改良效应和烟叶产质量的影响[D]. 长沙:湖南农业大学,2009.

[136] 张勇,徐智,王宇蕴,等. 有机无机配施体系中有机肥腐熟程度对化肥氮利用率的影响机制[J]. 中国生态农业学报(中英文),2021,29(6):1051-1060.

[137] 张宗锦,庞良玉,官宇,等. 攀枝花烟区生石灰施用量与土壤养分及烤烟质量的关系[J]. 农学学报,2015,5(7):61-64.

[138] 赵冬雪,王盼盼,常春丽,等. 绿肥套作对植烟土壤微生物群落功能多样性的影响[J]. 华北农学报,2019,34(5):201-207.

[139]　赵炯平，邓小华，江智敏，等. 不同绿肥翻压还土后植烟土壤主要养分动态变化[J]. 作物研究，2015，29(2)：161-165.

[140]　赵毅，耿伟娜，毛志月，等. 虫粪有机肥对植烟土壤理化性质及烟草生长的影响[J]. 天津农学院学报，2024，31(1)：1-5.

[141]　郑卜凡. 粉垄深耕对稻作烟区土壤理化性状及烟叶产质量的影响[D]. 长沙：湖南农业大学，2020.

[142]　郑梅迎，刘玉堂，张忠锋，等. 秸秆还田方式对植烟土壤团聚体特征及烤烟产质量的影响[J]. 中国烟草科学，2019，40(6)：11-18.

[143]　钟宇，曹敬东，郑元仙，等. 微生物菌剂对植烟土壤酚酸含量和微生物数量的调节作用[J]. 西南农业学报，2020，33(9)：2037-2041.

[144]　周芳芳，钱正强，赵剑华，等. 不同种类液态有机肥对土壤理化性状及烟叶品质的影响[J]. 贵州农业科学，2016，44(5)：36-42.

[145]　周孚美，唐红丽，谷云松，等. 绿肥还田对植烟土壤·烟叶产质量的影响[J]. 安徽农业科学，2015，43(21)：87-88.

[146]　周虎，吕贻忠，杨志臣，等. 保护性耕作对华北平原土壤团聚体特征的影响[J]. 中国农业科学，2007，40(9)：1973-1979.

[147]　周旭东，韩天华，申云鑫，等. 基于主成分-聚类分析的植烟土壤障碍因子诊断[J]. 中国土壤与肥料，2023(9)：1-11.

[148]　周旭东，韩天华，申云鑫，等. 4种轮作模式下长期连作烟田土壤微生态的响应特征[J]. 中国农业科技导报，2024，26(3)：174-187.

[149]　周郑雄，冯豪，丁继林，等. 复合微生物肥对植烟根际土壤团聚体稳定性和酶活性的影响[J]. 南方农业学报，2022，53(11)：3088-3097.

[150]　朱德伦，周文瑾，贾孟，等. 烟秆生物质炭基肥对烤烟生理特性及土壤主要环境因子的影响[J]. 南方农业学报，2023，54(3)：867-876.

[151]　朱金峰，贾健，王蒙蒙，等. 绿肥掩青对烤烟土壤及烟叶致香成分的影响[J]. 现代农业科技，2015(19)：11-13,16.

[152]　朱金峰，王小东，郭传滨，等. 施用微生物菌剂对土壤关键酶活性和烤烟根系生长的影响[J]. 江西农业学报，2015，27(9)：31-35.

[153]　朱经伟，石俊雄，冉贤传，等. 玉米秸秆施用措施对土壤肥力及烤烟产质量的影响[J]. 烟草科技，2016，49(11)：14-20.

[154]　朱梦遥. 长期施用有机肥对植烟土壤理化性质和微生物群落的影响[D]. 武汉：华中农业大学，2022.

[155]　朱三荣，陈前锋，田峰. 不同绿肥对植烟土壤养分及微生物含量的影响[J]. 贵州农业科学，2015，43(3)：100-101,105.

[156]　朱永官，彭静静，韦中，等. 土壤微生物组与土壤健康[J]. 中国科学：生命科学，2021，51(1)：1-11.

[157]　邹静. 季节休耕模式对植烟土壤主要理化特性及烟叶产质量的影响[D]. 贵阳：贵州大学，2021.

[158]　邹炎. 垂直深旋耕对植烟土壤有机碳、肥力质量和烤烟产质量的影响[D]. 长沙：湖南农业大学，2022.

[159]　祖韦军. 不同绿肥品种及耕作方式对土壤特性和烤烟生长的影响[D]. 贵阳：贵州大学，2020.

[160]　祖韦军，潘文杰，薛亚军，等. 耕作深度与翻压绿肥对植烟土壤细菌群落结构及多样性的影响[J]. 南方农业学报，2022，53(6)：1513-1524.

[161]　祖韦军，潘文杰，张金召，等. 耕作深度与翻压绿肥对植烟土壤微生物功能多样性及酶活性的影响[J]. 南方农业学报，2020，51(10)：2383-2393.

［162］ 左梅，谭军，向必坤，等. 休耕对连作障碍植烟土壤酶活性及细菌群落结构的影响［J］. 烟草科技，2019，52(11)：10-16.

［163］ BÜNEMANN E K，BONGIORNO G，BAI Z G，et al. Soil quality—A critical review［J］. Soil Biology and Biochemistry，2018(120)：105-125.

［164］ DORAN J W，ZEISS M R. Soil health and sustainability：Managing the biotic component of soil quality［J］. Applied Soil Ecology，2000，15(1)：3-11.

［165］ FENG Y，CHEN H，FU L，et al. Green manuring enhances soil multifunctionality in tobacco field in Southwest China［J］. Microorganisms，2024，12(5)：949.

［166］ JI B，ZHAO Y，MU X，et al. Effects of tillage on soil physical properties and root growth of maize in loam and clay in central China［J］. Plant，Soil，and Environment，2013，59 (7)：295-302.

［167］ JIMENEZ M，HORRA A，PRUZZO L，et al. Soil quality：A new index based on microbiological and biochemical parameters［J］. Biology and Fertility of Soils，2002，35(4)：302-306.

［168］ LEHMANN J，BOSSIO D A，KÖGEL-KNABNER I，et al. The concept and future prospects of soil health［J］. Nature Reviews Earth & Environment，2020，1(10)：544-553.

［169］ BAVEYE P C，BAVEYE J，GOWDY J. Soil "ecosystem" services and natural capital：Critical appraisal of research on uncertain ground［J］. Frontiers in Environmental Science，2016，4：41.

［170］ ZHOU H，ZHANG M，YANG J，et al. Returning ryegrass to continuous cropping soil improves soil nutrients and soil microbiome，producing good-quality flue-cured tobacco［J］. Frontiers in Microbiology，2023，14：1-15.

［162］ 左梅，谭军，向必坤，等. 休耕对连作障碍植烟土壤酶活性及细菌群落结构的影响［J］. 烟草科技，2019，52(11)：10-16.